Social Media Marketing

4. AUFLAGE

Social Media Marketing
Strategien für Twitter, Facebook & Co.

Tamar Weinberg

*Deutsche Bearbeitung von
Wibke Ladwig &
Corina Pahrmann*

Beijing · Cambridge · Farnham · Köln · Sebastopol · Tokyo

Die Informationen in diesem Buch wurden mit größter Sorgfalt erarbeitet. Dennoch können Fehler nicht vollständig ausgeschlossen werden. Verlag, Autoren und Übersetzer übernehmen keine juristische Verantwortung oder irgendeine Haftung für eventuell verbliebene Fehler und deren Folgen.

Alle Warennamen werden ohne Gewährleistung der freien Verwendbarkeit benutzt und sind möglicherweise eingetragene Warenzeichen. Der Verlag richtet sich im Wesentlichen nach den Schreibweisen der Hersteller. Das Werk einschließlich aller seiner Teile ist urheberrechtlich geschützt. Alle Rechte vorbehalten einschließlich der Vervielfältigung, Übersetzung, Mikroverfilmung sowie Einspeicherung und Verarbeitung in elektronischen Systemen.

Kommentare und Fragen können Sie gerne an uns richten:
O'Reilly Verlag
Balthasarstr. 81
50670 Köln
E-Mail: kommentar@oreilly.de

Copyright der deutschen Ausgabe:
© 2014 by O'Reilly Verlag GmbH & Co. KG
1. Auflage 2010
2. Auflage 2011
3. Auflage 2012
4. Auflage 2014
1. korrigierter Nachdruck 2015

Die Originalausgabe erschien 2009 unter dem Titel
The New Community Rules: Marketing on the Social Web
bei O'Reilly Media, Inc.

Bibliografische Information Der Deutschen Bibliothek
Die Deutsche Bibliothek verzeichnet diese Publikation in der
Deutschen Nationalbibliografie; detaillierte bibliografische Daten
sind im Internet über http://dnb.dnb.de abrufbar.

Deutsche Bearbeitung: Corina Pahrmann & Wibke Ladwig
Lektorat: Susanne Gerbert, Köln
Korrektorat: Eike Nitz, Köln
Satz: III-satz, www.drei-satz.de
Umschlaggestaltung: Karen Montgomery, Boston & Michael Oreal, Köln
Produktion: Karin Driesen, Köln
Belichtung, Druck und buchbinderische Verarbeitung:
Himmer AG, Augsburg

ISBN 978-3-95561-788-2

Dieses Buch ist auf 100% chlorfrei gebleichtem Papier gedruckt.

Inhalt

Vorwort		XIII
Einleitung		XVII
1	**Eine Einführung in Social Media Marketing**	**1**
	Was ist Social Media Marketing?	8
	Mehr Besucher auf Ihre Website bringen	10
	Relevante Links auf Ihre Website lenken	11
	Markenbindung stärken	11
	Sinneswandel bewirken	12
	Gesprächsstoff bieten	12
	Weshalb ist Social Media Marketing anders?	12
	Social Media Marketing: Kostengünstige Ergänzung zum traditionellen Marketing mit hohem Nutzwert	13
	Warum ist Social Media Marketing so wichtig?	16
	Es ist Zeit, mitzureden	20
	Sind Sie bereit für Social Media Marketing?	20
	Sie müssen willens sein, die Kontrolle über die Botschaft abzugeben	21
	Sie müssen willens sein, Zeit und Kraft in das Erreichen dieser Ziele zu investieren	21
	Und was nun?	21
	Zusammenfassung	22
2	**Eine Social-Media-Strategie entwickeln**	**23**
	Die Angst vor Kontrollverlust überwinden	25
	Transparenz ist von zentraler Bedeutung	28
	Zuhören können ist wichtig	29
	Die richtigen Fragen stellen: Ziele für Ihr Engagement in Social Media	30
	Mehr Traffic auf Ihrer Website	31
	Markenbekanntheit steigern	33

Verbessertes Suchmaschinenranking	34
Reputationsmanagement	35
Social Recruitment: Neue Mitarbeiter finden	35
Mehr Umsatz für Ihre Produkte	36
Etablieren Sie sich als Meinungsführer	37
Szenarien für Social Media Marketing	37
SMARTe Ziele setzen	43
Konkret	43
Messbar	44
Erreichbar	44
Realistisch	44
Zeitlich klar definiert	45
Ihre Zielgruppe erforschen	45
Welche Websites besucht Ihre Zielgruppe?	47
Was wird in Social Media über Sie geredet?	47
Welche Tools und Dienste werden von meinem Zielpublikum regelmäßig verwendet?	47
Welche Inhalte schätzt mein Zielpublikum am meisten?	48
Ihre Strategie umsetzen	48
Werden Sie auch mit Rückschlägen fertig?	48
Verfügen Sie über Geduld und einen langen Atem?	49
Netzwerkbildung im Social Web	50
Die Wichtigkeit des Gebens	51
Ist Ihre Unternehmenskultur reif für Social Media?	52
Social Media Guidelines: Leitplanken für Social Media	53
Durch den Dschungel der Bürokratie	53
Technik oder Zauberei?	54
Lernen oder untergehen: Fortbildungen	55
Welche Mitarbeiter benötigen Sie?	56
Der Social-Media-Manager	58
Zusammenfassung	60

3 Social Media Monitoring — 65

Social Media Monitoring	65
Was erreichen Sie durch Social Media Monitoring?	66
Kennzahlen	68
Suchbegriffe	69
Kostenfreie Tools	70
Sonstige Plattformen und Kanäle	75
Kostenpflichtige Tools	76
»Entscheidend ist, dass Sie anfangen!«	79
Zusammenfassung	87

4 Marketing ist Mitwirkung 89

Das Cluetrain-Manifest: Märkte sind Gespräche 89
Marketing ist Mitwirkung 91
Old Spice: »Marketing ist Mitwirkung« führt zu größerer Markenbekanntheit
und Imagewechsel 93
Langnese und Ritter Sport: Kundenwünsche herausfinden und darauf reagieren . . 98
    »Verbraucher aktivieren und involvieren« 100
    Achtung, Falle 106
Auch online dabei: Kleine und mittelständische Unternehmen 107
    »Offen und ehrlich kommunizieren« 110
Reputationsmanagement 114
    Jack Wolfskin: Reputationsfalle Abmahnung 116
Reputation Management Monitoring: Zwölf Dinge, die Sie beobachten sollten . . . 118
Überlegungen zu einer Reputationsmanagement-Strategie 121
Zusammenfassung 122

5 Kommunizieren, beeinflussen, lernen: Kundenkontakt durch Blogs 125

Was ist ein Blog? 125
Wie Blogs konsumiert werden 126
    Direktzugriffe 126
    RSS 126
    Blogs per E-Mail 127
    Wer schreibt und wer liest Blogs? 128
Wieso betrifft Bloggen auch Unternehmen? 130
Blogs als Einflussnehmer im Internet 132
    Ziele von Corporate Blogs 133
    Vorüberlegungen 135
Die technische Seite 137
    Features und Funktionalität 138
    Blogging-Plattformen 138
    Welche Software sollten Sie verwenden? 141
Schreiben für ein Blogpublikum 144
    Die Stimme des Blogs gestalten 145
    Techniken und Taktiken 146
    Content-Strategien für Blogger: Inhalte, die inspirieren 152
    Blogverbesserungen, die funktionieren 155
    Beteiligen Sie Ihr Publikum 156
Wie Blogs gefunden werden 159
    Soziale Netzwerke 161
    Blogverzeichnisse 161
    Blogparaden 162
    Blog Memes 163
    Schreibprojekte 165

	Ohne eigenes Blog in die Blogosphäre	166
	Lesen und Mitreden in »fremden« Blogs	167
	Zusammenfassung.	170
6	**Die Magie des Microblogging: Wie Twitter Ihr Geschäft umkrempeln kann**	**173**
	Die Geschichte von Twitter	174
	Die Terminologie	176
	Tweet	176
	Retweet	177
	Hashtags	177
	Following & Follower	179
	Antworten, Mitteilungen (Replies) & Erwähnungen (Mentions)	180
	Favorisieren	181
	Direktnachrichten (DM/direct message)	181
	Die Geburt des Firmen-Twitters	181
	Geschäftliche Ziele mit Twitter verfolgen	182
	Twitter als Umsatzmotor	182
	Umsatz generieren mit Twitter: Die kleineren Unternehmen	182
	Twittern für den Kundendienst	183
	Kundenakquise mit Twitter	189
	Sofortiges Feedback bekommen	191
	Twitter als offizieller Kommunikationskanal	191
	Eine Marke etablieren	192
	Markenbekanntheit und Reichweite steigern	192
	Ein Netzwerk von Gleichgesinnten	196
	Jobsuche, Eventorganisation, mehr Traffic und, und, und ...	198
	Twitter richtig verwenden	198
	Vorüberlegungen	198
	So richten Sie einen Firmenaccount ein	200
	Folgen und gefolgt werden	202
	Was und wann twittern?	204
	Ihren Twitter-Kanal bekannt machen	207
	Erfolgsmessung	208
	Tools für Twitter	209
	Twitter-Clients	209
	URLs abkürzen	211
	Twitter-Trends	211
	Persönliche Statistiken bei Twitter	212
	Wie finde ich interessante Twitterer?	213
	Freundschaften pflegen (und aufkündigen)	214
	Twitter-Suche und Monitoring	215
	Mobile Anwendungen	215
	Zusammenfassung	217

7 Seien Sie sozial: Facebook, Google+, XING und andere soziale Netzwerke 219
Einführung in soziale Netzwerke. 219
Facebook: Das digitale Du. 223
    Persönliches Profil – Seiten – Gruppen. 228
    Grundausstattung Ihres Personenprofils. 232
    Was posten Sie denn nun?. 234
    Der Begriff der Freundschaft. 237
    Facebook-Gruppen 251
    Facebook-Anwendungen für das Marketing. 252
    Bezahlte Werbung bei Facebook. 255
    Auch in der Facebook-Familie: WhatsApp. 256
Google+ 257
    Das persönliche Profil 258
    Unternehmensseiten bei Google+. 261
»Im Social Web geht es um Gespräche!« 262
XING: Das Businessnetzwerk 264
    Persönliches Profil einrichten 265
    Profil für das Unternehmen einrichten 268
Weitere soziale Netzwerke. 272
Zusammenfassung. 274

8 Soziale Netzwerke für Wissen und Waren 277
Wissen ist Macht 278
    Wikipedia: Die lebende Enzyklopädie 280
    Ein eigenes Wiki 287
    Präsentations- und Vortragsunterlagen hochladen. 289
Ratgeber-Communities für das Social Media Marketing nutzen. 291
    Frage-und-Antwort-Dienste 292
Meinungen austauschen 298
    Meinungsplattformen 300
Mit Social Media den Umsatz ankurbeln. 302
    Shopping-Communities 302
Social Media im Real Life 304
    Location-based Services 305
    Mobile Social Media Marketing 307
Zusammenfassung. 308

9 Ihr Werkzeugkasten für Social Media 311
Vergangenheit und Gegenwart des Bookmarking 312
    Die Vergangenheit: Bookmarking ohne Social Sites 312
    Die Gegenwart: Teilen ist sozial 313
Die Nutzung von Social-Bookmarking-Sites 315
    Social Bookmarking als Marketingtool. 315

StumbleUpon: Eine Content-Suchmaschine mit Bookmarking-Features	317
Delicious: Der Wegbereiter der Social Bookmarking-Sites	318
Diigo: Ein Tool mit cleveren Funktionen	320
»Unternehmen können zu Kuratoren werden«	322
Automatisieren mit Fingerspitzengefühl und IFTTT	324
Simpel und hilfreich: Crossposting mit Buffer	325
Mach's kurz: Personalisierte Linkverkürzer	326
Den Überblick behalten: Social Media Dashboards	327
Ordnung ins Chaos bringen	327
Was sind Social Media Dashboards?	328
Beliebt und leistungsstark: Hootsuite	329
Professioneller Allrounder: Sprout Social	331
Vielversprechender Newcomer: webZunder	331
Twitter only: Tweetdeck	333
Zusammenfassung	334

10 Multimedia-Content: Fotografie, Video und Podcasting — 335

Marketing durch Bilder	335
Marketing mit Bildern: Die richtigen Motive	346
Andere Fotoportale	348
Marketing durch Videos	349
YouTube: Der Marktführer für Videos	349
Andere Videoportale	358
Die Kunst des Videobloggens	360
Podcasting früher und heute	364
Wie starte ich meinen eigenen Podcast?	365
Podcast-Promoting	367
Die Community	367
Zusammenfassung	369

11 Wie alles zusammenwächst — 371

Wie steht's um Ihre Unternehmenskultur?	372
Technik oder Zauberei?	373
Lernen oder untergehen: Fortbildungen	374
Identifikation: Sagen Sie, wer Sie sind	375
Share of Voice: Nutzen Sie mehrere Kanäle	375
Zurück zum ROI	379
Reichweite	380
Frequenz und Traffic	380
Einfluss	380
Konversionen und Transaktionen	381
Nachhaltigkeit	382

War's das schon?	383
Langfristiges Engagement	383
Im Gespräch bleiben	383
Denken Sie an das Wohl der Community	384
Social Media ist mehr als nur ein Mittel zum Zweck	384
Strategien für Social-Media-Communities	385
Ihr Blog ist Ihr Kommunikationsknotenpunkt	385
Profile auf anderen sozialen Plattformen aufbauen	386
Halten Sie sich Möglichkeiten offen: Fixieren Sie sich nicht auf eine einzige Community	387
Übernehmen Sie die Mentalität der Social Media	387
Über die Grenzen der Social Media hinaus: Persönliche Kontakte	388
Onlinekreativität fördern	389
Virale Strategie Nummer 1: Listen	390
Virale Strategie Nummer 2: Quiz oder Fragebogen	392
Virale Strategie Nummer 3: Interaktive Videos und Spiele zum Mitmachen	393
Virale Strategie Nummer 4: Eine Story durch Bilder erzählen	395
Virale Strategie Nummer 5: Ein Tool programmieren	395
Virale Strategie Nummer 6: Bringen Sie Ihren Nutzern etwas bei	396
Die »Alte Schule«	397
Zusammenfassung	399

Anhang: Rechtliche Aspekte beim Social Media Marketing   401

Domain- und Account-Namen	402
Das Namensrecht	402
Kennzeichenrechte	403
Anbieterkennzeichnung: Impressumspflicht	405
Urheberrecht bei Profil- und Accountbildern sowie veröffentlichten Inhalten	405
Wettbewerbsrecht	407
Grundlagen	407
Das »Astroturfing«	407
Äußerungsrecht	408
Haftung für Links und sonstige Inhalte	409
Unerwünschte Verlinkung	409
Unerlaubte Verlinkung	410
Arbeitsrecht	410

Index   413

Vorwort
von Benedikt Köhler

Wir haben soeben unsere Reiseflughöhe verlassen und beginnen mit dem Landeanflug auf den Planeten Social Media.

Schon aus weiter Entfernung sieht man aus dem Fenster die »Big Three« der Social-Media-Plattformen, Facebook, Twitter und YouTube, die mittlerweile in den meisten Ländern der Erde zu den meistbesuchten Webseiten und attraktivsten Werbeplätzen überhaupt gehören. Dahinter erkennt man aber auch die VZ-Netzwerke, MySpace, LinkedIn und XING. Bei sehr gutem Wetter kann man dahinter auch noch die große Ebene der Blogosphäre ausmachen, sowie die riesigen, nahezu unberührten Waldgebiete der Wikipedia. So muss man sich jedenfalls das Social Web aus ca. 35.000 Fuß Höhe vorstellen.

Tatsächlich assoziieren viele mit Social Media Marketing vor allem die großen Plattformen. Dazu gehören Facebook-Castingshows, virale Twitterkampagnen, Bloggeraktionen, bei denen viele digitale Meinungsführer an möglichst ungewöhnlichen Orten versammelt werden ebenso wie die viralen Videoclips mit Katzen, lachenden Babys, Schwaben auf dem Todesstern oder iPhones und iPads, die in Küchengeräten zerkleinert werden. Auf den ersten Blick bedeutet Social Media Marketing also vor allem Spaß, Action und Unterhaltung. Man könnte diesen Blick aus großer Entfernung auch als »Hollywood-Ebene des Social Media Marketing« beschreiben: hier muss es ordentlich knallen.

Bitte schnallen Sie sich wieder an, bringen Sie Ihre Rückenlehne in die Senkrechte und klappen Sie Ihren Tisch hoch.

Aus dieser Flughöhe erkennt man schon deutlich mehr Details. Hier erscheinen die großen Social-Media-Erfolge vor allem als

Ergebnis einiger weniger besonders aktiver und gut vernetzter Personen. Das ist die Welt der Ashton Kutchers, Barack Obamas und Justin Biebers. Auch in Deutschland stoßen wir immer wieder auf herausragende Einzelbeispiele für gelungenes Social Media Marketing. Häufig stecken Social-Media-Naturtalente dahinter, die anscheinend ganz ohne tägliches Üben die Klaviatur von Facebook, Twitter und Blog wie aus dem Schlaf beherrschen. Man trifft auf Winzer wie Dirk Würtz, die in ihrem Blog live aus dem Weinberg berichten, Saftproduzenten wie Kirstin Walther, die über Twitter das persönliche Gespräch mit der deutschen Saft-Fangemeinde pflegen oder Kommunikationsexperten wie Uwe Knaus, die über ihr Corporate Weblog allen Interessierten einen tiefen Einblick in den Daimler-Konzern erlauben. Zu dieser Perspektive passt die Bezeichnung »Leuchtturm-Ebene des Social Media Marketing«.

Herzlich willkommen auf dem Planeten Social Media. Bitte bleiben Sie noch so lange sitzen, bis wir unsere endgültige Parkposition erreicht haben.

Die dritte Ebene des Social Media Marketing entdeckt man gewöhnlich nicht so schnell. Hierfür muss man sich nämlich mitten in die Social Networks und Communitys hineinbegeben und mit offenen Augen und Ohren den Leuten beim Posten, Kommentieren, Verlinken, Teilen, Hoch- und Herunterladen zusehen und zuhören. Dann wird aber schnell deutlich, dass die großen Explosionen und Spezialeffekte ebenso wie die Leuchttürme und großen Social-Media-Persönlichkeiten im täglichen Gewimmel der Social-Media-Aktivitäten fast gar nicht mehr zu erkennen sind. Hier ist Social Media Marketing etwas ganz anderes: Hier geht es um täglich hunderttausende offene Gespräche zwischen Konsumenten, Unternehmen, Laien und Experten zu nahezu jedem Thema, das man sich vorstellen kann. Von Schweißtechnik bis Partyfrisuren, von Hannah Montana bis Renaissancearchitektur, von Abenteuerurlaub bis Tiefkühlrezepten. Es fällt schwer, sich ein Thema zu überlegen, zu dem keine eigene Community im Social Web existiert.

Man könnte die 1960er-Jahre-Werbeikone Howard Luck Gossage als Vordenker dieser dritten Ebene – der »Gossage-Ebene des Social Media Marketing« – bezeichnen, denn er hat damals in seiner ebenso deutlichen wie humorvollen Kritik der Werbeindustrie als Vision etwas beschrieben, was sehr ähnlich klingt: »The real fact of the matter is that *nobody reads ads*. People read what interests them, and sometimes it's an ad.« Tatsächlich sieht Marketing hier unten meistens ganz anders aus als die gewohnte Werbung und PR, der wir auf den anderen beiden Ebenen begegnet sind. Hier geht es oft viel leiser zu, unspektakulärer und wirkungsvoller. Moment mal, wirkungsvoller? Ja, denn hier steht nicht das Ziel im Mittelpunkt, so viel Werbedruck aufzubauen, dass sich damit jede Werbeparole ins Gedächtnis der Zielgruppe hämmern lässt, sondern um echte Gespräche unter Menschen, in denen sie Informationen, Erlebnisse oder Empfehlungen austauschen. Ab und zu mischt sich hier auch ein Unternehmen ein, aber nicht um Parolen zu brüllen, sondern um sich intelligent und taktvoll an diesen Gesprächen zu beteiligen. Das beherrscht noch lange nicht jedes Unternehmen, aber diejenigen, die dabei keine allzu schlechte Figur machen, sind hier gern gesehene Gäste.

Dazu passt ein zweiter Aphorismus von Gossage: »I don't know how to speak to everybody, only to somebody.« Hier unten treffen wir nämlich auf echte Menschen mit Interessen, Wünschen und Leidenschaften. Auf echte soziale Gruppen, die sich um bestimmte Themen, Wünsche oder Hobbys versammeln. Gruppen, die nur wenig mit den blutleeren Zielgruppenmodellen der Marktforscher zu tun haben. Hier misst man Wirkung nicht in Massenreichweiten, sondern darin, ob die Botschaft bei denjenigen Personen angekommen ist, die wirklich relevant sind und sich für das Thema interessieren. Den Rest erledigt dann die Netzwerkstruktur von Social Media mit all ihren menschlichen Schleusen, Schaltstellen und Beschleunigern.

Das dritte Kennzeichen des Social Media Marketing betrifft die Haltung den Konsumenten gegenüber (wobei man auch den Begriff der Konsumenten einmal überdenken müsste: schließlich sind es häufig die Nutzer, die in Social Media die Inhalte schaffen und weiterleiten und diese nicht nur konsumieren vulgo verdauen). Es geht um die Neugierde und das Interesse, mehr über die Lebenswelten der Menschen zu erfahren, die zum Beispiel die Produkte des eigenen Unternehmens kaufen oder sich zumindest dafür interessieren. Ebenso wichtig ist die Bereitschaft, Fragen zu stellen und sich mit den Antworten darauf dann auch wirklich auseinanderzusetzen. Dialog ist hier eine Selbstverständlichkeit – Selbstgespräche und Dauersender sind unerwünscht, aber auch unwirksam. Gossage hat diese Gedanken in einem dritten Ausspruch vorweggenommen: »The audience is our first responsibility, even before the client, for if we cannot involve them what good will it do him?« Damit trifft er einmal mehr ins Schwarze. Social Media Marketing funktioniert nur, wenn es die Nutzer einbezieht, aktiviert und begeistert.

Wir wünschen Ihnen einen schönen verbleibenden Tag hier oder eine angenehme Weiterreise.

Auch, wenn Sie tatsächlich nur auf der Durchreise sind, ich kann Ihnen nur empfehlen, sich diese dritte Ebene des Social Media Marketing einmal näher anzusehen. Mit Tamar Weinberg und den deutschen Bearbeiterinnnen haben Sie einige der besten Reiseführerrinnen für diese Gegend ausgewählt. Viel Spaß!

Benedikt Köhler

Dr. Benedikt Köhler ist Director Data & Innovation bei der d.core GmbH & Co. KG, Mitgründer der AG Social Media und bloggt unter slow-media.net.

Einleitung

Social Media Marketing ist nicht nur ein Schlagwort: Es ist eine Lebensweise und Überlebensstrategie im Web-Zeitalter. In früheren Zeiten drehte sich im Internet alles um den Einzelnen, doch das hat sich in den letzten Jahren grundlegend geändert: Heute sind unsere Online-Interaktionen im hohen Maße sozial geprägt. Unsere Kaufentscheidungen beruhen oft auf Benutzerbewertungen. Wir lesen gerne interessante Storys, die unsere Freunde und Kollegen uns zukommen lassen. Wir haben den Aufschwung von Online-Communities miterlebt, in denen sich Menschen mit ähnlichen sozialen Hintergründen oder Interessen vernetzen.

Inzwischen ist kaum noch die Frage, ob Unternehmen auf Facebook oder Twitter aktiv sein sollten – vielmehr gilt es, seinen Kunden wirklichen Mehrwert zu bieten, im übrigen auch und besonders bei kleinen und mittleren Unternehmen. Im Vergleich zu den Jahren 2008 und 2009, in denen die ersten Unternehmen im Social Web aktiv wurden, haben sich die Anforderungen jedoch verschärft: Mehr Konkurrenz und deren teilweise arg marktschreierischen und werbelastigen Methoden nehmen gelegentlich die Lust, statt auf Gewinnspiele auf starke und nützliche Inhalte zu setzen. Mehr Regeln und Richtlinien seitens der Netzwerkbetreiber verlangsamen den Weg von der Idee bis zur Umsetzung einer guten Strategie. Und Spammer und Trolls nehmen dem Social Web seine Unschuld – und den Aktiven viel an Enthusiasmus.

Der Umgang mit dem Social Web hat sich deutlich professionalisiert – zugleich wurde durch die hohe Zahl an Tools, Techniken und Vorschriften jedoch viel an Leichtigkeit und Beweglichkeit eingebüßt. Und: Viele Geschäftsführer fordern inzwischen klare Kennzahlen, die das Engagement in sozialen Netzwerken rechtfertigen.

Doch nun die gute Nachricht: Nach wie vor ist es sehr lohnenswert, Social Media Marketing zu betreiben. Und nach wie vor sind es die gleichen Skills, die hauptsächlich den Erfolg bringen: Kreativität, Mut, Offenheit. Und: Wenn Sie jetzt einsteigen, können Sie von vielseitigen Erfahrungen profitieren.

Egal ob Sie bisher traditionelles oder gar kein Marketing im Internet betrieben haben:

Es ist gar nicht so schwierig, in dieses unbekannte Terrain vorzustoßen. Zum besseren Verständnis der Grundlagen des Social Media Marketing wollen wir zuerst diesen Begriff zerlegen: Der Grundgedanke hinter dem Social Media Marketing ist, das Soziale (die Gemeinschaft) durch seine Medien (Kommunikation und Tools) zu nutzen, um bei einem Publikum Marketing zu betreiben.

Im Zentrum von Social Media Marketing steht die *Kommunikation*. Zum Glück gibt es bereits Communities mit aktiven Teilnehmern, die sich für bestimmte Themen begeistern, und eine Vielzahl von Tools, die Ihnen diese Art der Kommunikation erleichtern. Für den Inhaber eines kleinen Unternehmens lohnt es sich ebenso wie für den Marketingleiter eines großen Konzerns, sich dieses Gebiet zu erschließen und an der *Konversation* teilzuhaben.

Das Wort »Konversation« haben wir nicht grundlos gewählt. Denn anders als im traditionellen Marketing müssen Sie im Social Media Marketing Ihrer Zielgruppe zuhören und mit ihr reden. Das ist vielleicht die größte Hürde für jedes Social Media Marketing – aber eine, die Sie überwinden sollten. Haben Sie heute schon nach Ihrem Produkt- oder Markennamen oder nach wichtigen Themen Ihrer Branche gegoogelt? Was reden denn die Leute so? Haben Sie nicht das Gefühl, darauf antworten zu müssen?

Es ist höchste Zeit, die Social-Media-Landschaft zu ergründen. Dieses Buch hilft Ihnen dabei, Ihre eigene Social-Media-Marketinginitiative zu starten.

Aufbau des Buches

Kapitel 1, *Eine Einführung in Social Media Marketing*, führt das Konzept von Social Media Marketing ein und erläutert, welche Rolle es in modernen Onlinemarketing-Initiativen spielt. In diesem Kapitel werden auch einige der wichtigsten Tools vorgestellt.

Kapitel 2, *Eine Social-Media-Strategie entwickeln*, behandelt die Herausforderungen und Hürden des Social Media Marketing und erklärt verschiedene Arten, Social Media Marketing zur Erreichung bestimmter Ziele zu nutzen.

Kapitel 3, *Social Media Monitoring*, skizziert Tools, mit denen Sie das Onlinegeschnatter verfolgen und Ihre Social-Media-Aktivitäten auswerten können.

Kapitel 4, *Marketing ist Mitwirkung*, erklärt, warum die Mitwirkung in sozialen Netzwerken für den *Erfolg* des Social Media Marketing so wichtig ist, und präsentiert Fallstudien aus kleinen und großen Unternehmen, die damit Erfolg haben. Außerdem beschreibt Kapitel 4 einen weiteren wichtigen Teil des Social Media Marketing: das Reputation Management zum Aufbau eines positiven Markenimages.

Kapitel 5, *Kommunizieren, beeinflussen, lernen: Kundenkontakt durch Blogs*, beschreibt das Wachstum von Blogs und erklärt, wie Sie ein neues Blog einrichten und für Social Media Communities attraktiv machen.

Kapitel 6, *Die Magie des Microblogging: Wie Twitter Ihr Geschäft umkrempeln kann*, stellt den Microblogging-Dienst Twitter vor und zeigt, wie man ihn nutzt. Außerdem enthält es Fallstudien über Firmen, die mit Erfolg durch die Twitter-Landschaft navigieren und dort Marketing betreiben.

Kapitel 7, *Seien Sie sozial: Facebook, Google+, XING und andere soziale Netzwerke*, behandelt führende Social Networking Sites und erläutert, wie sie für das Social Media Marketing genutzt werden können.

Kapitel 8, *Soziale Netzwerke für Wissen und Waren*, beleuchtet Websites für den Wissensaustausch, z.B. Wikipedia und zeigt Möglichkeiten für den Austausch von Waren. Außerdem geht es auf geobasierte Dienste ein.

Kapitel 9, *Ihr Werkzeugkasten für Social Media*, präsentiert Ihnen die nützlichsten Tools und Dashboards für den Social-Media-Einsatz und erklärt die Nutzung dieser Dienste.

Kapitel 10, *Multimedia-Content: Fotografie, Video und Podcasting*, sagt Ihnen, mit welchen Diensten Sie Ihre Fotos und Videos promoten können, und erklärt, wie Sie zum Rockstar unter den Podcastern oder Videobloggern werden.

Kapitel 11, *Wie alles zusammenwächst*, erörtert, welches der beste Ansatz für eine erfolgreiche Social-Media-Marketingstrategie ist und wie Sie die Informationen aus den bisherigen Kapiteln dafür nutzen.

Danksagungen

Wenn man an einem Buch über Social Media arbeitet, erkennt man rasch, dass die kollektive Intelligenz sozialer Netzwerke ungeheuer wichtig ist, damit ein solches Projekt Gestalt annehmen und Früchte tragen kann. Ohne die Hilfe vieler Menschen, die Inhalt und Feedback beigesteuert haben, wäre dieses Buch niemals möglich gewesen.

Das vorausgeschickt, möchte ich einigen Menschen besonders danken, die mich beraten, informiert und angehört haben, als ich dieses hoffentlich maßgebliche Werk über Social-Media-Strategie und die Tools und Communities geschrieben habe. Ohne besondere Reihenfolge möchte ich folgenden Menschen danken: Jason Falls, Blogger bei Social Media Explorer (*www.socialmediaexplorer.com*), dessen Blog dieses Buch bereichert, Jane Quigley für die clevere Unternehmensstrategie, Matthew Inman von 0at.org, der ein Künstler und kreativer Kopf an vorderster Front der Techologie für virale Quizspiele und Fragebögen ist, Andy Beal von Marketing Pilgrim (*www.marketingpilgrim.com*) für sein Expertenwissen über Reputation Management, Matt McGee von Small Business SEM (*www.smallbusinesssem.com*) und Dave McClure, der das Vorwort zur US-amerikanischen Ausgabe dieses Buchs geschrieben hat, einer der besten Köpfe auf diesem Gebiet ist und einen ganz ähnlichen Hintergrund hat wie ich selbst.

Ein besonderer Dank geht an jene Personen, die mir in Online- und Telefoninterviews großartiges und kenntnisreiches Feedback gegeben haben: Tony Hsieh, CEO von Zappos.com, Ed Nicholson, Director of Community and Public Relations bei Tyson Foods, Rob Key, Constantin Basturea und Paull Young von der Social-Media-Marketing- und -Kommunikationsagentur Converseon, Frank Eliason, Director of Digital Care bei Comcast, Shashi Bellamkoda, Social Media Swami bei Network Solutions, Morgan Johnston vom Corporate Communications-Team bei JetBlue, Michelle Greer von SimpleSpeak Marketing, Sam Feferkorn, Consultant für Oh! Nuts in New York, Regan Fletcher, Vice President of Business Development bei Yoono, und Andrew Milligan, Eigentümer von Sumo Lounge.

Herzlichen Dank außerdem meinen »Augen und Ohren« Anna Bourland, Brian Wallace, und Samir Balwani, sowie an Loren Feldman, Jay Izso, Brent Csutoras, Chris Winfield, Allen Stern, Anita Campbell, Laura Fitton, Muhammad Saleem, Jonathan Fields, Todd Defren, Greg Davies, Joe Fowler III und Brian Hill für die Infos und Ratschläge.

Doch der größte Dank von allen geht an meinen Mann Brian, auf den die Widmung absolut zutrifft, weil er diese Monate harter Arbeit so freundlich ertragen und mich dabei unterstützt hat.

Danksagungen zur 4. Auflage (von Corina Pahrmann)

Wir sind in der vierten Auflage! *Social Media Marketing, Strategien für Twitter, Facebook & Co.* ist ein nun schon etabliertes Standardwerk, mit dem viele tausend Leser bereits erfolgreich ins Social Web einstiegen – wir danken allen, die es immer wieder weiterempfehlen.

Inzwischen ist Tamars Buch auch »unser Buch«, jeden einzelnen Satz schaukelten wir in den vergangenen Monaten durch unsere Köpfe, strichen, sortierten um, ergänzten. Nun legen wir Ihnen eine umfassende Einführung in alle Facetten des Social Media Marketings in die Hände. Wir alle – Tamar, Wibke und ich – stehen hinter dem Communitygedanken des Social Webs und möchten Sie ermutigen, Kreativität und Dialog vorn anzustellen. Nutzen Sie die Chancen des Social Webs anstatt einfach die Instrumente konventionellen Marketings ins Web zu übertragen. Es wird sich lohnen!

Mit Tamar Weinberg hat es eine im Social Web sehr erfahrene Autorin geschrieben. Gemeinsam mit »Social Web Ranger« Wibke Ladwig arbeitete ich das Buch auf – dafür herzlichen Dank, liebe Wibke! Gemeinsam danken wir Tamar Weinberg dafür, uns ihr Buchkonzept überlassen zu haben, um erneut eine aktualisierte und an Deutschland angepasste Version zu erarbeiten.

Dem O'Reilly Verlag danke ich dafür, mir diese Aufgabe erneut übertragen zu haben – und seiner Lektorin Susanne Gerbert den allergrößten Dank für all die Geduld und wertvollen Anregungen, mit denen sie mich unterstützt und motiviert hat.

Benedikt Köhler hat ein inspirierendes Vorwort geschrieben, und der Anwalt Dominik Boecker hat im Anhang rechtliches Know-how rund um Social Media beigesteuert. Beiden gilt dafür ebenfalls großer Dank.

Das Buch profitiert auch von den Menschen, die mir für Gespräche zur Verfügung standen. Ich danke insbesondere denen, die zu einem Interview bereit waren: Oliver Nissen von @Telekom_hilft, Kirstin Walther von der Saftkelterei Walther, Meike Heitker und Sandra Vogt von Ritter Sport, Stefan Balász von der RWE AG, Merlin

Koene vom Unilever-Konzern sowie Antje Lewe und Pia Stender von der Continental AG.

Mein größter Dank geht an meine Familie und meine Freunde, die mich auch diesmal so wunderbar unterstützt haben.

Nun wünsche ich Ihnen, liebe Leserinnen und Leser, viel Vergnügen – und viel Erfolg bei der Umsetzung Ihrer Social-Media-Strategie!

Danksagungen zur 4. Auflage (von Wibke Ladwig)

Als mich der O'Reilly Verlag fragte, ob ich mir vorstellen könne, an der deutschen Bearbeitung von Tamar Weinbergs *Social Media Marketing, Strategien für Twitter, Facebook & Co.* mitzuarbeiten, fühlte ich mich außerordentlich geehrt. Die Vorauflagen dieses Standardwerks für Social Media habe ich für meine eigene Arbeit immer sehr geschätzt und meinen Kunden und Kollegen gern empfohlen. Umso mehr freut es mich über die Möglichkeit, bei dieser Neubearbeitung mitzuwirken. Vielen Dank für das Vertrauen, lieber O'Reilly Verlag.

Ein herzliches Dankeschön an Corina Pahrmann für die fabelhafte und vertrauensvolle Zusammenarbeit. Jederzeit wieder!

Unserer Lektorin Susanne Gerbert danke ich sehr für ihre wertvolle Unterstützung und die nachdrücklichen, aber netten Piekser in die Rippen hier und da, wenn es zeitlich knapp wurde. Eine bessere Lektorin kann man sich kaum wünschen.

Ein herzliches Dankeschön gebührt meinem Netzwerk im Social Web für die fruchtbaren Diskussionen und den steten Austausch von Informationen und Meinungen über die Entwicklung von Social Media. Insbesondere für die ermunternden Durchhalteparolen, wenn ich zwischendurch einen Jammerlaut von mir gab.

Das Buch wird sehr bereichert durch die Interviews mit Annette Schwindt von schwindt-pr, Ruth Schöllhammer von ethority und PR-Beraterin Marie-Christine Schindler. Tausend Dank!

Von Herzen danke ich einem gewissen Herrn H., der mir bei allen möglichen Projekten, wie etwa auch bei diesem, stets gelassen zur Seite steht.

Liebe Leserinnen und Leser, ich wünsche Ihnen viel Erfolg bei Ihrem Engagement im Social Web! Möge die Lektüre unseres Buchs Ihnen dabei eine wertvolle Hilfe sein.

Eine Einführung in Social Media Marketing

In diesem Kapitel:
- Was ist Social Media Marketing?
- Weshalb ist Social Media Marketing anders?
- Warum ist Social Media Marketing so wichtig?
- Es ist Zeit, mitzureden
- Sind Sie bereit für Social Media Marketing?
- Und was nun?
- Zusammenfassung

Der Begriff *Social Media* (soziale Medien) steht für den Austausch von Informationen, Erfahrungen und Meinungen mithilfe von Community-Websites. Dank Social Media fallen die geografischen Mauern zwischen den Menschen: In Online-Communities tauschen sie sich rund um die Uhr zu allen erdenklichen Themen und Sachverhalten aus. Zu den Social Media zählt man Folgendes:

- Netzwerke wie Facebook und Google+
- standortbezogene Networking-Dienste wie Foursquare/Swarm
- Blogs und Microblogs (z. B. Twitter und Tumblr)
- Bild- und Videoplattformen wie Pinterest, Instagram und YouTube
- klassische Messaging-Dienste wie WhatsApp
- kollektiv erstellte Nachschlagewerke wie die bekannte Wikipedia
- Podcasts und Videoblogs
- Empfehlungs- und Bewertungsplattformen wie Yelp
- bereits seit Langem bekannte Plattformen wie Diskussionsforen oder Social-Bookmarking-Dienste

Alle Dienste eint ihre Aufgabe, die Kommunikation zu erleichtern und Gleichgesinnte aus aller Welt zu verbinden. Ihr eigentlicher Wert besteht in den Mitgliedern und den Inhalten, die diese bereitwillig erstellen, teilen und kommentieren. Man bezeichnet diese Inhalte auch als *nutzergenerierten Content*.

Definition Viele Dienste des Social Web haben ihren Ursprung im Umfeld der Web-2.0-Euphorie. Flickr, YouTube, die Wikipedia und viele andere schafften bereits Anfang der 2000er-Jahre die technischen Infrastrukturen, die heute jeden Websurfer zum Publizisten machen können. Dank einfacher Bedienbarkeit waren plötzlich keine Programmierkenntnisse mehr nötig, um Texte, Bilder oder Videos zu veröffentlichen. Die Ausrichtung auf die User, deren Inhalte und den Austausch miteinander prägten das Schlagwort »User Generated Content« – und aus diesem Trend, dem Verlagsgründer Tim O'Reilly im Jahr 2005 in seinem wegweisenden Artikel »What is Web 2.0?«[1] herausragende Zukunftschancen vorhersagte, wurde tatsächlich eine etablierte und zentrale Spielart des Web.

Inzwischen hat sich sowohl die Palette der Social-Media-Dienste als auch die Zahl derjenigen, die sie verwenden, weiter vergrößert. Während zunächst reine Content-Dienste wie Flickr, YouTube und die Wikipedia am schnellsten wuchsen, sind es seit einigen Jahren die sozialen Netzwerke, die für eine Vielzahl der Webuser attraktiv sind. Und auch wenn aufgrund allgemeiner Sättigung längst nicht mehr so hohe Zuwächse zu verzeichnen sind – die folgenden Zahlen des Branchenverbands BITKOM unterstreichen die Relevanz (und Dominanz einzelner) sozialer Netzwerke:[2]

- 89 Prozent der 14- bis 29-jährigen Deutschen nutzen täglich eines oder mehrere soziale Netzwerke. 78 Prozent aller deutschen Onliner der Altersgruppe der 14- bis 64-jährigen sind bei sozialen Netzwerken registriert, 56 Prozent allein bei Facebook. Für den größten Zuwachs sorgten zuletzt die über 50-Jährigen.

- Mehr als zwei Drittel der Mitglieder eines sozialen Netzwerks loggen sich täglich ein, bei den unter 30-Jährigen sind es sogar 89 Prozent. Diese Altersgruppe verweilt auch ingesamt am längsten in ihrem Netzwerk. Der Grund: Vernetzung mit Freunden. Der nach wie vor beliebteste Dienst ist Facebook, gefolgt von Google+ und Twitter.

---

1 *http://www.oreilly.de/artikel/web20.html*
2 *http://www.bitkom.org/files/documents/SozialeNetzwerke_2013.pdf*

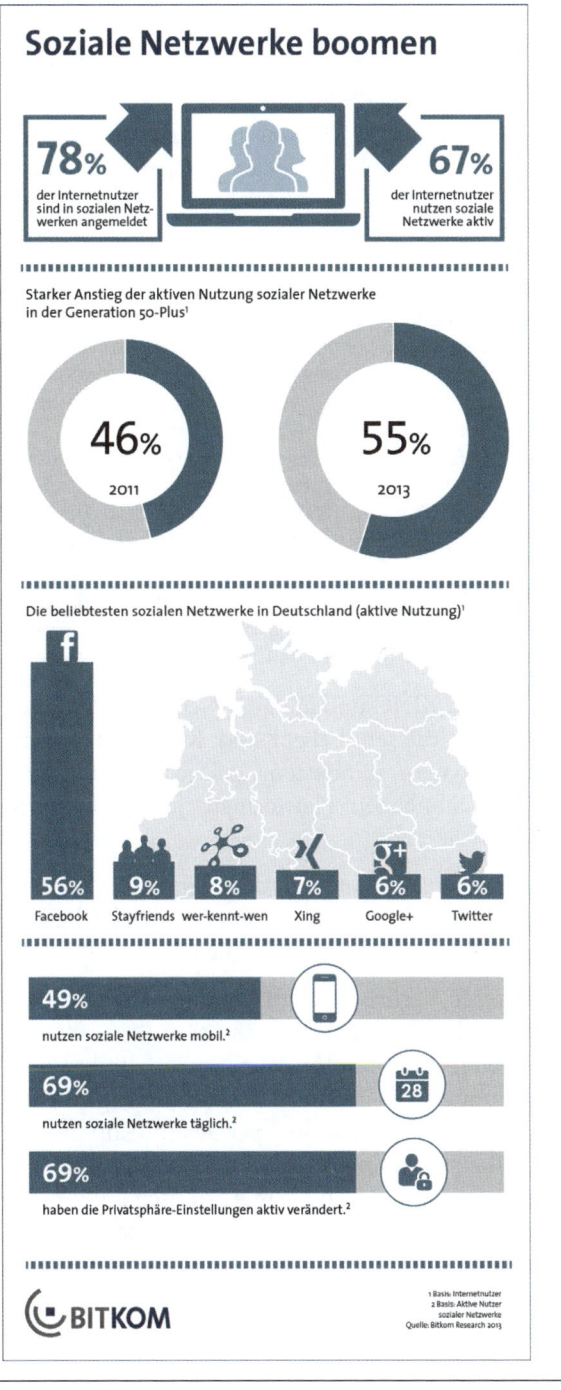

◄ **Abbildung 1-1**
BITKOM-Studie: 78 Prozent der deutschen Onliner sind in mindestens einem sozialen Netzwerk aktiv. Anmerkung: Das hier noch aufgeführte »Wer kennt wen?« hat inzwischen seinen Dienst eingestellt.

- Die beliebteste Funktion der sozialen Netzwerke wiederum ist die Direktnachricht zwischen zwei Teilnehmern (und ohne Öffentlichkeit) – noch vor dem Posten von Statusmeldungen und Teilen von Fotos.
- 62 Prozent der 14- bis 29-jährigen Netzwerker lassen sich gern Produkte von ihren Freunden empfehlen.

Definition   Soziale Netzwerke sind Websites, in denen Sie ein Profil einrichten, um sich persönlich vor- und darzustellen und andere Leute mit ähnlichen Interessen zu finden. Diese Netzwerke werden oft genutzt, um mit alten oder neuen Freunden in Kontakt zu treten, und gehören zu den beliebtesten Websites im Internet. Mit mehr als einer Milliarde Usern ist Facebook dabei der weltweite Marktführer. Auch in Deutschland, Österreich und der Schweiz ist es das wichtigste Social Network. Seit einiger Zeit versucht Google+, Facebook Marktanteile abzunehmen. Speziell im beruflichen Umfeld kommen dagegen häufig die Businessnetzwerke XING und LinkedIn zum Einsatz. Alle großen Netzwerke bieten inzwischen auch Unternehmensprofile.

Außer den ganz klassischen sozialen Netzwerken gibt es noch Mischformen wie Twitter, YouTube oder Pinterest. In diesem Buch behandeln wir alle relevanten Dienste des Social Web.

Außer Facebook, XING und anderen Netzwerken sind es vor allem die Videodienste, die sehr beliebt sind: Knapp 90 Prozent der unter 30-Jährigen schauen mindestens gelegentlich Onlinevideos auf YouTube und ähnlichen Plattformen, jeder zehnte Jugendliche sogar täglich.[3]

Die *ARD/ZDF-Onlinestudie* aus dem Jahr 2013 erfasste, welchen Beschäftigungen die User generell im Web nachgehen – die Ergebnisse können Sie in Abbildung 1-2 sehen.

Mit der weiteren Verbreitung von mobilen Geräten sind die Menschen auch immer häufiger und immer länger online – dies verspricht steigende Chancen für das Social Web, dessen Dienste für die Nutzung unterwegs geradezu prädestiniert sind: Die Menschen twittern aus der S-Bahn, checken per Swarm-App im Café ein oder laden schnell einen Schnappschuss bei Facebook hoch – alles mit dem Smartphone und in ständigem Austausch mit ihren Kontakten. Laut einer BITKOM-Studie geht inzwischen jeder dritte Deutsche per Smartphone oder Tablet-PC online. Insbesondere Jugendliche greifen von unterwegs auf die Netzwerke zu. Dabei nutzen sie

---

3   http://www.ard-zdf-onlinestudie.de/index.php?id=425

jedoch inzwischen vorrangig WhatsApp zum direkten Austausch untereinander.

WhatsApp wiederum ist mehr Messaging-Dienst als Social Network. Die User tauschen sich direkt miteinander aus, schicken Textnachrichten, Bilder, Tonaufzeichnungen und Videos unmittelbar von User zu User oder posten in Gruppen. Eine Timeline mit Posts, wie man sie von Twitter oder Facebook kennt, gibt es nicht. Dementsprechend ist auch der Einsatz von WhatsApp als Marketingtool bislang nicht besonders verbreitet.

Nachdem Facebook einige Zeit lang immer mehr Marktanteile unter den jugendlichen Usern verlor, kaufte Mark Zuckerberg im Februar 2014 kurzerhand WhatsApp. Spannend ist nun, ob und wie die beiden Netzwerke künftig (teilweise oder ganz) zusammengehen. Zunächst sollte alles bleiben wie gehabt. Für Zuckerberg – wie letztlich auch für Werbetreibende – sind die Daten der aktuell rund 450 Millionen Mitglieder natürlich höchst interessant. Wie und wann Werbemöglichkeiten eingebunden werden, ist zum Drucktermin dieses Buchs nicht bekannt. Erste kreative Ideen gibt es bereits, die wir in Kapitel 7 kurz vorstellen.

▼ **Abbildung 1-2**
Hauptbeschäftigungen der User im Web: Ganz oben steht das beliebte »Googeln«. Ebenfalls stark vertreten ist der Austausch per Mail, Social Network oder Chat.

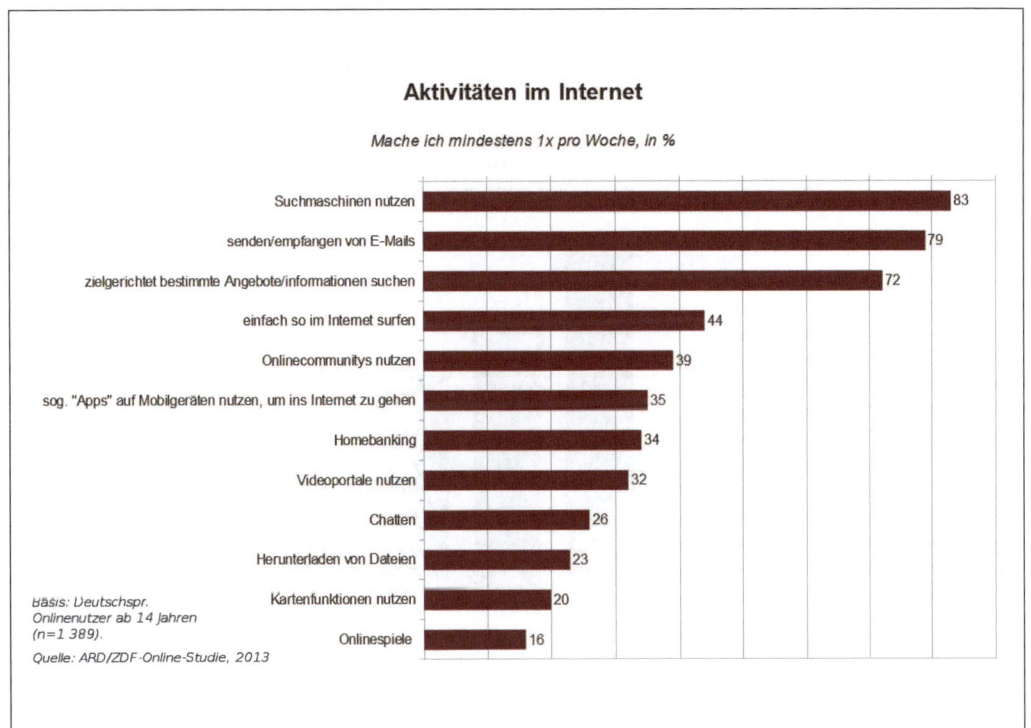

Abbildung 1-3 ▶
Bei den Jugendlichen löste WhatsApp zuletzt Facebook als wichtigstes Netzwerk ab.

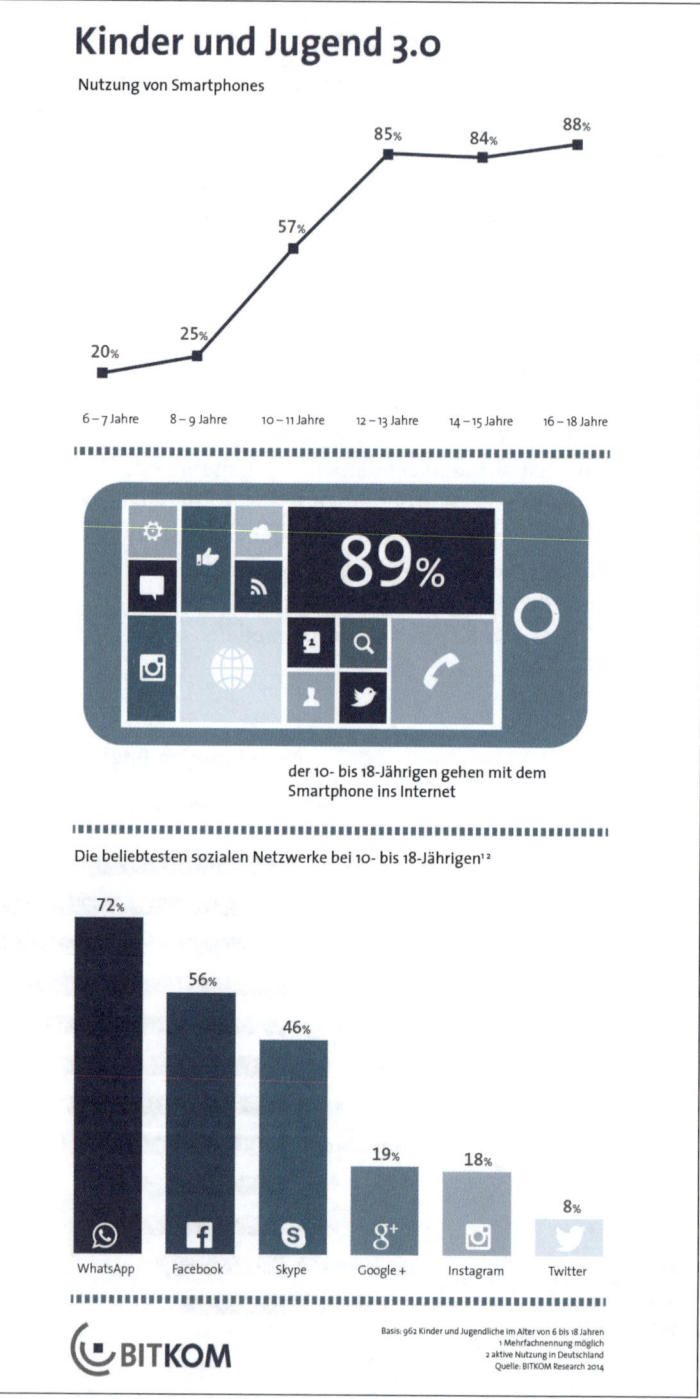

Die Evolution des Internet und was sie mit Social Media Marketing zu tun hat

Zwei Jahrzehnte ist es her, dass Tim Berners-Lee das World Wide Web erfand. Anfangs war es nur für Physiker gedacht,[4] und Berners-Lee wäre wohl nie auf die Idee gekommen, dass sein Projekt einmal Millionen von Menschen weltweit miteinander verbinden und ihnen gewaltige Informationsmengen zugänglich machen würde. Er hätte sich wahrscheinlich auch nicht träumen lassen, dass ein Webzugang einmal zu jedem Haushalt gehören und die Kommunikation in aller Welt erleichtern würde. Das Web hat sich zu einem sozialen Netz entwickelt, das Gleichgesinnte mit Communities verbindet, in denen sie sich austauschen und zu jeder Tageszeit an ausgiebigen Gesprächen beteiligen können.

In den Neunzigern wurden mit Lycos, Altavista, Google, Microsoft Live oder Yahoo! Suchmaschinen erschaffen, um die Informationen der Welt zu strukturieren. Eine neue Disziplin namens Suchmaschinenoptimierung (*Search Engine Optimization*, SEO) wurde gängige Praxis unter Marketingexperten, die bis ins Detail verstehen wollten, wie eine Suchmaschine die Ergebnisse verschiedener Suchbegriffe ordnet. Das Ziel der Suchmaschinenoptimierung ist, die Website des Kunden auf der ersten Seite der Suchergebnisse erscheinen zu lassen. Wenn ein Kunde zum Beispiel auf den Handel mit Edelfischen spezialisiert ist und jemand in eine Suchmaschine den Begriff »Edelfisch« eingibt, soll die Website des Kunden unseres Suchmaschinenoptimierers in den Ergebnissen ganz oben stehen.

Menschen suchen ständig nach Informationen, und die Suchmaschinenoptimierer helfen dabei, den Inhalt der Webseiten so zu strukturieren, dass die Sites ihrer Kunden ein höheres Ranking haben als die der Wettbewerber. Dazu werden die Elemente einer bestimmten Webseite analysiert und anhand des verfügbaren Wissens über Suchmaschinenalgorithmen verbessert, um die Website in den Abfrageresultaten der Suchmaschine besser sichtbar zu machen. (Da die Suchmaschinen ihre Algorithmen streng geheim halten, muss dieses Wissen durch Beobachtung und Erfolgsanalyse erworben werden.)

Die Suchmaschinenoptimierung ist nur ein Teil eines größeren Puzzles, nämlich des *Suchmaschinenmarketing*. Dieses umfasst auch andere Methoden, um den Bekanntheitsgrad in den Suchmaschinen zu steigern. Bevor das Social Media Marketing Eingang in die Marketinglandschaft fand, hatte das Suchmaschinenmarketing folgende Komponenten umfasst:

- *Suchmaschinenoptimierung* (SEO), die sich auf Seitenelemente wie Title-Tags, Metatags, Schlüsselwortsuche und andere Techniken stützt.
- *Linkbuilding* (Linkaufbau), ein Teil von SEO, in dem es darum geht, hochwertige Links von anderen Websites zu erhalten, um das Ranking zu verbessern.
- *Pay-per-Click* (Klickvergütung), ein Modell, bei dem man für Klicks Gebote abgibt und für hohe Rankings bezahlt. Hier geht es um gesponserte Listings, die auf der Ergebnisseite einer Suchmaschine neben den regulären, organischen Ergebnissen angezeigt werden. In diesem Bereich ist ein hohes Ranking für Firmen viel einfacher zu erreichen: Je mehr Geld man in die Kampagne investiert, desto besser wird die Sichtbarkeit für den unbeteiligten Surfer (abhängig von anderen algorithmischen Faktoren).

---

4   *http://www.w3.org/People/Berners-Lee/*

Definition Bei dem Versuch, den modernen Webuser einzugruppieren und seine Eigenschaften besser zu umreißen, wurden mehrere Begriffe geschaffen. So spricht man seit mehr als zehn Jahren vom sogenannten *Digital Native,* mit dem grob alle ab 1980 geborenen (und natürlich in westlichen Ländern aufgewachsenen) Menschen bezeichnet werden. Dieser Digital Native ist mit dem PC und dem World Wide Web aufgewachsen und hat somit kaum Hürden mehr, moderne Computertechnik in seinem Alltag einzusetzen. Es wurde allerdings zunehmend klar, dass das Alter der Internetnutzer nicht unbedingt etwas über ihre Aufgeschlossenheit gegenüber Technik aussagt.

Die Begriffe *Digital Residents* und *Digital Visitors* sind aus unserer Sicht daher besser geeignet, um sich ein Bild der Nutzertypen zu verschaffen: Mit Digital Residents sind diejenigen gemeint, deren Beruf und Privatleben eng mit dem Web verwoben sind. Die Residents nutzen das Web nicht nur, sie gestalten es auch mit, unter anderem, indem sie aktive Mitglieder in Communities sind.

Digital Visitors dagegen sind deutlich weniger häufig online, und gehen nur dann ins Web, wenn sie etwas recherchieren oder sich mit ihren Offline-Bekanntschaften *auch* online vernetzen wollen.

Erwiesen ist: Social Media sind in unserem Alltag angekommen. Die meisten von uns gehen nicht mehr online, sondern *sind* online. Morgens nach dem Aufwachen checken sie Facebook und Twitter, während der Arbeit nutzen sie sämtliche Dienste des Web für Recherche, Austausch und Vernetzung, und privat halten sie Kontakt mit ihren Freunden oder begleiten das abendliche Fernsehen per »Second Screen«. Und all diese Nutzungsgewohnheiten geben kleinen wie großen Unternehmen die Chance, sich mit einem breiten Publikum von Multiplikatoren und Konsumenten zu verbinden.

Marketing mithilfe von Social Media – im folgenden *Social Media Marketing* genannt – lässt Unternehmen Traffic, Kunden und Markenbekanntheit hinzugewinnen. Es lässt sie näher an ihre Kunden rücken und die Beziehungen zu ihnen intensivieren. Auch Social Media Marketing ist damit längst mehr als ein Trend – es ist eine Disziplin, die es im geschäftlichen Umfeld zu beherrschen gilt.

Was ist Social Media Marketing?

Bis vor etwa zehn Jahren war das World Wide Web für die meisten Menschen ein Informationsmedium, aber inzwischen hat es sich immer mehr auf die Vernetzung und den Austausch zwischen den Usern ausgerichtet. Heute bleiben die Menschen mit privaten und beruflichen Kontakten über Facebook, XING und Twitter verbunden. Sie lassen sich Produkte online empfehlen und vertrauen vor einer Kaufentscheidung den Bewertungen anderer Webuser eher als den Herstellerinformationen. Sie nutzen Content-Sharing-Sites zum Austausch von Fotos oder Videos und melden via Smartphone, wo sie sich gerade aufhalten. Kurzum: Sie nutzen das Web zum ständigen Austausch miteinander – über alles, was sie interessiert.

Vor diesem Hintergrund entstand die neue Disziplin der *Social Media Optimization*, deren Grundsätze den Weg für das heutige *Social Media Marketing* geebnet haben.

Definition Der Begriff *Social Media Optimization* wurde vom Marketingstrategen Rohit Bhargava geprägt.⁵ Er erkannte bereits 2006 – während des Web-2.0-Booms –, wie wichtig es für Unternehmen sein würde, auf den neuartigen, nutzergenerierten Websites Erwähnung zu finden. Als erste Anregung veröffentlichte er fünf Gesetze für die Social Media Optimization. Er riet, Inhalte besser verlinkbar zu machen, sich darum zu kümmern, im Social Web aufzutauchen, und seine Inhalte auch häufiger zu aktualisieren, beispielsweise durch den Start eines Blogs. Bhargavas Regeln wurden in der Folge von verschiedenen Personen ergänzt und im Jahr 2010 schließlich von Bhargava an Facebook, Foursquare und weitere neuere Dienste angepasst.⁶

Heute versteht man unter Social Media Marketing die Bestrebungen, eigene Inhalte, Produkte oder Dienstleistungen in sozialen Netzwerken bekannt zu machen und mit vielen Menschen – (potenziellen) Kunden, Geschäftspartnern und Gleichgesinnten – in Kontakt zu kommen. Überall im Internet existieren Communities unterschiedlicher Form und Größe und unterschiedlicher Menschen, die miteinander reden. Die Aufgabe von Social Media Marketingexperten besteht darin, diese Communities *richtig* zu nutzen, um mit ihren Teilnehmern wirkungsvoll über relevante Produkt- und Serviceangebote zu kommunizieren. Dabei entsteht sehr häufig auch eine öffentliche One-to-one-Kommunikation mit *einem* Kunden oder Geschäftspartner – eine Situation, die aus dem klassischen Marketing kaum bekannt ist.

In erster Linie geht es beim Social Media Marketing darum, der Community zuzuhören und auf angemessene Weise zu antworten. Ein kontinuierliches und präzises Mitschneiden dessen, was im Netz geschieht, ist absolute Voraussetzung: Wo wird interessanter Content veröffentlicht, wer ist besonders bekannt und wie ist die

---

5 http://www.rohitbhargava.typepad.com/weblog/2006/08/5_rules_of_soci.html
6 http://www.rohitbhargava.com/2010/08/the-5-new-rules-of-social-media-optimization-smo.html

Webszene aufgebaut? Das wird als *Social Media Monitoring* bezeichnet – eine zentrale Disziplin des Social Media Marketing.

Dass ein Eiscafé auf Facebook ist, leuchtet den meisten Menschen ein. Dass eine Tageszeitung twittert, sicher auch. Doch viele Unternehmen fragen sich, warum gerade sie sich im Social Web engagieren sollten. Einige Ziele, die Sie mit gut durchdachtem Social Media Marketing erreichen können, werden daher im Folgenden vorgestellt. Im Laufe der nächsten Kapitel werden wir diese und andere Ziele noch weiter präzisieren.

Mehr Besucher auf Ihre Website bringen

Im Social Web empfehlen Nutzer Inhalte, die sie gut finden, Gleichgesinnten weiter. Sobald ein aktiver Nutzer eines sozialen Netzwerks einen Webinhalt findet und verbreitet, beginnt die virale Ausbreitung, gesteigert durch Online-Communities und die »Fremdbestäubung« durch Inhalte anderer Social-Media-Sites. Abbildung 1-4 illustriert dieses Phänomen.

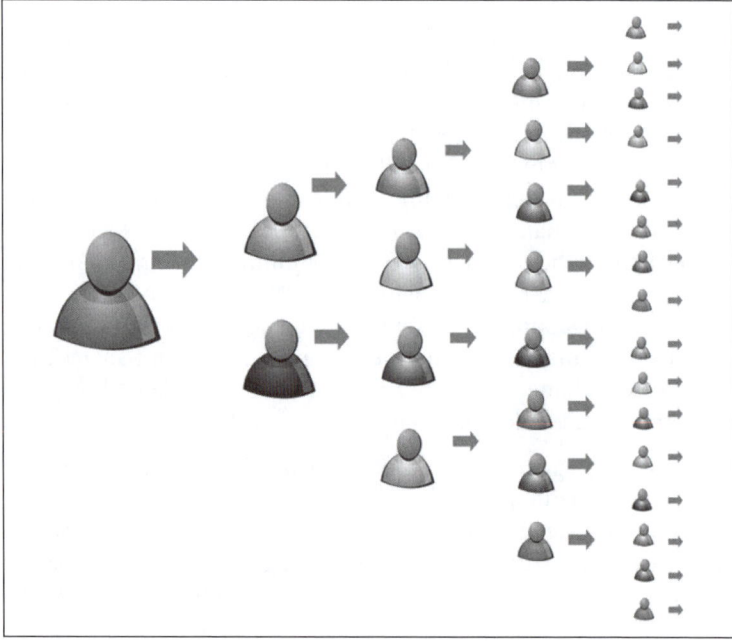

Abbildung 1-4 ▶
Eine grafische Darstellung des viralen Marketing

 Definition Unter *Word-of-Mouth-Marketing* oder *Empfehlungsmarketing* versteht man das Generieren von Kundenrezensionen und -meinungen über eigene Produkte und Leistungen. Dahinter steht die Erkenntnis, dass Konsumenten heute viel eher den Beurteilungen anderer Konsumenten als denen der Anbieter von Produkten vertrauen. Viele Onlineshops – allen voran Amazon – integrieren Kundenrezensionen erfolgreich in ihre eigenen Portale. Darüber hinaus gibt es reine Empfehlungsplattformen. Wir gehen in Kapitel 8 näher auf Word-of-Mouth-Marketing ein.

Relevante Links auf Ihre Website lenken

Social Media Marketing hilft dabei, organische Links zu generieren. Wenn ein Websurfer einen interessanten Inhalt entdeckt, verbreitet er diesen möglicherweise auf seiner Website, seinem Blog, in sozialen Netzwerken oder auf Twitter, und zwar mit einem direkten Link auf die Neuentdeckung. Diese Links wiederum teilen Suchmaschinen mit, dass jemand beschlossen hat, die betreffende Webseite zu unterstützen, weil er ihren Inhalt für vertrauenswürdig bzw. interessant hält. Je mehr Links auf Ihre Seite verweisen, desto besser stehen Ihre Chancen, von Lesern und Nutzern gefunden zu werden, die über Suchmaschinen nach entsprechenden Inhalten suchen. Wer guten Content hat und es versteht, ihn auf die richtige Weise in den Social Media zu platzieren, für den zahlt sich die Mühe doppelt und dreifach aus.

Hinweis Ein verbreitetes Gesetz im Bereich des Suchmaschinenmarketing lautet: *Content is King*. Der Marketingspezialist Gary Vaynerchuk hat diesen Grundsatz erweitert: *Wenn Content der König ist, ist Marketing die Königin (und die Königin herrscht im Hause).* Denn wenn Sie Inhalte erstellen, sollten Sie auch das Social Web nutzen, um Ihre Informationen für potenziell Interessierte und Multiplikatoren sichtbar zu machen. Dazu passt auch ein Zitat von Michael Gray, einem Experten für Suchmaschinenoptimierung: »Guten Content zu erstellen, ohne ihn zu vermarkten, ist, als würde man William Shakespeare in ein Zimmer einsperren, damit er nur für sich selbst schreibt.«

Guter Content und engagiertes Marketing seien zudem nicht genug, meinte Gary Vaynerchuk später und ergänzte: »Wenn der Content König ist, ist der Kontext Gott.« Es sei enorm wichtig, eine Beziehung zu seinen Communities aufzubauen, um auch jeweils die relevanten Inhalte weiterzutragen. Eine große Rolle spielt dabei auch die Art und Weise, auf die Inhalte weitergegeben werden. Sinnvoll ist es, eine Geschichte zu erzählen, die die Botschaft durch persönliche und/oder emotionale Elemente verstärkt (Storytelling).

Markenbindung stärken

Natürlich ist eine starke Marktposition von Vorteil, um Kunden anzuziehen, die hier und heute Ihr Produkt oder Ihren Service benötigen. Aber es lohnt sich auch auf längere Sicht, die Bekanntheit Ihrer Marke zu steigern. Auch Verbraucher, die Ihr Produkt oder Ihren Service im Moment nicht nachfragen, werden sich in Zukunft eher an Sie erinnern und bei Bedarf auf Sie zurückkommen, wenn sie jetzt Ihre Marke kennenlernen. Wenn Sie bei einem breiten Kreis von Internetnutzern einen guten Eindruck hinterlassen, zahlt sich das voraussichtlich aus, wenn Sie ihnen dann – möglichst frühzeitig – ein neues Produkt vorstellen. Das trifft umso mehr zu, als eines der Grundkonzepte des Social Media Marketing die Weiterempfehlung ist, also dass Freunde sich gegenseitig Links, Websites und Produkte empfehlen. Eine enge Markenbindung hilft Ihnen aber nicht nur beim Absatz von Produkten: Je mehr Sie von Ihrem Unternehmen oder Ihrer Organisation zeigen – authentisch und dialogorientiert –, desto eher bauen Sie Fürsprecher auf, die Sie im Krisenfall unterstützen könnten.

Sinneswandel bewirken

Mit einer effektiven Marketingstrategie und einer kreativen Darstellung kann Social Media Marketing Menschen zum Kauf des gewünschten Produkts oder Service bewegen. Im Gegensatz dazu kann schlechtes Marketing dazu führen, dass der Verbraucher zu dem beworbenen Produkt auf Distanz geht. Überlegen Sie sich: Wenn Sie ein Softwareprodukt verkaufen und beschließen, es mit einem minderwertigen, monoton gesprochenen, vor Fehlern starrenden Video anzupreisen, wie wahrscheinlich ist es dann, dass Ihr Video zur Umsatzsteigerung beiträgt? Präsentation und Gestaltung sind im Social Media Marketing von zentraler Bedeutung.

Gesprächsstoff bieten

Wenn Ihre Social-Media-Strategie Ihnen Verlinkungen beschert, dann liegt das daran, dass die Leute über Sie reden. Sie sollten verinnerlichen, dass die Nutzer von Social Media gezielt nach Kundenmeinungen und Empfehlungen suchen und unpersönlichen Unternehmensbotschaften immer weniger Beachtung schenken.

Auf weitere Ziele, die mit einem Engagement im Social Web erreicht werden können, gehen wir in den folgenden Kapiteln jeweils gesondert ein.

Weshalb ist Social Media Marketing anders?

Klassischer Werbung wird immer weniger Vertrauen entgegengebracht, traditionelle Strategien sind nicht mehr so wirkungsvoll wie früher. Mit klugem Social Media Marketing können Unternehmen aber neue Kanäle zu Ihren Kunden aufbauen und nutzen. Schließlich suchen die meisten Menschen online Informationen über Produkte und Unternehmen, und: Sie gehen zudem immer kompetenter mit digitalen Medien um. Twitter und Facebook sind für viele eine Selbstverständlichkeit geworden.

Social Media Marketing hat daher ein großes Potenzial. Diesen Eindruck untermauern etliche erfolgreiche Fallstudien, von denen wir viele in diesem Buch untersuchen werden. Es gibt allerdings auch noch andere Gründe dafür, neben den traditionellen Marketingstrategien (oder an ihrer Stelle) eine solide Social-Media-Strategie zu fahren.

Social Media Marketing erleichtert das Auffinden neuer Inhalte auf natürliche Weise.

Gut gemachte Inhalte können ganz spontan Hunderten von neuen Besuchern einer Website gezeigt werden, vom Gelegenheitssurfer bis zum ausgemachten Fan. Anders als bezahlte Werbung, die den Internetsurfern aufgezwungen wird, eröffnen Social Media ihren Besuchern Inhalte, die nicht unbedingt mit kommerziellen Absichten verbunden sind.

Social Media Marketing lässt Zugriffszahlen in die Höhe schnellen.

Zugriffe auf Websites (Traffic) werden nicht nur durch Suchmaschinen generiert; Quellen von Traffic sind inzwischen sehr häufig Social-Media-Sites. Sobald Sie sich als Community-Mitglied etabliert haben, werden sich Leute dafür interessieren, was Sie zu sagen haben, und Ihre Blogbeiträge, Videos oder Artikel an ihre Bekannten weiterleiten.

Social Media Marketing baut starke Beziehungen auf.

Wenn Sie auf die Mitglieder Ihrer Communities wirklich achtgeben und sich die Zeit nehmen, auf Anliegen und Feedback zu reagieren, können Sie starke Beziehungen zu ihnen aufbauen. Selbst Communities, die nicht unbedingt mit Ihrer Firma, Marke, Produktpalette oder Dienstleistung verbunden sind, haben Mitglieder, die als Einzelne vielleicht mehr über Sie und Ihr Angebot wissen möchten. Und: Wenn Sie einen guten Eindruck auf Ihre regelmäßigen Gesprächspartner machen, ist es so gut wie sicher, dass diese Sie an Gleichgesinnte weiterempfehlen werden, die Ihre Dienstleistungen oder Produkte suchen, sofern sie von ihnen (und Ihnen) überzeugt sind.

Social Media Marketing: Kostengünstige Ergänzung zum traditionellen Marketing mit hohem Nutzwert

Der Einstieg ins Social Media Marketing ist für 99 Prozent aller Unternehmen mit geringeren Kosten zu realisieren als klassische

Marketingmaßnahmen. Wovon Sie am meisten investieren müssen, ist Zeit: Zeit zum Recherchieren und Kennenlernen interessanter Communities, Zeit zum Briefen und Schulen Ihrer Social-Media-Verantwortlichen – und natürlich Zeit zum strategischen Planen und Finden einer technischen Infrastruktur.

In den letzten Jahren haben die meisten PR- und Marketingagenturen auch Dienstleistungen des Social Media Marketing in ihre Portfolios aufgenommen. Außerdem gibt es reine Social-Media-Marketing-Agenturen, die sich gern und sicher sehr professionell um Ihre Kampagnen kümmern. Sie können also Externe beauftragen, die Strategie für Ihren Erfolg zu erarbeiten. Sie können aber auch im eigenen Hause Social Media Marketing betreiben. Ein großer Vorteil letzterer Variante ist, dass Sie Ihre Kunden und Märkte bereits gut kennen – und weiter dicht an und unmittelbar mit ihnen agieren.

Wenn Sie sich gerade in der Anfangsphase entlasten wollen, könnten Sie auch nur jemanden beauftragen, der sich um die Erstellung von Logos und Hintergrundbildern oder um die grundlegende Einrichtung eines Profils kümmert. Wenn Sie das komplette Social Media Marketing extern in Auftrag geben wollen, sollten Sie unbedingt für ein sorgfältiges Briefing des ausführenden Unternehmens sorgen und gleichzeitig einen festen Ansprechpartner in Ihrem Unternehmen benennen.

Und wo ist mein Return on Investment (ROI)?

Vielleicht haben Sie beschlossen, den Sprung zu wagen und Social Media Marketing in-house zu betreiben. Vielleicht haben Sie sich auch dafür entschieden, einen Social Media Marketing-Consultant zu beauftragen, der Ihnen dabei hilft, Ihre Strategie einzuführen und umzusetzen.

Zu Beginn sind Sie gefordert, das Budget für Ihre Social-Media-Marketingstrategie festzulegen. Dazu gibt es jedoch keine allgemeingültige Zahl für alle Lebenslagen. Je nach Umfang Ihres Projekts kann Social Media Marketing Hunderte oder Hunderttausende von Euros kosten. Bei der Entscheidung, wie viel Ihr Engagement kosten *darf*, sollten Sie nach einer angemessenen Mischung von Social Sites und Kommunikationsmöglichkeiten in einer möglichst passenden Social-Media-Marketingkampagne suchen.

Natürlich wollen Sie dann auch herausfinden, ob die Investitionen in Zeit und Geld erfolgreich sind und Sie die richtige Social-Media-Marketingstrategie verfolgen. Aber wie lassen sich Posts, Vernetzung und Interaktionen sinnvoll messen? Es gibt glücklicherweise einige Kennwerte, die Ihren Erfolg im Zusammenhang mit Ihren Zielen messen und ein effektives Feintuning Ihrer Kampagnen erlauben. Wir werden sie später in diesem Buch noch genauer besprechen.

Erfolge messen

Entscheidend ist: Wirklich aussagekräftige Ergebnisse des Social Media Marketing sind nicht sofort messbar. Eine Strategie funktioniert nicht über Nacht, sondern wirkt eher langfristig. Social Media Marketing stellt Ihr Produkt oder Ihre Dienstleistung einer Gruppe von Nutzern vor, die idealerweise geneigt sind, ihresgleichen auf das Angebot aufmerksam zu machen. Doch dieser Prozess ist nur so schnell wie die Menschen, die die Inhalte weitergeben. Wenn mit der Zeit immer mehr positive Meinungen über Ihre Firma geäußert werden, ist das schon ein Gewinn an sich.

Die richtige Strategie

Es gibt keinen Königsweg, keine Strategie, die für alle passt. Jedes Produkt und jede Dienstleistung ist anders. Jede Online-Community ist anders. Wenn Sie mit den richtigen Leuten online kommunizieren und dann Ihre Strategie anhand des Feedbacks überprüfen, werden Sie wahrscheinlich einige sehr wertvolle Ergebnisse bekommen. Oder Sie gehen wieder ans Reißbrett zurück. Wenn Sie einen todsicheren Weg zu schnellen Resultaten suchen, ist dieses Buch nichts für Sie. Wir können keine abpausbare Strategie für alle bieten, weil es die schlichtweg nicht gibt. Wie jede andere Marketingdisziplin braucht auch Social Media Marketing Fleiß, Mühe und Ausdauer. Und immer auch Kreativität und ein Gespür für die eigene(n) Zielgruppe(n).

In diesem Buch werden Sie erfahren, wie Sie Folgendes tun können:

- Ziele für Ihre Social-Media-Marketingkampagnen festlegen
- eine Strategie für die Umsetzung Ihrer Social-Media-Marketing-Pläne erarbeiten
- wirkungsvoll mit den Communities kommunizieren, an die Sie sich richten möchten
- selbst Diskussionen anstoßen, die nicht unbedingt nur auf Ihrer Website stattfinden müssen
- mehr Menschen durch die Teilnahme an vielen sozialen Netzwerken erreichen

- Social Media nutzen, um Krisen mit Reputationsmanagement zu bewältigen
- Blogs und Blogger einsetzen, um Botschaften an einen größeren Personenkreis zu senden
- bestehende Portale für das Marketing Ihrer Produkte nutzen
- Inhalte erstellen, die in Social-Media-Kreisen noch nicht so weit verbreitet sind
- erfahren, welche rechtlichen Fragen Sie dabei beachten sollten

Hinweis Wohlgemerkt: Die Leute reagieren nur, wenn Sie ihnen etwas Wertvolles zu bieten haben. Die Communities werden nicht antworten, wenn Ihre Absichten nur eigennützig sind. Weiter unten in diesem Buch wird beschrieben, wie Sie mit Communities arbeiten müssen, um Ihre Botschaft zu verbreiten.

Warum ist Social Media Marketing so wichtig?

Bevor es soziale Netzwerke gab, mussten Nutzer über Wissen und Geld verfügen, um ihre Inhalte ins Internet zu stellen. Zur Einrichtung einer Internetpräsenz musste man kompetente Webentwickler und Grafikdesigner beauftragen. Man benötigte einen Domainnamen und eigenen Webspace. Das ist der Grund dafür, dass bis zur Jahrtausendwende nur Firmen professionelle Websites besaßen. Nur wenige Privatpersonen hatten persönliche Websites.

In den letzten Jahren hat sich daran viel geändert: Es sind Webdienste aufgekommen, die es ganz leicht machen, eigene Inhalte zu publizieren. Diese Anwendungen haben sich in den letzten Jahren erheblich weiterentwickelt und können mittlerweile von jedem verwendet werden, der über einen Internetzugang verfügt, weil sie kein großes technisches Know-how mehr erfordern.

Auch Domainnamen und Webhosting sind viel billiger geworden. Wenn Sie Ihren eigenen persönlichen Webspace erstellen und managen möchten, können Sie dafür Open Source-Anwendungen herunterladen und schnell auf Ihrem Webhost installieren. Vor dem Jahr 2000 hat das Webhosting oft ein paar Hundert Euro gekostet (und die Datenübertragung war viel langsamer), aber jetzt haben schon Kinder ihren eigenen Webspace, und die Kosten betragen nur noch einen Bruchteil von dem, was 1999 üblich war, wobei die Geschwindigkeit viel höher geworden ist.

Bevor es Social Media gab, erfuhren potenzielle Kunden von neuen Produkten durch traditionelle Formen des Marketing: aus Zeitungen und Zeitschriften oder vielleicht durch Fernsehwerbung. Mit preisgünstiger, schnellerer Technologie hat sich das Internet von Grund auf geändert. Nur ein Beispiel dafür, wie viel sich getan hat: Im Jahre 2001 lieferte eine Google-Suche nach »Comcast« die Ergebnisse aus Abbildung 1-5. Im Jahr 2012 lieferte dieselbe Google-Suche etwas andere Ergebnisse, und die Informationen werden nicht mehr von einer einzigen Stelle gesteuert (siehe Abbildung 1-6).

Auf der Seite mit den Suchergebnissen von 2012 werden diverse Ergebnisse für Comcast angezeigt: eine Vielzahl von Links auf die Website des Unternehmens und seine verschiedenen Abteilungen

▲ **Abbildung 1-5**
Google-Suchergebnisse für »Comcast« im Jahre 2001

(und zur Anzeige der Finanzberichte des Unternehmens), aber auch Direktlinks zum Kundendienst. Weiter unten ist dann zu sehen, wie Social Media in Richtung der vorderen Plätze in den Suchergebnissen drängen. Zuerst erkennen Sie Wikipedia, die nutzergenerierte Enzyklopädie. Etwas alarmierend ist ein YouTube-Video, das zu Ärger führen könnte und seinen Weg auf die erste Seite der Suchergebnisse gefunden hat: »A Comcast Technician Sleeping on my Couch«. Die Social Sites Wikipedia und YouTube haben also bei einer ganz einfachen, normalen Internetrecherche 78,6 Millionen Seiten im Rennen um eine Platzierung auf der *ersten* Seite aus dem Feld geschlagen. Das Internet hat sich zu einem Medium gemausert, das den Verbrauchern eine Stimme verleiht – und wie das genannte Beispiel in Abbildung 1-6 zeigt, spricht diese Stimme nicht notwendigerweise für Ihr Unternehmen.

2001 kam es kaum vor, dass jemand ein Blog anlegte und dort seine Unzufriedenheit über eine Warenlieferung kundtat. Mittlerweile gibt es Websites, die eigens dazu dienen, dass Verbraucher sich wehren oder über schlechten Service beschweren können. Und auch in Blogs werden häufig Beschwerden über Produkte und Dienstleistungen veröffentlicht. *Reputation Management*, also die Beeinflussung des eigenen guten Rufs durch Antworten auf negative Erwähnungen Ihres Unternehmens oder Ihrer Produkte im Internet, ist ein blühender neuer Zweig im Bereich von Social Media Marketing und Suchmaschinenmarketing.

Bekanntermaßen wird über negative Publicity am meisten gesprochen. Daher geben User diese Geschichten auch oft weiter bzw. verlinken auf sie. Je mehr Links auf eine Geschichte verweisen, desto höher ist ihr Ranking in den Suchergebnissen. Das ist auch der Grund dafür, dass das Video eines schlafenden Comcast-Mitarbeiters auf der Titelseite der Google-Suchresultate erscheint. Wenn Sie sich das Gesamtbild ansehen und alle Suchresultate für Comcast auf dieser Ergebnisseite betrachten, ist dieses Video wahrscheinlich der interessanteste Link.

Das beweist, dass im Internet jeder die Chance hat, mitzuteilen, was immer er für sein Publikum für wichtig hält. Sie können ganz einfach ein Konto bei einer Social-Media-Plattform einrichten und den Herausgeber Ihrer Tageszeitung kritisieren oder offen bemängeln, wie die Schulbehörde mit den Disziplinproblemen in Ihrer Region umgeht. Manchmal kann schon ein einziger Blogbeitrag, wenn er ein gutes Ranking hat (und viel diskutiert wird), Ihr Geschäft beeinträchtigen, zumal die Verbraucher oft Firmenbewertungen lesen, bevor sie Kaufentscheidungen treffen. Wenn die schlechte Presse allzu gut sichtbar ist, kann es passieren, dass potenzielle Kunden zu Wettbewerbern abwandern, die nicht mit Negativmeldungen belastet sind.

▼ **Abbildung 1-6**
Google-Suchergebnisse für »Comcast« im Jahre 2012

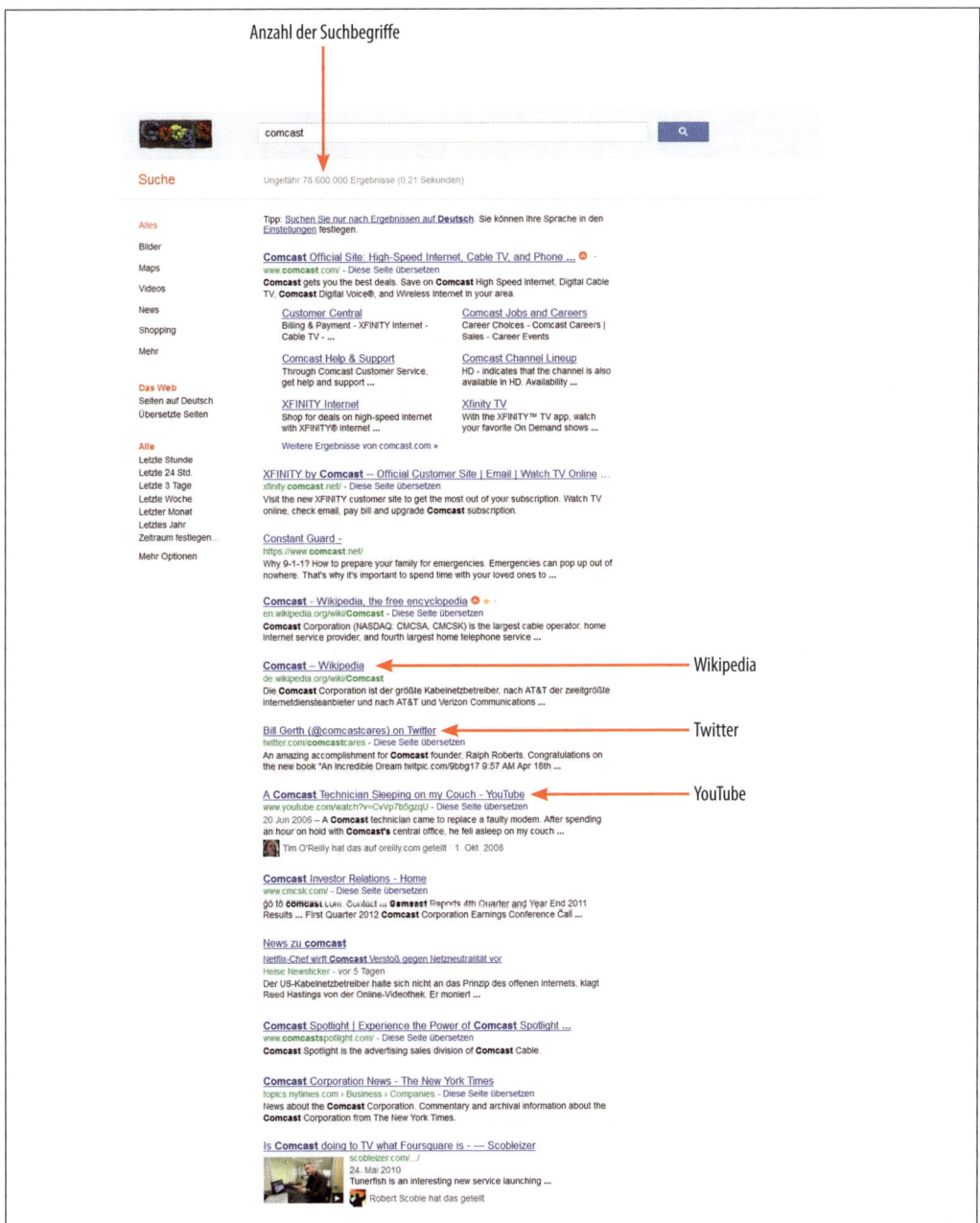

Es ist Zeit, mitzureden

Was tun Sie, wenn Sie feststellen, dass jemand auf seiner Website oder einer anderen frei zugänglichen Plattform im Internet schlecht über Ihr Unternehmen spricht? Das traditionelle Vorgehen besteht darin, sich zurückzulehnen und abzuwarten, bis sich die Wogen wieder geglättet haben. Doch heute, da sich Informationen so leicht verbreiten, ist dieser Ansatz nicht mehr die beste Wahl. Oft ist es besser, sich stattdessen selbst am Gespräch zu beteiligen.

Früher nahmen Verbraucher einfach nur auf, was sie in Printmedien lasen oder in der Werbung sahen. Sie hatten kaum Spielraum für Feedback an den Absender der Botschaft. Doch die Kommunikationssituation hat sich geändert: Das Internet hat den Dialog gefördert, und online finden Gespräche über Ihr Produkt statt, egal, ob Sie sich daran beteiligen oder nicht.

Marketingexperten sind dafür verantwortlich, immer als Erste zur Stelle zu sein und auf diese Dialoge zu achten. Ihre Aufgabe ist es, im Blick zu haben, wie die Leute Unternehmen und Produkte online wahrnehmen, und sie sollten sich offen und ehrlich in einem absolut transparenten Meinungsaustausch engagieren. Nur ein Marketingexperte, der zu denen spricht, die ihn anhören, und der sich konsequent am Gespräch darüber beteiligt, was gut und was schlecht ist, kann Vertrauen aufbauen und – wenn nötig – einen Sinneswandel herbeiführen.

Sind Sie bereit für Social Media Marketing?

Sind Sie also bereit, in eine völlig andere Dimension der Kommunikation einzutauchen? Manche Unternehmen sind darauf absolut nicht vorbereitet, und andere werden nie den Erfolg verbuchen, den sie sich erhoffen. Sie haben Angst davor, die Gesprächsleitung abzugeben. Sie haben Angst, nicht das zu hören, was sie gern hören möchten, wenn sie die Community zum Gespräch bitten; und ihre Reaktionen (oder das Fehlen von Reaktionen) können die öffentliche Wahrnehmung noch stärker verzerren. Doch die sozialen Medien werden weiterleben – zum Pech derjenigen, die den neuen Peer-to-Peer-Kanälen keine Ressourcen widmen wollen.

Zwei Überlegungen sind wichtig, um einzuschätzen, ob Sie für Social Media Marketing bereit sind.

Sie müssen willens sein, die Kontrolle über die Botschaft abzugeben

Heute kann jeder Content erstellen. Schließlich gibt es Hunderttausende von Websites, auf denen Privatpersonen etwas veröffentlichen können, und das ohne große Mühe. Und auf diesen Sites wird auch über Sie geredet.

Unternehmen müssen akzeptieren, dass sie ihre Botschaften nicht mehr so einfach steuern können. Unternehmen können ihre Botschaften auch heute noch immer mithilfe eigener Kommunikationskanäle verbreiten. Außerdem können sie sich aber in Communities engagieren und dabei auf eine Vielzahl von Kunden treffen, die ihre Gedanken über das Unternehmen und seine Produkte äußern. Marketingexperten sollten die Meinungen anderer dabei keinesfalls ignorieren, immerhin gewähren sie tiefe Einblicke in die Wahrnehmung des Produkts. Und: Sie können aus ihnen Verbesserungsvorschläge destillieren.

Sie müssen willens sein, Zeit und Kraft in das Erreichen dieser Ziele zu investieren

Auch in der Onlinewelt können Ihre Botschaften nicht von jedem empfangen werden – und schon gar nicht über Nacht. Sie müssen schon einige Ressourcen investieren, um Ihre Ziele zu erreichen.

Der anfängliche Zeitaufwand wird voraussichtlich beträchtlich sein. Sie müssen Communities beobachten, die richtigen Verhaltensregeln erlernen (die nicht auf allen Sites dieselben sind) und anhand dessen, was in der betreffenden Community akzeptabel ist, eigene Verhaltensmuster entwickeln. Je mehr Erfahrung Sie sammeln, desto geringer wird der Zeitaufwand, aber Sie müssen trotzdem immer auf dem Laufenden bleiben. Ein regelmäßiges Engagement ist zum Vertrauensaufbau gegenüber Ihren Kunden absolut notwendig.

Und was nun?

Onlinediskussionen über Ihr Unternehmen, Produkt oder Serviceangebot finden *schon jetzt* statt und werden weitergehen, egal, ob Sie sich daran beteiligen oder nicht. Als Marketingexperte sind Sie dafür verantwortlich, genau herauszufinden, was die Leute reden und wie sie das Unternehmen wahrnehmen. Durch Mitmachen können Sie diesen Meinungsaustausch erleichtern, Ihr Publikum positiv beeinflussen und Community-Mitglieder in einen Dialog verwickeln, der sowohl ihnen als auch Ihrer Organisation etwas nützt. Ein solches Engagement kann gewaltige Erfolge für Ihre Marketingbotschaft erzielen, vom Reputationsmanagement bis hin zur Markenbekanntheit und anderem. Also, worauf warten Sie noch?

Zusammenfassung

Viele Millionen Deutsche nutzen bereits die Dienste des Social Web, vor allem Netzwerke sind äußerst beliebt. Social Media Marketing ist daher ein guter Weg, um Verbraucher mit Unternehmen und Marken in Kontakt zu bringen.

Beim Social Media Marketing geht es darum, den Communities zuzuhören und hochwertige Inhalte zur Verfügung zu stellen. Damit werden Links gewonnen, Marken bekannt gemacht, Konversionsraten gesteigert und Onlinediskussionen angestoßen. Social-Media-Plattformen, auf denen laufend Gespräche stattfinden und Botschaften vermittelt werden können (wenn man es richtig macht), gibt es überall im Internet, sehr bekannt sind zum Beispiel Netzwerke wie Twitter, Facebook und Google+.

Eine der größten Schwierigkeiten im Social Media Marketing ist die Messung des ROI. An Social Media ist Vieles nicht leicht zu quantifizieren, denn die Qualität von Gesprächen lässt sich schwer in Zahlen messen.

Social Media haben wachsenden Einfluss auf Suchmaschinenresultate, und Sie haben die Möglichkeit, dabei mitzureden. Es ist nicht im Interesse Ihres Unternehmens, sich zurückzulehnen und die Diskussion einfach weiterlaufen zu lassen.

Um sicherzugehen, dass Sie für Social Media Marketing bereit sind, müssen Sie die Kontrolle über die Botschaft aus der Hand geben und sich Zeit nehmen. In den folgenden Kapiteln werden wir uns ansehen, welche Strategien dafür am wirkungsvollsten sind.

Eine Social-Media-Strategie entwickeln

2

In diesem Kapitel:
- Die Angst vor Kontrollverlust überwinden
- Die richtigen Fragen stellen: Ziele für Ihr Engagement in Social Media
- SMARTe Ziele setzen
- Ihre Zielgruppe erforschen
- Zusammenfassung

Bevor Sie nun im Social Web durchstarten, sollten Sie sich gut überlegen, was Sie erreichen möchten. Worauf hoffen Sie? Möchten Sie von mehr Menschen wahrgenommen werden? Wenn ja, von wem genau? Wollen Sie die Umsätze in Ihrem Webshop oder die Nachfrage nach Ihren Dienstleistungen steigern? Oder beides? In diesem Kapitel gehen wir anhand der wichtigsten Schritte durch, wie Sie Ihre Social-Media-Strategie entwickeln.

Aber warum können Sie nicht einfach schon mal anfangen? So schwer kann das doch nicht sein! Das ist richtig. Im Prinzip sind die sozialen Netzwerke und Dienste so angelegt, dass Sie mit wenigen Handgriffen ein Profil erstellen und loslegen können. Sobald Sie sich jedoch aus unternehmerischen Gründen mit Social Media beschäftigen, sollten Sie einige Überlegungen voranstellen. Eine konkrete Zielsetzung erleichtert Ihnen den Zugang zu Social Media, weil sie Ihre Aktivitäten plan- und messbar macht. Ihre Strategie für Social Media sollte sich in Ihre Gesamtstrategie einfügen. Sie werden Zeit, Geld und Personalressourcen einsetzen müssen. Das erfordert einen Plan.

Etwa die Hälfte aller deutschen Unternehmen sind mittlerweile auf die eine oder andere Weise in Social Media aktiv. Die Wahrscheinlichkeit, auf Ihre Mitbewerber oder Geschäftspartner zu stoßen, ist daher nicht gering. Da empfiehlt es sich, von Beginn an professionell aufzutreten. Das erwarten auch Ihre Kunden und Ihre Mitarbeiter von Ihnen. Wenn Sie loslegen, ohne sich über Ihre Erwartungen und Ihr Vorgehen Gedanken zu machen, sind Enttäuschungen oder gar Scheitern vorprogrammiert.

Hinzu kommt, dass in der Regel im Social Web niemand darauf wartet, dass Sie die Bühne betreten. An Neuigkeiten, Informationen und Unterhaltung ist das Internet nicht arm. Es ist eher eine Herausforderung, sichtbar und interessant genug zu werden, um sich die konstante Aufmerksamkeit von Nutzern zu sichern. Ausnahmen gibt es aber natürlich. Als die Deutsche Bahn Servicekanäle bei Facebook und Twitter einrichtete, wurde das regelrecht bejubelt. Gerade in solchen Fällen ist eine gute Strategie verständlicherweise besonders wichtig, um für Krisenfälle der Kommunikation ebenso gerüstet zu sein wie für den Alltag.

Für Ihre Social-Media-Strategie gilt es, einige Fragen zu klären:

- Was wollen Sie erreichen?
- Wen wollen Sie erreichen?
- Welche Inhalte und Themen wollen Sie anbieten?
- Wie wollen Sie das tun?
- Wo wollen Sie das tun?
- Wie werden Sie Ihre Inhalte planen?
- Wie und wann wollen Sie Erfolg oder Misserfolg feststellen?
- Welche Rolle spielt Social Media im Rahmen Ihrer Kommunikationsstrategie?

Ihre Social-Media-Strategie ist nicht nur wichtig, um sich nicht vor der Konkurrenz oder den Kunden zu blamieren. Social Media wirkt inzwischen in alle Abteilungen hinein, und neue Formen und Wege der Kommunikation verändern diese. Die Ansprüche Ihrer Kunden wandeln sich ebenso wie die von neuen Mitarbeitern, die Sie vielleicht gerade für diese Aufgaben angeheuert haben. Insofern dient eine Social-Media-Strategie auch der internen Kommunikation, damit alle wissen, warum, für wen, mit was, wie, wo, warum und mit welchem Erfolg das Unternehmen in Social Media aktiv ist und welchen Anteil sie selbst daran möglicherweise haben. Die vielbeschworene Transparenz ist nicht nur nach außen nötig, sondern insbesonderes auch nach innen.

Und wenngleich die Schritte auf dem Weg zu einer Social-Media-Strategie bei allen Unternehmen dieselben sind, wird Ihre Strategie hoffentlich so einzigartig sein wie Ihre Aktivitäten im Social Web.

»Hoffentlich« deshalb, weil Ihre Präsenz in Social Media so unverwechselbar sein sollte wie Ihre Marke, Ihre Produkte und Ihre Dienstleistungen, um wahrgenommen und wiedererkannt zu werden.

Recherche und sorgfältige Planung sind notwendig, um herauszufinden, auf welche Weise Sie Mitglieder einer bestehenden Community am besten ansprechen. Wenn Sie ohne Rücksicht mit Werbe- und Verkaufsbotschaften ins Spiel einsteigen, kann das negative Folgen für Ihre Reputation und Ihre Marke haben. Die wenigsten Menschen sind zum Beispiel erbaut, wenn sie beim Abendessen von Telefonwerbung gestört werden. Ähnlich ist es im Internet: Die Leute können sich aussuchen, wem sie zuhören und wen sie ignorieren.

Die Menschen sind inzwischen nicht mehr sehr empfänglich für reine Werbebotschaften. Wenn es Ihnen nur um Klicks geht und Sie nie etwas ins Netzwerk zurückgeben, werden Sie scheitern. Diese und andere Überlegungen, auf die wir im Folgenden eingehen, fließen in die Definition Ihrer Strrategie ein.

Die Angst vor Kontrollverlust überwinden

In Kapitel 1 haben wir kurz angesprochen, was Unternehmen in Social Media am meisten fürchten: *die Kontrolle über ihre Botschaft zu verlieren*. In traditionellen Medien ging die Kommunikation nur in eine Richtung: Sie sagten etwas, und das Publikum lauschte. Heute hat sich das Kommunikationsklima drastisch geändert: Unternehmen sind im Web mit Millionen von Menschen konfrontiert, die etwas zu einer Marketingbotschaft beitragen oder von ihr ablenken können. Somit ist Social Media Marketing inhärent *sozial*. Und der Dialog geht in beide Richtungen, da jetzt nicht mehr nur Marketingexperten und Unternehmen sprechen, sondern auch jeder Einzelne im Publikum eine Stimme hat. Es besteht ein Gleichgewicht der Kräfte zwischen Ihnen (dem Vertreter der Marke) und den anderen (den Vertretern des Marktes).

Über Ihre Marke, Ihre Produkte oder Dienstleistungen wurde vermutlich schon immer gesprochen. In Social Media haben Sie nicht nur die Möglichkeit, diese Meinungen und Bewertungen zu finden; meist können Sie mit Ihren Kunden auch direkt Kontakt aufnehmen oder auf Empfehlungen und Kritikpunkte öffentlich eingehen. Sie können Teil der Gespräche in Social Media werden und dabei wertvolle Erkenntnisse für Ihre unternehmerischen Aktivitäten schöpfen.

Schauen Sie sich beispielsweise die Amazon-Website an. Amazon bietet Millionen von Produkten an, von Büchern bis hin zu Heimwerkerbedarf. Jedes Produkt kann bewertet und kommentiert werden. Ein beliebtes Produkt bringt es manchmal auf Hunderte von Bewertungen. Wie Abbildung 2-1 zeigt, werden Marken und Produkte unter Verbrauchern heiß debattiert. Die Bewertungen fließen, ebenso wie Empfehlungen von Freunden, nachweislich in die Kaufentscheidung ein.[1]

Abbildung 2-1 ▼
Hunderte von Kunden bewerten Produkte im Internet.

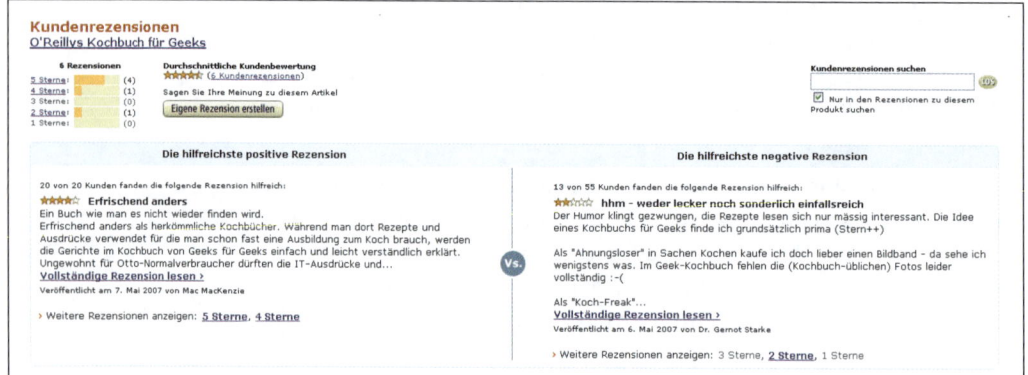

Doch auch anderswo im Internet finden muntere Diskussionen statt. Ein Kunde, der sich über schlechten Service und Support ärgert (zum Beispiel über eine unsachgemäße Paketlieferung durch ein Transportunternehmen oder einen Unternehmer), kann ein Blog starten, in dem er seine Unzufriedenheit artikuliert und sich darüber mit anderen Bloggern austauscht. Umgekehrt haben zufriedene Kunden schon manche Fanseite bei Facebook gestartet und Videos hochgeladen, um ihre Begeisterung für eine geschätzte Marke, gekaufte Produkte oder segensreiche Dienstleistungen zu zeigen. Blogs und soziale Netzwerke bringen Erfahrungen mit Unternehmen und Meinungen zu Produkten an die Öffentlichkeit.

Daher ist es für Unternehmen sinnvoll, die sozialen Medien im Blick zu behalten und sich selbst dort zu engagieren. Sie erhalten unverfälschtes Feedback und können eigene Argumente im Dialog mit Kunden überprüfen.

---

1 »Klassische Werbung verliert Einfluss auf Kaufentscheidung« (*http://wuv.de/medien/social_media_studie_klassische_werbung_verliert_einfluss_auf_kaufentscheidung*) sowie »Die Meinung Anderer beeinflusst die Kaufentscheidung online sehr oft« (*http://www.w3b.org/e-commerce/meinung-anderer-beeinflusst-kaufentscheidung-online.html*)

Wo finden sich die Storys von Kunden?

Viele Websites existieren allein zu dem Zweck, Unternehmen in einem positiven oder negativen Licht zu schildern. Es werden Storys über Erfahrungen mit bestimmten Unternehmen veröffentlicht, Produkte bewertet und Ähnliches. Als Beispiele seien folgende Verbraucherportale genannt:

Yelp

Bei Yelp (*http://www.yelp.com*) können User Bewertungen zu Firmen schreiben, mit denen sie persönlich Erfahrungen gemacht haben.

Ciao, Dooyoo

Ciao (*http://www.ciao.de*) und Dooyoo (*http://www.dooyoo.de*) sind etablierte Produktbewertungssites, die Tausende von Empfehlungen und Warnungen sowie Diskussionen zu Kinderfahrrädern, Plasmabildschirmen, Kaffeepads und Vielem mehr enthalten.

KennstDuEinen?

Sie suchen einen Zahnarzt, jemanden, der Ihnen die Küche tapeziert, oder eine zuverlässige Autowerkstatt? KennstDuEinen (*http://www.kennstdueinen.de*) sammelt Bewertungen und Empfehlungen zu Dienstleistern, auch in Ihrer Nähe.

ShopVote, e-Shop-Bewertungen

ShopVote (*http://www.shopvote.de*) und e-Shop-Bewertungen (*http://e-shop-bewertungen.de*) sind deutsche Bewertungsportale für Onlineshops.

Insgesamt gilt: Verbraucher haben eine eigene Stimme im Internet, und diese Stimme wird immer besser wahrgenommen. Äußerungen in Social Media werden zunehmend von den klassischen Medien aufgegriffen. Auf den oben genannten Plattformen haben unzufriedene Kunden die Möglichkeit, sich mit Menschen in ähnlichen Situationen auszutauschen und einander mit Rat und Tat zu helfen. Darüber hinaus existieren viele weitere branchenspezifische Bewertungsportale wie *Holidaycheck.de* oder *DocInsider.de*.

Es gibt eine Vielzahl von Werkzeugen, um diese Diskussionen mithilfe von Monitoring zu beobachten. Mit ihnen werden wir uns in Kapitel 3 beschäftigen.

Etliche Empfehlungen, Fragen und Kritiken schreiben viele Nutzer genau dort, wo sie sich ohnehin aufhalten: bei Facebook, Twitter, Google+ oder anderen sozialen Netzwerken. Oder sie bloggen darüber und teilen die Links zu ihren Artikeln im Social Web.

Das veränderte Kommunikationsverhalten im Social Web zu verstehen ist für Unternehmen von entscheidender Bedeutung: Es ist wichtig, *mit* den Menschen zu sprechen anstatt *zu* ihnen. Eine wertschätzende Kommunikation mit Ihren Kunden kann bares Geld wert sein, wenn sie sich auf Kaufentscheidungen auswirkt. Das bedeutet aber auch, dass Unternehmen lernen müssen, diese Gespräche zuzulassen. Dazu zählen Zuhören und das Zulassen von Gegenmeinungen. Allerdings ist noch mehr zu beachten, wenn eine Social-Media-Strategie erfolgreich sein soll.

Transparenz ist von zentraler Bedeutung

Social Media Marketing steht und fällt mit Ihrer Offenheit und Transparenz. Wenn Sie offen mit Ihren Ziele und Werten umgehen, keine falschen Versprechungen machen und Ihr Publikum souverän wissen lassen, was Sie in Ihrem Unternehmen richtig und vielleicht auch mal falsch machen, haben Sie in den sozialen Medien wenig zu befürchten. Wenn Sie mit gefälschten Identitäten arbeiten, Fehler oder Missstände verheimlichen wollen, mangelhafte Produkte anbieten oder in anderer Weise unehrlich sind, laufen Sie Gefahr, dass Ihnen irgendwann jemand auf die Schliche kommt. Sie werden dann viel Mühe haben, den Scherbenhaufen zusammenzukehren.

Aus Krisensituationen lernen: Mammut im Shitstorm

Am 22. August 2011 um 9:56 Uhr verfasste Andreas Freimüller, Geschäftsleiter des Campaigning-Dienstleisters Kampaweb, einen Eintrag auf der Facebook-Seite des Schweizer Outdoor-Ausrüsters Mammut. Freimüller kritisierte scharf, dass der Bergsteiger-Einkleider sich auf der *co2.ch*-Liste gegen das CO_2-Gesetz stellte, wonach in der Schweiz bis 2020 die CO_2-Emissionen um 20 Prozent gesenkt werden sollen. Ausgerechnet, steht Mammut doch für Nachhaltigkeit, Umweltbewusstsein und faire Produktion.

▲ Abbildung 2-2
Der Tweet des Anstoßes

Rasch fanden sich bei Facebook und Twitter Kommentare und Fragen von Mammut-Fans, auf die Mammut zunächst nicht antwortete. Über sein gutes Netzwerk erreichte Freimüller, dass sich seine Kritik schnell verbreitete. Mammut veröffentlichte am Mittag eine förmliche Erklärung im PR-Jargon. Diese wurde von Mammut ausdauernd in Antworten auf Kommentare und Fragen von Fans kopiert, was zu Enttäuschung und Zorn führte, da sich die Fans nicht ernst genommen fühlten. Die Diskussion schaukelte sich hoch, und der Hashtag *#mammut* war bei Twitter in den Trending Topics, wodurch die Aufmerksamkeit im Web wuchs.

Am Folgetag verkündete Mammut, sich von besagter Liste streichen lassen zu wollen: »Die massive Kritik der vergangenen Stunden auf der Facebook Page hat uns veranlasst, den Eintrag auf der Webseite *co2.ch* per sofort zu entfernen.« Für diese Entscheidung erhielt Mammut viel Beifall, und die Welle der Entrüstung legte sich.

Gerade für den Dialog im Social Web hat Mammut viel gelernt, wie Social-Media-Manager Dominik Ryser in einem Interview im Blog von Bernet PR bestätigt.[1] Kunden erwarten, in den sozialen Medien ernst genommen zu werden und mit Unternehmen auf Augenhöhe zu kommunizieren – auch und gerade in kritischen Situationen.

Man spricht in diesem Zusammenhang oft von einem *Shitstorm*, einer Welle der Entrüstung, die sich in den sozialen Medien entlädt. Selbst wenn Sie Ihre Reputation im Web nicht dauerhaft schädigen, kostet es Sie viel Zeit und Mühe, Ihren guten Ruf wiederherzustellen. Diese Zeit können Sie besser für gute Gespräche mit Ihren Kunden nutzen.

Für viele Unternehmen mag die Vorstellung, dass jeder jederzeit mitbekommen kann, was man tut oder nicht tut, ein furchteinflößender Gedanke sein. Vielleicht haben Sie Bedenken, dass die Konkurrenz mithört oder dass Sie mit dem Zugeben von Fehlern dumm dastehen. Offenheit hat jedoch Vorteile. Ihre Konkurrenz mag Ihnen zuhören, aber Sie haben ebenso die Möglichkeit, ihre Mitbewerber zu beobachten. Wenn Sie eine geschäftliche Entscheidung treffen, kann es für Ihre Kunden sehr wichtig sein, von Ihnen etwas über die Vor- und Nachteile dieser Entscheidung zu erfahren – und zwar in ehrlichen Worten und nicht in Form einer unpersönlichen Pressemitteilung. Wenn Sie einen Fehler machen, dann stehen Sie dazu und lassen Sie Ihre Kunden wissen, dass sie bei Ihnen an erster Stelle stehen. Das macht Sie menschlicher und kann den Aufbau von Beziehungen zu Ihren Kunden fördern.

Zuhören können ist wichtig

Verbreiten Sie nicht nur Ihre Botschaft, sondern hören Sie auch zu, wenn über Ihr Kernthema und insbesondere Ihre Produkte und Marke geredet wird. Versuchen Sie sich einen Überblick darüber zu verschaffen, in welchem Ton und in welchem Zusammenhang diese Gespräche stattfinden. So erhalten Sie Hinweise dazu, wie Sie selbst am geschicktesten kommunizieren sollten. Denn allein zuzuhören reicht nicht, da Sie dann nicht bemerkt werden. Nur durch Antworten und passende Beiträge können Sie eine Beziehung zu Ihrem Publikum aufbauen und es wissen lassen, dass Sie seine Meinung wertschätzen und ein hilfreicher Gesprächspartner sind.

Egal, ob Sie sich für oder gegen Social Media entscheiden, sprechen wird man auf jeden Fall über Sie. Es ist besser, sich auf einen gegenseitigen Dialog einzulassen, der Ihnen wichtige Erkenntnisse über sich selbst und Ihre Kunden liefert. Sie erhalten Einblick in das Denken Ihrer Kunden und erfahren, was Sie verbessern können.

---

2 http://bernetblog.ch/2011/11/30/im-auge-des-shitstorms-was-mammut-gelernt-hat/

Der Preis des Schweigens: Dell

Schon 2005 fingen soziale Medien an, Einfluss auf Kundenbeziehungen zu bekommen. Als einmal der Laptop des einflussreichen Bloggers Jeff Jarvis Probleme machte, verlieh er in seinem Blog seiner Unzufriedenheit über den schlechten Kundendienst von Dell Ausdruck. Er verfasste mehrere Blogbeiträge zu dem Thema, doch Dell reagierte nicht auf seine Bitten um Hilfe, und Jarvis war frustriert. Schließlich schrieb er in seinem Blog einen offenen Brief an den CEO des Unternehmens.[3] Binnen kurzer Zeit erreichte sein Blogbeitrag 10.000 Besucher, und es gingen mehr als 700 Kommentare dazu ein, viele von Leuten, die ebenfalls das Gefühl hatten, vom PC-Hersteller schlechten Support bekommen zu haben. Als die Medien auf Jarvis' Geschimpfe aufmerksam wurden, kontaktierte Dell ihn schließlich und erstattete ihm das Geld für seinen defekten Rechner.

Mit dieser Aktion zeigte das Unternehmen Dell dann doch noch, dass es dazu in der Lage war, auf Kundenkritik einzugehen.

Nach dem Zwischenfall mit Jarvis startete Dell sein *Direct2Dell*-Blog, das der Firma eine menschliche Stimme verlieh. Und im Februar 2007 lancierte Dell die Plattform *IdeaStorm.com*, um Rat und Feedback der Besitzer von Dell-Computern einzuholen. Dell nutzt die Beiträge, die Anwender an diese Website senden, um herauszufinden, was die Kunden von Dell-Produkten erwarten.

Und natürlich beobachtet Dell immer noch die Blogger. In einem Artikel in der *BusinessWeek*[4] stellte Jarvis fest, dass negative Blogbeiträge über Dell von 49 Prozent auf 22 Prozent zurückgegangen waren.

Die richtigen Fragen stellen: Ziele für Ihr Engagement in Social Media

Ein wesentlicher Punkt auf Ihrer Liste für eine Social-Media-Strategie sollte die Definition von Zielen sein. Die eigenen Erwartungen zu klären, schützt Sie nicht nur vor Enttäuschungen, sondern hilft Ihnen auch dabei, Ihre Aktivitäten in Social Media professionell zu planen.

Manches Engagement in Social Media entsteht aus dem Bedürfnis, negative Ergebnisse aus den Suchmaschinenergebnissen zu verdrängen (siehe das Comcast-Beispiel in Kapitel 1). Zwei verschiedene Ziele ließen sich dafür definieren: Reputationsmanagement und neue Verlinkungen, mit denen Sie erfreulichere Suchmaschinenergebnisse erzielen können.

Vielleicht stellen Sie bei Ihrem Monitoring fest, dass wenig oder nicht über Ihre Marke gesprochen wird. In diesem Fall wäre Ihr Ziel, Ihre Marke bekannter zu machen und Gespräche darüber in

---

3 http://www.buzzmachine.com/2005/08/17/dear-mr-dell

4 http://www.businessweek.com/bwdaily/dnflash/content/oct2007/db20071017_277576.htm

Ihrer Zielgruppe anzustoßen. Und da es nicht allein ausreicht, dass über Ihre Marke gesprochen wird, definieren Sie als weiteres Ziel, dass diese Gespräche ein möglichst positives Bild Ihrer Marke vermitteln.

Neben Reputationsmanagement und einer Verbesserung der Suchmaschinenergebnisse gibt es vielfältige Ziele, die Sie sich setzen können:

- Aufbau eines Netzes von einflussreichen Personen, sogenannten Influencern,
- Aufbau von Blogger Relations, also Beziehungen zu Menschen, die Blogs zu Ihren Themen pflegen oder in Social Media als Experten für Ihr Thema anerkannt sind,
- Kommunikation und Pflege Ihrer Marke,
- Verbesserung der internen Kommunikation,
- Positionierung als Arbeitgeber,
- Veränderung oder Verbesserung der Wahrnehmung durch die Öffentlichkeit,
- Inspiration für neue Produkte oder Dienstleistungen,
- Verstärkung oder Ergänzung Ihrer klassischen Pressearbeit,
- Vorantreiben von Themen und Agenda Setting sowie
- Stärken der Mitarbeiterzufriedenheit und -motivation.

Das sind Beispiele für Ziele, die Sie im Rahmen einer Social-Media-Strategie konkret für Ihr Unternehmen ausformulieren sollten.

Einige Ziele stellen wir Ihnen im Folgenden genauer vor, und wir schauen uns an, welche Szenarien zu diesen Zielen passen könnten. Danach werden wir mehr in die Feinheiten der Zielsetzung einsteigen.

Mehr Traffic auf Ihrer Website

Ein primäres Ziel der meisten Social-Media-Marketingkampagnen ist die Erhöhung der Zugriffszahlen (des *Traffic*) auf Ihrer Website.

Was bringt Ihnen eine Erhöhung des Traffic?

Mehr Traffic, also mehr Besucher auf Ihrer Website, bedeutet allgemein ein höheres Ranking auf Websites wie Alexa oder Quantcast, beides populäre Tools für Website-Statistiken. Wenn Sie Werbemöglichkeiten auf Ihrer Website anbieten, können Sie durch höhere Besucherzahlen Ihre Anzeigenpreise steigern.

In der Regel knüpfen Sie daran auch Erwartungen an die Konversion, die Sie wiederum an den Anmeldungen für Ihren Newsletter, die Nutzung Ihres Kontaktformulars oder Ihrer Kontaktadressen und natürlich auch am Kauf von Produkten in Ihrem Shop messen.

Eine Erhöhung des Traffic kann auch dabei helfen, andere Ziele des Social Media Marketing zu erreichen, zum Beispiel die Markenbekanntheit zu steigern, das Reputationsmanagement zu unterstützen und das Suchmaschinenranking zu verbessern.

Der Haken an der Sache

Es kommt aber auch darauf an, was für einen Traffic Sie erzeugen. Wenn Besucher auf Ihrer Website nicht den erwarteten Inhalt finden oder Ihre Website so gar nicht zu Ihren Social-Media-Präsenzen passt, ist auch die Absprungrate sehr hoch. Besucher verlassen entweder sofort wieder Ihre Website oder interessieren sich nur für Inhalte, die in Social Media verbreitet wurden. Ich habe einmal eine Konferenz besucht, auf der die Marketingdirektorin einer Website für Behinderte klagte, dass ihr extrem auf Social Media ausgerichteter Content zwar in kürzester Zeit Hunderttausende von Besuchern über die Social-News-Seite *Digg* angezogen angezogen hatte, die Verweildauer der Besucher aber sehr kurz war. Die wenigsten Besucher befassten sich mit dem eigentlichen Thema, nämlich Behinderungen. Sie ärgerte sich, in einen guten Blogger investiert zu haben, der hochwertigen Content erstellte, nur damit die Besucher der Site nach einem kurzen Aufenthalt wieder verschwanden. Ein Beispiel für Content auf der Site waren Fotos von witzigen Urinflaschen. Diese Urinflaschen hatten jedoch überhaupt keinen Bezug zur Mission oder dem Ziel der Behinderten-Website, und natürlich gelangten die Besucher nicht über den bei Digg präsentierten Beitrag hinaus.

Sie werden nie aus allen Fans und Followern Ihrer Social-Media-Präsenzen auch treue Besucher Ihrer Website machen. Viele Nutzer informieren sich dort über Marken, Unternehmen und Produkte, wo sie sich ohnehin aufhalten, und das sind zunehmend die sozialen Netzwerke. Dennoch bleibt die Website Ihre Basisstation im Internet, wo Sie die Informationen zu Ihren Produkten, Ihrer Marke und Ihrem Unternehmen zugänglich machen. Dort sollten Sie auch, etwa in einem Blog, Ihre wesentlichen Inhalte veröffentlichen, auf die Sie über Social Media hinweisen. Ihre Strategie in Social Media sollte in Ihre Gesamtstrategie integriert sein. Die Menschen mögen an Social Media Ungewöhnliches, doch wenn der Content selbst gar nichts mit Ihrer Website zu tun hat, wird das Ihre Besucher irritieren, und Sie werden nicht ihr Vertrauen gewinnen.

> ### Der Preis des freien Traffic
>
> Wenn Sie noch nicht die Erfahrung gemacht haben, wie sprunghaft die Zahl der Aufrufe Ihrer Website nach einem populären Tweet oder Posting bei Facebook ansteigen kann, aber darauf hoffen, dass Ihre Social-Media-Marketingaktion viel Wirkung zeigen wird, seien Sie gewarnt: Ihr Webhosting-Provider ist vielleicht gar nicht in der Lage, den ganzen zusätzlichen Traffic zu bewältigen. Sprechen Sie mit Ihrem Anbieter, damit er geeignete Sicherheitsvorkehrungen treffen kann und darauf eingestellt ist, dass Ihre Website Überstunden machen muss. Die ersten ein bis drei Stunden können Hunderte oder gar Tausende von Seitenabrufen bringen, was für eine Hosting-Umgebung, die keine Enterprise-Dimensionen hat, ungewöhnlich viel ist (und sogar von einer Enterprise-Infrastruktur nicht immer erwartet werden kann!). Auch wenn Sie Ihrem Meisterstück der Social-Media-Promotion Stunden gewidmet haben, bleiben Ihre Bemühungen fruchtlos, wenn Ihre Website den Traffic einfach nicht bewältigen kann.

Markenbekanntheit steigern

Erfolgreiches Social Media Marketing kann sich massiv auf die Bekanntheit einer Marke auswirken. Da immer mehr mehr Menschen immer mehr Zeit im Social Web verbringen, verzichtet kaum mehr eine Marke auf eine Präsenz in sozialen Netzwerken. Die amerikanische Social-Media-Beratungsagentur Sociagility hat 2011 eine Studie veröffentlicht, in der die 50 wertvollsten Marken in Social Media weltweit erfasst wurden. Die Marken wurden anhand von fünf Kriterien verglichen: Beliebtheit, Aufgeschlossenheit, Interaktion, Reichweite und Glaubwürdigkeit. Diese Kriterien sind entscheidend für den Erfolg im Social Web.

Marken, die auf Menschen zugehen, die positiv und negativ über die eigenen Produkte und Dienstleistungen sprechen, und die ihnen zeigen, dass sie tatsächlich gehört werden, haben erkannt: Sie können diese Menschen zu Fürsprechern der Marke machen, zu Multiplikatoren, die positiv für diese Marke eintreten.

Ein *Markenbotschafter* oder *Markenevangelist* ist unglaublich wertvoll im Social Media Marketing. Wenn jemand plant, Produkte oder Dienstleistungen zu kaufen, wird er normalerweise zuerst im Internet recherchieren, bevor er eine Kaufentscheidung fällt. Viele Verbraucher sind resistent gegen Marketingbotschaften von Unternehmen, aber den Empfehlungen und Berichten ihrer Mitkonsumenten stehen sie weniger ablehnend gegenüber. Sie hören viel lieber auf »echte Menschen« als auf Leute, die offensichtlich Firmenvertreter sind: Zu denen haben sie selten Vertrauen. Markenevangelisten zu Einfluss zu verhelfen, kann für Ihr Unternehmen deshalb wichtig sein.

Wenn Sie also Ihre Markenbekanntheit steigern wollen, müssen Sie sich eine überzeugende Präsenz in sozialen Medien aufbauen, die als wertvoll und glaubwürdig empfunden wird, und Sie sollten Beziehungen zu gut vernetzten Markenbotschaftern aufbauen und gut pflegen.

Verbessertes Suchmaschinenranking

Eine erfolgreiche Social-Media-Marketingkampagne kann Hunderte von Verlinkungen bewirken, weil die Besucher die Webseite mit der Kampagne an ihre Freunde und Familienmitglieder weiterempfehlen, oder, wenn sie im Web einflussreich (also sog. *Influencer*) sind, an ein größeres Publikum. Mit Social Media Marketing können Sie Ihre Auffindbarkeit im Internet verbessern. Suchmaschinenalgorithmen mögen eine komplizierte Angelegenheit sein, aber eines ist gewiss: Je mehr Links auf Ihre Seiten verweisen, desto wahrscheinlicher ist es, dass Sie im Ranking der Suchmaschinen aufsteigen.

Hinzu kommt, dass Suchmaschinenanbieter, allen voran Google, ihre Algorithmen immer sozialer machen. Wenn Sie bei Google angemeldet sind, erhalten Sie personalisierte Ergebnisse, die sich nach Empfehlungen Ihrer Kontakte oder Ihrem Standort richten. Außerdem ist die Suche inzwischen semantisch, was bedeutet, dass Google nicht nur nach ganz bestimmten Begriffen oder Begriffskombinationen sucht, sondern auch nach solchen, die den gesuchten ähneln.

Um ein besseres Suchmaschinenranking zu erreichen, sollten Sie zunächst sicherstellen, dass Ihre Inhalte eine eindeutige URL haben und problemlos mit einem klaren Titel, einem Erklärungstext und einem Bild in soziale Netzwerke geteilt werden können. Erstellen Sie Inhalte, die für Ihr Publikum nützlich, wertschöpfend und/oder unterhaltsam sind. Prüfen Sie, ob es weiterführende oder ergänzende Inhalte bereits im Internet gibt, und verlinken Sie diese. Probieren Sie unterschiedliche Formate aus, um Ihren Inhalt bestmöglich zu präsentieren. Manchmal sagt ein Bild oder ein Video mehr als tausend Worte.

Vernetzen Sie sich im Vorfeld rechtzeitig mit Influencern, die über Ihr Thema bloggen oder in sozialen Netzwerken beliebt und geachtet sind. Erklären Sie ihnen, was Sie vorhaben, und bitten Sie sie darum, Ihre Inhalte zu teilen. Vergessen Sie nicht, auch Ihrerseits interessante Links zu teilen, denn Sie wissen ja: Im Social Web geht es um Geben und Nehmen.

Reputationsmanagement

Der Einfluss von sozialen Medien auf die Reputation zeigt sich in den Suchmaschinenergebnissen. Geben Sie den Namen Ihrer Marke oder Ihres Unternehmens in eine Suchmaschine ein, werden Sie vermutlich viele Ergebnisse bei Twitter, Facebook oder YouTube, in Blogs oder von anderen Social-Media-Plattformen erhalten. Diese Websites genießen bei den Suchmaschinen großes Vertrauen in ihre Relevanz. Social Media können der Pflege Ihrer Reputation daher in vielerlei Hinsicht helfen (mehr dazu in Kapitel 4).

Indem Sie Präsenzen für Ihr Unternehmen oder Ihre Marke auf Social-Media-Plattformen einrichten, diese regelmäßig mit interessanten Inhalten pflegen und sich mit anderen vernetzen, verschaffen Sie sich nicht nur in den sozialen Medien eine höhere Reichweite, sondern verbessern auch noch Ihre Auffindbarkeit in den Suchmaschinen. Wenn Sie Inhalte schaffen und im Social Web verbreiten, die gerne gelesen, als bereichernd wahrgenommen, kommentiert und verlinkt werden, beeinflussen Sie zugleich, was Suchende im Internet über Ihre Marke finden. Das hilft Ihnen auch im Falle von negativen Resultaten, die Sie nach und nach durch gute Inhalte nach unten auf hintere Ergebnisseiten in den Suchmaschinen verdrängen können.

Suchmaschinenrankings sind allerdings nur ein Teil der Gleichung. Durch geschicktes Reputationsmanagement können Firmen PR-Katastrophen abwenden, indem sie negative Erfahrungen in positive verwandeln. Hierzu gehört neben einem souveränen Umgang mit den Funktionen der Social-Media-Plattformen auch eine Vorbereitung auf die Kommunikation in Krisenfällen.

Mit Social Media Monitoring und Conversation Tracking gelingt es, negative Vorfälle der Vergangenheit in positive Erfahrungen für Firmen und ihre Marken umzumünzen. Fälle wie die von Mammut oder Jack Wolfskin sind Beispiele dafür, wie Unternehmen erfolgreich auf negative Berichte reagieren können.

Social Recruitment: Neue Mitarbeiter finden

Immer mehr Unternehmen entdecken die Vorteile der Personalsuche im Social Web. Mit ausführlichen Bewerberinformationen auf der

Unternehmenswebsite und den Social-Media-Plattformen kommunizieren sie, für welche Positionen sie Mitarbeiter suchen. So werben beispielsweise BMW (*http://www.facebook.com/bmwkarriere*), der Versandhandel OTTO (*http://www.facebook.com/ottogroupkarriere*) und die Deutsche Telekom (*http://www.facebook.com/TelekomKarriere*) über eigens eingerichtete Facebook-Seiten um neue Mitarbeiter.

Darüberhinaus gibt es so genannte Karrierenetzwerke wie Talential (*http://www.talential.com/*) oder Experteer (*http://eu.experteer.com/*), bei denen Jobsuchende eine Profilseite einrichten und Unternehmen diese recherchieren können.

Andere Unternehmen wie zum Beispiel die Krones AG, Hersteller von Verpackungs- und Abfülltechnik, setzen auf Ihre eigenen Mitarbeiter, um für neue Mitarbeiter interessant zu werden. Im Videokanal der Krones AG bei YouTube (*http://www.youtube.com/user/kronestv*) finden sich viele Mitarbeiterporträts und Filme, mit denen das Unternehmen sich u.a. auch als Arbeitgeber interessant macht.

Wenn also Ihr Ziel ist, über Social Media regelmäßig neue Mitarbeiter oder Auszubildende für Ihr Unternehmen zu finden, finden Sie zahlreiche Möglichkeiten dafür. Durch eine aktive Vernetzung der Personaler in Social Media lassen sich außerdem Kontakte zu Experten und interessanten möglichen Mitarbeitern aufbauen und diese direkt ansprechen, wenn eine Position im Unternehmen frei wird. Manche Arbeitssuchende sprechen auch von sich aus Personaler an oder machen mit einer Bewerbung zum Beispiel über ein Blog oder ein Video deutlich, dass sie für eine neue Stelle ansprechbar sind.

Mehr Umsatz für Ihre Produkte

Mit einigen Social-Media-Marketingaktionen können Sie den Umsatz von Produkten steigern, zum Beispiel durch nutzergenerierte Bewertungen und Produktvideos. Unzählige Studien bestätigen, dass Meinungen und Bewertungen in sozialen Netzwerken Kaufentscheidungen beeinflussen: Ein guter Ruf und die Empfehlungen von Fürsprechern im Social Web sind für ein Unternehmen bares Geld wert.

In Social Media geht es jedoch in erster Linie um Kommunikation, nicht um Werben und Verkaufen. Aber wenn Sie Ihr Publikum dazu bringen, sich mit Ihren Inhalten und Botschaften zu beschäftigen, Bewertungen für Ihre Produkte abzugeben und über diese zu sprechen, stärkt das Ihre Markenbekanntheit, was sich letztlich auf den Umsatz auswirken sollte.

Etablieren Sie sich als Meinungsführer

Die Beteiligung in sozialen Medien kann Ihnen dabei helfen, sich als Experte zu etablieren. Blogger, die regelmäßig Beiträge veröffentlichen, stellen fest, dass ihr Ansehen im Netz steigt: Durch interessante Beiträge und Teilen von Wissen werden sie zu anerkannten Experten ihres Fachs. Wer es schafft, sich als Influencer zu etablieren, kann durch neue Kunden und Fachkollegen Freundschaften und Geschäftsbeziehungen aufbauen.

Um sich als Experte im Social Web zu positionieren, sollten Sie sich nicht scheuen, Ihr Wissen freigiebig zu teilen, indem Sie zum Beispiel Präsentationen oder Anleitungen bereitstellen, Tutorials bei YouTube einstellen oder sich auf Frage-und-Antwort-Websites engagieren. Sie können auch Webinare anbieten oder Videos mit Ihren Vorträgen hochladen. Erläutern Sie in Ihren Social-Media-Profilen, welche Themen Sie interessieren und worin Sie sich gut auskennen.

Definition   Ein *Influencer* ist jemand, dessen Wissen und Sachkenntnis ihn unter seinesgleichen als Experten ausweisen.

Szenarien für Social Media Marketing

Soziale Medien können also Vieles bewirken: den Traffic auf Ihrer Website erhöhen, das Markenbewusstsein stärken, Suchmaschinenrankings verbessern, Werkzeug zum Reputationsmanagement sein, den Umsatz steigern und Ihnen dabei helfen, neue Mitarbeiter zu finden und/oder sich als Autorität Ihres Fachs zu etablieren.

Szenario: Sie haben ein Produkt und möchten es bekannt machen

Eine beliebte Methode, um Produkte bekannter zu machen, ist die Zusammenarbeit mit Bloggern (Blogger Relations). Dafür sprechen unter anderem die hohe Glaubwürdigkeit populärer Blogs und die meist eingeschworene Lesergemeinschaft.

Recherchieren Sie Blogs, die für Ihre Kunden interessant sind, zu Ihren Produkten passen und über eine gewisse Reichweite und Beliebtheit verfügen. Prüfen Sie, ob es im Blog schon Produkttests gab und wie die Resonanz war. Schlagen Sie den Bloggern dann vor, Ihre Produkte zu testen und im Blog und anderen Netzwerken zu bewerten. Legen Sie dabei Fingerspitzengefühl an den Tag: Blogger betreiben ihre Blogs auf ganz unterschiedliche Weisen. Es gibt Blogger, die sich über ihr Blog finanzieren möchten. Es gibt Blogger, die ihr Blog als Privatangelegenheit betrachten. Sehen Sie sich die Blogs unbedingt genau an und achten Sie darauf, welcher Ton angeschlagen wird. Eine nachlässig personalisierte Massenmail mit einheitlicher Ansprache wird Ihnen um die Ohren fliegen.

Überlegen Sie sich einen fairen Deal dafür, wie beide Seiten langfristig etwas von einer Beziehung zwischen Unternehmen und Blog haben können. Vielleicht lässt sich eine Gelegenheit herstellen, wie Sie Blogger auf einer Messe oder einer anderen Veranstaltung persönlich kennenlernen können. Das hilft Ihnen dabei, ein Gefühl für den richtigen Tonfall und einen echten Mehrwert zu bekommen. Auf diese Weise können Sie erreichen, dass Ihr Produkt in einem redaktionellen Umfeld und sehr zielgruppennah besprochen wird.

Allerdings sollten Sie sich darüber im Klaren sein und auch kommunizieren, dass der Blogger seine Meinung zu Ihrem Produkt frei äußern kann. Bitten Sie den Blogger einfach um Rücksprache vor Veröffentlichung, wenn das Produkt in seinen Augen deutliche Mängel aufweist. Vielleicht lässt sich das Feedback für Sie sinnvoll verwerten und Sie können dem Blogger schon bald eine verbesserte Version anbieten. Suchen Sie im Falle von negativer Kritik das Gespräch und bemühen Sie sich, Fragen aufzuklären. Bedanken Sie sich für positive Beiträge, z.B. über die Kommentarfunktion. Vielleicht stoßen Sie auf diesem Weg wiederum auf andere Interessenten und Kunden für Ihr Produkt oder neue Kontakte für Ihr Netzwerk.

Mittlerweile existieren Portale wie trnd.com (*http://www.trnd.com*), in denen Unternehmen die Community aktiv um Meinungen bitten können. Dazu bewerben sich die Mitglieder als Produkttester bei einzelnen Kampagnen und erhalten dann Produktproben und gelegentlich auch eine Aufwandsentschädigung. Mit *trnd.com* und ähnlichen Anbietern werden wir uns genauer in Kapitel 8 beschäftigen.

Auch mit Videos kann man die Bekanntheit von Produkten steigern. Im Mai 2008 wurde ein Video mit dem Titel »Why Every Guy Should Buy Their Girlfriend a Wii Fit« bei YouTube hochgeladen.[5] Der Film zeigt einen Twen, der heimlich ein Video von seiner Freundin aufnimmt, während sie mit der Wii Fit Hula-Hoop spielt. Dieses Video wurde schon über zehn Millionen Mal aufgerufen.

---

5 *http://www.youtube.com/watch?v=v31qxrXsxv0*

> **Fallstudie: Blendtec**
>
> Im Jahre 2006 erhielt George Wright, Marketing Director bei Blendtec, einem Hersteller von Mixgeräten für Haushalte und Industrie, ein Marketingbudget in Höhe von 50 US-Dollar, um etwas Originelles für die starken, aber wenig bekannten Produkte der Firma zu tun. Eines Tages fiel Wright im Konferenzzimmer von Blendtec, in dem seine Kollegen oft vorführten, wie stark die Geräte waren, ein Häuflein Sägemehl auf dem Fußboden auf. Später erfuhr er, dass man ein Stück Holz in den Mixer gelegt hatte, um potenziellen Käufern zu zeigen, dass die Mixer von Blendtec superstark waren.
>
> Mit seinem winzigen Marketingbudget kaufte Wright einen Domainnamen (*willitblend.com*), einen Laborkittel, einen Rechen und eine Tüte Murmeln. Er filmte, wie der Unternehmensgründer Tom Dickson diese Dinge im Mixer schredderte, und stellte diese Videos dann auf YouTube und seine eigene Markenwebsite. Daraufhin ging *willitblend.com* ab wie eine Rakete. Bis heute wurden über 100 Videos veröffentlicht, die die einzigartige Power von Blendtec-Mixern unterstreichen. Aufsehenerregend war beispielsweise das Schreddern eines iPads (→ 13,5 Millionen Aufrufe) und originell die Persiflage eines Old-Spice-Werbevideos (zur Fallstudie »Old Spice« erfahren Sie mehr in Kapitel 4).
>
> Die Videos wurden allein auf YouTube bereits mehr als 230 Millionen Mal angesehen, und der *Will it Blend?*-Channel hat über 700.000 Abonnenten. Der Umsatz der Blendtec-Produkte stieg um sagenhafte 700 Prozent. Die Marke Blendtec wurde in aller Welt bekannt und brachte es zu Erwähnungen in einer Vielzahl von renommierten Medien. George Wright wurde zu Industriemessen rund um den Globus eingeladen, um über die Erfolgsgeschichte zu berichten.
>
> Wright hat durch den Erfolg seiner Firma bewiesen: Kleine Firmen können eine große Präsenz haben. Die Regeln haben sich geändert. Und er empfiehlt: Produzieren Sie keine Werbung, sondern Inhalte.

In Deutschland sorgte im Frühjahr 2010 ein Werbevideo der Fluggesellschaft Germanwings[6] für Aufmerksamkeit, das an Bord eines Flugzeugs der Konkurrenz Easyjet gedreht worden war. Darin sitzen die Germanwings-Mitarbeiter weit voneinander entfernt und können sich daher nur über (natürlich vorbereitete) Pappschilder unterhalten, auf denen sie das dürftige Inklusivangebot auf dem Konkurrenzflug monieren. Auf das Schild wie »Mama, ich muss mal« folgen »Aber nur, wenn's nix kostet« sowie »Guck aus dem Fenster, das ist gratis!« Am Ende des Videos erscheint – unter Gelächter im Flugzeug – die Botschaft »Das nächste Mal fliegen wir Germanwings«.

Das Video verbreitete sich rasend schnell und hat mittlerweile über 450.000 Aufrufe zu verzeichnen, die Kopien nicht eingerechnet. Große Aufmerksamkeit erhielt es natürlich bei Twitter und Face-

---

6   http://www.youtube.com/watch?v=kwM8bQ7Sk-A

book, und auch die großen, traditionellen Medien haben darüber berichtet.

Szenario: In den ersten vier Suchergebnissen zu Ihrem Firmennamen tauchen negative Erwähnungen auf

In sozialen Medien können Menschen positiven und negativen Gefühlen Ausdruck verleihen. Diese Geschichten finden sich oft weit oben in den Suchmaschinenrankings wieder und können großen Einfluss auf die Entscheidung der Leser für oder gegen ein Produkt haben.

In einer B2B-Studie über Augenbewegungen (Eye-Tracking) von *MarketingSherpa* und *Enquiro*[7] wurden Führungskräfte aufgefordert, reale Webseiten zu betrachten. Aus der Heatmap in Abbildung 2-3 geht hervor, dass die Elemente weiter oben auf der Seite mehr beachtet wurden als der Text und die Bilder darunter.

Abbildung 2-3 ▶
Elemente im oberen Teil der Seite werden stärker beachtet (je heller die Flecken auf der Heatmap, desto mehr Aufmerksamkeit erhielt die entsprechende Passage).

Ähnliche Studien haben gezeigt, dass die Ergebnisse, die in Suchmaschinen an höherer Position erscheinen, die größte Beachtung und die meisten Seitenaufrufe verzeichnen. Wie oft haben Sie sich

---

7 *http://www.marketingsherpa.com/sample.cfm?ident=30100*

schon gewünscht, für bestimmte Themen als Nummer 1 bei Google aufgeführt zu werden?

Wenn negative Beiträge über Ihre Marke in den Suchmaschinen dominieren, kann das Ihren guten Ruf und damit Ihren Umsatz beeinträchtigen. Kunden, die in Suchmaschinen nach Produkten suchen, wählen dann das Angebot eines Wettbewerbers, der keine negativen Suchergebnisse hat. Was tun?

- Recherchieren Sie, wer die negativen Beiträge verfasst hat, suchen Sie den Kontakt und haken Sie nach. Unkompliziert funktioniert das etwa bei Twitter, wo eine informelle, freundliche Nachfrage mehr bewirken kann als eine lange E-Mail.
- Falls Sie noch kein Profil in einem sozialen Netzwerk haben, sollten Sie sich jetzt eines anlegen. Vernetzen Sie sich mit Meinungsführern und suchen Sie das Gespräch. Werden Sie ein wertvoller Bestandteil der Community, indem Sie Wissen teilen und dabei hilfsbereit und höflich sind.
- Schaffen Sie nützliche und unterhaltsame Inhalte auf Ihrer Website und teilen Sie diese in sozialen Netzwerken. Achten Sie darauf, dass sie einen Bezug zu Ihrer Marke haben und ähnliche Themen behandeln wie die negativen Ergebnisse, die Sie verdrängen wollen.
- Gehen Sie offen und souverän mit negativen Bewertungen um. Greifen Sie Kritik in eigenen Beiträgen auf und zeigen Sie, dass Sie lernbereit sind. Sollte an der Kritik etwas dran sein, bleibt Ihnen nur eins: Verbessern Sie Ihr Produkt und kommunizieren Sie das. Bitten Sie Nutzer, ihre Erfahrungen und Meinung beizusteuern. So wird sich Ihr Beitrag noch besser herumsprechen und damit in den Suchmaschinen nach oben rutschen.
- Überprüfen Sie regelmäßig die Ergebnisse in den Suchmaschinen daraufhin, ob sich Verbesserungen ablesen lassen.

Das sind wirkungsvolle Möglichkeiten, um am Meinungsaustausch teilzuhaben und ihn zu beeinflussen. Und das Beste ist, dass schon bald die negativen Suchergebnisse nach unten rücken und Platz machen für Social-Media-Storys und -Profile, die Ihr positives Engagement dokumentieren.

Warum genau sollten Sie mit jemandem reden, der schlecht über Ihr Unternehmen, Ihre Marke, Ihr Produkt spricht? Leute, die so engagiert sind, dass sie den Lesern ihre Unzufriedenheit kundtun wollen, suchen auch Menschen, die bereit und willens sind, zuzuhören. Sie haben die Energie und den Mut aufgebracht, sich zu beschweren. Sie treibt das Bedürfnis, eine unbefriedigende Situation zu verbessern. Wenn Sie diese Menschen ansprechen und mit Respekt behandeln, motivieren Sie sie dazu, sich noch intensiver mit Ihrer Marke zu beschäftigen, und zwar diesmal auf positivere Weise. So können Sie diese Personen letztlich zu Mitgliedern derjenigen Gruppe bekehren, von der sie ursprünglich am weitesten entfernt waren: zu Markenevangelisten. Bedenken Sie: Wer sich beklagt, spricht ohnehin bereits über Ihre Marke, also warum ihn nicht dazu bewegen, es in einem positiveren Geist zu tun? Es ist erstaunlich, wie viel Sie erreichen können, einfach indem Sie mit Menschen reden.

Szenario: Sie möchten sich als Experte im Social Web positionieren

Sie verfügen über gefragtes Spezialwissen und möchten es nicht für sich behalten:

- Sie haben Ihr Jura-Examen abgeschlossen und verfügen über spezielle Kenntnisse, zum Beispiel in Medienrecht.
- Von Betriebswirtschaft verstehen Sie mehr als alle anderen in Ihrer Interessengruppe.
- Sie können hervorragend kochen und erfinden mit Vorliebe neue Rezepte.
- Sie arbeiten seit 25 Jahren in einer Autowerkstatt und verfügen über einen reichen Erfahrungsschatz, was häufige (und auch seltenere) Pannen angeht.
- Sie arbeiten in einem Bauunternehmen, das sehr viel Spezialwissen im Bereich der Niedrigenergiehäuser hat.

Wenn Sie zu einer dieser Gruppen gehören, verfügen Sie über Wissen, das andere händeringend suchen. Die Menschen suchen Rat im Internet und stellen Fragen, die Sie vielleicht direkt beantworten könnten (oder womöglich schon beantwortet haben). Darum sollten Sie darüber nachdenken, selbst ein Blog zu starten. Indem Sie per Blog technische Fragen beantworten, Geschäftstipps geben, kostenlose Rezepte anbieten, einfache Autoreparaturen erklären oder bei der Bauplanung helfen, können Sie sich als Experte auf einem bestimmten Gebiet positionieren und ihre noch begrenzte geografische Reichweite um ein Vielfaches vergrößern. Zudem können Sie durch kontinuierliche Aktualisierung Ihres Blogs weitere Chancen nutzen: etablierte Blogger werden als Referenten zu Messen und Konferenzen eingeladen, in Büchern zitiert und von Journalisten um medientaugliche Beiträge gebeten – sie bekommen neue geschäftliche Chancen. So konnte zum Beispiel ein in der Lebensmittelbranche verankerter Blogger, der als *Brown Eyed Baker* bekannt ist (*http://www.browneyedbaker.com*), seine Beliebtheit nutzen, um einen echten Bäckereibetrieb zu gründen. Er erklärt:

> Dieses Blog hat mich definitiv als Bäckerei-Experten etabliert. Es zeigt den Menschen, dass mein Unternehmen keine Eintagsfliege ist, denn es bezeugt eine Leidenschaft und Kompetenz, die ich über lange Zeit entwickelt habe. Ich glaube nicht, dass ich mich jemals an eine Unternehmensgründung gewagt hätte, wenn ich nicht schon seit fast zwei Jahren als Blogger aktiv gewesen wäre.

Durch Bloggen kann eine nicht so gut laufende Firma dringend benötigte Aufmerksamkeit erlangen. Und es kann Mitarbeitern, die eine Autorität auf ihrem Gebiet sind, die Möglichkeit geben, für ihr Unternehmen auf eine Weise einzutreten, die früher undenkbar gewesen wäre.

Nutzen Sie Twitter, um Ihr Wissen in Häppchen anzubieten oder auf Beiträge in Ihrem Blog zu verweisen. Blog und Twitter eignen sich in Kombination sehr gut, um über ein Thema Menschen zu erreichen. Nutzen Sie Plattformen zum Teilen von Dokumenten wie Slideshare oder Issuu, um E-Books, Whitepaper, Anleitungen oder Präsentationen verfügbar zu machen. Auf Pinterest, einem sozialen Netzwerk zum Teilen von Bildern und Videos, können Sie für Infografiken, Erklärvideos oder Rezeptfotos ein interessiertes Publikum finden. Versäumen Sie auch nicht, nach passenden Foren für Ihr Thema zu suchen oder nach passenden Gruppen bei Business-Netzwerken wie Xing oder LinkedIn. Wie Sie sehen, gibt es zahlreiche Möglichkeiten, sich mit Ihrem Wissen als Experte zu positionieren.

SMARTe Ziele setzen

Wie setzen Sie nun Ziele, die Ihnen in Ihrer Social-Media-Strategie als Leitlinie dienen? Im Marketing sollten Ihre Ziele konkret, messbar, erreichbar, realistisch und zeitlich klar definiert sein, dafür steht die Abkürzung SMART (*specific*, *measurable*, *attainable*, *realistic*, *timely*). Das richtige Vorgehen dazu wird in den folgenden Abschnitten erklärt.

Konkret

Definieren Sie klar, was Sie erreichen wollen. Ihre Ziele sollten konkret und für alle verständlich sowie in Abstimmung mit Ihrer Gesamtstrategie formuliert werden, damit Sie später genau wissen, wie (und ob) Sie sie erreicht haben. Im Social Media Marketing ist das Ziel, neue Abonnenten zu gewinnen, vielleicht zu unspezifisch; legen Sie stattdessen eine bestimmte Anzahl neuer Abonnenten fest und definieren Sie zusätzlich, welche Kriterien diese neuen Abonnenten erfüllen sollten. Wenn Sie 1.000 Follower bei Twitter hinzugewinnen möchten, ist das schon ein konkretes Ziel, aber zugleich sollten Sie anstreben, dass es Follower sind, die für Ihr Geschäft relevant sind. Das ist der qualitative Aspekt, den Sie in Social Media nicht außer Acht lassen sollten. Was in Social Media stattfindet, sind Beziehungsaufbau und -pflege. Diese lassen sich allein mit quantitativen Werten nur unzureichend messen.

Messbar

Was Sie nicht messen können, können Sie nicht managen. Also müssen Sie konkrete Kriterien für die Messbarkeit festlegen. Man spricht hier auch von KPI (*Key Performance Indicators*). Vielleicht definieren Sie ein Benchmark für Ihr angestrebtes Ziel und versuchen dann, es in einem bestimmten Zeitraum zu erreichen. Möchten Sie zum Beispiel mehr Seitenaufrufe generieren, sollten Sie regelmäßig einen Blick auf die Statistik Ihrer Website werfen. Viele Social-Media-Sites liefern Ihnen mehr oder weniger umfangreiche Statistiken, die Sie für die Messung Ihrer Ziele nutzen können.

Erreichbar

So ambitioniert Ihre Ziele auch sind, sie sollten erreichbar sein. Wenn Sie in fünf Jahren für Ihr Onlinemagazin nur 500 Abonnenten gewinnen konnten, ist ein Ziel von 500.000 Abonnenten in fünf Monaten wohl utopisch. Um erreichbare Ziele zu setzen, müssen Sie auch davon überzeugt sein, dass Sie persönlich das Ziel erreichen können. Die Erfahrungen, die Sie im Laufe der Zeit machen, helfen Ihnen bei der Einschätzung. Berücksichtigen sollten Sie auch, was überhaupt in Ihrem Segment möglich ist. Es macht einen Unterschied aus, ob Sie eine Nische oder den Massenmarkt bedienen..

Realistisch

Realistische Ziele berücksichtigen, was Ihnen heute zur Verfügung steht, während erreichbare Ziele darauf abheben, was *vielleicht* möglich ist. Ihre Ziele sollten machbar sein, legen Sie die Latte aber hoch genug, um bei Erfolg ein Siegesgefühl zu verspüren.

Zeitlich klar definiert

Wenn Sie sich Ziele setzen, müssen Sie auch Termine dafür festlegen. Wenn Sie sagen, Sie streben binnen Jahresfrist 5.000 neue Abonnenten für Ihr Blog an, sind Sie eventuell nicht allzu hoch motiviert, diese Aufgabe zu erfüllen. Ist das Jahr erst vorbei, kann die mangelnde Motivation Sie dazu veranlassen, das Ziel noch weiter hinauszuschieben. Nehmen Sie sich ein konkretes Datum vor, um einen Meilenstein zu erreichen. Geben Sie zum Beispiel vor, was heute in drei Monaten erreicht sein soll. Und los geht's!

Ihre Zielgruppe erforschen

Wir haben uns jetzt anhand einiger Szenarien angesehen, wie Sie mit Social Media auf Ihre Marke aufmerksam machen können. Doch in der Realität muss eine Social-Media-Strategie individuell erarbeitet werden. Überlegen Sie sich gut, wen Sie erreichen möchten und wo Sie Ihre Zielgruppe finden. Je genauer Sie diese Fragen beantworten können, desto besser werden Sie die geeigneten Plattformen identifizieren können. Ihr Zielpublikum hat auch jenseits Ihres Angebots Wünsche und Bedürfnisse. Es liegt in Ihrem Interesse, diese sorgfältig zu untersuchen. Sie erfahren dadurch, wie Sie Ihre Social-Media-Strategie gestalten müssen, um wahrgenommen zu werden und eine befriedigende Wirkung zu erzielen. Wenn Sie bereits einen festen Kundenstamm und Kontakte zu Multiplikatoren haben, sollten Sie diese fragen, wo sie im Social Web zu finden sind. Der Begriff »Social« bezeichnet zwar das Kollektiv, aber Sie werden nicht unbedingt Horden von Männern auf *kirtsy.com* begrüßen können, denn das ist eine Social-Media-Newssite für Frauen. Videos von Ihrer Eisenbahnanlage sind dort vielleicht ein wenig fehl am Platze. Verschwenden Sie nicht zu viel Zeit und Mühe auf Websites, die Ihnen keinen hinreichenden Nutzen bringen.

Sie sollten

- die demografischen Daten Ihrer Zielgruppe kennen,
- ihre Vorlieben und Abneigungen kennen,
- ihre Rituale und Codes kennen,
- ihre Kernthemen identifizieren,
- ihre Bedürfnisse erkennen,
- sich für Ihre Zielgruppe interessieren und
- sich selbst aktiv einbringen.

Die meisten Communities bilden sich aus privaten Interessen. Besteht Ihre Strategie darin, die Community nur zu infiltrieren, um Ihre Werbebotschaft loszuwerden, so werden Sie wenig Zuspruch finden und Ihrer Marke mehr schaden als nützen. Möglicherweise säen Sie statt Vertrauen und Wertschätzung Argwohn und Missachtung. Deshalb sind die sozialen Medien nicht der geeignete Ort für Marketing und PR im klassischen Sinne. Die Community wird Ihre Kenntnisse und Fragen anders beurteilen, wenn Sie als höflicher, fachkundiger und hilfsbereiter Mensch auftreten.

Schauen Sie sich die spezifischen (mutmaßlichen) Bedürfnisse Ihrer Kunden an: Können Sie einen Twitter-Kanal mit reiner Kundendienstfunktion am dringendsten brauchen? Oder können Sie sie mit einer Facebookseite begeistern? Fehlt ein Blog, das genau die Themen aufgreift, die zum Kerngeschäft Ihres Unternehmens gehören? Durchstöbern Sie Ihre Kundenzuschriften und weiteres Feedback, das Sie erhalten, und versuchen Sie, sich in Ihre Kunden hineinzuversetzen.

Ein Negativbeispiel lieferte die *Deutsche Bahn* im Herbst 2010: Zwar bot das Unternehmen eine sauber eingerichtete Facebook-Seite, die zudem mit dem Spezialangebot *Chefticket* (einer deutschlandweit gültigen Fahrkarte für 25 Euro) köderte. Doch die Bahnkunden nutzten die Facebook-Seite ausgiebig zur Kritik an den Bahnhofsplänen für *Stuttgart21*, Verspätungen, verschmutzten Zügen und unfreundlichem Personal. Für all diese Kundenbeschwerden fehlte nämlich eine offene Diskussionsplattform. Das Resultat: Die Facebook-Seite wurde von negativen Kommentaren überschwemmt, und die damit betrauten Mitarbeiter waren auf diesen Ansturm völlig unvorbereitet und zunächst überfordert, auf alle Beiträge angemessen und zeitnah zu reagieren. Und: Die Medien berichteten über die *Chefticket*-Kampagne – jedoch wenig schmeichelhaft.

Die Deutsche Bahn hat aber aus ihren Erfahrungen gelernt. Im Juni 2011 startete sie mit *@DB_Bahn* einen Service-Account bei Twitter und antwortet dort freundlich und persönlich auf Kundenfragen und -beschwerden. Nach den positiven Erfahrungen und dem Zuspruch auf Twitter wurde im Dezember 2011 auch eine Facebook-Fanpage eröffnet, auf der ebenfalls ein gut trainiertes Social-Media-Team auf Kundenfragen und Kritik eingeht. Die Deutsche Bahn nutzt beide Accounts auch für Marketingaktionen und Sonderangebote speziell für Fans und Follower.

Welche Websites besucht Ihre Zielgruppe?

Sind unter den Websites, die Ihre potenziellen Kunden besuchen, irgendwelche Social Sites? Genau diese sozialen Netzwerke sollten Sie ins Visier nehmen. Sie werden feststellen, dass es für buchstäblich jedes Interessengebiet Foren und Communities gibt und sich sehr viele Menschen in Blogs, bei Twitter und in anderen sozialen Netzwerken über U-Bahnen, Grafikdesign, Automobile oder Vögel austauschen. Die Communities, in denen Ihr Zielpublikum zusammenkommt, samt ihrer Regeln zu verstehen, ist die halbe Miete. Hören und sehen Sie deshalb genau hin. Wenn Sie dort Social Media Marketing betreiben wollen, sollten Sie in Stil und Ton hineinpassen und kein Fremdkörper sein. In Kapitel 4 erfahren Sie mehr darüber, wie Sie sich an einer Community beteiligen und sich als angesehenes Mitglied etablieren.

Was wird in Social Media über Sie geredet?

Nutzen die Leute Blogs, um über Ihre Firma und die Konkurrenz zu reden? Oder verwenden sie Foren oder soziale Netzwerke, um über die verhasstesten oder wunderbarsten Aspekte Ihres Geschäfts herzuziehen bzw. zu jubilieren? Überall dort, wo die Mitglieder der Community zusammenkommen, sollten Sie die Gespräche verfolgen und mitgestalten. Zumindest sollten Sie regelmäßig nachhorchen, um die Stimmung der Community zu erfassen. Zuhören hilft Ihnen dabei, Ihre Strategie zu formulieren. Sie sollten ein Verständnis für die emotionale Dynamik entwickeln: Ehe Sie ins Wasser springen, müssen Sie schwimmen lernen. Irgendwann sind Sie dann bereit, zu antworten.

Welche Tools und Dienste werden von meinem Zielpublikum regelmäßig verwendet?

Vielleicht können Sie nützliche Tools entwickeln oder über die Tools schreiben, die von Ihrem Zielpublikum regelmäßig verwendet werden, und dabei eine Verbindung zu Ihrem Geschäft herstellen. Angenommen, Ihr Zielpublikum besteht aus Grafikern, die gerne Anwendungen nutzen, die direkt im Browser eingebettet sind. Dann könnten Sie eine Liste mit den besten Tools zusammenstellen. Mit solchen kleinen Aufmerksamkeiten können Sie jede Menge Pluspunkte für Ihre Reputation ernten!

Welche Inhalte schätzt mein Zielpublikum am meisten?

Ein Anwalt ist vielleicht daran gewöhnt, detaillierte, längere Berichte zu lesen. Viele Nutzer bevorzugen dagegen reich bebilderte Inhalte mit witzigen Überschriften und kurzen Erklärungen. Die werdende Mutter goutiert eine Mischung aus detaillierten Informationen und Bildern über die Entwicklung, die ihr Fötus in der Gebärmutter durchmacht. Wenn Sie beobachten, welcher Content im Social Web wohlwollend aufgenommen wird, bekommen Sie ein Gefühl dafür, wie Sie Ihre Inhalte gestalten müssen. Haben Sie bereits Kontakte in der Community geknüpft, können Sie natürlich auch einfach fragen, was sich die Leute wünschen oder was sie mögen.

Erst wenn Sie diese Fragen wirklich geklärt haben, können Sie ein Gefühl für die richtigen Ideen für Ihre Zielgrupe entwickeln, egal, ob Sie ein Blog starten, eine Videoreihe produzieren, einen Podcast anbieten, einen fundierten Artikel schreiben oder eine Kombination aus mehreren Medien gestalten sollten. Denken Sie daran, dass nicht alle Social-Media-Strategien die Erstellung aufwendiger Inhalte erfordern, dass manchmal aber fesselnder Content genau das ist, was das Publikum sucht.

Ihre Strategie umsetzen

Sie haben jetzt eine Vorstellung davon, wie Sie Ziele für Ihre Social-Media-Strategie definieren können. Dann wird es Zeit, über die Umsetzung nachzudenken. Im Folgenden behandeln wir Fragen, die Sie im Vorfeld beantworten sollten.

Werden Sie auch mit Rückschlägen fertig?

Am Anfang dieses Kapitels haben wir darüber gesprochen, dass einige Unternehmen Social Media scheuen, weil sie sich vor Kontrollverlust oder negativer Resonanz fürchten. Das müssen auch Sie bedenken, bevor Sie sich in die tiefen Wasser der sozialen Medien vorwagen.

Wenn Sie sich auf Ihren Social-Media-Präsenzen nicht an Diskussionen beteiligen, können Sie Kritik dafür ernten, dass Sie auf Probleme nicht eingehen. Doch wenn Sie darauf eingehen, können Sie ebenso Kritik dafür ernten, dass Sie es falsch gemacht haben. Hier brauchen Sie sowohl Erfahrung als auch einen Plan für die Kommunikation in Krisenfällen.

Tiger Woods geht auf dem Wasser: Eine Panne im Computerspiel von Electronic Arts?

Im August 2008 wurde in dem Computerspiel *Tiger Woods PGA Tour 09* von Electronic Arts eine Panne entdeckt. Ein Spieler zeichnete einen offensichtlichen Softwarefehler auf, der ein ganz besonderes spirituelles Erlebnis bot: Tiger Woods ging wie Jesus übers Wasser. In einem Video-Upload auf YouTube[8] zeigte der Nutzer, wie Tiger Woods übers Wasser lief und dort den Ball schlug, als befände er sich auf trockenem Boden.

Das hätte sich für EA zu einem Riesenproblem auswachsen können. Doch anstatt die Botschaft zu ignorieren, beschloss das Unternehmen, mit der Community zu spielen, und lancierte eine äußerst clevere Antwort auf das Video, in der es den echten Tiger Woods übers Wasser gehen ließ.[9]

Anstatt sich durch diesen Ausrutscher seinen Ruf ruinieren zu lassen, nutzte EA Sports also die Subkultur von YouTube, ergriff selbst die Initiative und schickte eine positive Antwort. Mit Erfolg umschiffte die Firma die Klippe einer möglichen langwierigen Negativpublicity und machte aus seiner Panne einen brillanten Marketingschachzug.

Das Video verzeichnet bisher über 7,1 Millionen Betrachter und ein überwältigendes positives Feedback.

Zugleich ist es wichtig, zu erkennen, dass ein sympathisches, ernsthaftes Engagement die Stimmung in der Community positiv beeinflussen kann, und dass Unternehmen aus negativer Resonanz viel lernen können. Viel schwieriger ist es, wenn niemand Sie und Ihr Engagement bemerkt. Oft liegt das an mangelnder Vernetzung, nicht auf die Bedürfnisse der Zielgruppe abgestimmten oder lieblosen Inhalten und der fehlenden Integration von Social Media in die Gesamtstrategie des Unternehmens.

Verfügen Sie über Geduld und einen langen Atem?

In jeder Form von Markenkommunikation müssen Sie lange experimentieren, bevor Sie Erfolg haben. Das gilt auch für die sozialen Medien. Nach wie vor haben Sie es mit Individuen zu tun, die auf Ihre Bemühungen irgendwie reagieren werden. Wenn Sie beim ersten Mal scheitern, werden Sie es dann erneut versuchen? Haben Sie den Willen, an Ihren Fehlern zu wachsen? Haben Sie den Willen, Verbesserungen und Anpassungen zu akzeptieren?

---

8 http://www.youtube.com/watch?v=h42UeR-f8ZA
9 http://www.youtube.com/watch?v=FZ1st1Vw2kY

Der Aufbau eines hochwertigen Netzwerks und das Erreichen von Aufmerksamkeit kosten Zeit und Mühe. Niemand hat auf Sie gewartet und die Wertschätzung in der Community will ehrlich verdient werden. Ohne Frage: Es gibt sie, die senationellen viralen Erfolge von Social-Media-Kampagnen. Oft steckt aber ein großes Budget dahinter, manchmal ist es eine Kombination aus Glück und Budget, selten ist es einfach nur Glück, dass eine Kampagne die Community begeistert.

Sie sollten daher keine Wunder erwarten und bereit sein, geduldig in Erfahrung zu bringen, womit Sie Menschen in Social Media für sich einnehmen können und wie Sie sich als sympathischer, nützlicher Gesprächspartner unentbehrlich machen.

Netzwerkbildung im Social Web

Vor der Umsetzung Ihrer Strategie sollten Sie sich vergegenwärtigen, dass Sie mit Menschen in Kontakt treten werden, nicht mit Websites und auch nicht mit Bildschirmen. Der Erfolg Ihrer Strategie wird von den Reaktionen der Menschen auf Ihre Initiativen abhängen, und von der Bereitschaft, Ihre Botschaften und Inhalte weiterzuverbreiten. So gut wie immer sind Sie vom Wohlwollen einer Community abhängig. Ein gut funktionierendes Netzwerk ist daher von unschätzbarem Wert. Sie sollten sich also Gedanken darüber machen, wie Sie dieses Netzwerk aufbauen und nachhaltig pflegen können.

Beziehungen in sozialen Medien unterscheiden sich gar nicht so sehr von denen in der realen Welt: In beiden haben Sie mit Menschen zu tun. Wenn diese in ihren Social-Media-Beziehungen auf dem falschen Fuß erwischt werden, brechen sie den Kontakt vielleicht ab, wie auch im wirklichen Leben eine Beziehung scheitern kann. Da im Web jedoch der persönliche Kontakt von Angesicht zu Angesicht fehlt, können auch unangenehme Missverständnisse entstehen. Vor unserem Computerbildschirm verlieren wir leicht aus dem Blick, dass der Empfänger unserer Botschaften Gefühle hat und sich seine eigenen Gedanken macht. Texte und Bilder können falsch verstanden werden. Wenn Sie sich eine Zeit lang aktiv in Communities beteiligen, können sich daraus auch in der wirklichen Welt Beziehungen ergeben. Hunderttausende von persönlichen Verabredungen sind durch soziale Medien und die Communities zustande gekommen, die gleichgesinnte Menschen zusammenbringen.

Daher sollte Ihr Auftritt in Social Media zu Ihrer Unternehmenskultur passen. Es ist schön, wenn Sie Ihre Kunden in Social Media positiv überraschen können. Wenn die jedoch etwas völlig anderes von Ihnen gewohnt sind, kann das auch irritierend wirken. Andersherum werden Sie feststellen, dass Ihre Aktivitäten in Social Media Erwartungen an Ihr Unternehmen wecken können. Wenn Sie in Social Media betont lässig unterwegs sind, sollten Sie bei Begegnungen auf Messen oder Kongressen nicht ganz anders auftreten.

Networking kann sowohl online als auch offline sehr lohnenswert sein. Tatsächlich sind Aufbau und Pflege von Netzwerken wohl der wichtigste Teil der Social-Media-Gleichung. Der Schlüssel zu effizientem Netzwerken ist, die geeigneten Communities aufzuspüren, sie zu verstehen und sich selbst mit einer klaren Markenidentität einzubringen. Ein gutes Netzwerk hilft Ihnen, sich selbst in Social Media zu etablieren und Ihrer Marke ein Gesicht zu geben.

Die Wichtigkeit des Gebens

Netzwerke wachsen, weil Menschen anderen Menschen helfen und sich über gemeinsame Interessen austauschen. Ohne echtes Interesse an den Menschen in der Community und die Bereitschaft, Wissen oder Anteilnahme beizusteuern, werden Sie es schwer haben, als Teil des Netzwerks akzeptiert zu werden. Dazu gehört auch, dass Sie zunächst an Wissen, Zeit und Interesse mehr investieren müssen, als Sie bekommen. Im Laufe der Zeit wird sich ein Gleichgewicht herstellen, aber Sie sollten nie nachlassen, der Community einen Mehrwert zu geben.

Zugegeben, das kostet Zeit und Mühe. Doch der Aufbau eines hochwertigen Netzwerks lohnt sich

- für eine besserer Kommunikation und Sichtbarkeit Ihrer Marke,
- für die Reputation als jemand, der ohne Hintergedanken kommuniziert,
- für Ihre Positionierung als Experte,
- für die Förderung von Beziehungen im Leben auch jenseits des Internet und
- für das Entwickeln von neuen Ideen, Projekten und geschäftlichen Verbindungen.

Soziale Medien sind ein hervorragendes Mittel, um Ihre Reputation zu pflegen. Wenn Sie Beziehungen zu einem Zeitpunkt aufbauen, zu dem Sie nicht zwingend darauf angewiesen sind, sparen Sie sich Nerven und Zeit in Krisenfällen. Dann sind auch Fehler kein großes Problem. Diese machen schlicht menschlich, wenngleich das kein Freischein ist, allzu sorglos mit dem Wohlwollen Ihres Netzwerks umzugehen. Social Media sind mehr als Mittel zum Zweck, um mehr Betrachter, Links oder Aufmerksamkeit zu bekommen. In sozialen Medien enstehen echte zwischenmenschliche Beziehungen, was durchaus Vergnügen bereiten darf.

Wenn Sie immer zuerst an die Community denken und erst in zweiter Linie an den Nutzen, werden Sie letztlich all Ihre Ziele erreichen können, und das in einer Weise, die Ihnen die Achtung und das Vertrauen derjenigen einbringt, die Sie mit Ihren Botschaften zu erreichen suchen.

Ist Ihre Unternehmenskultur reif für Social Media?

Wenn Sie im Social Web anderen Unternehmen und Ihrer Zielgruppe zuhören, werden Sie unweigerlich wahrnehmen, welche Stimmung sie ausstrahlen. Sie können Freude und Begeisterung ablesen, aber auch Spannungen und Unstimmigkeiten lassen sich nicht verbergen.

Bevor Sie sich in Social Media engagieren, sollten Sie also Ihre Unternehmenskultur prüfen. Sie und alle, die sich für das Unternehmen in Social Media äußern, müssen wissen, in welchem Ton und mit welchen Verantwortlichkeiten Sie sprechen können. Dieses Wissen wird sich auf die Benutzung von Social-Media-Dashboards auswirken, die nur so gut sind, wie sie benutzt werden, und die von Kollaboration leben.

Mit Social Media können Sie überdies niemanden täuschen. Kurzfristig ist das vielleicht möglich, aber machen Sie sich bewusst, dass das ein Bumerang sein kann. In Social Media lässt sich viel über Ihr Unternehmen ablesen, gerade weil es dort um unmittelbare Kommunikation in Echtzeit geht. Am besten vergleichbar ist das mit der Begegnung am Messestand oder im Ladengeschäft. Kunden nehmen wahr, wenn der Haussegen schief hängt, und gehen beim nächsten Mal lieber zur Konkurrenz.

Damit Ihnen das nicht passiert, sollten Sie sich spätestens jetzt mit Ihrer Unternehmenskultur beschäftigen. Das hilft Ihnen auch bei der Formulierung Ihrer Social Media Guidelines sowie bei der Auswahl Ihrer Inhalte und Kundenansprache.

Tipp Fragen Sie Freunde, Bekannte, Geschäftspartner und Kollegen, wie sie Ihr Unternehmen wahrnehmen. Gibt es ein klares Bild Ihrer Markenpersönlichkeit? Wie klingt Ihr Unternehmen, welche Themen schreibt man Ihnen zu und wo würde man Sie erwarten? Social Media ist eine Chance, sich viele Fragen zur Markenidentität nochmal (oder erstmals) zu stellen. Denn je stimmiger Ihr Auftritt ist, desto besser können sich Ihre Kunden, aber auch Ihre Mitarbeiter damit identifizieren.

Social Media Guidelines: Leitplanken für Social Media

Sehr empfehlenswert sind »Social Media Guidelines«, also unternehmensinterne Richtlinien für den Umgang mit den verschiedenen Social-Media-Kanälen. Diese sollten sich an alle Mitarbeiter richten, auch die, die nur privat Facebook, Twitter oder andere Dienste nutzen oder noch gar nicht aktiv sind. Zwar können Sie Ihren Mitarbeitern nicht vorschreiben, ob und in welcher Form sie sich im Social Web austoben. Jedoch helfen grundlegende Verhaltenstipps, auf beiden Seiten mehr Sicherheit zu schaffen. Alle Mitarbeiter sollten darüber informiert sein, was das eigene Unternehmen im Social Web tut und vorhat.

Bedenken Sie: Aus der allgemein etablierten »One-Voice-Policy« ist in den Social Media nahezu unbemerkt eine »Many-Voices-Policy« geworden. Es liegt an Ihnen, die Stimmen Ihrer Mitarbeiter für sich zu gewinnen.

Durch den Dschungel der Bürokratie

Gleichzeitig müssen Sie sich noch durch das Bürokratiegeflecht in Ihrem Unternehmen kämpfen. Vielleicht muss Ihr Engagement in den sozialen Medien von der Rechtsabteilung abgesegnet werden. Ist sich diese der Vor- und Nachteile der geplanten Aktivitäten bewusst? Oder ist Ihr Vorgesetzter noch nicht vollständig davon überzeugt, dass Sie und andere einen Teil der Arbeitszeit künftig bei Twitter, Facebook oder in Blogs verbringen? Oder hat er etwa die glorreiche Idee, Sie künftig alle Tweets zur Absegnung vorlegen zu lassen?

Das Problem mit der Bürokratie in Unternehmen ist, dass die Verrenkungen, die Sie machen müssen, den Fortschritt behindern und letztlich nicht zu Ihren Gunsten arbeiten. Ihre Marke wird in der Öffentlichkeit diskutiert, egal, ob Chef und Rechtsabteilung grünes Licht geben oder nicht. Es ist wichtig, die Leute in Ihrem Unternehmen darin zu schulen, Missionen und Ziele sachlich, aufrichtig und transparent darzustellen. Benennen Sie klar, welche Chancen Ihre Social-Media-Strategie bietet, und auch, welche Gefahren bei fehlendem Engagement drohen.

Technik oder Zauberei?

Es kursiert immer noch die Mär, dass Social Media nichts koste. In der Tat sind viele soziale Medien kostenlos nutzbar. Auch wenn das nicht ganz richtig ist, denn es heißt auch: »Wenn Du nicht dafür bezahlen musst, dann bist du wohl selbst das Produkt.« Davon abgesehen ist der finanzielle Aufwand im Vergleich zu anderen Kommunikationsmaßnahmen im Unternehmen zunächst überschaubar. Aber schon die personellen Ressourcen müssen berücksichtigt werden, denn Kommunikation, das Bereitstellen von nützlichen Inhalten und die Auswertung der Social-Media-Aktivitäten kosten Zeit und Mühe.

Ein wichtiger Bestandteil wird bei aller Begeisterung für Technologien jedoch oft übersehen: die technische Ausstattung. Das fängt von dem Zugang zu sozialen Netzwerken an. Immer noch gibt es Unternehmen und Institutionen, bei denen zum Beispiel Facebook oder YouTube für die Mitarbeiter gesperrt sind. Verständlicherweise erschwert das die Nutzung von Social Media erheblich.

Um in Social Media Inhalte wirkungsvoll zu kommunizieren, braucht es mehr als nur Text. Daher brauchen Mitarbeiter für Social Media Tools zu Video- und Bildbearbeitung.

An der Schnittstelle zwischen Unternehmenskultur und Technik wird auch die Frage entscheiden, wie frei Mitarbeiter neue Plattformen und Tools testen können. Im Social Web entstehen laufend neue Dienste, mit denen es zu experimentieren gilt. An dieser Stelle entscheidet sich in Unternehmen, ob Mitarbeitern vertraut wird, diese sich weiterbilden können und wollen und der Stellenwert von Social Media geklärt ist.

Unmittelbare Kommunikation in Echtzeit erfordert auch, dass ein stabiles Internet und ein leistungsfähiger Computer vorhanden sind. Das klingt banal, wird aber mitunter tatsächlich übersehen. Wie bereits erwähnt, wird das Internet immer mobiler. Ein Smartphone erleichtert nicht nur die Überwachung der Kommunikation und ermöglicht die rasche Reaktion auf Anfragen. Zahlreiche Apps wie Instagram oder Vine ermöglichen eine unkomplizierte Medienproduktion, zum Beispiel von Fotos oder kurzen Videos.

Wenn Sie häufig Veranstaltungen dokumentieren, kann die Anschaffung einer geeigneten Digitalkamera sinnvoll sein.

Lernen oder untergehen: Fortbildungen

Der Zuwachs an Wissen in den letzten einhundert Jahren war enorm. Immer schneller kommen neue Technologien auf dem Markt, mit denen wir uns auseinandersetzen müssen, weil sie unsere Arbeit und unser Leben verändern. Wir sind eine lernende Gesellschaft, in der es selbstverständlich geworden ist, dass auch Erwachsene nach Abschluß ihrer Ausbildung ihr Leben lang weiterlernen. Für manche ist das ein Segen, für andere ein Fluch. Nirgends schlägt sich die rasante Entwicklung so nieder wie im Internet, wo Neuerungen und Veränderungen sich in Windeseile verbreiten.

Im Unternehmen werden Sie immer Mitarbeiter haben, die sich begeistert auf neue Anforderungen stürzen und sich in Routinen rasch langweilen, und auf der anderen Seite Mitarbeiter, die Veränderungen als bedrohlich empfinden und einen zuverlässigen Rahmen für ihre Arbeit brauchen. Natürlich gibt es auch Menschen, die Veränderungen gleichmütig hinnehmen und sich ebenso gelassen Neuerungen aneignen.

Für Social Media brauchen Sie forsche Spürnasen, die sich gern Neues ansehen und dafür Ideen entwickeln. Vielleicht sind Sie selbst diese Spürnase und möchten deshalb Social Media für Ihr Unternehmen vorantreiben?

Ein entscheidender Faktor, der Ihre Social-Media-Strategie nicht unwesentlich beeinflussen wird, ist, inwieweit das stete Lernen ermöglicht und unterstützt wird. Auch Unternehmen müssen hier oft umdenken und eine Haltung zu Fort- und Weiterbildung ihrer Mitarbeiter entwickeln. Denn das teuerste Videobearbeitungstool und das mächtigste Social-Media-Dashboard bleiben stumpfe Instrumente, wenn niemand sie bedienen kann. Da braucht es Schulungen und regelmäßige Fortbildungen. Wenn ein Unternehmen daran interessiert ist, Social Media klug und effizient einzusetzen, tut es gut daran, seinen lernwilligen Mitarbeitern die Bedingungen dafür zu schaffen.

Tipp	Wenn Sie in Socal Media auf dem Laufenden bleiben wollen, sollten Sie den Austausch mit Menschen suchen, die sich ebenfalls für oder in Unternehmen mit Social Media beschäftigen. Gerade der branchenübergreifende Austausch ist sehr wertvoll.

Hier empfiehlt sich der Besuch von Barcamps (sogenannte »Unkonferenzen« mit offener Agenda) oder lokalen Treffen von Social-Media-Leuten, die in vielen größeren Städten stattfinden. Twittwoch und Social Media Club sind B2B-Treffen, bei denen kurze Vorträge aus der Praxis und Netzwerken im Mittelpunkt stehen.

Welche Mitarbeiter benötigen Sie?

Wie jede Form von Kommunikation bedeuten auch Social Media Einsatz und Arbeit, so einfach und kostengünstig sie erscheinen mögen. Haben Sie in Ihrem Unternehmen Leute, die in Social Media bereits aktiv sind oder sich ein neues Themenfeld erarbeiten möchten? Oder müssen Sie zusätzliche Kräfte einstellen?

Sie müssen entscheiden, ob Sie die Aufgabe mit eigenen Mitteln bewältigen oder sich Hilfe von außen holen möchten. Das hängt natürlich in erster Linie von der Größe Ihres Unternehmens, dem zur Verfügung stehenden Budget und dem Umfang Ihrer Social-Media-Pläne ab. Auch Ihre Vorkenntnisse bzw. die Ihrer Mitarbeiter spielen eine Rolle.

Hinweis — Häufig werden unbezahlte Praktikantenstellen für Social-Media-Aktivitäten ausgeschrieben. Diese Art, an Arbeitskräfte zu kommen, ist kosteneffizient, aber auch riskant. Außerdem ist das sehr kurzfristig gedacht. Die Community gewöhnt sich an die Menschen, die in den Social Media für ein Unternehmen sprechen. Wenn der Repräsentant des Unternehmens alle drei oder sechs Monate wechselt, schafft das nicht unbedingt Vertrauen. Es sollte jemand sein, der sich auch in schwierigen Gesprächssituationen geschickt verhält, im Unternehmen gut vernetzt ist und sich zudem mit Ihrer Unternehmenskultur identifizieren kann. Oder würden Sie einem Praktikanten die Stelle als Unternehmenssprecher anbieten?

Vielleicht sollten Sie bestimmte Aufgaben in Social Media auch komplett outsourcen. Manch einer mag argumentieren, das sei nicht ideal, weil Sie selbst der glühendste Verfechter Ihres Produkts sind. Meiner Meinung nach kann Unterstützung von außen nicht nur den Einstieg in die Social Media erleichtern, sondern auch Ihrem Unternehmen und den Menschen, die darin arbeiten, dabei helfen, den Mitgliedern der Community die bestmögliche Botschaft zu vermitteln. Im Idealfall arbeitet ein Unternehmen mit externen Fachleuten Hand in Hand.

Vielleicht entscheiden Sie sich auch für einen Mittelweg: Sie können einen externen Berater für Ihre internen Social-Media-Aktivitäten und Schulungen anheuern. Vielleicht bietet sich eine Kooperation mit Agenturen und Beratern an, die sich im Social-Media-Umfeld und Ihren Communities gut auskennen. Sie können Ihnen bei der Ideenfindung helfen, die Kontaktaufnahme zu Influencern vereinfachen und eine virale Marketingstrategie entwerfen, die den Übergang zu einem ausgereiften Social Media Marketing in Ihrem Unternehmen erleichtert.

Zusätzlich können Sie aus webaffinen Mitarbeitern ein Team bilden, das mit einem Berater zusammen eine Social-Media-Strategie entwickelt und umsetzt, oder einen Social-Media-Manager bestimmen, der im Umgang mit der Community die Zügel in der Hand hält. Das allein ist oft schon eine Vollzeitbeschäftigung. In jedem Fall ist es aber notwendig, dass Sie im Unternehmen und mit Blick auf Ihre Gesamtstrategie erarbeiten, wie Sie im Social Web auftreten möchten, was Sie erreichen wollen und wer wofür zuständig ist. Nur so können Sie bzw. die Social-Media-Beauftragten souverän und schnell im Social Web agieren und reagieren. Daher sind in jeder Social-Media-Kampagne Training und Abstimmung wichtig, sowohl für Ihre Mitarbeiter als auch für Externe, sofern Sie welche engagieren.

In kleineren Unternehmen ist die Social-Media-Kommunikation in dieser Hinsicht etwas einfacher: Hier werden die Social-Media-Aktivitäten oft vom vorhandenen Personal in den Abteilungen Marketing, PR und/oder Kundendienst getragen. Nicht selten füttert sogar nur ein einziger Mitarbeiter täglich die sozialen Netzwerke und behält damit natürlich wunderbar den Überblick über alle jemals kommunizierten Inhalte und erhaltenen Meinungsäußerungen. Bedenken Sie jedoch, dass auch dieser Mitarbeiter einmal Urlaub hat oder kurzfristig ausfallen kann – soll dann auch gleich Ihre komplette Kommunikation im sozialen Netz brachliegen? Besser ist es, zumindest einen Zweiten einzuarbeiten und alle wichtigen Leitlinien, Inhalte und – ganz wichtig! – Zugangspasswörter bei diesem oder einem Vorgesetzten zu hinterlegen.

Bei Social-Media-Teams sollten Sie ganz genau bestimmen, wer welche Kanäle standardmäßig bewacht und bedient und wie im Krisenfall die Kommunikationswege sind. Natürlich sollten Sie auch Ihre »Öffnungszeiten« im Social Web und den Umgang mit der Arbeitszeit Ihres Social-Media-Beauftragten an den Abenden und am Wochenende klären.

Der Social-Media-Manager

Wenn Sie die Social-Media-Strategie in Ihrem Unternehmen konsequent weiterentwickeln, sollten Sie eine Position schaffen, die in der sozialen Sphäre immer wichtiger wird: die des Social-Media-Managers, der entweder eine Stabsstelle einnimmt oder im Team der Markenkommunikation arbeitet. Er ist in Social Media die Stimme des Unternehmens und tritt auch persönlich mit Kunden, Multiplikatoren und Geschäftspartnern in Kontakt. Zugleich ist er Vermittler der Wünsche und Meinungen der Kunden ins Unternehmen. Aus diesem Grund ist es auch von großer Wichtigkeit für den Erfolg in Social Media, dass der Social-Media-Manager sowohl intern als auch extern gut vernetzt und anerkannt ist.

Der Social-Media-Manager sollte ein kommunikationsstarker Teamplayer sein, der seine Begeisterung für Ihre Marke in Ihre Branche und ins Social Web tragen kann. Wichtig ist dabei, dass sich der Social-Media-Manager nicht wie ein klassischer Marketing- oder PR-Mensch verhält: Er sollte in der Lage sein, mit gesundem Menschenverstand und zwischen den Zeilen lesend auf unterschiedliche Menschen in Social Media zu reagieren und eine sympathische, »echte« Sprache zu finden, frei von Marketing- und PR-Floskeln. Seine Äußerungen sollen sich am Interesse der Community ausrichten und keine kommerziellen Untertöne haben.

Bedenken Sie bei der Auswahl eines Social-Media-Managers, dass eine gewisse Lebenserfahrung bzw. Erfahrung im Umgang mit Menschen durchaus von Vorteil sein kann. Ein Zertifikat kann Ihnen bei der Auswahl helfen, aber letztlich brauchen Sie jemanden, der Ihre Marke gelassen und möglichst heiter auch durch schweres Fahrwasser führt.

Der Social-Media-Manager übernimmt die Aufgabe, im Social Web stabile Beziehungen aufzubauen und das Netzwerk zu pflegen. Im Idealfall ist Ihr Social-Media-Manager jemand, der selbst bereits im Social Web anerkannt ist und sich mit den Regeln dort auskennt. Er beteiligt sich an Barcamps (offenes Tagungsformat mit aktiver Beteiligung aller Teilnehmer an der Programmgestaltung) und Social-Media-Treffen, besucht Konferenzen und schafft Möglichkeiten für die Community, sich auch offline zu treffen. Er sollte gerne mit Menschen arbeiten, persönlich, umgänglich und humorvoll sein und die Herausforderung lieben. Schließlich hat der Social-Media-Manager die wichtige Aufgabe, dem Unternehmen ein menschliches Gesicht zu verleihen, und »lohnen« soll es sich auch noch.

Der Social-Media-Manager beobachtet den Meinungsaustausch und nimmt regelmäßig daran teil. Er richtet die Präsenzen des Unternehmens auf relevanten Social-Media-Sites ein und behält deren Entwicklung im Blick. Anhand seiner Beobachtungen analysiert er Auffälligkeiten, Muster und Trends, die bedeutungsvoll sein könnten, und kommuniziert sie ins Unternehmen.

Gleichzeitig sollte ein Social-Media-Manager feststellen, wer Fürsprecher des Produkts oder der Marke ist. Wer stellt die Firma in einem außerordentlich positiven Licht dar, wer nicht? Wie kann man das Gespräch mit den Kritikern suchen und sie möglicherweise zu Fürsprechern machen?

Social-Media-Manager sind die Experten für Social Media Marketing in Unternehmen. Am besten ist es, wenn sie so viele Communities wie möglich verfolgen und in mehreren sozialen Netzwerken Profile unterhalten. Darüber hinaus sollten sie bei Twitter einen Account pflegen, der Lesern einen echten Mehrwert bietet, und Blogs kommentieren.

Der ideale Social-Media-Manager abonniert Alerts über die Marke (für mehrere Suchbegriffe, darunter die Namen der Wettbewerber, branchenspezifische Schlüsselwörter und die Produkt- und Markennamen des eigenen Unternehmens), liest täglich relevante Blogs und Newsportale, begleitet online Personen, die etwas beizutragen haben (darunter auch potenzielle und bestehende Markenevangelisten), und beobachtet Podcasts und Videoportale, die etwas mit seinem Unternehmen zu tun haben.

Der Markenevangelist

Markenevangelisten, auch Markenbotschafter genannt, nehmen Ihr Produkt ernst. Sie benutzen es viel und es gefällt ihnen gut. Sie möchten, dass Ihre Marke Erfolg hat. Und deshalb kann man sie auch in der Wildnis des Social Web ausfindig machen: Wenn Markenevangelisten predigen, merken Sie das. Da sie Teil Ihres Zielpublikums sind, kennen sie es wohl besser als Sie selbst. Es wäre verrückt, solche Nutzer zu ignorieren.

Um solche Markenevangelisten zu finden, müssen Sie zuerst feststellen, wer sie sind. Vielleicht bloggen sie über Ihr Produkt oder verschaffen sich in der Diskussion besonderes Gehör und zeigen Begeisterung für Ihr Produkt, indem sie auf YouTube Videos hochladen, in denen sie es benutzen. Sprechen Sie sie freundlich und auf Augenhöhe an. Wenn Sie sie ausfindig gemacht haben, finden Sie heraus, was sie an Ihrer Marke so gut finden und was ihnen in Ihrer Produktentwicklung noch fehlt. Nehmen Sie ihr Feedback ernst, um bessere Produkte bzw. Dienstleistungen zu entwickeln. Binden Sie sie an Ihre Marke, indem Sie ihnen den Zugriff auf exklusive Informationen, Erlebnisse oder Produkte einräumen. Zeigen Sie ihnen Ihre Wertschätzung und beziehen Sie sie in Entscheidungen ein. Fördern Sie den Austausch unter Ihren Markenevangelisten. Damit schaffen Sie sich eine wertvolle Community.

Der Social-Media-Manager muss jederzeit die Initiative ergreifen dürfen, um für sein Unternehmen die Stimme zu erheben. Dafür braucht er das Vertrauen der Geschäftsleitung und den Freiraum, im Sinne des Unternehmens ohne vorherige Absprache zu kommunizieren. Im Idealfall beantwortet er begründete Anliegen sofort (binnen 24 Stunden) oder gibt einen Zeitpunkt an, wann sich eine Frage klären lässt.

Regelmäßige Beteiligung an Gesprächen ist wichtig, aber ein Social-Media-Manager sollte sich möglichst auf die Themen seines Unternehmens konzentrieren und auf Mehrwert achten. Mitunter ist, wie im Geschäftsleben generell, jedoch auch Smalltalk wichtig, um Beziehungen zu wichtigen Kontakten zu pflegen. Außerdem beteiligt er sich für seine Firma und ihr Produkt konsequent an Blogs, in Form von Gastbeiträgen und Interviews oder in Kommentaren. In Kapitel 5 gehen wir noch genauer auf das Bloggen ein.

Im Laufe der Zeit sollte der Social-Media-Manager die Mission des Unternehmens wirkungsvoll formulieren und durch regelmäßiges Bloggen dessen Bekanntheit steigern. Außerdem liegt es in seinem Interesse, geeignete Kommentare und Beiträge von Nutzern hervorzuheben und in Blogbeiträgen zu beantworten. Die Verantwortung für das Social-Media-Management muss nicht unbedingt bei einem Einzelnen liegen. Es kann durchaus sinnvoll sein, aus Mitarbeitern ganz unterschiedlicher Abteilungen ein Social-Media-Team zu bilden.

Zusammenfassung

Social Media ist mehr als nur eine Kampagne oder ein weiterer Kanal und verlangt nach einer Strategie, die in Ihre Gesamtstrategie integriert ist. Über folgende Punkte sollten Sie sich klar werden, wenn Sie in Social Media aktiv sind:

- Was sind Ihre Ziele?
- Wer sind Ihre Zielgruppen?
- Was können Sie über Ihre Zielgruppen sowie deren Interessen und Bedürfnisse herausfinden?
- Für welche Themen stehen Sie?
- Welche Themen eignen sich für Social Media und Ihre Zielgruppen?
- Wer sind im Social Web die einflussreichen Meinungsführer für Ihr Thema?

- Welche Inhalte können Sie bieten, die nützlich, unterhaltsam und/oder wertschöpfend sind?
- Welche Plattformen und Dienste eignen sich für Ihre Ziele und Inhalte? Wo finden Sie Ihre Zielgruppen?
- Welche Rolle spielt Social Media in Ihrer Kommunikationsstrategie?
- Inwieweit ergänzen sich Social Media, Ihre Website, E-Mail-Marketing, Ihre Unternehmenskommunikation und Ihr Marketing sinnvoll?
- Welche Inhalte werden über welchen Kanal kommuniziert?
- Wer ist in Ihrem Unternehmen für Social Media verantwortlich?
- Wie gehen Sie intern mit Social Media um?
- Wer liefert Inhalte und Informationen für Social Media?

Überwinden Sie Ängste und Vorbehalte gegenüber Social Media. Um souverän und professionell in Social Media agieren zu können, sollten Sie sich mit Kontrollverlust, Verantwortlichkeiten und Zuständigkeiten auseinandersetzen.

In Social Media sprechen Menschen mit Menschen, nicht mit Marken. Machen Sie sich bewusst, dass Sie dort Gespräche auf Augenhöhe führen und in vielerlei Hinsicht in Vorleistung gehen werden, um vertrauensvolle und wertschätzende Beziehungen aufzubauen. Es ist unklug, erst dann in Social Media einzusteigen, wenn es gilt, Schaden zu begrenzen oder ein Produkt bekannt zu machen. Ein treues Netzwerk und ein gutes Verhältnis zu einflussreichen Persönlichkeiten in Social Media können Sie unterstützen, aber beides müssen Sie sich erst aufbauen.

Denken Sie daran, dass der Meinungsaustausch in den Social Media ohnehin stattfindet, mit oder ohne Sie. Besser ist es, er findet mit Ihnen statt, egal, ob Sie Ihr Produkt tatsächlich bewerben müssen oder nicht.

In Social Media lassen sich viele Ziele erreichen. Sie müssen mit Blick auf Ihre Gesamtstrategie selbst festlegen, was genau Sie erreichen wollen. Mögliche Ziele sind

- die Erhöhung der Besucherzahlen auf Ihrer Website,
- die Stärkung der Markenbekanntheit,
- bessere Auffindbarkeit in den Suchmaschinen,
- zufriedenere Mitarbeiter,

- mehr Newsletterabonnenten und
- Meinungsführerschaft für Ihr Thema.

Ihre Ziele im Social Media Marketing sollten klug und SMART gewählt sein: spezifisch, messbar, erreichbar, realistisch und zeitlich klar definiert.

Legen Sie sich die Latte nicht zu hoch, sonst bekommen Sie Schwierigkeiten, realistische Ergebnisse zu erzielen. Kombinieren Sie quantitative und qualitative Messwerte für Ihre Ziele und prüfen Sie diese in regelmäßigen Zeitabschnitten.

Lernen Sie erst schwimmen, bevor Sie sich ins Wasser stürzen: Studieren Sie sorgfältig die anvisierten Communities und die Interessen ihrer Mitglieder.

Bedenken Sie, dass jedes Engagement Zeit benötigt und Sie Ihre Strategie in vielen Fällen flexibel anpassen müssen.

Sobald Ihre Strategie steht, sollten Sie sich regelmäßig mit nützlichen und/oder unterhaltsamen Inhalten in den sozialen Medien einbringen – und zwar nicht nur dann, wenn Sie etwas von der Community wollen. Je enger Sie Social Media mit Ihrer Gesamtstrategie verzahnen, desto mehr werden Sie davon profitieren.

Auch die Umsetzung im Unternehmen muss sorgfältig geplant werden. In vielen Fällen empfiehlt sich die Festlegung von »Social Media Guidelines« für Ihre Mitarbeiter.

Wichtige Schritte für eine erfolgreiche Umsetzung Ihrer Social-Media-Strategie:

- Hören Sie den Teilnehmern in möglichst vielen sozialen Netzwerken aufmerksam zu,
- knüpfen Sie Beziehungen zu Menschen auf Social Sites,
- richten Sie Profile und Accounts für Ihre Marke ein,
- antworten Sie offen und auf Augenhöhe auf Fragen und Kritik und
- etablieren Sie sich als wertvoller Gesprächspartner.

In vielen Fällen ist es sinnvoll, einen Social-Media-Manager zu ernennen oder einzustellen. Dieser kümmert sich um die Kommunikation zwischen dem Unternehmen und den verschiedenen Stakeholdern des Unternehmens wie Kunden, Bloggern, Journalisten, Geschäftspartnern etc. Für diese Rolle eignen sich Personen, die Menschen sowie Herausforderungen mögen und souverän kommunizieren können. Engagiert sich der Social-Media-Manager selbst im Social Web, steigert er für sein Unternehmen Einfluss und Reichweite.

Ein gutes Netzwerk ist die Bedingung für langfristigen Erfolg im Social Web. Es gelten ähnliche Regeln wie für die Kommunikation bei Treffen im Leben außerhalb des Internet. Geben und Nehmen – vor allem das Geben! – sind für die Akzeptanz in der Community wichtig. Es entstehen echte Beziehungen zu Menschen, aus denen sich auch geschäftliche Beziehungen entwickeln können.

Social Media Monitoring

3

In diesem Kapitel:
- Social Media Monitoring
- Zusammenfassung

Im letzten Kapitel haben Sie erfahren, welche Fragen Sie stellen müssen, um Ihre Social-Media-Strategie zu planen. All diese Fragen drehen sich um das Zuhören und Kommunizieren, um Gespräche. Nur wenn Sie konsequent und regelmäßig diesen Gesprächen lauschen und sich an ihnen beteiligen, können Sie Social Media für Ihr Unternehmen effektiv nutzen, also neue Kunden gewinnen, Kunden binden und damit letztlich Umsätze generieren. Dafür müssen Sie in Erfahrung bringen, wo diese Gespräche stattfinden und an welchen Orten im Social Web Sie Ihr Zielpublikum antreffen.

Social Media Monitoring

Wir haben bereits festgestellt, dass Meinungsaustausch praktisch überall stattfinden kann, von Bewertungs-Websites, auf denen Kunden ihre Meinung äußern können, bis hin zu Blogs und sozialen Netzwerken.

Wenn Sie einen Blick auf den »Social Media Count«[1] des amerikanischen Bloggers und Medienproduzenten Gary Hayes werfen, lässt sich erahnen, welche unüberschaubare Menge von Gesprächen und Multimedia-Inhalten sekündlich neu entsteht. Aber kein Mensch kann überall zugleich sein. Also: Wie können Sie Gespräche und Ereignisse im Social Web verfolgen, ohne sich zu verzetteln?

---

1 *http://www.personalizemedia.com/garys-social-media-count/*

Abbildung 3-1 ▶
Der Social Media Count
von Gary Hayes

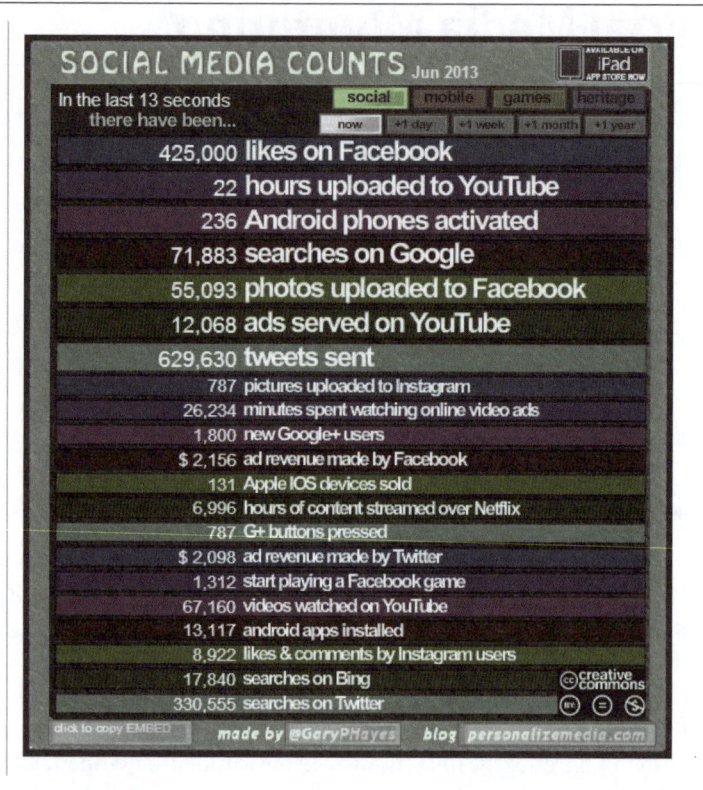

Es gibt Hunderte von Tools, die Ihnen dabei helfen, Erwähnungen Ihres Firmennamens oder Produkts oder eines bestimmten Trends im Web zu verfolgen. Viele von ihnen sind kostenlos, können aber Inhalte nur in beschränktem Umfang erfassen. Andere kosten Geld und überwachen gegen eine monatliche Gebühr mehrere Medien gleichzeitig. In diesem Abschnitt untersuchen wir, welche Themen und Begriffe Sie im Blick behalten sollten, stellen wichtige Kennzahlen vor und zeigen sowohl kostenfreie als auch kostenpflichtige Tools für das Social Media Monitoring.

Was erreichen Sie durch Social Media Monitoring?

Monitoring ist für jedes Stadium Ihrer Social-Media-Strategie unerlässlich – ganz egal, ob Sie sich bisher noch nicht im Social Web engagieren, schon eine Facebook-Seite haben oder bereits auf vielen Plattformen aktiv sind. Alles beginnt und endet damit, dass Sie Gespräche und Erwähnungen im Web verfolgen, Ihre Schlüsse ziehen und gegebenenfalls reagieren. Wenn Sie für die Pressearbeit zuständig sind, erstellen Sie längst einen regelmäßigen Pressespiegel, der alle Erwähnungen Ihres Unternehmens in den Medien erfasst – mit Social Media Monitoring weiten Sie dies auf das Web aus. Und wollen Sie Ihre Vorgesetzten davon überzeugen, sich in den sozialen Medien zu beteiligen, helfen Ihnen bestimmte Kennzahlen, einen (positiven) Effekt auf Ihr Unternehmen zu belegen. Nicht zuletzt werden Sie mithilfe von Monitoring die Effektivität Ihres Engagements in Socal Media besser einschätzen können.

Richtig geplantes Monitoring gibt Aufschluss darüber,

- wie (und ob) Ihre Marke wahrgenommen und von Kunden bewertet wird,
- wie häufig über Ihre Marke gesprochen wird und welche Stimmung dabei vorherrscht,
- ob etwas im Gange ist, das Ihren Ruf schädigen könnte, z.B. ein negativer Blogeintrag eines verärgerten Kunden,
- welche Themen in Ihrer Branche gerade heiß diskutiert werden und was sich dabei zu einem wirtschaftlich wichtigen Trend entwickeln könnte,
- welche Personen in Ihrer Branche als Experten und Meinungsführer im Web anerkannt sind,
- wer und was außerhalb Ihrer Branche für Ihr Zielpublikum als einflussreich angesehen wird,
- was Ihre Konkurrenz so treibt und
- was potenzielle Kunden von Ihnen erwarten.

Diese Punkte dienen Ihrem Reputationsmanagement und Ihrer Marktforschung; Sie können PR-Krisen vermeiden, Ihre Kunden besser kennenlernen und damit Ihre Produkte verbessern. Überlegen Sie sich daher eine Reihe von Stichwörtern, nach denen Sie das Web regelmäßig durchsuchen wollen: die Namen Ihres Unternehmens, Ihrer Marke und Ihrer Produkte genauso wie die Ihrer Konkurrenz und wichtiger Personen, und die Bezeichnung relevanter Technologien und Trends in Ihrer Branche. (Achtung, verzetteln Sie sich nicht – beginnen Sie mit maximal fünf Suchbegriffen, um ein Gespür für die Anzahl der Treffer zu bekommen, und erhöhen Sie dann schrittweise, falls nötig.) Bedenken Sie, dass Sie mit keinem Tool – ob kostenfrei oder kostenpflichtig – sicher sein können, wirklich alles zu finden; die gesprochenen Worte von Podcasts beispielsweise können ebensowenig erfasst werden wie nicht öffentlich gepostete Beiträge. Daher sollten Sie relevante Fachforen und -medien immer auch manuell überwachen und regelmäßig mit Meinungsführern sprechen.

Kennzahlen

Wie beim klassischen Marketing und Onlinemarketing gibt es mittlerweile auch beim Social Media Marketing feste Kenngrößen, die bei der Einschätzung von Monitoring-Ergebnissen helfen.

Da Social-Media-Marketingaktivitäten üblicherweise langfristig angelegt sind – meist auf den Ausbau eines Netzwerkes und den Aufbau von Beziehungen, die Bekanntmachung der Marke und die Stärkung des Image ausgerichtet –, können selten sofort Umsatzzuwächse ausgemacht werden. (Anders sieht es bei Kampagnen aus, die etwa ein neues Produkt einführen und bewerben und sinnvollerweise mit umfassenden klassischen Marketingaktivitäten verbunden sein sollten.)

Wie ordnet man also Blogtreffer, Diskussionsbeiträge oder Produktbewertungen ein? Sind möglichst viele Twitter-Follower entscheidend, oder ist es die Wichtigkeit und Relevanz der Follower? Ist ein häufig geteilter Tweet in Einzelfällen mehr wert als ein ausführlicher Artikel auf einem weniger gelesenen Blog? Und wie erfahren Unternehmen, ob die Anzahl positiver Meinungsäußerungen zunimmt?

Im Wesentlichen geht es darum, rein quantitative Zählweisen (z.B. Zahl der Follower) mit qualitativen (z.B. Relevanz der Follower) zu kombinieren. Eine Methode ist, aus dem (Online-)Marketing bekannte KPIs (*Key Performance Indicators*) für soziale Medien zu definieren und um neue Kenngrößen zu ergänzen. Sie beziehen sich zum Beispiel auf die Aufmerksamkeit, die Unternehmen erzeugen, die Aktivität Ihrer Zielgruppe sowie den Einfluss, den ein Unternehmen auf seine Kunden hat. Etablierte Größen sind zum Beispiel *Share of Voice* (Anteil der Erwähnungen in einem bestimmten Markt) und *Sentiments* (Anteil negativer, positiver oder neutraler Meinungsäußerungen). Allerdings gibt es keinen festen Standard, und verschiedene Monitoring-Werkzeuge bieten auch verschiedene Kenngrößen.

Ebenso sorgfältig wie mit der Definition Ihrer Ziele sollten Sie sich mit den Kenngrößen für Ihre Social-Media-Strategie befassen. Denn für die Bewertung Ihrer eigenen Strategie ist entscheidend, was Sie sich vorgenommen haben: Haben Sie es geschafft, die Zahl Ihrer Twitter-Follower um 20% zu steigern? Oder die Zahl negativer Blogeinträge zu verringern, indem Sie einen besseren Kundendienst via Twitter eingerichtet haben? Stieg mit der Zahl der Klicks auf Ihre Seite auch die Zahl der Online- oder Newsletterbestellungen? (Zur Konversionsrate kommen wir auch noch einmal in Kapitel 11.)

Eine regelmäßige Dokumentation ist unerlässlich. Mit ihrer Hilfe können Sie Entwicklungen rechtzeitig ablesen und entsprechend reagieren. Ebenso hilfreich ist es, neben der Dokumentation der quantitativen Zahlen und qualitativen Faktoren eine persönliche Einschätzung zu verfassen, die die erhobenen Kennzahlen in einem Zusammenhang bringt und wichtige Ereignisse berücksichtigt, die einen Einfluss auf die Ergebnisse hatten.

Im Folgenden beschäftigen wir uns mit den Tools, die Ihnen bei der Recherche und Auswertung Ihrer Erwähnungen in sozialen Medien helfen können.

Suchbegriffe

Natürlich forschen Sie schön längst in den Suchmaschinen nach Nennungen Ihrer Marke – doch wie kommen Sie weiteren, ebenso wichtigen Erwähnungen auf die Spur? Probieren Sie die Namen Ihrer Produkte, Ihrer Geschäftsführer oder Ihrer Konkurrenten – kurz: aller Begriffe und Wortgruppen, die in einem direkten Zusammenhang mit Ihrem Unternehmen stehen. Und: Versuchen Sie es stets mit mehreren Schreibweisen – Sie wissen sicherlich, wie Kunden Ihren Firmennamen gelegentlich *falsch* schreiben. Wenn Sie Trends und Entwicklungen Ihrer Branche entdecken wollen, dann sollten Sie versuchsweise verschiedene Schlagwörter in die Suchmaschine eintippen. Fragen Sie auch Ihre Mitarbeiter, Kollegen, Kunden und Geschäftspartner, welche Begriffe sie mit Ihrem Unternehmen und Ihrer Branche in Verbindung bringen. Oft weichen die Begriffe, die innerhalb eines Unternehmens und einer Branche benutzt werden, von denen ab, nach denen Kunden suchen. Wenn Sie einen Blick in Ihr Website-Analysetool werfen, können Sie meist erkennen, wonach Kunden gesucht haben, um auf Ihre Website zu gelangen, oder nach welchen Begriffen sie auf Ihrer Site selbst gesucht haben. Das kann Ihnen wichtige Hinweise dazu liefern, wie Sie Kundengesprächen im Social Web auf die Spur kommen können.

Kostenfreie Tools

Prinzipiell ist es mit kostenfreien Tools möglich, einen Großteil der Erwähnungen aufzuspüren. Je nach Umfang der Suchanfragen und Anzahl der Quellen kann dies jedoch eine arbeits- und personalintensive Aufgabe werden. Meist müssen Sie mehrere Tools parallel nutzen, um die gewünschten Ergebnisse zu erhalten. Den Tools liegen unterschiedliche Algorithmen zugrunde, so dass eine Kombination aus zwei oder drei unterschiedlichen Diensten sinnvoll ist. Außerdem müssen Sie sich überlegen, wie Sie die erfassten Daten in eine Übersicht bringen, sei es für die persönliche Dokumentation oder für die Kommunikation innerhalb des Unternehmens. Bei allen Nachteilen stellen kostenfreie Tools aber eine gute Möglichkeit dar, das Ohr auf die Schienen des Social Web zu legen und herauszufinden, wonach Sie Ausschau halten sollten. Vielleicht stellen Sie nach einer Weile fest, dass Sie ein kostenpflichtiges, mächtigeres Tool benötigen. Dann kommen Ihnen die Erfahrungen mit den kostenlosen Tools zugute, denn Sie können Ihre Anforderungen besser formulieren.

Um den Aufwand in Grenzen zu halten, sollten Sie versuchen, einige Suchabfragen mithilfe von RSS- und Alert-Abonnements so weit wie möglich zu automatisieren. Im Folgenden stellen wir Ihnen eine Auswahl hilfreicher Werkzeuge vor, die Sie (wenigstens in der Basisfunktion) kostenlos nutzen können.

Das Web

Google Alerts (http://www.google.com/alerts)
Google Alerts liefert Ihnen die neuesten Ergebnisse, die Google für einen bestimmten Suchbegriff auf verschiedenen Kanälen gefunden hat: Nachrichtenartikel, Videokommentare, Blogs, Foren, Mailinglisten und Seiten der Google-Websuche. Wie in Abbildung 3-2 zu sehen ist, können Sie einen Google Alert zum Beispiel für Ihren Firmennamen einrichten (verwenden Sie dabei gegebenenfalls Anführungszeichen). Dann empfangen Sie Alerts in Ihrem Posteingang, sobald es eine neues Suchergebnis für Ihren Firmennamen gibt. Berücksichtigen Sie dabei auch beliebte Falschschreibungen Ihres Firmennamens.

Tipp — Google bietet Sucheinstellungen, die Ihnen eine bessere Kontrolle über die Suchergebnisse ermöglichen. Die funktionieren auch bei Google Alerts. Wenn Sie zum Beispiel einen Alert abonnieren möchten, der Ihnen Bescheid sagt, wenn jemand eine Verlinkung auf Ihre Firmenwebsite einrichtet, erstellen Sie einen Alert für *link:http://www.meinefirmenwebsite.com*. Vielleicht verlinken einige Nutzer auf diese Seite, ohne Ihren Firmennamen im Ankertext zu nennen. Daher ist diese Methode sinnvoll, um festzustellen, wie die Leute auf Sie kommen.

▼ **Abbildung 3-2**
Einen Google-Alert einrichten

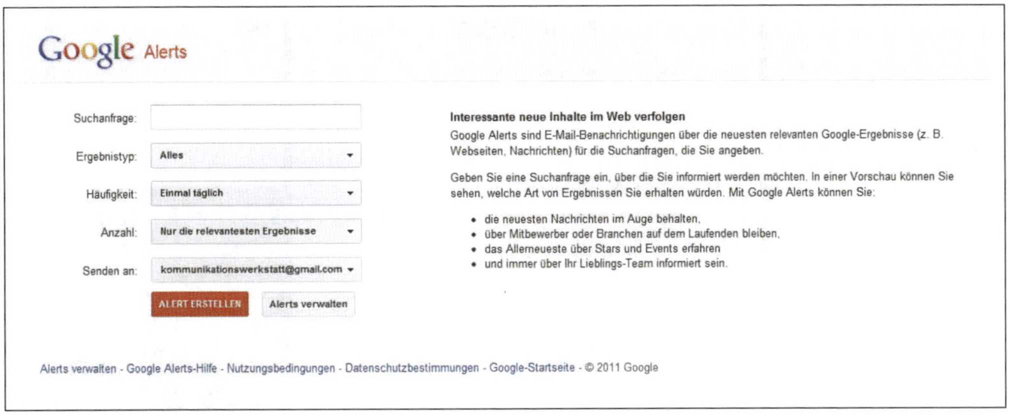

Microblogging-Sites

Twitter (http://twitter.com)

Twitter (siehe Abbildung 3-3) ist ein soziales Netzwerk und kann sich als Goldgrube für Informationen über Ihr Unternehmen erweisen. Es ist der perfekte Ort, um darauf zu lauschen, wie Ihre Marke wahrgenommen wird und wie man über Sie als Wirtschaftsunternehmen denkt. Mit der offiziellen Suchmaschine von Twitter (*http://twitter.com/#!/search*) können Sie Ihre Marke in Echtzeit verfolgen. (Wenn Sie als Twitter-Nutzer eingeloggt sind, erhalten Sie übrigens nützlichere Ergebnisse als ohne Login.) Sie können einen RSS-Feed mit den Suchergebnissen abonnieren oder sich einfach bei TweetBeep (*http://www.tweetbeep.com*) registrieren, wenn Sie Antworten direkt in Ihrem Posteingang empfangen möchten. Das funktioniert fast genauso wie Google Alerts.

Hootsuite (http://hootsuite.com/)

Hootsuite ist ein komplexes Social-Media-Dashboard, mit dem Sie nicht nur Ihre Accounts bei Twitter, Facebook und Google+ verwalten, sondern auch unkompliziert Themen, Hashtags und andere Accounts verfolgen können. Hootsuite ist wie viele Tools in der Basisversion kostenlos, entfaltet aber vor allem in der kostenpflichtigen Version sein ganzes Potential. Ausführlicher gehen wir in Kapitel 10 auf Hootsuite ein.

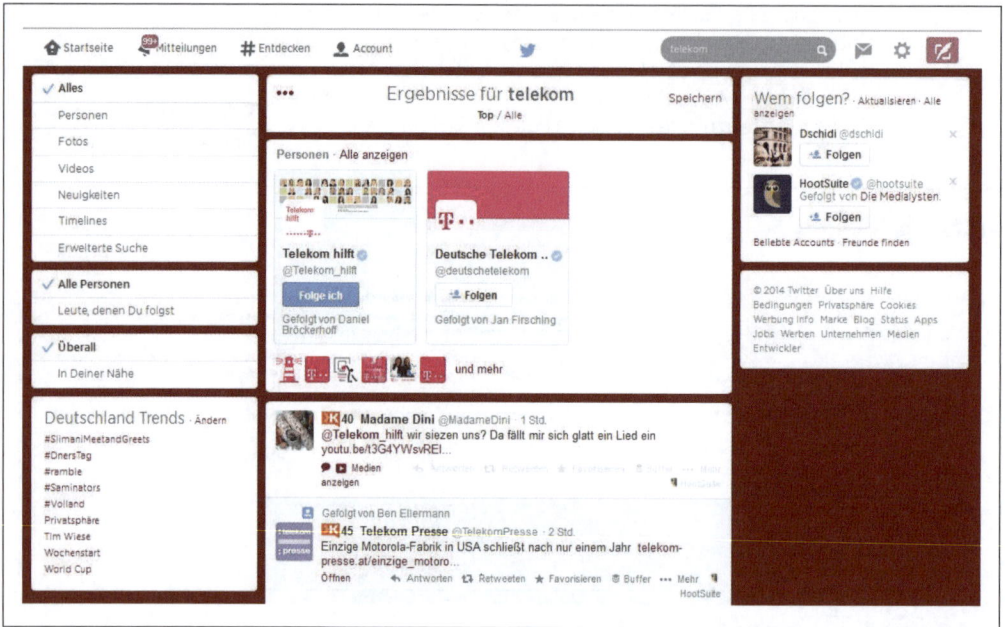

Abbildung 3-3 ▲
Bereits die Startseite von Twitter bietet eine Suchfunktion.

Tweetreach (http://www.tweetreach.com)
Dieses Tool misst die Reichweite von Usern und Tweets. Das kann insbesondere bei Kampagnen und Veranstaltungen sehr hilfreich sein. Auch hier steht kostenlos nur ein Teil der Funktionen zur Verfügung.

Twazzup (http://www.twazzup.com/)
Twazzup zeigt Tweets samt gesuchtem Schlüsselwort an, die Twitterer, die am häufigsten dazu twittern, Hashtags, die in diesem Zusammenhang ebenfalls benutzt werden, und die Tweets, die am beliebtesten sind. Dieses Tool kann für Unternehmen daher äußerst interessant sein.

Mentionmapp (http://mentionmapp.com/)
Mit diesem Tool können Sie die Vernetzung von Accounts und die Nutzung von Hashtags visualisieren. Das Ergebnis wird jeweils tagesaktuell erstellt. Hier lassen sich also Entwicklungen und Ereignisse recht gut nachvollziehen, wenn man das Tool regelmäßig benutzt.

Twitter Search (https://twitter.com/search-advanced)
Viele nützliche Tools für Twitter stehen leider nicht mehr zur Verfügung, weil Twitter zwischenzeitlich seine Schnittstelle (API) geändert hat. Mit der erweiterten Suche selbst lässt sich Twitter jedoch tadellos durchsuchen.

SocialBro (http://www.socialbro.com/)
> Ein Tool für Profis, das man kostenlos testen kann. Damit lassen sich Follower, deren Nutzerverhalten, die besten Zeiten fürs Twittern und die eigene Effizienz managen.

Facebook

Fanpage Karma (http://www.fanpagekarma.com)
> Hilfreiches Tool zur Analyse von Fanpages bei Facebook mit Kennzahlen, Auswertungen und Reports. Vergleiche mit Seiten der Konkurrenz sind ebenso möglich wie das Einrichten von Alerts bei auffälligen Aktivitäten auf der Fanpage.

Facebook Insights (https://www.facebook.com/insights)
> Facebook selbst liefert tagesaktuell Statistiken zu Fanpages. Hier lassen sich Entwicklungen und Reichweite ablesen oder die Top-Postings identifizieren. Bis zu fünf Seiten der Konkurrenz lassen sich im Vergleich zur eigenen Seite verfolgen.

Google+

CircleCount (http://www.circlecount.com)
> Mit diesem Tool können Sie die Entwicklung Ihrer Abonnentenzahlen verfolgen.

Ripples
> Mit Ripples lässt sich ablesen, wie und über wen sich Postings in Google+ verbreitet haben. Dieses Analysetool funktioniert bisher in Deutschland nur eingeschränkt. Entweder man stellt die Sprache auf Englisch um und sieht sich das mal an, oder man nutzt es für die eigene Profilseite, wo man die Verbreitung bei häufig geteilten Postings visualisieren kann. Ob Ripples zur Verfügung steht, kann man beim Posting selbst prüfen, indem man auf das kleine Häkchen oben rechts klickt und »Verbreitung ansehen« auswählt.

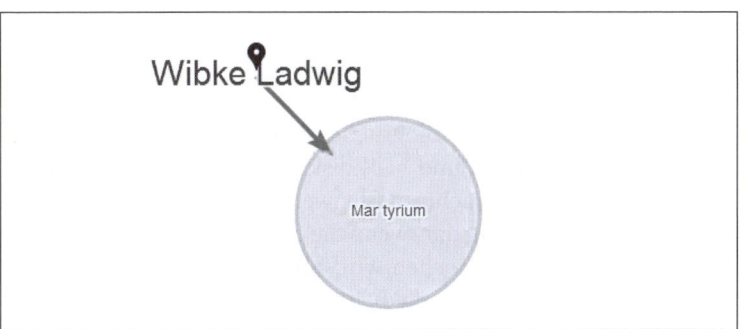

◀ **Abbildung 3-4**
Mit Ripples lassen sich Verbindungen bei Google+ visualisieren

Blogs

Google-Blogsuche (http://blogsearch.google.com)
: Mit der Blogsuche von Google können Sie herausfinden, welche Blogs regelmäßig Beiträge über Ihre Themen veröffentlichen. Durch Filter nach Sprache, Relevanz, Zeitraum und Wortgruppen lässt sich die Suche verfeinern. Die Ergebnisse können Sie als RSS- und Atom-Feed oder per E-Mail abonnieren.

Topsy (http://topsy.com/)
: Mit diesem Tool lässt sich das Social Web nach Hashtags, Stichwörtern, URLs, Fotos, Videos und Influencern durchsuchen. Topsy gibt Auskunft über Trends und bietet in der kostenpflichtigen Version komplexere Analysemöglichkeiten.

Die in den USA sehr beliebte Suchmaschine Technorati ist hierzulande übrigens nicht besonders nützlich, da sie nur sehr wenige deutsche Blogs erfasst.

Abbildung 3-5 ▼
Die Blogsuche von Icerocket

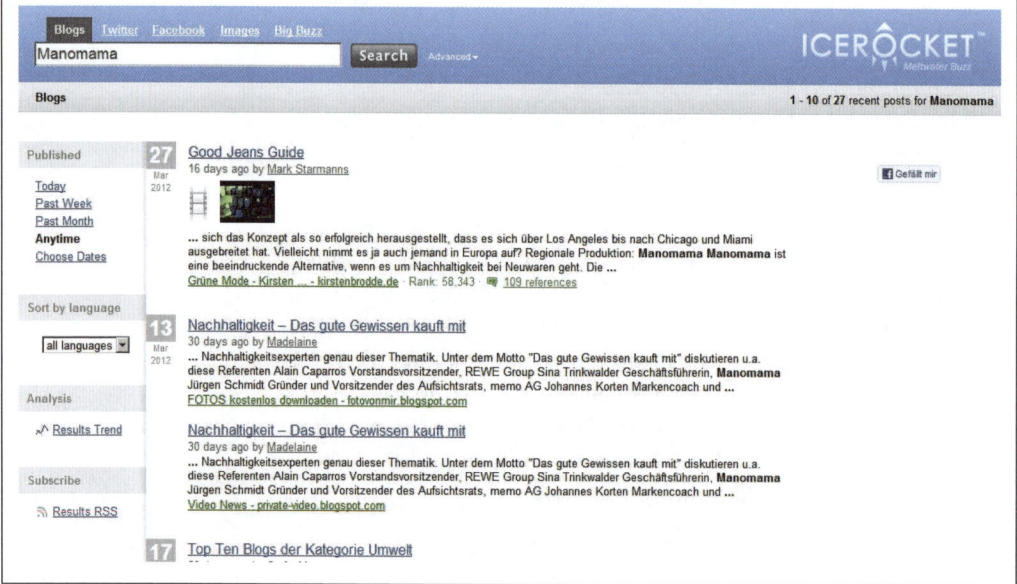

Rivva (http://rivva.de/)
: Rivva ist keine echte Blogsuche, bietet aber einen Überblick über die angesagten und heiß diskutierten Beiträge der hauptsächlich deutschsprachigen Blogwelt. Insofern stellt Rivva eine sinnvolle Ergänzung dar, wenn Sie erfahren möchten, worüber im Social Web gesprochen wird und welche Blogger regelmäßig aufmerksamkeitsstarke Beiträge liefern.

Trend- und Analysetools

Google Trends (http://www.google.com/trends)
Google Trends hilft Ihnen dabei, die Verbreitung neuer Technologien oder die Bekanntheit Ihrer Marke einzuschätzen: Es stellt grafisch dar, wie häufig ein bestimmter Begriff bei Google gesucht wurde – wie oft in welchem Zeitraum und in welchen Ländern.

Aggregatoren

SocialMention (http://www.socialmention.com)
Dieser Aggregator durchsucht mehr als 100 Social-Media-Sites gleichzeitig nach Ihrem Suchbegriff. Sie haben die Option, einzelne Websites aus der Suche auszublenden und die Suche auf Blogs, Frage-und-Antworten-Seiten oder Bookmarks zu beschränken.

Social Website Analyzer (http://socialwebsiteanalyzer.com/)
Wollen Sie wissen, wer auf Ihre Homepage verlinkt? Der Social Website Analyzer durchsucht mehrere große Bookmarking-, Social-News-, Video- und Blogging-Sites und auch Yahoo! Answers nach Ihrer URL.

Sonstige Plattformen und Kanäle

Es gibt noch unzählige andere Kanäle, auf denen der Meinungsaustausch im Internet beobachtet werden kann. Sie können Diskussionen in Foren verfolgen oder das Tagging-Verhalten einzelner Personen beobachten. Dabei sollten Sie die folgenden Tools und Websites beachten:

Videoportale
Bei YouTube (*http://www.youtube.com*) sind Webvideos von Privatpersonen und Unternehmen, Kinofilme, Ausschnitte aus Film und Fernsehen, Musikvideos und Serien zu sehen. Bewegtbild gilt als das Format der Zukunft. YouTube hat sich in den letzten Jahren zu einem der größten sozialen Netzwerke weltweit gemausert.

Vimeo (*http://www.vimeo.com*) erfreut sich ebenfalls wachsender Beliebtheit. Auch hier können Sie nach Keywords suchen oder in Kategorien erforschen, was gerade besonders populär ist.

Vine (*https://vine.co*) ist eine App für Smartphones, mit der man sechs Sekunden lange Videos veröffentlichen kann, die im Loop gezeigt werden, also die Filmsequenz in Dauerschleife. In den

USA nutzen Unternehmen die Kurzvideos bereits erfolgreich für Produktmarketing und Storytelling, während die App in Deutschland erst zögerlich Verbreitung findet. Mehr zu Bewegtbild in Kapitel 10.

Fotoportale

Bei Flickr (*http://www.flickr.com*) können Sie Fotos und Bilder sehen, die von Nutzern in aller Welt hochgeladen werden.

Pinterest (*http://www.pinterest.com/*) etabliert sich zunehmend auch in Deutschland. Hier sammelt man wie auf einer Pinnwand allein oder zusammen mit anderen Fotos. Auch Videos lassen sich hinzufügen. Durch die Verlinkung in Shops hat sich Pinterest speziell im Bereich Mode und Design zu einem der konversionsstärksten Social Networks entwickelt.

Instagram (*http://instagram.com/*) wurde 2012 von Facebook gekauft und ist eine der am weitesten verbreiteten Foto-Apps für Smartphones. Von der Funktionsweise her Twitter ähnlich, ist Instagram zugleich ein sehr großes soziales Netzwerk, das sich nach Nutzern und Hashtags durchsuchen lässt. Mehr dazu in Kapitel 10.

Foren und Message Boards

BoardTracker (*http://boardtracker.com*), BoardReader (*http://boardreader.com*) und Omgili (*http://www.omgili.com*) beobachten laufende Forumsdiskussionen. Auch wenn Facebook aktuell so überaus beliebt ist und viele Nutzer hat: Für manche Themen sind Foren nach wie vor die erste Wahl, zum Beispiel Motor-Talk.de (*http://www.motor-talk.de*), die wohl größte Community für Fans von Autos, Motorrädern, Booten und Eisenbahnen, oder urbia (*http://www.urbia.de*), die größte Familiencommunity Deutschlands.

Wikipedia

In der Wikipedia (*http://de.wikipedia.org*) können Sie einzelne Seiten beobachten und RSS-Feeds der Änderungen an bestimmten Seiten abonnieren. (Wikipedia wird in Kapitel 8 ausführlicher behandelt.)

Kostenpflichtige Tools

Wir haben bei den kostenlosen Tools bereits gesehen, dass viele davon nur in einer Basisfunktion ohne weitere Kosten nutzbar sind und ihre volle Wirkung erst entfalten, wenn man einen Obulus entrichtet. Außerdem ist nicht gewährleistet, dass kostenlose Tools stetig weiterentwickelt werden und zuverlässig erreichbar sind.

Es gibt eine Reihe von professionellen Monitoring-Tools, die sich von den kostenfreien durch nützliche Analysefunktionen sowie zeitsparende Suchautomatiken abheben. Zunächst müssen Sie Zeit investieren, um Ihr Such- und Analyseprofil einzurichten und Schritt für Schritt anzupassen.

Die hier vorgestellten Werkzeuge stellen lediglich eine Auswahl dar. Darüber hinaus gibt es noch viele weitere Monitoring-Tools für jeden Bedarf und jede Firmengröße (und jedes Budget). Aktuelle Informationen finden Sie unter anderem im Blog von Brandwatch (*http://www.brandwatch.com/de/buzz/blog*) oder auch im Fachmagazin t3n (*http://t3n.de/search?q=social+media+monitoring*).

Radian6 (http://www.radian6.com)
> Eines der mächtigsten kommerziellen Tools für Social Media Monitoring ist zweifellos Radian6 (siehe Abbildung 3-6). Es bietet die Überwachung von Millionen verschiedener Social-Media-Marketingkanäle, von Blogs über Foren bis hin zu sozialen Netzwerken. Die Nutzer von Radian6 werden gründlich über Erwähnungen ihrer Produkte und Dienstleistungen auf einer Vielzahl von Social-Media-Websites informiert. Außerdem kann der Einfluss der Message durch mächtige Analysewerkzeuge, Diagramme und Trendanalysen ausgewertet werden. Wenn zum Beispiel jemand mit nur wenigen Followern sein Missfallen über ein Produkt twittert, ist die Wirkung weniger stark als die Kritik von einem Twitterer mit 8.000 Followern. Wenn ein Blogger mit 50.000 Abonnenten ein Produkt unterstützt, wird das viel wirkungsvoller sein, als wenn dieselbe Unterstützung von jemandem kommt, der nur drei Abonnenten hat.

> Radian6 bietet interessante Trending-Daten und -Analysen und kann mit seinem vollständig anpassbaren Dashboard sogar dabei helfen, die Angesagtheit und Häufigkeit unterschiedlicher Suchbegriffe zu vergleichen.

> Die Preisstruktur von Radian6 richtet sich nach der Menge der Post-Ergebnisse pro Monat und der Anzahl der Benutzerkonten.

Sysomos Heartbeat (http://www.sysomos.com/)
> Heartbeat ist ein sehr gut strukturiertes, intuitiv zu bedienendes Dashboard, dessen Aufbau und Funktionalität Radian6 ähneln. Seit 2006 speichert es sämliche Internetquellen weltweit, und es wird ständig aktualisiert – Twitter-Meldungen zum Beispiel sind in Echtzeit abrufbar. Es wertet automatisch aus, welcher Stim-

mung die Beiträge sind (*Sentiments*), und bietet eine Reihe von Verknüpfungsmöglichkeiten. So kann man darstellen, zu welcher Altersgruppe die Blogger gehören, die am häufigsten über Sie sprechen, und aus welcher Region sie kommen. Der Buzzgraph identifiziert Trends, und eine Influencer-Auswertung liefert die Meinungsbildner. Alle Analysedaten und Berichte können als CSV-, JPEG- und PDF-Dateien exportiert werden. Die Kosten für Heartbeat hängen von der Anzahl der Suchabfragen ab.

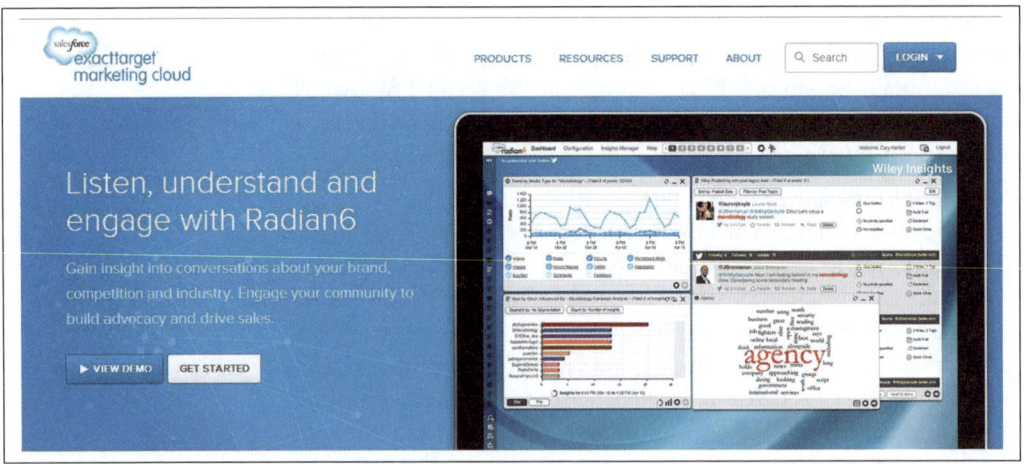

Abbildung 3-6 ▲
Radian6 bietet eine voll anpassbare Dashboard-Ansicht Ihrer wichtigsten Social-Media-Messdaten.

Brandwatch (http://www.brandwatch.com/de/)

Brandwatch gilt als einer der führenden internationalen Anbieter für Social Media Monitoring und Social Analytics. Mehr als 700 Markenunternehmen und Agenturen nutzen die Tools für Erkenntnisse über Marke, Trends und den Social Media Buzz im Internet. Ein eigener "Crawler" durchsucht über 50 Millionen Quellen (darunter Foren, Blogs und soziale Netzwerke) in aktuell 25 Sprachen und filtert die Ergebnisse nach personalisierten Suchanfragen. Mit Tabellen, Diagrammen oder Wordclouds, die wiederum gefiltert werden können, werden die Daten übersichtlich dargestellt. Die Preisgestaltung richtet sich nach der Zahl der monatlichen Erwähnungen.

blueReport (http://www.bluereport.net/)

Für den deutschen Sprachraum ist auch das Schweizer Unternehmen *blueReport* zu erwähnen. Es durchforstet gegen Gebühr traditionelle Webseiten und Social-Media-Sites nach Ihren Suchbegriffen und sendet Ihnen die Ergebnisse automatisch zu. Die Bezahlung funktioniert per Abonnement für einen, 12 oder 24 Monate.

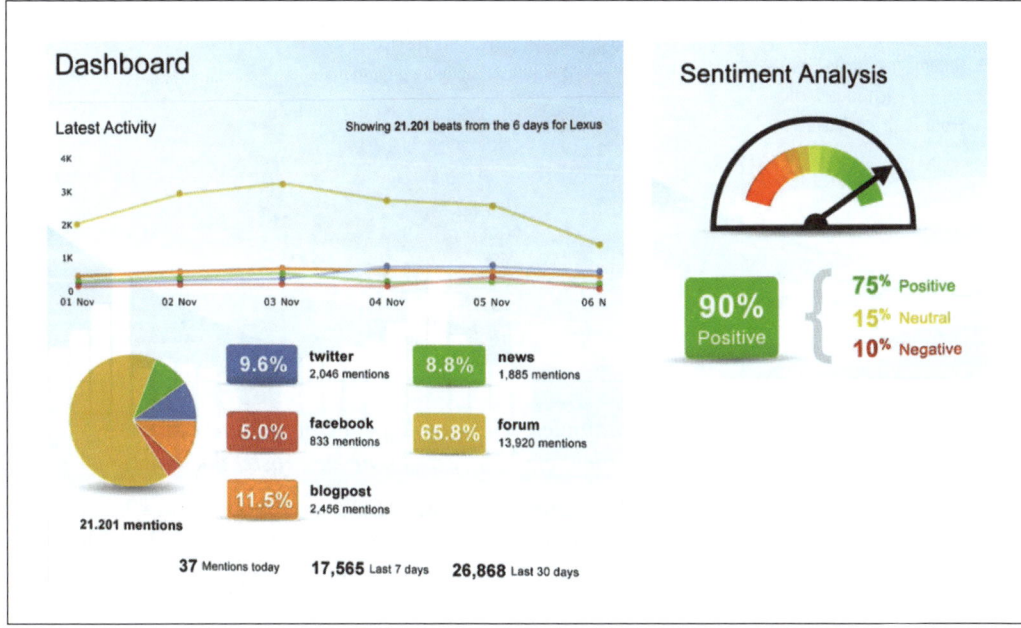

▲ Abbildung 3-7
Heartbeat stellt alle Erwähnungen eines Begriffs in Echtzeit dar. Dazu gibt es u.a. demografische Daten und eine Stimmungsauswertung.

Es gibt zahlreiche in Deutschland ansässige Agenturen, die ebenfalls eigene Tools und eine umfassende Beratung sowie die komplette Übernahme des Social Media Monitoring für Unternehmen anbieten. Beziehen Sie in Ihre Überlegungen ein, welche Datenmengen tatsächlich anfallen und inwieweit Sie diese auswerten und in der Praxis verwerten können. Monitoring ist kein Selbstzweck, sondern sollte ein Aktivposten in Ihrer Social-Media-Strategie sein.

»Entscheidend ist, dass Sie anfangen!«

Im Gespräch mit der Unternehmensberaterin Ruth Schöllhammer.

Ruth Schöllhammer (*www.xing.com/profile/Ruth_Schoellhammer*) unterstützt als Beraterin Unternehmen beim Einsatz von Social Media – vom Monitoring zur Strategieentwicklung, bei der Konzeption und Durchführung von Maßnahmen, bei der Umsetzung von Social Media Guidelines sowie bei der Definition von Kennzahlen und der anschließenden Erfolgskontrolle.

Zu ihren Kunden zählen mittelständische Unternehmen, Verlage und Medienunternehmen, die sie in allen Fachbereichen (Marketing, PR, Marktforschung, interne Kommunikation, Employer Branding) berät.

Abbildung 3-8 ▶
Ruth Schöllhammer berät Unternehmen beim Einsatz von Social Media. (Foto: Ruth Schöllhammer)

Frau Schöllhammer, warum sollte ein Unternehmen auf Social Media Monitoring nicht einfach verzichten? Das kostet doch alles viel Zeit?

Ruth Schöllhammer: Ein Unternehmen sollte dann auf Monitoring verzichten, wenn die Entscheider und Mitarbeiter sowieso alles besser wissen. Es ist jedoch sehr empfehlenswert, wenn sie gut über Fragen wie diese informiert sein möchten:

- ob Kunden, Lieferanten, Experten oder Journalisten sich für ihr Unternehmen und ihre Produkte interessieren,
- wie Kunden über Leistungen und Produkte sprechen und welche Aspekte für sie bei einer Kaufentscheidung oder einer Empfehlung wichtig sind,
- wie Ihr Unternehmen und Ihre Produkte im Vergleich zum Wettbewerb eingeschätzt werden,
- auf welchen Plattformen sich Kunden bzw. potenzielle Kunden bewegen,
- welche Journalisten in der digitalen Welt Multiplikatoren sind,
- welche Experten mit ihren Aussagen die Meinung (nicht nur) im Netz beeinflussen,
- welche Kunden Anwendungsbeispiele für Ihr Produkt zeigen und ggf. Verbesserungsvorschläge haben,
- ob unzufriedene Kunden gerade einen gerechtfertigten oder ungerechtfertigten Shitstorm auslösen und
- wie klassische Kampagnen in der Zielgruppe ankommen.

Die aktuelle Bitkom-Studie besagt, dass 78 Prozent aller Onliner in mindestens einem sozialen Netzwerk angemeldet sind und knapp zwei Drittel davon aktiv posten und liken. Hinzu kommen alle weiteren Plattformen, auf denen User veröffentlichen, wie YouTube, Twitter, Blogs, Bewertungsplattformen u.a., so dass die Auswertung der Gespräche und der Nutzerinhalte durchaus repräsentativ und aus der Markt- und Meinungsforschung nicht mehr wegzudenken ist.

Social Media Monitoring liefert Unternehmen quasi in Echtzeit einen Überblick über Meinungen und Stimmungen im Netz. Reportings dokumentieren Veränderungen im Zeitverlauf. Die Ergebnisse liefern konkrete Hinweise, wie Sie die Reputation Ihres Unternehmens im Netz verbessern können und wie Sie Ihr Social-Media-Engagement optimieren. Sie geben Sicherheit beim Themenmanagement und unterstützen Sie bei der kontinuierlichen Verbesserung der Kundenkommunikation.

Können Sie uns Beispiele zeigen, wofür Unternehmen konkret Social Media Monitoring nutzen?

Ruth Schöllhammer: Social Media Monitoring wird inzwischen in fast allen Unternehmensbereichen eingesetzt. Entscheidend ist, welche Fragen das Monitoring klären soll.

Marketingabteilungen interessieren sich in der Regel für Bekanntheit und Image. Das Gesprächsaufkommen, »Buzz«, ist dafür ein erstes Indiz. Die semantische Auswertung zeigt, wie es um das Image Ihres Unternehmens bestellt ist – insbesondere im Vergleich zum Wettbewerb. Dabei werten die Tools nicht nur das allgemeine Image aus. Sie können auch unterschiedliche Aspekte wie Preis-/Leistungsverhältnis und Service- und Produktqualität untersuchen.

Ergebnisse des Monitoring können sein:

- Themen, die Kunden wirklich interessieren,
- die Sprache der Kunden zu verstehen und sprechen,
- Plattformen, auf denen die wichtigsten Zielgruppen zu Hause sind, und
- Fans, die als Markenbotschafter auftreten.

Üblich ist ab einer gewissen Größenordnung inzwischen das Monitoren klassischer Werbekampagnen. Die erste Frage, die *Marketingabteilungen* und *Agenturen* stellen, ist, ob Kunden die Kampagne überhaupt wahrnehmen und in Gesprächen mit Freunden erwähnen. In der qualitativen Analyse lässt sich dann beispielsweise feststellen, ob die Werbebotschaft verstanden wurde und bei welcher Zielgruppe ein Testimonial besonders gut ankommt bzw. bei welcher ggf. nicht. Eine zeitnahe Kampagnenoptimierung bei Kreation und Planung kann deren Effizienz und Wirkung deutlich steigern.

Die *Public-Relations-Kollegen* sind in der Regel mehr an Multiplikatoren interessiert, denen sie relevante Informationen zur Verfügung stellen und mit denen sie im Krisenfall schnell kommunizieren können. Diese Kontakte sind beim Eintreten eines Shitstorms mindestens so wertvoll wie der direkte Draht zu den klassischen Medien und Redaktionen. Von manchen Verlagen, werden z.B. gut vernetzte und reichweitenstarke Amateurrezensenten, ob auf *YouTube*, *Lovelybooks* oder *Amazon*, inzwischen genauso behandelt wie das klassische Zeitungsfeuilleton. Sie erhalten Vorabexemplare für ihre Onlinebesprechungen, Hintergrundinformationen und gelegentlich auch mal die Chance auf ein Autorengespräch.

Das *Vertriebsteam* will dagegen wissen, wie die eigenen Verkaufsargumente und die des Wettbewerbs bei den Kunden ankommen. Je nach Unternehmensart sind neue Absatzkanäle zu erkennen, wenn sich User gegenseitig ein bestimmtes Geschäft oder eine E-Commerce-Plattform empfehlen. Sonderkonditionen für aktive und gut vernetzte Produktempfehler können den Absatz weiter steigern.

Kritik, Tipps und Anwendungsbeispiele von Kunden weisen darauf hin, welche Themen in *FAQs* und *Kundenforen* behandelt werden sollten. Fast alle Fragen rund um das mobile Telefonieren werden bereits in den Kundenforen der Mobilfunkanbieter beantwortet, was die Callcenterkosten teilweise deutlich reduziert.

Für *Personalabteilungen* gehört das Überprüfen von Plattformen wie *Kununu* inzwischen zum Standard. Hier finden Sie heraus, was Ihre Mitarbeiter und ggf. Ex-Kollegen von Ihrem Unternehmen halten. Das Ergebnis wird häufig in die Social Media Guidelines des Unternehmens aufgenommen. Das Web-Monitoring hilft aber auch bei der Wettbewerbsanalyse. Mit Monitoring-Tools lassen sich gezielt Stellenausschreibungen suchen und Forenbeiträge auswerten, in denen auf offene Stellen hingewiesen wird.

Weil es zu jedem Thema Experten gibt, die sich in der digitalen Welt austauschen, wird das Social Web auch für Abteilungen wie die *Produktentwicklung* immer spannender. So lassen sich Hinweise für weitere Einsatzmöglichkeiten bestehender Produkte finden. User empfehlen Aspirin z.B. bei Rückenschmerzen, eine Anwendung, die der Hersteller Bayer nur über das Monitoring herausgefunden hat. Mit den richtigen Experten im Boot lassen sich aber auch neue Produkte entwickeln und verbessern – wie es Wikipedia und die klassische Open Source-Industrie vorgemacht haben.

In welchen Fällen genügen kostenlose Tools und wann sollte man kostenpflichtige Angebote erwägen?

Ruth Schöllhammer: »Nicht alles, was zählt, kann gezählt werden, und nicht alles, was gezählt werden kann, zählt.«

Dieser weise Satz von Albert Einstein beantwortet die Frage nach den Tools. Die Entscheidung ist abhängig von Ihrer Fragestellung und der Antwort darauf, wie Sie die Monitoring-Ergebnisse im Unternehmen operationalisieren wollen und können.

Bei den Angeboten unterscheiden wir zwischen automatischem, halbautomatischem und manuellem Monitoring. Das automatische Monitoring ist in der Regel relativ günstig, mit wenig Personalaufwand zu stemmen und liefert quantitative Ergebnisse. Der Nachteil ist allerdings, dass die Erkenntnisse eher oberflächlich sind und sich wenig konkrete Maßnahmen, für welche Ziele auch immer, ableiten lassen.

Beim halbautomatischen Monitoring erarbeiten Rechercheure und Marktforscher Themenfelder und relevante Keywords, die dann in die Suchanfragen integriert werden. Die qualitative Auswertung liefert häufig wertvolle Hinweise und konkrete Handlungsoptionen. Je nachdem, wie gut geschult die Rechercheure sind, lassen sich verborgene Bedürfnisse der Zielgruppe entdecken und Trends erkennen.

Viele Unternehmen, die sich für manuelles Monitoring, häufig mit kostenlosen Tools, entscheiden, stellen nach kurzer Zeit fest, dass diese Art des Monitoring nicht automatisch kostengünstig ist. Sie brauchen einen Experten, der sich mit dem Produkt bzw. der Dienstleistung, den Zielgruppen und dem Social Web auskennt. Sowohl das Social Web als auch die Tools ändern laufend ihre Features, Geschäftsmodelle und Schnittstellen. Es kostet Zeit und Expertise, um hier up to date zu bleiben. Und wie bei den anderen Methoden auch entscheidet die richtige Fragestellung über die Qualität der Ergebnisse.

Um sich für den richtigen Social-Media-Monitoring-Ansatz zu entscheiden, sollten Sie folgende Fragen beantworten und mit Ihrem (Social-Media-)Team diskutieren:

- Welche konkreten Fragen haben wir an die Netzgemeinde?
- Für welche Abteilung sind die Ergebnisse, Kennzahlen relevant?
- Wie können wir die Ergebnisse operationalisieren?

In Anlehnung an den Toolvergleich von Helene Fritsche[2] sollten Sie bei einer Ausschreibung folgende Punkte klären:

1. Welche Quellen sollen von dem Monitoring-Tool durchsucht werden?

   Facebook: Hier können nur öffentliche Profile inhaltlich ausgewertet werden.

   Mit allfacebookstats.com bekommen Sie einen schnellen Überblick über die Entwicklung der Fanpages Ihrer Wettbewerber oder Partner.

   Content-Sharing-Plattformen wie YouTube, Flickr, Pinterest: Eine inhaltliche Auswertung der Videos und Bilder ist nicht möglich. Je nach Branche ist die Auswertung der Kommentare interessant.

   Foren und Special Interest: Die Auswertung dieser Plattformen bringt für alle Unternehmensabteilungen gute Erkenntnisse, da die Gespräche der Mitglieder deutlich über Small Talk hinausgehen. Hier treffen sich Experten und Interessenten zur Diskussion und zum Austausch von Tipps.

   Q&A-Plattformen, Bewertungsplattformen: Die Ergebnisse geben einen guten Hinweis auf die Qualität und Empfehlungsstärke Ihrer Produkte sowie die Bedürfnisse der User.

   Blogs: Blogger veröffentlichen in der Regel nicht nur in der digitalen Welt, sondern sind auch in der realen Welt meinungsstarke Experten. Eine Messgröße aus den USA, der Kloutscore (*http://www.klout.com*), etabliert sich allmählich auch in Deutschland als Maßstab für den Einfluss einer Person/Marke in der Social-Media-Welt.

   Twitter: Bei der Auswertung von Twitter sollten die Ergebnisse – je nach Suche – in »Schnäppchen-Tweets« und relevante Diskussionen und Weiterleitungen von anderen Informationen aufgeteilt werden. Tools wie Hootsuite, Kurrently und Booshaka helfen bei der Auswertung Ihrer Social-Media-Maßnahmen, nicht mehr nur von Twitter, sondern auch von Facebook, LinkedIn und Co.

2. Wie wichtig ist die Auswertung von Content-Typen?

   Manche Monitoring-Tools ergänzen Text-Fundstücke mit weiteren Angaben wie Bildtitel o.Ä. Noch steckt die semantische/inhaltliche Auswertung von Bildern und Filmen in den Anfängen. Aber Facebook beispielsweise arbeitet intensiv daran, Gesichter zu erkennen, zu interpretieren und Freunden zuzuordnen.

---

2 http://www.somemo.at/compareTools.php

3. Brauchen Sie historische Daten?

   Diese Daten sind beispielsweise wichtig, wenn Sie rückwirkend eine Kampagne/Aktion bewerten wollen.

4. Wie entscheidend ist Aktualität?

   Dieses Kriterium ist üblicherweise entscheidend bei kritischen PR-Themen oder Unternehmen, die mit sicherheitsrelevanten Aspekten zu tun haben – Fluglinien, Energieversorger, Pharma.

5. Wie gehen Sie mit den Fundstücken um?

   Es gibt Unternehmen, denen es auch bei der Monitoring-Auswertung wichtig ist, dass sie möglichst häufig im Netz genannt werden, z.B. aus SEO-Gründen. In so einem Fall werden Dubletten, Anzeigen u.ä. bei der Auswertung mitgezählt. Bei einer Themenauswertung sollten diese Beiträge allerdings ausgeblendet werden, da sonst das Ergebnis verfälscht wird.

6. Welche Keywords bestimmen Ihr Image?

   Für die Tonalitäts-/Sentiment-Analyse brauchen Sie Experten, die für Sie die wichtigen Begriffe, Verben und Beschreibungen eingeben. Beispielsweise kann das Adjektiv »süß« bei der Auswertung des Süßwarenmarktes eine ganz andere Bedeutung haben, als wenn Sie die Szene der Weinblogger analysieren.

   Aber auch mit dieser Expertenunterstützung werden nicht alle Ergebnisse der richtigen Tonalität zugeordnet. Je nachdem, wie viele Treffer ausgewertet werden, spielt diese Unschärfe eher eine untergeordnete Rolle. Wenn Sie allerdings einen Bereich monitoren, in dem es nur wenige Treffer gibt, z.B. eine ganz spezielle Maschine für den Bau einer eher seltenen Düse, kann eine falsche Zuordnung die Imageauswertung durchaus verzerren. Hier hilft nur die Überprüfung der Ergebnisse durch Profis.

7. Welche Sprachen wollen Sie monitoren?

   Viele Tools kommen aus den USA und sind für die Auswertung des englischen Sprachraums gut geeignet. Falls Sie das deutsche Netz oder andere Sprachen monitoren wollen, sollten Sie die Qualität der Ergebnisse besonders bei der Tonalitätsanalyse genau prüfen.

8. Wie gehen Sie mit Influencern um?

   Bei der Influencer-Analyse werden User gefunden, die bei einem Thema besonders gut vernetzt sind. Dazu zählt nicht nur die Anzahl der Fans und Follower, sondern beispielsweise auch, wie häufig die Inhalte empfohlen und weitergeleitet werden.

9. Was ist ein Trend?

   Die Anbieter haben unterschiedliche Ansätze, um einen Trend festzustellen und zu definieren. Hier gilt es genau nachzufragen, inwiefern die Analyse Ihrem Unternehmen wertvolle Hinweise geben kann.

10. Was passiert mit den Daten?

    Im Datenmanagement können die Fundstücke nach gewissen Kriterien gefiltert werden, z.B. nach Quellen oder Autoren, Kommentaren, hierarchischen Abfragen o.ä.

11. Wer nutzt das Social-Media-Monitoring-Tool?

    Von der einfachen Registrierung bis zur komplexen Rechteverwaltung gibt es alles am Markt. Überlegen Sie vorher, wer das Tool nutzt und damit arbeitet, welche Daten und Ergebnisse für diese Personen wichtig sind.

    Für die anderen Mitarbeiter reicht in der Regel ein wöchentlicher/monatlicher Report mit den wichtigsten Ergebnissen und Handlungsempfehlungen.

12. Bedienerfreundlichkeit erhöht die Akzeptanz des Tools

    Dashboards haben die Bedienung für die Nutzer deutlich erleichtert. Viele Tools ermöglichen es den Nutzern inzwischen, eine eigene, »customized« Oberfläche zu kreieren.

13. Wer muss wann benachrichtigt werden?

    Definieren Sie, wer z.B. bei bestimmten Sicherheitskennwörtern benachrichtigt werden muss und wer schnell bei Veränderungen, z.B. in Gesprächsaufkommen oder Tonalität, informiert werden soll, um gegebenenfalls die richtigen Maßnahmen einzuleiten.

14. Wer muss was wissen?

    Für die Akzeptanz des Monitoring sind inhaltlich wertvolle Reports notwendig, grafisch aufbereitet, so dass sich klare Handlungsempfehlungen und strategische Maßnahmen ableiten lassen.

15. Wohin mit den Daten?

    Bei der Ausschreibung sollte auch das Thema Schnittstellen geklärt werden, sowohl in die eine wie in die andere Richtung. Heißt: Wollen Sie Daten aus dem Unternehmen in das Tool integrieren und ggf. die Auswertung anreichern oder soll das

Tool in eine bestehende Umgebung, beispielsweise in ein CRM-System integriert werden?

Gleichgültig, ob Sie mit kostenlosen Tools arbeiten oder sich für einen Full-Service-Dienstleister entscheiden, entscheidend ist, dass Sie anfangen!

Frau Schöllhammer, wir danken für das Gespräch!

Zusammenfassung

Social Media Monitoring ist ein wesentlicher Bestandteil Ihrer Social-Media-Strategie. Aus ganz unterschiedlichen Gründen ist es wichtig, dass Sie Äußerungen über Ihr Unternehmen mitbekommen:

- Auffinden von positiven Meinungen als Bestätigung für Ihre Unternehmensstrategie,
- Identifizieren von Influencern und überzeugten Fürsprechern für Ihre Marke (Markenevangelisten),
- Aufspüren Ihres Zielpublikums für Social Media Marketing,
- Verorten der geeigneten Plattformen und Medienformate in Social Media,
- Auffinden von negativen Bewertungen und Kommentaren als Möglichkeit, Ihr Angebot zu verbessern, und als unverfälschte Rückmeldung Ihrer Kunden und
- Anreichern der Kennzahlen für die Bewertung und Einschätzung Ihrer Ziele.

Ohne Social Media Monitoring bleibt Ihr Engagement in Social Media ein Stochern im Nebel, bei dem nur der Zufall über Erfolg und Misserfolg entscheidet. Mit einem Monitoring lassen sich Erfahrungen und Entwicklungen über einen längeren Zeitraum sichtbar und damit auswertbar machen.

Zusätzlich erhalten Sie wertvolle Einsichten über Ihr Zielpublikum, die Ihnen dabei helfen, am richtigen Ort wirksame Maßnahmen durchzuführen.

Jede Aktivität in Social Media beginnt und endet mit Monitoring:

- Wo wird über mein Unternehmen geredet?
- Wer redet worüber und in welchem Tonfall?
- Wie fasst die Community meine Aussagen, Produkte und Dienstleistungen auf?

- Welchen Stellenwert hat die Konkurrenz in der Community?
- Welche Trends werden diskutiert?
- Welche Meinungen herrschen vor?
- Wer hat in der Community die Meinungsführerschaft?
- Was verändert sich, wenn ich mich in Social Media für mein Unternehmen engagiere?

All diese Fragen können Sie durch Social Media Monitoring beantworten. Mit Berücksichtigung Ihrer Ziele, Ihrer Zielgruppe und Ihrer Inhalte können Sie Kennzahlen festlegen, mit denen Sie Social Media langfristig messbar und damit planbar machen. Hierfür stehen Ihnen viele Tools zur Verfügung, wobei man zwischen kostenfreien und kostenpflichtigen Tools unterscheiden muss.

Social Media Monitoring ist mehr als das Erheben von Daten. Wirksames Social Media Monitoring zeichnet sich dadurch aus, dass Sie die erhobenen Daten in einen Zusammenhang bringen und anhand Ihrer konkret formulierten Ziele und Erwartungen auswerten – und entsprechende Konsequenzen daraus ziehen.

Marketing ist Mitwirkung

4

In diesem Kapitel:
- Das Cluetrain-Manifest: Märkte sind Gespräche
- Marketing ist Mitwirkung
- Old Spice: »Marketing ist Mitwirkung« führt zu größerer Markenbekanntheit und Imagewechsel
- Langnese und Ritter Sport: Kundenwünsche herausfinden und darauf reagieren
- Auch online dabei: Kleine und mittelständische Unternehmen
- Reputationsmanagement
- Reputation Management Monitoring: Zwölf Dinge, die Sie beobachten sollten
- Überlegungen zu einer Reputationsmanagement-Strategie
- Zusammenfassung

Bei Social-Media-Marketingkampagnen ist von entscheidender Bedeutung, ob und wie Sie Ihre Zielgruppen nicht nur erreichen, sondern auch einbeziehen können. Wie Sie aus den vorigen Kapiteln wissen, ist konstantes Engagement notwendig, aber ein echter Meinungsaustausch noch wichtiger. In diesem Kapitel zeigen wir Ihnen mehrere Beispiele dafür, wie Unternehmen durch das Engagement im Social Web mit Kunden und Geschäftspartnern in den Dialog kommen konnten. Außerdem erfahren Sie, wie Sie Probleme im Bereich des Reputationsmanagements mithilfe von Social-Media-Marketingkanälen vermeiden oder besser in den Griff bekommen.

Das Cluetrain-Manifest: Märkte sind Gespräche

Im April 1999 veröffentlichten mehrere Marketinggurus als Vorwegnahme des Social-Media-Marketing von heute 95 Thesen unter dem Titel *Das Cluetrain-Manifest* (10th Anniversary Edition, Basic

Books). Die Botschaft des *Cluetrain-Manifests* ist so einfach wie genial: In Märkten geht es darum, miteinander zu sprechen.

Abbildung 4-1 ▶
Vorspann des Cluetrain-Manifests – laut David Weinberger, einem der Autoren, die wichtigste Aussage

> Wenn Du heute nur Zeit hast für eine Einsicht, dann sollte es diese sein ...
>
> **Wir sind keine Zuschauer oder Empfänger oder Endverbraucher oder Konsumenten. Wir sind Menschen - und unser Einfluß entzieht sich eurem Zugriff.**
>
> **Kommt damit klar.**

 Tipp   Die 95 Thesen des *Cluetrain-Manifests* stehen online unter *http://www.cluetrain.com/auf-deutsch.html* zur freien Verfügung.

Das *Cluetrain-Manifest* war seiner Zeit um Jahre voraus. Seit seiner Veröffentlichung sind 15 Jahre vergangen, und Social Media und Meinungaustausch im Internet haben sich weit verbreitet. Und die zentrale Botschaft des Manifests – nämlich, dass es wichtig ist, sich auf einen aufrichtigen und wertvollen Meinungsaustausch einzulassen – ist auch in Zeiten der ständigen Diskussion um die Steigerung von Follower-Zahlen und Umsatz der wirkliche Garant für nachhaltig erfolgreiches Social-Media-Marketing.

Das Internet hat die Kommunikation mit (potenziellen) Kunden erleichtert. In der Folge ist jedoch auch der Erwartungsdruck seitens der Kunden gestiegen. Da diese ihre Meinungen zu Produkten oder zum Unternehmen häufig öffentlich abgeben – in Blogs, bei Twitter und Facebook etc. –, rechnen sie mit einer ebenso öffentlichen und außerdem zügigen Rückmeldung darauf. Als Unternehmen sollten Sie Ihre Kommunikation und Ihre Workflows daher unbedingt darauf einstellen.

Abbildung 4-2 ▶
Der amerikanische Publizist Doc Searls, der gemeinsam mit Rick Levine, Christopher Locke und David Weinberger das Cluetrain-Manifest schrieb (Foto: Doc Searls)

In einem Artikel für das Wirtschaftsmagazin *Brand Eins* bekräftigten Doc Searls und David Weinberger vom Autorenteam des Cluetrain-

Manifests im Frühjahr 2012, dass ihre Thesen nach wie vor Bestand haben – und nach wie vor zu wenig verinnerlicht werden: »Einige Unternehmen hören heute besser zu als 1999, weil sie keine andere Wahl haben. Aber die Schwungräder des *business as usual* drehen sich weiter, sie betreiben Tracking und Targeting, sie fangen und akquirieren, managen und verwalten ›ihre‹ Kunden, als ob wir Sklaven oder Vieh wären«, beschreibt Doc Searls die aktuelle Situation.[1]

Wenn Sie Ihren Kunden und Geschäftspartnern wirklichen Austausch bieten wollen: Lassen Sie sich um Himmels Willen nicht aufhalten. Falls Sie zurückschrecken, weil noch keiner aus Ihrer Branche im Social Web aktiv ist: Haben Sie keine Angst, Sie können mit gutem Beispiel vorangehen. Und falls Sie befürchten, Sie kämen innerhalb Ihrer Branche zu spät: Besinnen Sie sich. Das Social Web bietet jedem Unternehmen die Chance, seine individuelle Seite zu zeigen. Nirgendwo sonst können Sie sich so unmittelbar von Ihrer Konkurrenz abheben.

Marketing ist Mitwirkung

Im Jahre 2007 prägte Chris Heuer, Experte für New Media Marketing, den Ausspruch »Marketing ist Mitwirkung«. Heuer betont, dass im Marketing diejenigen besten Köpfe die sind, die sich an den Communities ihrer Kunden beteiligen und eben nicht ausschließlich darauf aus sind, ihre Produkte schnell an den Mann zu bringen. Schließlich seien Unternehmen und Organisationen dazu da, Menschen bei konkreten Problemen zu helfen. Der eigentliche Zweck sei es, Anteil zu nehmen, um einen bestimmten Bedarf befriedigen zu können. Ja, mehr noch: Aggressives Marketing für Produkte und Dienstleistungen sei überholt und werde schlecht aufgenommen von Menschen, die es entweder satt haben, immer dieselbe Werbebotschaft zu hören, oder sich an Social-Media-Marketing gewöhnt haben.

Wir gehen noch einen Schritt weiter und behaupten, dass das Mantra »Marketing ist Mitwirkung« in beide Richtungen funktioniert. Wenn Marketingleute an Communities teilnehmen, kann man das als »Mitwirkung ist Marketing« übersetzen (zumal diese Beteiligung dem Unternehmen ein menschliches Gesicht verleiht und nicht einfach nur profitgetrieben ist, wenn man es richtig macht). Und umgekehrt bestätigen auch Community-Mitglieder, dass sie es inte-

---

1 *http://www.brandeins.de/magazin/markenkommunikation/habt-geduld.html*

ressant finden, an der Kommunikation teilzunehmen. Mitwirkung ist keine Einbahnstraße. Loyalität entsteht dadurch, dass Sie authentische Beziehungen mit Community-Mitgliedern aufbauen. Wie Chris Heuer sagt:

> Wenn Sie nur aus dem Grund dort sind, der Community etwas zu verkaufen, werden die Leute das schnell merken, und Sie haben nicht den Erfolg, den Sie haben könnten. Wenn Sie aber teilnehmen, weil Sie einen echten Beitrag zur Community leisten, Ihr Wissen teilen und der Community und ihren Mitgliedern einen Dienst erweisen möchten, dann werden Sie an die richtige Zielgruppe verkaufen, eben *weil* Sie so ehrlich und aufrichtig sind.

Vertrauen ist nicht durch Geld zu erwerben. Das sollten Sie auch immer bedenken, wenn Sie bei sich oder Ihren Konkurrenten den Erfolg von häufig inflationär eingesetzten Gewinnspielen und Rabattaktionen bewerten. Zentrales Ziel erfolgreichen Marketings im Social Web sollte sein, Beziehungen zu knüpfen.

In den bisherigen Kapiteln haben wir gesehen, wie wichtig es ist, Gespräche zu beobachten und auf Feedback zu reagieren. Der Schlüssel ist hier, den Communities zu folgen, in denen Ihre Marke, Ihr Produkt oder Ihre Dienstleistung erwähnt werden, und sich mit authentischen zwischenmenschlichen Interaktionen einzubringen. Es genügt nicht, ein Blog zu pflegen oder auf Ihrer Website Presseerklärungen zu veröffentlichen, um an der Community teilzuhaben. Mitwirkung erfordert einen kontinuierlichen, echten Dialog.

Wenn Sie bereit sind, sich einzubringen, sollten Sie sich eine umfassende Strategie für die Communities überlegen, in denen Ihre Produkte diskutiert werden. Zeigen Sie transparent, wer oder was sich hinter Ihrem Markennamen verbirgt. Wenn Sie z.B. Marmeladenhersteller sind: Posten Sie nicht nur schöne Werbefotografien Ihrer Marmeladengläser. Knipsen Sie doch stattdessen mal den Blick in die großen Töpfe der Herstellung, berichten Sie, wie viele Tonnen Obst jährlich angeliefert werden oder erzählen Sie aus Ihren Entwicklungslaboren. Anderes Beispiel: Als kleine Fahrschule könnten Sie irrsinnige Straßenführungen und Schilder in Ihrer Umgebung fotografieren, Ihre Fahrlehrer vorstellen und Übungsmaterial für Ihre Kunden bereitstellen.

Für alle Unternehmen gilt: Liefern Sie den Blick hinter die Kulissen. Veröffentlichen Sie Informationen mit Mehrwert, und zeigen Sie, dass Sie Ihr Unternehmen leben. Das bedeutet, dass auch Emotionen und Meinungen Ihrerseits nicht fehlen müssen. Ihre Community wird dann gerne mit Ihnen in den Dialog gehen – und Sie bleiben länger in ihren Köpfen hängen, als durch die zehnte Rabattaktion, die durch die Timelines eines Tages geistert.

Aber: Zwingen Sie der Community Ihre Message nicht direkt auf. Begleiten Sie sie zunächst ein Stück weit, um ihre Stimmung und Mentalität zu verstehen.

»Marketing ist Mitwirkung« für PR-Profis

Auch der PR-Bereich war in den letzten Jahren gewaltig im Umbruch und erlebte einen Paradigmenwechsel. Die Zielgruppenansprache ausschließlich per Post, Telefon oder E-Mail ist passé. Entsprechend dem neuen Leitmotiv »Marketing ist Mitwirkung« müssen auch PR-Profis echte Beziehungen zur Öffentlichkeit aufbauen, die über die übliche Presseerklärung hinausgehen. Online-Communities sind heute manchmal einflussreicher als die traditionellen Medien. Eine erfolgreiche Social-Media-Kampagne kann von einem Moment auf den anderen ein Produkt bei Hunderttausenden von Nutzern bekannt machen. Social-Media-Konsumenten suchen nicht nach einer traditionellen PR-Nachricht, sondern nach Informationen, die ihnen persönlich weiterhelfen. Sie verlassen sich deshalb häufig auf die Beiträge angesehener Communities.

PR-Profis müssen eine Schippe drauflegen, wenn es darum geht, für ihre Kunden zu kommunizieren. Der ideale PR-Profi ist ein Teilnehmer der Community und nicht einfach nur jemand, der gebeten wird, eine Botschaft, die im schlimmsten Fall niemanden interessiert, zur Veröffentlichung zu bringen.

Old Spice: »Marketing ist Mitwirkung« führt zu größerer Markenbekanntheit und Imagewechsel

Ein wirklich herausragendes Beispiel für eine umfassende Marketingkampagne mit Social-Media-Engagement ist die Kampagne um die Parfum-Marke »Old Spice«. Bestenfalls als »Altherrenduft« wahrgenommen, wirkte die Marke altmodisch, und der Umsatz war miserabel – »Old Spice«-Deodorant, Duschgel und Co. standen vor dem Aus.

Dann führte *Procter&Gamble* eine Kampagne durch, die zunächst ganz klassisch begann: Man drehte ein Werbevideo, in dem ein durchtrainierter, attraktiver Mann – der ehemalige Footballstar

Isaiah Mustafa – für ein Duschgel der Marke wirbt. Mustafa steht darin leicht bekleidet im Badezimmer, läuft über eine Yacht und sitzt auf einem Pferd – alles zunächst werbetypische Platitüden. Das Besondere jedoch: Er spricht nicht die Männer an, die den Duft tragen sollen, sondern die Frauen, denen er schließlich an ihrem Mann gefallen soll. Das Video mit dem Titel »The Man Your Man Could Smell Like«[2] wirkt zudem aufgrund fehlender Schnitte (trotz wechselnder Szenen) und der selbstironischen Ansprache Mustafas an das weibliche Publikum witzig, überraschend und sympatisch.

Abbildung 4-3 ▼
»Ridiculously handsome man«: Der Old Spice Man in seinem ersten Werbeclip (Quelle: YouTube)

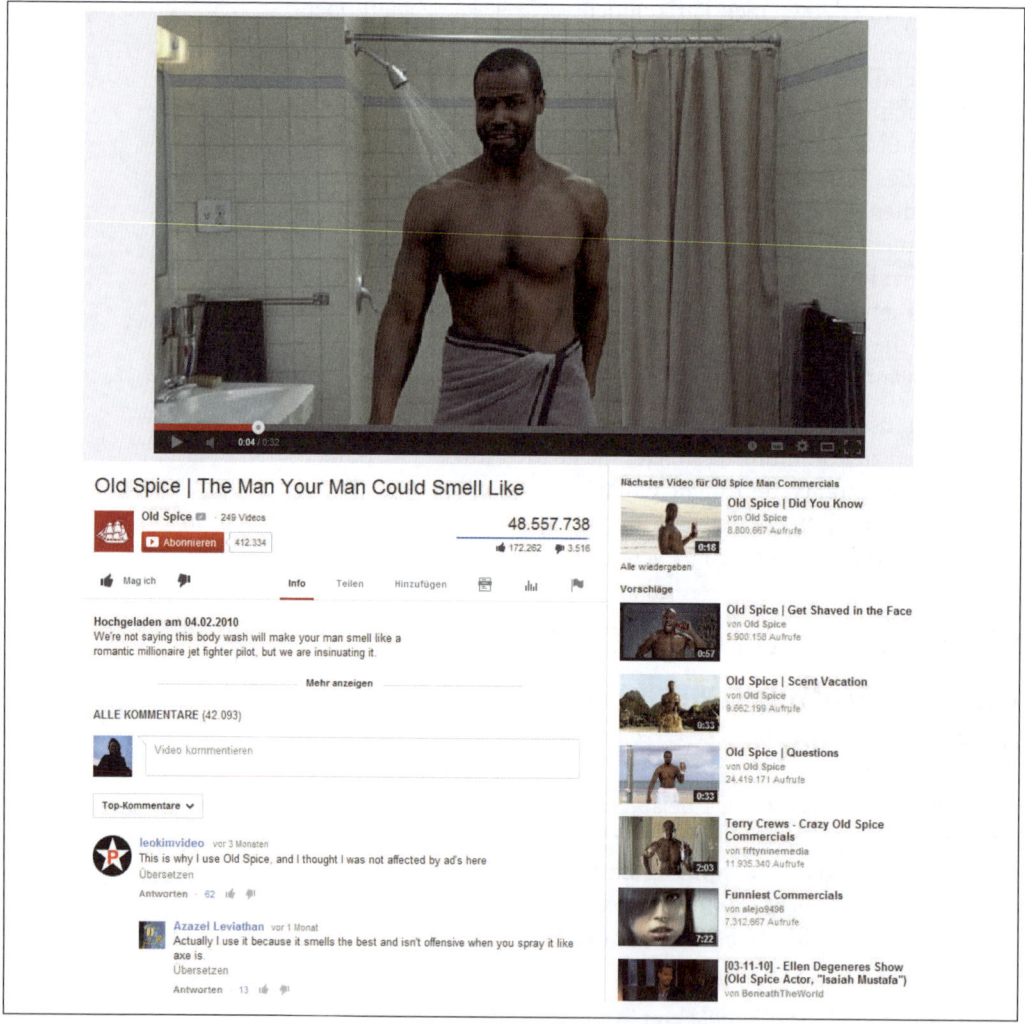

---

2 http://www.youtube.com/watch?v=owGykVbfgUE

◄ Abbildung 4-4
Facebook-Seite von Old Spice – ebenfalls vorbildlich: Die neue Chronik ist bereits bis auf das Gründungsjahr ausgefüllt (rechte Spalte).

Erstmals ausgestrahlt wurde der Clip im amerikanischen Fernsehen zur besten Sendezeit, während des Superbowl-Finales im Februar 2010. Gleichzeitig stellte die durchführende Werbeagentur *Wieden+Kennedy* den Spot bei YouTube ein und richtete eine Website inklusive Downloadmaterialien wie Wallpapers, Klingeltönen und Bildschirmschonern sowie Präsenzen auf Facebook und Twitter ein. Nach der Erstausstrahlung im Fernsehen verbreitete sich das Video sofort über YouTube, viele tausend Menschen kommentierten und stellten es wiederum auf ihren Websites und Onlineprofilen ein. Schließlich erhielt es sogar den »Lion International«, den sogenannten Werbe-Oscar, auf dem Branchenfestival in Cannes. Bis dahin hatten bereits mehrere Millionen Menschen das Video mit dem »ridiculously handsome man«, wie sich Mustafa selbst bezeichnet, auf YouTube aufgerufen.

Im Sommer 2010 ging Procter&Gamble dann zur nächsten Stufe der Kampagne über: Via Twitter und Facebook rief der »Old Spice Man« dazu auf, Fragen zu senden. Aus der riesigen Masse der Einsendungen wählte man 185 aus, auf die man mit kleinen, personalisierten Videos reagierte. Ja, wirklich: Die Werbeagentur drehte 185 Videos,[3] in denen Isaiah Mustafa persönlich Rede und Antwort stand – innerhalb von nur zwei Tagen und auf äußerst lässige und witzige Art und Weise. Als ein Twitter-Follower beispielsweise schrieb »*@OldSpice Can U Ask my girlfriend to marry me? Her name is Angela A. Hutt-Chamberlin #Johannes S. #Beals*"« filmte man tatsächlich einen Heiratsantrag mit Kerzen und Verlobungsring, und Mustafa fragte stellvertretend für seinen Follower Johannes S. Beals, ob die Herzensdame den Bund der Ehe eingehen wolle.

Auch einige prominente Twitter-Follower nutzten die Chance, um eine Antwort und damit Öffentlichkeit zu bekommen. So klagte beispielsweise *Digg.com*-Gründer Kevin Rose darüber, momentan krank zu sein, und erhielt prompt ein »Gute Besserung«-Video vom Old Spice Man. Auch Ashton Kutcher, Demi Moore, die Blogger Perez Hilton und Gizmodo sowie die Unternehmen Starbucks, Huffington Post und Gilette meldeten sich und bekamen Videoantworten. Die Aufmerksamkeit für die Old-Spice-Kampagne potenzierte sich regelrecht, denn so erreichte man auch die vielen tausend Follower und Fans dieser Menschen bzw. Unternehmen. Gleichzeitig begannen viele andere YouTube-User, den Stil des Old-Spice-Manns in eigenen Videos nachzuahmen.

---

3   http://www.youtube.com/view_play_list?711315&p=484F058C3EAF7FA6 oder *http://bit.ly/oldspice_videoantworten*

Die Old Spice-Kampagne besticht durch Witz, Originalität und die gekonnt selbstironische Darstellung sowie durch die außergewöhnlich gute Einbeziehung der Fans und Follower. Und auch die Zahlen stimmen:

- Bis Juni 2014 wurde der Werbeclip »The Man Your Man Could Smell Like« mehr als 48 Millionen Mal bei YouTube angesehen und mehr als 40.000 Mal kommentiert. Auch die anderen Videos überschreiten die Millionenmarke bei Weitem. Und: Inzwischen hat das Video einen eigenen Wikipedia-Eintrag und wurde mehrfach parodiert, u.a. von der Sesamstraße und der Kinderfernsehserie iCarly – was seine Bekanntheit und Relevanz unterstreicht.
- Mehr als 2,5 Millionen Fans verzeichnet »Old Spice« auf Facebook, und laut Procter&Gamble gewann der Twitter-Account @OldSpice mehr als 80.000 neue Follower durch die Werbeaktion.
- Der Webstatistikanbieter *Alexa.com* verzeichnet einen deutlichen Anstieg der Zugriffszahlen auf *Oldspice.com*. Insbesondere zu den starken Zeiten der Kampagne (im Februar 2010 und im Juli 2010 während der Videoantworten-Aktion) sind Peaks zu erkennen.
- Die meisten Websurfer, die Oldspice.com aufrufen, sind zwischen 18 und 34 Jahren alt.

Procter&Gamble erreichte

- eine Steigerung der Markenbekanntheit, insbesondere bei jungen Männern und Frauen,
- eine deutliche Imageverbesserung weg vom Altherrenduft hin zur Marke für moderne Männer, die sich gern mit den Etiketten »witzig«, »charmant«, »clever«, »attraktiv«, »gesund« und »sportlich« schmücken,
- eine hohe Interaktion mit seinen Kunden, mit Multiplikatoren und Promis, mit Fans und Followern – laut der Agentur *Visible Measures* ist die Old-Spice-Kampagne eine der am schnellsten viral verbreiteten Videomarketingaktionen weltweit[4] – und
- außerdem eine hohe mediale Aufmerksamkeit und ausgiebige Berichterstattung aufgrund der außergewöhnlichen Werbevideos und einer absolut perfekten Durchführung der Kampa-

---

4 http://corp.visiblemeasures.com/news-and-events/blog/bid/13280/Old-Spice-s-Online-Video-Coup

gne, die sogar einen Preis in Cannes einheimste. Isajah Mustafa war unter anderem Gast in Oprah Winfreys Talkshow.

Bleibt die Frage, ob über diese Kampagne auch der Umsatz gesteigert werden konnte. Zwar wurden schon während des Superbowls im Frühjahr 2010 mehr Flaschen Old-Spice-Duschbad verkauft, allerdings führten Procter&Gamble und andere Kosmetikunternehmen zu dieser Zeit auch Gutscheinaktionen im Einzelhandel durch. Den Umsatzgewinn auf eine bestimmte Aktion zurückzuführen, sei »unmöglich«, bestätigte der Procter&Gamble-Sprecher Mike Norton. Für Juli 2010, als der »Old Spice Man« dann zu Videoantworten aufrief, berichtet das Wirtschaftsmagazin *Brandweek* schließlich von einem »kräftigen Umsatzwachstum für das Unternehmen«.[5]

Doch vor allem: Procter&Gamble hat mit viel Kreativität aus einer alternden, fast vergessenen Marke eine gemacht, die für Erfolg, Moderne und Innovation steht. Und das Unternehmen hat anscheinend auch die gesetzten Ziele erreicht, denn bis heute führt man große, multimediale Kampagnen dieser Art fort.

Langnese und Ritter Sport: Kundenwünsche herausfinden und darauf reagieren

Die folgenden Geschichten erzählen davon, wie Konsumenten versuchen, über soziale Medien Einfluss zu nehmen, und wie Unternehmen gewinnen können, wenn sie online vorgetragene Kundenwünsche ernst nehmen.

Als der Eishersteller Langnese im Jahr 2001 beschloss, das Stieleis »Nogger Choc« nicht mehr zu produzieren, ahnten die dafür verantwortlichen Produktmanager noch nicht, welche Proteststürme das lostreten würde. Doch der Hamburger Student Benjamin Gildemeister – der wohl am schmerzlichsten sein Lieblingseis vermisste – wurde Anfang 2007 im Web aktiv: Er gründete eine StudiVZ-Gruppe namens »Nogger Choc Vermisser«, die in Kürze 16.000 Mitglieder zählte. »Fast 5.000 von ihnen unterschrieben eine Petition[6], die an uns adressiert war«, berichtet Merlin Koene, Director Communications des Mutterkonzerns Unilever. »So erfuhren wir vom Widerstand der Fans und waren begeistert von deren Engagement.«

---

5   http://mashable.com/2011/03/16/old-spice-imitators/
6   http://www.petitiononline.com/renogger/petition.html

◀ **Abbildung 4-5**
Langnese bedankte sich per Videobotschaft bei seinen Fans für ihre Treue zu Nogger Choc.

Gildemeister und seine Mitstreiter hatten Erfolg: Seit 2008 gibt es das Eis mit der Nougatfüllung wieder zu kaufen. Langnese stellte noch vor Marktwiedereinführung eine Videoantwort ins Netz, in der man sich dafür bedankte, bei der Korrektur einer Fehlentscheidung geholfen zu haben. Auf Basis der ursprünglich 16.000 plus 5.000 Nogger-Fans erreichte Langnese auf diese Weise mehr als 150.000 Kontakte, und nach einer weiteren Bekanntmachung in allen klassischen Medien wurden sogar 40 Millionen Menschen mit der Wiedereinführung von Nogger Choc in Berührung gebracht.[7]

»Wie viele Menschen sich Nogger Choc zurückwünschten«, erzählt Merlin Koene, »das hat uns schnell überzeugt und wir setzten alle Hebel in Bewegung, Nogger Choc zurückzubringen. Das neu eingeführte Nogger Choc ist ein voller Erfolg. Sowohl der Umsatz als auch der Marktanteil sprechen für die Beliebtheit in der Bevölkerung und bestärken uns, dass wir mit der Neueinführung die richtige Entscheidung getroffen haben.«

Und auch künftig wird Unilever darauf hören, was in sozialen Netzwerken gesprochen wird: »Wir versuchen immer am Puls der Zeit

---

7   Quelle: inzwischen entfernte Slideshare-Präsentation der Agentur Edelman

zu sein und die Bedürfnisse und Wünsche unserer Kunden zu erfüllen«, erläutert Merlin Koene, »wir möchten unsere Zielgruppe dort erreichen, wo sie sich aufhält – und das sind gerade bei der jungen Generation immer häufiger soziale Netzwerke und Videoportale. Für uns führt daher kein Weg daran vorbei, diese Kommunikationskanäle zu nutzen.«

Ähnliches erlebte Ritter Sport: Seit 1980 hatte man die Schokolade der Sorte »Olympia« verkauft. Nachdem der Umsatz über die Jahre aber immer mehr zurückgegangen war, entschied man sich 2003, »Olympia« vom Markt zu nehmen. Auch hier formierte sich über das Web eine Bewegung der »Olympia-Fans«, die über Foren und Blogbeiträge und mit Tausenden von E-Mails und Anrufen bei Ritter Sport für eine Wiedereinführung der Schokolade kämpften. Mit Erfolg: Seit Herbst 2009 verkauft Ritter Sport die Tafel wieder. Begleitet wurde die Wiedereinführung von einer umfassenden Social-Media-Marketingstrategie, bei deren Planung Ritter Sport von der Agentur *elbkind* beraten wurde. Ritter-Sport-Geschäftsführer Alfred T. Ritter rief dabei auf der eigens eingerichteten Website *www.rittersportolympia.de* dazu auf, Fanvideos zu drehen. Eine Jury wählte anschließend das beste Video aus den Einsendungen aus, und man strahlte es im Fernsehen aus. Außerdem kann man sich auf der Website mit anderen Olympia-Fans vernetzen, es gibt ein Blog, eine Facebook-Seite und einen YouTube-Kanal. Wir haben mit der Verantwortlichen für das Olympia-Blog, Sandra Vogt, sowie der Verantwortlichen für die Social-Media-Strategie, Meike Heitker, gespochen.

»Verbraucher aktivieren und involvieren«

Im Gespräch mit Sandra Vogt und Meike Heitker, Ritter Sport

Frau Vogt, alles begann mit dem Ruf der Schokoliebhaber nach einer Wiedereinführung der »Olympia«-Tafel. Als Antwort an die Kunden richteten Sie ein Blog ein und starteten einen Videowettbewerb. Wie war die Resonanz?

Sandra Vogt: Fantastisch. Zum Ende der Olympia-Kampagne hatten wir 1.479 registrierte User auf dem Olympia-Blog (Stand KW 43/2009) und waren damit auf Rang 39.871 aller deutschen Websites. Wir hatten einen der Branchenriesen, »Saftblog« (existierte dato 4 Jahre, Platz 56.719), bereits überholt und konnten uns mit dem »Frostablog« (existierte dato 5 Jahre, Platz 17.169) messen (Quelle: Alexa). Beim Videowettbewerb zählten wir 100 Einsendungen nach fünf Wochen – für eine deutsche User Generated Content-Kampagne ist dies ein überwältigender Erfolg. Ähnlich hohe Beitragszahlen wurden entweder nur durch einen deutlich längeren Zeitraum oder bei internationaler Ausrichtung erreicht.

Mittlerweile steht Ihren Kunden ein allgemeines Ritter Sport-Blog zur Verfügung, innerhalb dessen Sie Ihre Leser regelmäßig um Feedback zu Werbemaßnahmen, aber auch zu den Produkten selbst aufriefen. Haben Sie Ihre Kunden über das Web selbst auch schon an der Produktentwicklung beteiligt – und welche Erfahrungen haben Sie gemacht?

Meike Heitker: Ja, wir haben hier schon Erfahrungen gemacht. Bei der Aktion »Blog-Schokolade« war es uns wichtig, Verbraucher teilhaben zu lassen. Wir haben viele Einsendungen erhalten, über die wir unsere User abstimmen ließen. Alle Schritte der Entwicklung und Produktion haben wir stets transparent auf dem Blog und auf Facebook begleitet. Neben der Rezeptur hatten die User auch die Möglichkeit, den Namen der Schokolade sowie das Cover der Gewinnerrezeptur selbst zu gestalten.

Insgesamt war die Aktion ein voller Erfolg. Zum einen haben wir sehr positive Resonanzen (von unseren Verbrauchern, im Social Web) erhalten, zum anderen war die Gewinnerschokolade »Cookies & Cream« in wenigen Wochen ausverkauft. Vertrieben wurde sie ausschließlich in unseren Sonderkanälen Webshop, der *Bunten SchokoWelt* in Berlin sowie im *SchokoLaden* in Waldenbuch. Da wir eine Crowdsourcing-Aktion dieser Art das erste Mal durchgeführt haben, wollten wir uns langsam an das Thema herantasten und zunächst Erfahrungen machen, deshalb haben wir diesen speziellen Vertriebsweg gewählt.

Aufgrund der positiven Erfahrungen mit der Aktion »Blog-Schokolade« können wir uns eine Durchführung von Aktionen dieser Art künftig öfter vorstellen, da wir auf diese Weise konkrete Verbraucherwünsche weitestgehend berücksichtigen können. Dies geschieht natürlich in enger Zusammenarbeit mit unserer Abteilung Forschung und Entwicklung. Darüber hinaus gibt es Vorgaben, welche Zutaten überhaupt eingesetzt werden können und dürfen. Wichtig ist es vor allem, immer offen und ehrlich mit dem Verbraucher zu kommunizieren und diese Vorgaben auch transparent zu machen.

Ein schönes Ergebnis der Aktion ist auch, dass es – zwei Jahre nach der Blogschokolade – die Gewinnersorte »Cookies & Cream« (in leicht veränderter Form: mit Vollmilchhülse statt mit weißer Schokolade) auch ins Sortiment unserer Frühlingspromotion geschafft hat.

Zum Hintergrund: Es gibt eine Frühlings-, Sommer- und Winterpromotion, bestehend aus drei Sorten. Hierbei handelt es sich meist um zur Jahreszeit passende Sorten, die für einen zeitlich begrenzten Zeitraum im Handel erhältlich sind.

In den vergangenen Jahren haben wir die Integration der Verbraucher in unsere verschiedenen Entwicklungsprozesse weiter ausgebaut: So haben wir seit 2012 das so genannte Plakatvoting auf dem Blog etabliert. Dort haben die User die Möglichkeit, über die Sprüche auf Plakaten, die 2x im Jahr an den größten Bahnhöfen in Deutschland ausgehängt werden, abzustimmen. Sie bekommen je Motiv 2-3 (von unserer Agentur entwickelte) Headlines zur Auswahl, dürfen dann für ihren Favoriten abstimmen und ihre Entscheidung in den Kommentaren begründen. Dieses Tool setzen wir regelmäßig ein, und es ist mittlerweile auch sehr wertvoll für uns und unsere Headline-Entscheidung geworden. Sogar der Inhaber Alfred Ritter vertraut auf die Entscheidung der Verbraucher und ist überzeugt von diesem Tool. Wir sind selbst immer wieder beeindruckt, wie detailliert und überzeugend die User in ihren Kommentaren ihre Entscheidung für ihr Lieblings-Motiv begründen können.

Darüber hinaus bieten wir seit 2013 eine feste Plattform auf dem Blog, in dem die User Vorschläge für ihre Wunsch-Schokolade einreichen können, quasi eine permanente »Blog-Schokolade«. In der »Sortenvorschlags-App« können die Blog-Besucher ihre eigene Schokolade kreieren (Sortenname, Zutaten, Verpackungsfarbe) und auf dem Blog einreichen. Es ist keine Incentivierung an die Einreichung gekoppelt, d.h. die Teilnahme erfolgt komplett freiwillig. Mittlerweile liegen uns bereits knapp 3.600 Vorschläge vor und wir berücksichtigen diese – soweit umsetzbar – auch bei der Neuentwicklung von Produkten. Derzeit prüfen wir, wie wir die App zukünftig noch intensiver nutzen können.

Corporate Blogs sind bei Genuss- und Lebensmittelherstellern noch immer selten. Welche Ziele verfolgen Sie konkret mit dem Ritter Sport-Blog?

Meike Heitker: Natürlich erreicht man etwa mit einer TV-Werbung sehr viel mehr Menschen. Für uns war es aber wichtig, hochwertige Kontakte herzustellen. Wir können persönlich angesprochen werden und selbst Feedback auf Kundenanfragen geben. Im Blog sind unsere Kontaktdaten hinterlegt, ich antworte auf viele Kommentare selbst. Außerdem werden wir von der Social-Media-Agentur elbkind unterstützt, die damals auch die Olympia-Kampagne mitentwickelt und -betreut hat. Gemeinsam mit dem Agentur-Mitarbeiter Ben

Wittkamp verfasse ich Artikel und beantworte User-Anfragen. Ben hat aufgrund der langjährigen Zusammenarbeit mittlerweile schon so viel Erfahrung mit unseren Produkten, dass er ebenfalls die häufigsten Fragen beantworten und uns daher gut unterstützen kann.

Generell wollen wir mit dem Blog die Verbraucher aktivieren und involvieren, sie also mit Themen versorgen, die für sie inhaltlich wirklich relevant sind. Somit generieren wir echte Ritter Sport-Fans und Freunde, die uns eben nicht nur nebenbei beim Fernsehen wahrnehmen.

Zudem fungierte das Blog auch als wichtiges Werkzeug in der Krisenkommunikation. Nach Veröffentlichung des Testergebnisses der Stiftung Warentest war das Blog für uns ein wichtiger Kanal, um unsere Sicht der Dinge transparent darzulegen und auf die Fragen der zum Teil verunsicherten und/oder verärgerten Verbraucher direkt einzugehen.

Über welche Social-Media-Kanäle verfügt Ritter Sport darüber hinaus, und wird es sein Social-Media-Engagement weiter ausbauen?

Meike Heitker: Neben dem Ritter Sport-Blog gibt es einen Twitter-, einen Pinterest- und einen YouTube-Kanal. Einer der wichtigsten Kanäle ist jedoch Facebook, wo wir seit Dezember 2010 mit einem deutschen Unternehmensprofil präsent sind. Wir haben damit auch auf Kundenwünsche reagiert, die nur die bereits existierende amerikanische Fanpage von unseren internationalen Kollegen auf Facebook vorfanden. Mittlerweile laufen sehr viele Aktionen über Facebook, da es durch die »Gefällt mir«- und »Teilen«-Funktionen ein extrem hohes virales Potenzial hat.

Dennoch gilt es, die weitere Entwicklung des Kanals zu beobachten. Es wird trotz wachsender Fanzahlen zunehmend schwieriger, alle Fans der Fanpage mit den Postings zu erreichen. Dies liegt u.a. am sogenannten Edge Rank, der aussteuert, welche und wie viele User unsere Postings sehen. Dieser Edge Rank wird von Facebook anhand bestimmter Kriterien (z.B. Uhrzeit, Inhalt–Text oder Bild – des Postings, etc.) zugewiesen und wir können ihn nur bedingt beeinflussen. User, die in der Vergangenheit häufig mit unserer Seite interagiert haben, haben eine höhere Wahrscheinlichkeit, unsere Postings zu sehen. Umso wichtiger wird es für uns, unsere Fans auch weiterhin mit interaktiven und relevanten Postings/Aktionen zu involvieren und an die Marke zu binden. Diese Entwicklung betrifft aber nicht speziell uns, sondern generell Markenauftritte bei Facebook.

Abbildung 4-6 ▶
Das Ritter-Sport-Blog

Zudem ist trotz der hohen Mitgliedszahlen derzeit auch eine Abwanderung der jüngeren User zu anderen, neuen Kanälen zu beobachten, wie bspw. WhatsApp, Instagram oder Tumblr. Diese Entwicklung beobachten wir und passen unser Social-Media-Portfolio gegebenenfalls darauf an. Die Aufschaltung eines Markenauftritts auf Instagram ist derzeit schon in Prüfung.

Gerade deshalb ist auch der Stellenwert des Corporate Blogs nicht zu vernachlässigen. Wir haben die beiden Kanäle positioniert und dabei aufgezeigt, dass wir unterschiedliche Ziele mit den Kanälen verfolgen. Das Blog fungiert vornehmlich als Dialogkanal, der Hintergrundwissen rund um die Marke und ihre Produkte ausführlich behandelt und frühzeitig vermittelt, den Leser somit zum Erstwisser macht und ihm die Möglichkeit gibt, mit der Marke direkt in Dialog zu treten. Zudem hat sich der User bewusst entschieden, das Blog zu besuchen und befindet sich auch komplett in Ritter Sport-Umgebung.

Auf Facebook haben die Fans die Möglichkeit, sich auch untereinander auszutauschen. Außerdem funktioniert Facebook als soziales Netzwerk ganz anders. Dort ist alles etwas »schneller« und oberflächlicher als auf dem Blog. Der User befindet sich in seinem sozialen Umfeld und kommuniziert darüber hinaus mit der Marke. Dies kann auch passiv geschehen, indem er durch Statusmeldungen der Fanpage mit Informationen versorgt wird. Außerdem ist das virale Potenzial von Facebook nicht zu unterschätzen. Wenn wir Informationen verbreiten wollen, kommunizieren wir diese meistens zuerst über Facebook.

Wie messen Sie den Erfolg Ihrer Aktivitäten?

Meike Heitker: Das ist immer noch eine Herausforderung, da dies nicht so leicht wie bei klassischen Werbemaßnahmen möglich ist. Zum einen erheben wir natürlich quantitative Daten wie Follower- und Fanzahlen oder Zugriffsstatistiken, und wir versuchen, entsprechende Vergleichszahlen zu finden. Zum anderen geben uns qualitative Faktoren Rückschlüsse auf den Erfolg, wie positives Feedback, das wir von unseren Fans erhalten. Auf Facebook beobachten wir bspw. regelmäßig die sogenannte Interaktionsrate, die uns Rückschlüsse darauf liefert, wie viele User auf unsere Beiträge reagiert haben.

Wir haben mittlerweile ein eigenes Bewertungssystem entwickelt, bei dem wir die Social-Media-Kanäle in unser gesamtes Kommunikations-Portfolio einordnen und mit den Leistungen (quantitativ und qualitativ) der anderen Kanäle vergleichbar machen.

Aufgrund unserer langjährigen Erfahrung in diesem Bereich sind wir uns der Bedeutung und Wichtigkeit der Social-Media-Kanäle im Gesamt-Kommunikations-Mix aber bewusst und werden diesen Bereich weiter nutzen und ggf. auch anpassen und/oder ausbauen.

Frau Vogt, Frau Heitker, wir danken für das Gespräch.

Abbildung 4-7 ▶
Meike Heitker, Social-Media-Managerin bei Ritter Sport

Achtung, Falle

Wenn Sie Mitmach-Aktionen mit Ihren Kunden planen: Versprechen Sie nichts, was Sie nicht halten können! Und machen Sie auch keine halben Versprechen, sonst geht es Ihnen wie der Henkel-Marke »Pril«, die im Jahr 2011 dazu aufrief, ein neues Etikett für ihre Spüli-Flaschen zu gestalten und – das war die Krux – dann auch über das beliebteste Etikett abzustimmen. Dieses sollte dann in einer Sonderedition auf die Flaschen und in den Handel kommen.

So weit, so gut: Die Beteiligung war erst einmal überragend, mehr als 33.000 Etiketten gingen ein. Allerdings nicht alle mit den erwarteten Pril-Blumen. Und es passierte, was passieren musste: Die Kunden stimmten ausgerechnet für einen als Parodie und Kritik gemeinten Entwurf ab, nämlich die »Hähnchenduft-Edition« (eingereicht vom Werbetexter Peter Breuer).

Die eifrigen Gestalter und Abstimmer wurden dennoch enttäuscht. Der Konzern hatte sich vorbehalten, mit einer Jury aus den zehn beliebtesten Etiketten eines selbst auszuwählen. Dies sorgte für sehr viel Spott im Social Web – und hinterlässt zudem einen etwas bitteren, tja – Hähnchengeschmack. Nicht zuletzt, weil man während des Wettbewerbs mit den Teilnehmern nicht in den Dialog ging.[8]

Auch online dabei: Kleine und mittelständische Unternehmen

Auch für kleinere oder nur lokal begrenzt tätige Unternehmen bieten sich Werbemöglichkeiten im sozialen Web. Das Mantra »Marketing ist Mitwirkung« gilt für Unternehmen aller Größenordnungen. So wurde in Deutschland beispielsweise ein einzelner Edeka-Supermarkt aus Bremen berühmt, weil sein Inhaber unter *www.shopblogger.de* über das Geschäft und seinen Alltag mit den Kunden, Lieferanten und vielen Produkten berichtet.

Der selbstständige Fliesenlegermeister Thomas Fieber nutzt neben Blog, Facebook und anderen Kanälen sehr gern Twitter (*@fliesenfieber*), etwa 1.000 Follower sind interessiert. Eine solide Facebook-Präsenz hat auch das Bräustüberl Tegernsee (*https://www.facebook.com/Braustuberl*) vorzuweisen: Wie viele andere Restaurants, Cafés, aber auch Supermärkte und Einzelhandelsgeschäfte informiert es über neue Angebote, lädt zu Veranstaltungen ein, verlost Gutscheine und stellt aktuelle Fotos ein. Und natürlich gibt es viele weitere Möglichkeiten, die Gunst der Kunden zu erlangen: Ein Café, dass via Twitter Bestellungen und Reservierungen annimmt, kann sich gegenüber Wettbewerbern abheben. Ein Restaurant, das über seine Tagesgerichte und die Herkunft seiner Lebensmittel bloggt, ebenfalls.

Viele B2C-Unternehmen konzentrieren sich vorrangig auf sehr produktbezogene Inhalte. Natürlich steht der ROI im Mittelpunkt, das heißt, dass Ihr Geschäftsführer in der Regel Umsatz für Ihr Engagement erwartet. Dennoch ist es sehr schade, wenn für Produktwerbung viele andere Facetten und Chancen ungenutzt bleiben. In den meisten Unternehmen – wahrscheinlich allen – gibt es ja viele spannende Geschichten, die erzählt werden könnten. Die Größe des Unternehmens spielt dabei eine untergeordnete Rolle.

---

8 *http://www.spiegel.de/netzwelt/netzpolitik/soziale-netzwerke-pril-wettbewerb-endet-im-pr-debakel-a-763808.html*

Abbildung 4-8 ▶
Mehr als 60.000 Likes und ein reger Austausch: Hier funktioniert Social-Media-Marketing.

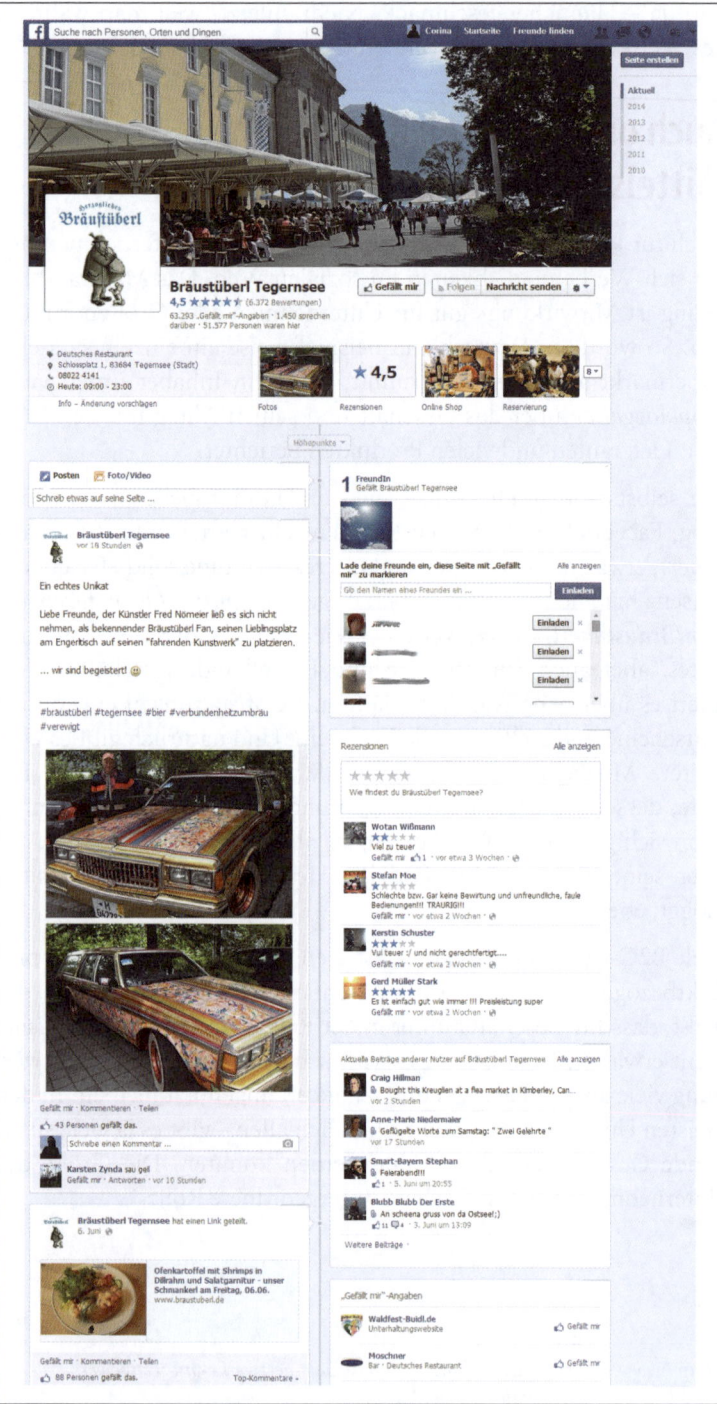

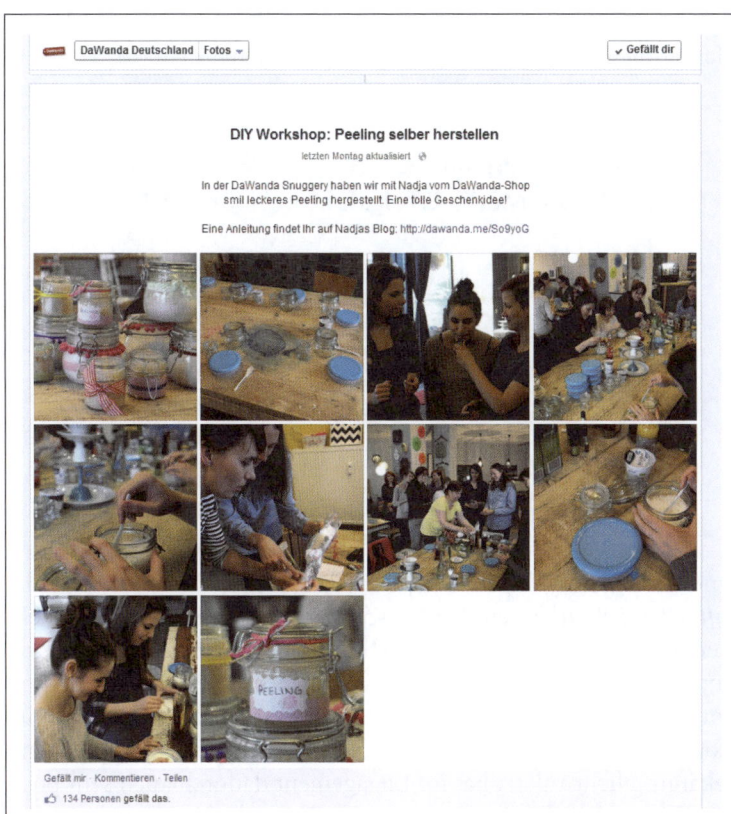

◄ **Abbildung 4-9**
Auf der Facebook-Seite der Shopping-Plattform für Selbstgemachtes DaWanda wechseln Produktinfos und Wettbewerbe mit kostenfreien DIY-Tipps und Austausch mit der Community. Dass DaWanda nicht nur DIY-Produkte verkauft, sondern den DIY-Gedanken auch lebt, spürt man im Web genauso wie auf den zahlreichen Events, die es organisiert.

Nichtsdestotrotz tun sich kleine und mittlere Unternehmen bislang häufig schwer, so eine Studie der Universität Liechtenstein[9] aus dem Jahr 2013. Unter mehr als 400 befragten KMU aus dem gesamten deutschsprachigen Raum (DACH) gaben zwei Drittel an, die sozialen Netzwerke zur »Vermarktung ihrer Marke, ihrer Produkte und Dienstleistungen« einzusetzen. Sie wollen hiermit vor allem bekannter werden, neue Kunden gewinnen und Kundenbeziehungen optimieren. Wiederum zwei Drittel dieser Unternehmen setzen jedoch keinerlei Mess- und Optimierungswerkzeuge ein. Die Studie kommt zu dem Schluss, dass ohne quantitative und qualitative Auswertung auch die Chancen zur Verbesserung der Marketingmaßnahmen verlorengehen. Und: Sie stellt in der Folge deren kompletten Nutzen in Frage. Eine aus unserer Sicht etwas gewagte These – nur weil Erfolge und Misserfolge nicht ausgewertet werden, können wir deren Existenz nicht verleugnen. Die Studie extrahiert aber

---

9 http://bit.ly/studie_unili

einige wichtige Voraussetzungen für erfolgreiches Social Media Marketing, die von den KMU genannt wurden:

Abbildung 4-10 ▶
Folgerungen der Studie »Social Media Marketing in KMU« der Universität Liechtenstein, in Kooperaton mit der Wirtschaftsuniversität Wien, 2013

Eine Erfolgsstory liefert beispielsweise Kirstin Walther: Für die *Saftkelterei Walther*, ein bei Dresden ansässiges Familienunternehmen, begann sie im Jahr 2006 zu bloggen. Mittlerweile können sich Kunden und Interessierte auch via Facebook-Seite vernetzen und YouTube-Videos ansehen. Walther war eine der ersten »Corporate Bloggerinnen« und ist in der deutschen Blogosphäre entsprechend bekannt. Nicht zuletzt hat ihr Engagement dadurch auch sehr positive Effekte auf die Platzierung in Suchmaschinen. Google & Co. bewerten die Inhalte der beliebten Social-Media-Sites Facebook, Twitter und YouTube sehr hoch; dementsprechend gelingt es auch kleinen Unternehmen, mit entsprechender Präsenz auf diesen Seiten schnell gefunden zu werden. Im Folgenden lesen Sie ein Interview mit Kirstin Walther.

»Offen und ehrlich kommunizieren«

Im Gespräch mit Kirstin Walther, Saftkelterei Walther

Frau Walther, viele kleine oder nur lokal bekannte Unternehmen halten ein Engagement in den Social Media für »überdimensioniert«. Was entgegnen Sie denen?

Kirstin Walther: Ich würde zunächst zwischen zwischen »klein« und »lokal« trennen. Vor fünf Jahren, als es quasi weder Facebook- noch Twitter-Nutzung gab, hätte ich es vielleicht auch ein bisschen für überdimensioniert gehalten, was lokal agierende Unternehmen betrifft. Aber heute weiß ich, dass Twitter und jetzt Facebook gerade auch für lokale Geschäfte gut genutzt werden können. Bei Twitter war das für mich ab einer gewissen Follower-Zahl ein regelrechter Aha-Effekt, weil mir Follower aus unserem Umland mitteilten, dass sie uns vorher nicht kannten – erst durch Twitter. Bei Facebook ist das ähnlich. Und die Ortserkennung von Facebook und Twitter oder auch Lokalisierungsdienste wie Foursquare machen das noch viel spannender.

◄ **Abbildung 4-11**
Kirstin Walther von der Saftkelterei Walther (Foto: Stephan Böhlig)

Was die Größe von Unternehmen angeht, finde ich für kleine wie uns Social Media besonders interessant und eher jede andere Art der Werbung oder des Marketings überdimensioniert. Wie viel Geld und Möglichkeiten hat man denn als kleines Unternehmen? Eher wenig. Eine Facebook-Seite oder ein Blog ist dagegen eine extrem wirksame, Zeit sparende und vor allem kostengünstige Variante im Vergleich zu klassischer Werbung. Und das Schönste ist: Man muss nicht werben bei Social Media, sondern es führt eher über intensiven und sehr persönlichen Dialog zu unglaublich positiven Effekten.

Ihr persönliches Engagement begann mit einem Unternehmensblog, dem Saftblog. Wie kam es dazu?

Kirstin Walther: Martin Roell (*www.roell.net*) war es, der uns im Frühjahr 2004 nahezulegen versuchte, dass ein Blog toll für uns wäre. Nur, damals begriff ich das alles noch nicht so richtig. Erst als er im Sommer 2005 in seinem Blog meldete, dass Frosta jetzt ein Blog hat, und ich dort ein wenig rumstöberte, begann ich zu erahnen, welchen Einfluss ein Blog haben kann, und dass dort viel Interaktion stattfindet. Und das wollte ich dann auch und schrieb meinen ersten Blogpost im Januar 2006.

Wie groß war die Saftkelterei zu diesem Zeitpunkt, und in welcher Region war sie bekannt?

Kirstin Walther: 2004 hatte ich die Kelterei gerade von meinen Eltern übernommen, man kannte uns nur im Raum Dresden. Der bundesweite Vertrieb begann langsam in 2005, weil mehrere unserer Kunden uns diese Saftboxen [eine besondere Art der Verpackung, bei der angebrochener Saft lange frisch bleibt, Anm. der Autorin] unter die Nase hielten und meinten, wir sollen das mal probieren. Wir haben zum Glück auf unsere Kunden gehört, und nun hat diese Verpackung einen Umsatzanteil von 80 Prozent. Unsere Umsätze haben sich seitdem verdreifacht. Gar nicht auszudenken, wo wir jetzt ständen, wenn wir nicht auf unsere Kunden gehört hätten. Der Grund, warum es bei uns nichts Wichtigeres gibt als Kundendialog – egal über welche Kanäle. Das Bloggen hat super dazu beigetragen, unsere Bekanntheit zu erhöhen.

Wie entwickelte sich das Blog, und welchen Einfluss hatten und haben die Social-Media-Angebote auf die Entwicklung Ihres Unternehmens?

Kirstin Walther: Es hat einige Zeit gedauert, bis ich meinen Weg gefunden hatte bzw. bis ich gelernt hatte, wie es für unsere Leser und für uns das Beste ist. Am Anfang brauchte es natürlich Geduld und viel Ausprobieren. Ein bisschen Mut auch, denn komischerweise funktionierte nicht das, was mir manche »Experten« versuchten einzureden, sondern eigentlich das Gegenteil davon. Hochglanzmarketing, Darstellen des Unternehmens in schillerndsten Farben, den ganzen Tag erzählen, wie toll man eigentlich ist und perfekt und dass man niemals Fehler macht – das hätte ich vielleicht gekonnt, aber ich hätte mich verstellen müssen.

Zum Glück merke ich schnell, dass es so *nicht* funktioniert, sondern der beste Weg ist, man selbst zu bleiben und offen und ehrlich zu kommunizieren – auch über Probleme. Denn *das* schafft Vertrauen – nicht das Gegenteil. Und das macht mich sehr glücklich. Diese Erfahrung hatte und hat immer noch Einfluss auf alles: auf Geschäftskunden- und Lieferantenbeziehungen, auch auf das Privatleben. Denn egal, was man tut und wo man sich zeigt – es sind immer Menschen am anderen Ende der Leitung, und deswegen gelten auch die ganz normalen Regeln, die man im Umgang miteinander pflegen sollte. Und diese persönliche Ebene führt dazu, dass wir extrem gern und total überzeugend weiterempfohlen werden. So oft und zahlreich, dass ich es auch heute manchmal nicht glauben kann, wie bekannt wir eigentlich schon sind. Ein unbeschreibliches Gefühl, das ich nicht mehr missen möchte.

Beeinflusst Ihr Engagement auch den Umsatz? Wie schnell konnten Sie einen Effekt erkennen?

Kirstin Walther: Das ist neben der Freude, die ich damit jeden Tag habe, natürlich ein sehr genialer Effekt. Mit dem Gefühl, dass man eigentlich wenig dafür getan hat – außer präsent zu sein, Fragen zu beantworten und bei Problemen zu reagieren. Man »verkauft« nicht, sondern ist einfach für die Leute da. Dann geht alles wie von alleine. Eigentlich lese ich erst den Effekt, und dann kommt er: Jemand twittert, dass er gerade bei uns bestellt hat, weil er bei einem Freund von uns erfuhr ... zum Beispiel. Auch bei Facebook ist dieser Effekt extrem. Jeden einzelnen Tag lesen wir diese Nachrichten, und so kommen jeden Tag neue Kunden dazu. Es ist dieses »Wie man in den Wald hineinruft«-Prinzip: Wir kommunizieren sehr viel, und das kommt zurück. Unsere Kunden schreiben ganz von selbst Informationen zu ihrer Bestellung oder antworten auf Versandbestätigungsmails. So erfahren wir, woher sie uns kennen, und auch, ob alles gut funktioniert hat. Je mehr Fans man hat, desto stärker werden diese Effekte – vorausgesetzt natürlich, dass Produkte und Service auch gefallen.

Sie haben diese Social-Media-Kanäle von Anfang an aus persönlichem Interesse und mit großer Leidenschaft bedient. Betreiben Sie dennoch eine Art Erfolgskontrolle? Stellen Sie etwa die aufgewendete Zeit einem geschätzten Mehrumsatz gegenüber oder beobachten Follower-Zahlen?

Kirstin Walther: Es mag komisch klingen, aber nein, in der Form mache ich das nicht – nicht umsatzbezogen und auch die Zeit finde ich nicht wichtig. Denn die Zeit, die ich mit Social Media verbringe, ist die wichtigste Zeit des Tages für mich, weil dort ein Großteil unserer Fans und Kunden ist. Weil man dabei erfährt, ob man noch auf dem richtigen Weg ist oder nicht, und welche Wünsche die Kunden haben. Und das nicht nur online: Im »normalen« Leben ist es natürlich ganz genauso, dass man sich Zeit für die Kunden nimmt. Das Einzige, was ich »zur Kontrolle« wichtig finde, ist eine Art Monitoring – also mittels einfacher Werkzeuge zu schauen, was die Leute über uns schreiben, damit ich mich bedanken oder schnell reagieren kann, wenn es mal Probleme gibt. Natürlich freut man sich auch über steigende Fan- und Follower-Zahlen – aber das ist zweitrangig. Auch hier überwiegt die Freude am Dialog, der Rest kommt von ganz alleine. Es wurde mal ein Zitat getwittert – ich weiß leider nicht mehr, wer es sagte: »You don't make money with Social Media. You make money with people who trust you.« Und das ist der Punkt.

Wie wurde Ihre Arbeit intern aufgenommen, konnten Sie beispielsweise Mitstreiter finden?

Kirstin Walther: Ich glaube, manchmal finden meine Mitarbeiter ganz schön durchgeknallt, was ich so tue – andererseits bemerken sie bewundernd die Effekte und finden es auch gut, wenn man keine Rollen spielt, sondern nur ein Gesicht hat, egal mit wem man kommuniziert. Im Moment bediene ich alle Social-Media-Kanäle allein, aber hätte natürlich nichts dagegen, wenn z.B. auch die Jungs in der Saftproduktion mit unseren Fans in Kontakt stünden. Aber vielleicht braucht das noch ein bisschen. Bei mir ging das ja auch nicht von heute auf morgen.

Frau Walther, wir danken für das Gespräch.

Kirstin Walther: Dankeschön für das Interview und allen Lesern viel Spaß beim Ausprobieren. :-)

Reputationsmanagement

Vielleicht haben Sie jahrzehntelang ein Imperium aufgebaut, das nun Ihre Marken und Hunderttausende von Mitarbeitern umfasst. Doch der gute Ruf ist eine empfindliche Sache; binnen weniger Momente kann das, was Sie mit Ihrer harten Arbeit aufgebaut haben, völlig zusammenbrechen, wenn ein Kunde (oder sogar ein Wettbewerber) das Internet benutzt, um Ihren guten Namen in den Schmutz zu ziehen. Angesichts der Art und Weise, wie sich Inhalte heute im Internet verbreiten, kann eine einzige üble Geschichte rasch zum Flächenbrand werden. Unternehmen, die darauf nicht reagieren, riskieren einen beträchtlichen Vertrauensverlust und können sogar Marktanteile einbüßen.

Soziale Medien sind aber nicht nur ein Risiko, sondern vor allem auch ein kostengünstiger und empfehlenswerter Weg, um solche Reputationsmanagement-Fiaskos zu bekämpfen. Dazu gibt es mehrere Möglichkeiten. In Kapitel 2 wurde beschrieben, wie Electronic Arts einen Schnitzer in eine großartige Marketinginitiative ummünzte, die sich als ungemein wirkungsstark erwies. Vielleicht erinnern Sie sich noch: Ein User entdeckte einen Programmfehler, der etwas Menschenunmögliches zeigte, und lud bei YouTube ein entsprechendes Video hoch. Anstatt das Video zu ignorieren, erklärte Electronic Arts, dass der Programmfehler in Wirklichkeit gar keiner gewesen sei. Mit mehr als zwei Millionen Betrachtern und überwältigend positiven Reaktionen auf das Video ging EA

Sports als klarer Sieger aus einer Situation hervor, die sich leicht zu einem PR-Albtraum hätte auswachsen können.

In der Fallstudie zur Saftkelterei Walther haben wir noch eine zweite Möglichkeit erwähnt, wie soziale Medien beim Online-Reputationsmanagement helfen können: durch die Existenz mehrerer Profile. Kirstin Walther pflegt neben dem Blog noch einen Twitter-, einen Facebook- und einen YouTube-Kanal, und dank Kirsten Walthers Vernetzung in der Blogosphäre fördert die Google-Suche nach »Saftkelterei Walther« nicht nur die Homepage zutage, sondern auch viele Interviews und Berichte von anderen über die Saftkelterei.

Dieses Beispiel zeigt, wie stark Social-Media-Marketing das Reputationsmanagement unterstützen kann. Ein Unternehmen, das mit seinen Suchmaschinenergebnissen nicht zufrieden ist, kann leicht eine Reihe von Social-Media-Profilen in sozialen Netzwerken einrichten. Mit regelmäßigem Engagement können Social-Media-Profile dazu beitragen, die Suchmaschinenergebnisse zu beeinflussen. Diese Strategie funktioniert, weil die meisten sozialen Netzwerke durch ihre starke Nutzung als vertrauenswürdig gelten (und weil sie von anderen Websites und News-Sites verlinkt werden).

Der Screenshot der Suchergebnisse nach dem Schlüsselwort »Comcast« (in Kapitel 1) zeigt, dass nutzergenerierter Content ein hohes Ranking bekommt. Mehr noch: Seitdem Google seine universelle Suche eingeführt hat, ist offensichtlich, dass soziale Medien auch in die Gruppe der am besten sichtbaren Links auf der Ergebnisseite der Suchmaschine aufrücken.

Definition Was ist die *universelle Suche*? Im Jahre 2007 überlegte man sich bei Google, dass die Suchergebnisse mit einfachen blauen Links nicht mehr ausreichen. Man beschloss, Videos, Bilder, Blogbeiträge, Geschäftsdaten, Landkarten, Produkte und Nachrichten mit in die Ergebnisseiten aufzunehmen.

Bei fast jeder Internetrecherche treten auch Ergebnisse aus sozialen Medien zutage. Im Reputationsmanagement eignen sich Social Media sehr gut zur Bekämpfung negativer Suchergebnisse. Da man in den meisten sozialen Netzwerken seinen eigenen Benutzernamen wählen kann, können Sie die verfügbaren Benutzernamen für Ihre Marke oder Ihr Unternehmen reservieren. Wenn diese Social-Media-Profile erst im Suchmaschinenranking auftauchen, können sie Ihnen dabei helfen, Ihren Ruf im Internet zu pflegen. Auf einer Website wie *http://knowem.com* können Sie erkennen, auf welchen

Websites Sie Ihren Markennamen registrieren sollten, um Ihren Ruf im Internet zu pflegen. Sie sollten mindestens die relevantesten und reichweitenstärksten Seiten besetzen. Nachdem Sie die Social-Media-Profile registriert haben, müssen Sie darauf achten, die betreffenden Benutzerkonten regelmäßig (oder öfter) zu nutzen, um den Communities etwas Wertvolles zu bieten. Das wiederum wird Ihre Rankings verbessern und es anderen schwer machen, Ihren guten Ruf zu ruinieren. Ein hohes Ranking erreichen Sie nicht durch bloßes Erstellen von Social-Media-Profilen, Sie müssen sich auch engagieren. Je mehr Content Sie den Social-Media-Profilen hinzufügen, desto wahrscheinlicher ist es, dass Sie auch von den Suchmaschinen bemerkt werden. Ein zusätzlicher Vorteil ist folgender: Wenn Sie von den Mitgliedern der Communities, an denen Sie teilnehmen, bemerkt werden, setzen aktive Teilnehmer, die vielleicht sogar Blogger oder Journalisten sind, Links auf Ihr Social-Media-Profil (in vielen Suchabfragen erscheint mein Twitter-Profil inzwischen höher im Ranking als mein persönliches Blog).

Jack Wolfskin: Reputationsfalle Abmahnung

Im Herbst 2009 geriet der Outdoor-Ausrüster *Jack Wolfskin* wegen einer sehr rigiden Abmahnpolitik unter Beschuss. Konkret richtete sich Jack Wolfskin gegen die Verkaufsplattform *DaWanda* sowie zwei ihrer Verkäuferinnen – die, wie bei DaWanda üblich, Kleinunternehmerinnen sind, die die angebotenen Produkte selbst herstellen.

Die Nutzerinnen hatten Produkte wie Aufnäher oder Taschenspiegel mit Abbildungen von Pfoten dekoriert sowie entsprechende Stickvorlagen verkauft. Jack Wolfskin sah darin zu viel Ähnlichkeit zu seiner Bildmarke, der Wolfstatze. Der Brief vom Anwalt forderte die sofortige Entfernung der Angebote von der DaWanda-Website sowie die Zahlung von Gebühren, die sich aus den geschätzten Streitwerten errechneten, jeweils um die 900 Euro.

Als die Nutzerinnen dies im DaWanda-Forum veröffentlichten und beim *Werbeblogger* davon zu lesen war, wurden zunächst die gesamte Blogosphäre und später auch traditionelle Medien wie Spiegel Online[10], Die Zeit oder die taz (die ebenfalls wegen der Wolfstatze bereits im Rechtsstreit mit Jack Wolfskin war) aufmerksam. Außerdem meldeten sich weitere Personen, die bereits früher von Jack Wolfskin bzw. dessen Anwälten abgemahnt worden waren. Dass ein weltweit agierendes und erfolgreiches Unterneh-

---

10 *http://www.spiegel.de/netzwelt/netzpolitik/0,1518,655890,00.html*

men hier Hobbyschneiderinnen zu Leibe rückte, deren Umsatz und Verbreitung im Vergleich geradezu vernachlässigbar ist und deren Produkte wahrscheinlich niemals mit der Marke Jack Wolfskin verwechselt wurden, auch wenn sie mit einer Tierpfote geschmückt sind, wurde zu Recht als unverhältnismäßig angesehen. Es brach geradezu ein Sturm der Entrüstung los, und nicht wenige Blogger und Kommentatoren ließen wissen, nie (wieder) Jack Wolfskin-Produkte kaufen zu wollen.

▼ **Abbildung 4-12**

Schlechte Presse: Große Nachrichtenmedien wie Spiegel Online berichteten über den Fall – und sorgten wiederum für eine noch größere Verbreitung im Social Web. Das erhöhte den Druck für Jack Wolfskin – und ist bis heute nicht vollständig ausgebügelt.

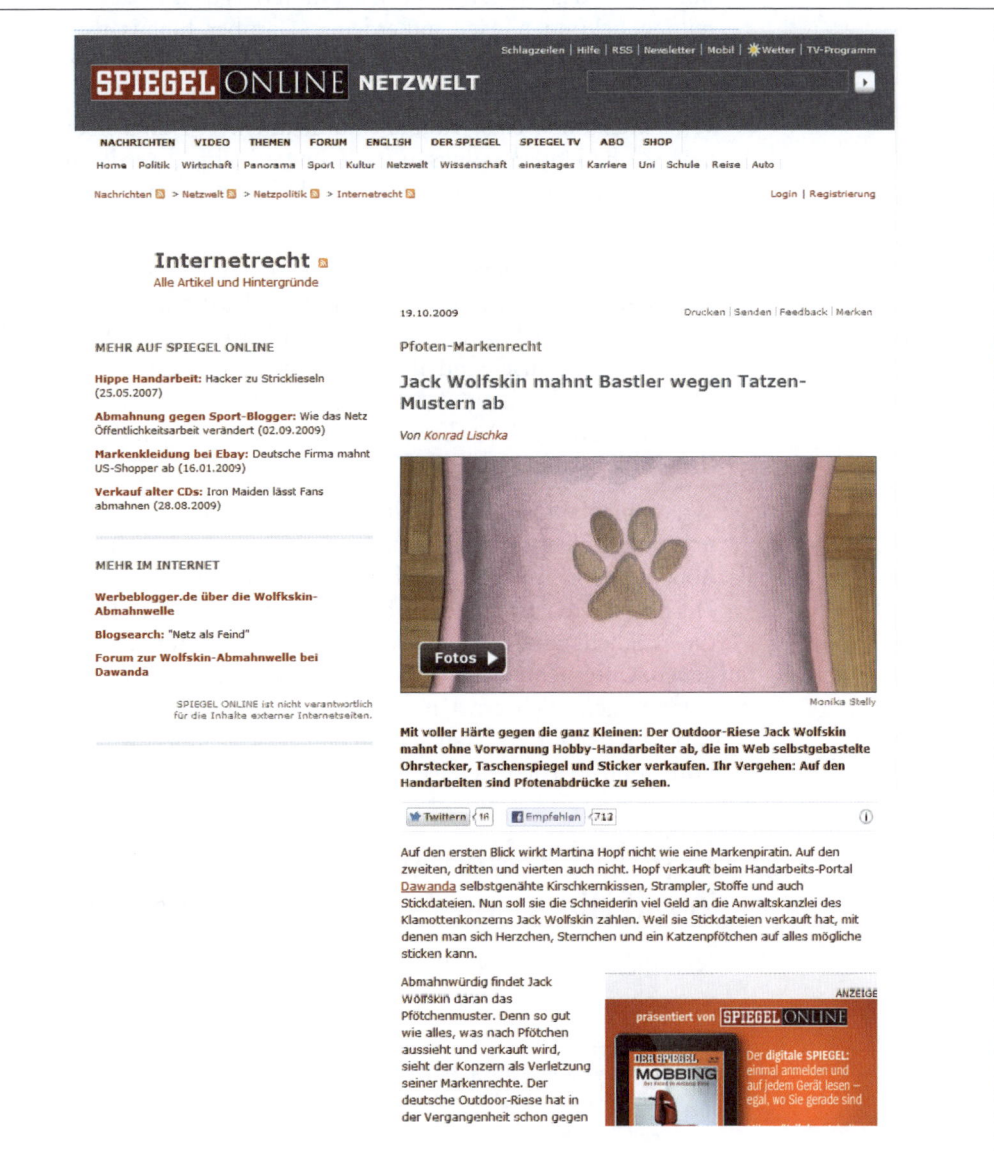

Das Ansehen von Jack Wolfskin litt massiv, auch wenn das Markenrecht durchaus auf seiner Seite lag. Die Firma musste schnell Gegenmaßnahmen einleiten, um die Gunst ihrer Kunden und Zielgruppe wiederzugewinnen. Das Vertrauen in die Firma war geschwunden und die Moral an einem Tiefpunkt angelangt. Jack Wolfskin ruderte daraufhin zurück: Geschäftsführer Manfred Hell verkündete, die »zum Teil heftige Kritik unserer Kunden in den aktuellen Fällen der DaWanda-Anbieter« ernst zu nehmen, man wolle das Vorgehen »kritisch hinterfragen«. In der Pressemitteilung bekundete Hell außerdem: »Darüber hinaus werden wir unser Vorgehen in Fällen von kleingewerblichen Angeboten verändern. Hier werden wir in Zukunft zunächst auf anwaltliche Schritte verzichten und selbst Kontakt aufnehmen.«[11] Den Personen, die eine solche Unterlassungsaufforderung erhielten, werde außerdem die Gebühr erlassen, und man werde keine weiteren rechtlichen Schritte verfolgen.

Zur *Social Media Week*, die im Februar 2010 u.a. in Berlin stattfand, erhielten sowohl Jack Wolfskin als auch DaWanda den (erstmals und bisher einmalig) verliehenen Social-Media-Preis »Oskr« für die »bekannteste Auseinandersetzung des Jahres 2009«. DaWanda rechnete man hoch an, den Fall nicht zu PR-Zwecken missbraucht zu haben, und Jack Wolfskin habe sich »einsichtig und konstruktiv der Kritik gestellt.«[12]

Was man daraus lernen sollte: Die Kommunikation mit Kunden und potenziellen Kunden muss heutzutage mehr denn je auf Augenhöhe geschehen – anwaltliche Post ist dazu nicht geeignet. Und: Die Social-Media-Kanäle wie beispielsweise Blogs bieten jedermann die Möglichkeit, derartige Ereignisse sowie Meinungen bekannt zu geben. Unternehmen sollten daher in erster Linie zuhören und diese Äußerungen auch ernst nehmen. Dazu sollte auch gehören, sich Kritik an den Orten zu stellen, an denen sie geäußert wird: in Blogs, Foren und sozialen Netzwerken.

Reputation Management Monitoring: Zwölf Dinge, die Sie beobachten sollten

Natürlich müssen Sie Ihren Ruf im Internet beobachten, aber wonach suchen Sie eigentlich genau? Auf welche sonstigen Fakto-

---

11 http://www.jack-wolfskin.de/Newsroom/Presse-2/unternehmen/stellungnahme-abmahnung-von-dawanda-anbietern-wegen-markenrechtsverletzungen.aspx/
12 http://bit.ly/oskr2010

ren sollten Sie achten? Laut dem Experten für Online Reputation Management Andy Beal[13] muss Ihr Unternehmen die im Folgenden aufgelisteten zwölf Reputationsfaktoren beobachten.

Welche Maßnahmen Sie bei Ereignissen treffen, die Ihrer Reputation schaden (können), hängt natürlich von den jeweiligen Umständen ab. Aber indem Sie diese Faktoren aktiv beobachten, können Sie im Vorfeld Probleme vermeiden, die sonst sehr schädlich werden könnten. In anderen Fällen können auch die Informationen sehr lohnend sein, die Sie bei Ihren Beobachtungen entdecken.

Ihr Name
Egal, ob Sie ein großer oder kleiner Player sind, sollten Sie immer wissen, was die Leute in den Medien über Sie reden. Zudem können Sie auf Ihrer Website Links zu den positiven Erwähnungen einrichten, damit Ihre Besucher merken, was Sie bereits geleistet haben.

Ihr Firmenname
Wenn Sie Reputationsmanagement überhaupt in Erwägung ziehen, dürfte sich das von selbst verstehen. Es ist sehr wichtig zu hören, was die Leute über Sie und Ihr Unternehmen sagen. Forschen Sie auch nach etwaigen früheren Namen Ihres Unternehmens oder wohlbekannten Abkürzungen Ihres Unternehmensnamens.

Ihre Markennamen
Wenn Sie zu einem großen Unternehmen gehören, das Hunderte von Marken besitzt, sind diese vielleicht recht schwierig zu beobachten, aber die wichtigsten Ihrer Marken sollten Sie verfolgen.

Die Führungskräfte Ihres Unternehmens
Seien Sie immer darüber im Bilde, was die Nutzer über die Leitung Ihres Unternehmens sagen.

Die Kommunikationsleute in Ihrem Unternehmen
Jeder, der sich öffentlich im Namen Ihres Unternehmens äußert, muss ebenfalls beobachtet werden.

Ihr Claim bzw. Ihre Slogans
Was sagen die Leute über Ihren Claim? Wird er gut aufgenommen? Wird er kopiert oder persifliert?

---

13 *http://www.marketingpilgrim.com/2008/04/online-reputation-monitoring-campaign.html*

Der Wettbewerb
> Was wird über die Konkurrenz geredet? Können Sie diese Informationen nutzen, um Ihr Unternehmen zu verbessern? Reputationsmanagement kann auch bei der Recherche und Analyse des Wettbewerbs helfen.

Ihre Branche
> Beobachten Sie insbesondere Branchentrends, und nutzen Sie diese Informationen zu Ihrem Vorteil. Vielleicht ärgern sich Kunden, dass der neue Schreibtisch, auf den sie sich gefreut hatten, in irgendeiner Hinsicht unpraktisch ist und eine wackelige Schublade hat. Vielleicht hat das Tablet, das viele Geschäftsleute vergangene Woche geliefert bekamen, Probleme mit dem Lesen externer Speichermodule. Können Sie aus diesem Feedback etwas lernen und die Fehler beheben, um ein besseres Produkt zu erschaffen? Können Sie diese Lernerfahrungen zu Ihrem Vorteil nutzen? Sie können Ihre Branche auch auf Ankündigungen von Innovationen hin beobachten. Solche Informationen frühzeitig zu erhalten, verschafft Ihnen Wettbewerbsvorteile.

Ihre Schwächen
> Seien wir ehrlich: Kein Produkt ist vollkommen, und immer gibt es Raum für Verbesserungen. Wenn Sie die ersten drei Kapitel gelesen haben, wissen Sie jetzt, dass man über Sie spricht und auch auf die Mängel Ihrer Marken oder Produkte hinweist. Dieses Feedback können Sie nutzen, um besser zu werden.

Ihre Geschäftspartner
> Arbeiten Sie mit einem Unternehmen zusammen, das in den Schlagzeilen ist? Das kann gut sein, aber auch schlecht – dann nämlich, wenn ein Unternehmen in einer Krise ist, die Sie eventuell auch betreffen könnte. Und je früher Sie über Managementprobleme, Lieferschwierigkeiten oder gar Umsatzrückgänge und damit Zahlungsschwierigkeiten Bescheid wissen, desto besser.

Ihre Kunden
> Vor allem bei B2B-Geschäftsbeziehungen interessant: Wenn Sie erfreuliche Nachrichten von Ihren Kunden mitbekommen, dann gehen Sie direkt auf sie zu und gratulieren Sie ihnen. Das stärkt Ihre Kundenbindung.

Ihr geistiges Eigentum
> Beobachten Sie alle Ihre Warenzeichen und Copyrights, um festzustellen, ob diese eventuell missbräuchlich verwendet werden.

Überlegungen zu einer Reputationsmanagement-Strategie

Vielleicht sind Sie das Opfer einer Reputationsmanagement-Katastrophe geworden. Nun blicken alle auf Sie: Es ist Ihre Aufgabe, sich aus der Affäre zu ziehen, vielleicht durch direkte Kommunikation mit dem Publikum insgesamt oder indem Sie das Problem still und leise durch Social-Media-Maßnahmen angehen.

Denken Sie daran, dass Sie immer auf Ihr Recht pochen und mit Reputationskrisen professionell umgehen sollten. Bedenken Sie, dass Sie ja ohnehin schon in einem schlechten Licht wahrgenommen werden und die öffentliche Meinung noch stärker gegen sich wenden, wenn Sie die Situation durch planlose Emotionalität oder schlechte Argumentation noch schlimmer machen.

> ### Krisen-PR im Social Web: Transparent, authentisch, schnell
>
> Jedes Unternehmen hat seine Wachstumsschmerzen. Manche Unternehmen verhindern Reputationsmanagement-Fiaskos schon im Vorfeld, aber manchmal ist ein Konflikt unausweichlich. Die Stakeholder und Community-Mitglieder erwarten, dass Unternehmen zu ihren Fehlern stehen. Wenn eine Kreditkartengesellschaft ein Sicherheitsleck hat, wollen sich die Karteninhaber rückversichern, dass ihre Daten sicher sind. Genau dasselbe erwartete man auch von Twitter, als es Anfang 2009 ein Datenleck feststellte.
>
> Viele Prominente, etwa Barack Obama, Britney Spears und bekannte Nachrichtensprecher, unterhalten Benutzerkonten im sozialen Netzwerk Twitter. Diese Konten haben Tausende von Followern. Doch im Januar 2009 wurden die Benutzerkonten mehrerer berühmter Personen gehackt. Die Twitter-Follower wunderten sich, dass sie statt Nachrichten über das Leben der Betroffenen völlig unpassende und unprofessionelle Informationen über sie zu Gesicht bekamen, und vermuteten direkt, dass etwas ganz und gar nicht stimmen konnte. Die Leser gingen schon davon aus, dass diese Twitter-Konten kompromittiert worden waren, aber wie?
>
> Schon redete die gesamte Blogosphäre darüber, dass Twitter nicht mehr sicher sei. Jeder machte sich Sorgen, dass sein Konto als Nächstes geknackt werden würde. Doch binnen Stunden gab das Twitter-Team selbst das Problem zu und gestand in einem Blogbeitrag ganz offen, wie die Konten geknackt worden waren. Twitter nutzte diese Erfahrung, um die Sicherheit zu verbessern, was dann auch ganz schnell geschah.
>
> Ein solches Maß an Transparenz ist ein gutes Vorbild dafür, wie auch andere Unternehmen reagieren sollten. Wenige Tage, nachdem Twitter reagiert und die Situation entschärft hatte, waren die Bedenken der Twitter-User schon zerstreut. Die rechtzeitige und engagierte Reaktion half, das Vertrauen in das Unternehmen wiederherzustellen, und die Nutzerbasis freut sich zu wissen, dass Twitter Rückgrat bewiesen hat.

Wenn Sie an die Community herantreten, stellen Sie das Vergehen, das Sie angeblich begangen haben, ehrlich dar. Gehen Sie dann einen Schritt weiter, und erläutern Sie, wie Sie die Sache zu bereinigen gedenken (oder informieren Sie die Massen darüber, dass Sie schon Maßnahmen ergriffen haben, um das Problem zu beheben). Seien Sie auch präsent, um auf konkrete Beschwerden persönlich einzugehen, oder bieten Sie Kommunikationskanäle an, um Ihre Gesprächspartner zu beschwichtigen (lassen Sie einen leitenden Mitarbeiter schnell auf die Beiträge antworten). Wenn die Community findet, dass die Situation mit einer öffentlichen Entschuldigung noch nicht abschließend bereinigt ist, geben Sie ihr einen Ort, wo sie weiterdiskutieren kann.

Intern können Sie den Reputationsmanagement-Schlamassel (für die Zukunft) verhindern, wenn Sie aus diesen Erfahrungen lernen. Wenn Sie bisher noch kein PR-Desaster erlebt haben, ist jetzt vielleicht genau der richtige Zeitpunkt, um Ihre Mitarbeiter über die Wichtigkeit der öffentlichen Wahrnehmung aufzuklären, zu wiederholen, dass jeder Schritt überlegt sein muss, und nur den besten Service anzubieten, weil die Konsumenten heutzutage ganz einfach ihre Unzufriedenheit mit Ihrem Support oder Service an die Öffentlichkeit tragen können.

Zusammenfassung

Schon das *Cluetrain-Manifest* spielte auf das heutige Phänomen der sozialen Medien an. Unternehmen reden miteinander. Märkte sind Gespräche, und Social Media geben Verbrauchern die Macht, direkt mit ihren bevorzugten Marken zu sprechen.

Marketing ist Mitwirkung. Als Marketingexperte sollten Sie eine aktive Rolle in den Social-Media-Netzwerken übernehmen und sich auf glaubwürdige Weise an den Gesprächen beteiligen. Old Spice, Langnese und Ritter Sport sowie viele weitere Unternehmen haben gezeigt, dass der Trend, Marketing als Mitwirkung zu definieren, überaus positive Ergebnisse zeitigen kann. Auch kleine und lokal begrenzt agierende Unternehmen können enorme Gewinne aus dem Dialog mit ihren Kunden ziehen.

Social-Media-Marketing kann auch dem *Reputationsmanagement* auf die Sprünge helfen, und zwar auf zwei Arten: Wenn ein Unternehmen am Meinungsaustausch teilnimmt, kann es selbst die Eindrücke, die das Publikum von ihm bekommt, mitformen und bestimmen, normalerweise zum Besseren. Und der Jack-Wolfskin-Fall zeigt, wie durch Zuhören und Ernstnehmen eine negative Stimmung in eine positive oder zumindest neutrale umgewandelt werden kann.

Die zweite Art, wie soziale Medien das Reputationsmanagement erleichtern können, ist die Erstellung von Social-Media-Profilen. Unternehmen können Benutzerkonten unter den zu beobachtenden Markennamen erstellen, um diese in den Social-Media-Netzwerken zu verfolgen und mithilfe der Profile die Suchmaschinenergebnisse zu verbessern. Andauerndes, sinnvolles Engagement ist vonnöten, damit die Spider der Suchmaschinen die Profilseiten finden, häufige Aktivitäten darauf erkennen und diese Seiten letztlich in den Suchergebnissen weiter oben platzieren, weil sie sie als relevant erachten.

Kommunizieren, beeinflussen, lernen: Kundenkontakt durch Blogs

5

In diesem Kapitel:
- Was ist ein Blog?
- Wie Blogs konsumiert werden
- Wieso betrifft Bloggen auch Unternehmen?
- Blogs als Einflussnehmer im Internet
- Die technische Seite
- Schreiben für ein Blogpublikum
- Wie Blogs gefunden werden
- Ohne eigenes Blog in die Blogosphäre
- Zusammenfassung

Blogs sind hervorragende Kommunikationsmittel. Sie können entweder ein eigenes Blog starten, um sich mit einem breiteren Publikum auszutauschen, oder mit anderen Bloggern Kontakt aufnehmen, mit deren Hilfe Sie mehr über Ihre Zielgruppen erfahren können. Ein wichtiges Ziel ist natürlich auch, dass Blogger über Ihre Produkte schreiben. Besonders einflussreiche Blogs stellen heutzutage eine Direktverbindung zwischen Verbrauchern und Unternehmen her.

Was ist ein Blog?

Blog ist eine Abkürzung für *Weblog*. Ein Blog ist eine Website, auf der Personen, Gruppen oder Firmen verschiedene Mitteilungen an eine breite Leserschaft publizieren. Ein typisches Blog enthält Textbeiträge, die oft mit Grafiken und Videos sowie mit einer Kommentarfunktion versehen sind. Das gesamte Blog wird in umgekehrter chronologischer Reihenfolge angezeigt, so dass die neuesten Einträge ganz oben stehen.

Blogs unterscheiden sich von statischen Websites darin, dass sie wichtige Elemente des sozialen Netzwerkens enthalten. Fast jedes Blog bietet RSS-Feeds, die das gezielte Lesen und Sammeln von Blogmeldungen geräte- und softwareübergreifend vereinfachen. Außerdem verfügen sie meist über Social-Media-Buttons, die das Teilen in Twitter, Facebook oder Google+ vereinfachen. Und weil Blogs ihre Leser in der Regel zum Kommentieren aufrufen, kann sich schnell ein Dialog ergeben, der mitunter Hunderte von Antworten hervorruft.

Wie Blogs konsumiert werden

Es stehen viele Werkzeuge zur Verfügung, um Blogs zu verfolgen:

Direktzugriffe

Ein Blog ist nichts anderes als eine Website, und daher holen sich viele Nutzer ihre Neuigkeiten aus den Blogs ab, indem sie einfach direkt auf die Homepage des Blogs gehen und den Content lesen.

RSS

Viele Blogleser rufen Aktualisierungen über einen RSS-Feed ab, der ihnen die Inhalte übersichtlich in einem dynamischen Lesezeichen im Browser oder einem Feedreader wie Feedly (*http://www.feedly.com*) oder Tiny Tiny RSS (*http://www.tt-rss.org*) darstellt.

Definition   RSS (*Really Simple Syndication*) ist ein populäres Webformat zum Veröffentlichen von Inhalten, die häufig aktualisiert werden, wie Blogbeiträge und Kommentare, Nachrichten und Podcasts. RSS-Feeds sind Dokumente, die Zusammenfassungen relevanter Inhalte von Websites enthalten. Abonniert ein Blogleser diese RSS-Feeds, kann er die Bloginhalte mithilfe von RSS-Readern, im Browser oder auch mit einem Standard-E-Mail-Programm gebündelt lesen und sich automatisch über Aktualisierungen informieren lassen. Standard-Bloggingsoftware erstellt automatisch RSS-Feeds.

Besonders für Smartphone und Tablet gibt es inzwischen viele nützliche Apps, die die Schlagzeilen verschiedener Nachrichtenseiten, Blogs und Magazine übersichtlich und schick darstellen. Sie fungieren dabei als Aggregatoren, die die Schlagzeilen der vom Nutzer ausgewählten Nachrichtenquellen individuell einfließen lassen – via RSS. Bekannte Beispiele sind Flipboard (*www.flipboard.com*) oder das von LinkedIn übernommene Pulse (*www.pulse.me*). Abbildung 5-1 zeigt am Beispiel von Flipboard, wie leicht Sie Ihre Lieblingsnachrichtenquellen zu einem personalisierten Magazin zusammenstellen können.

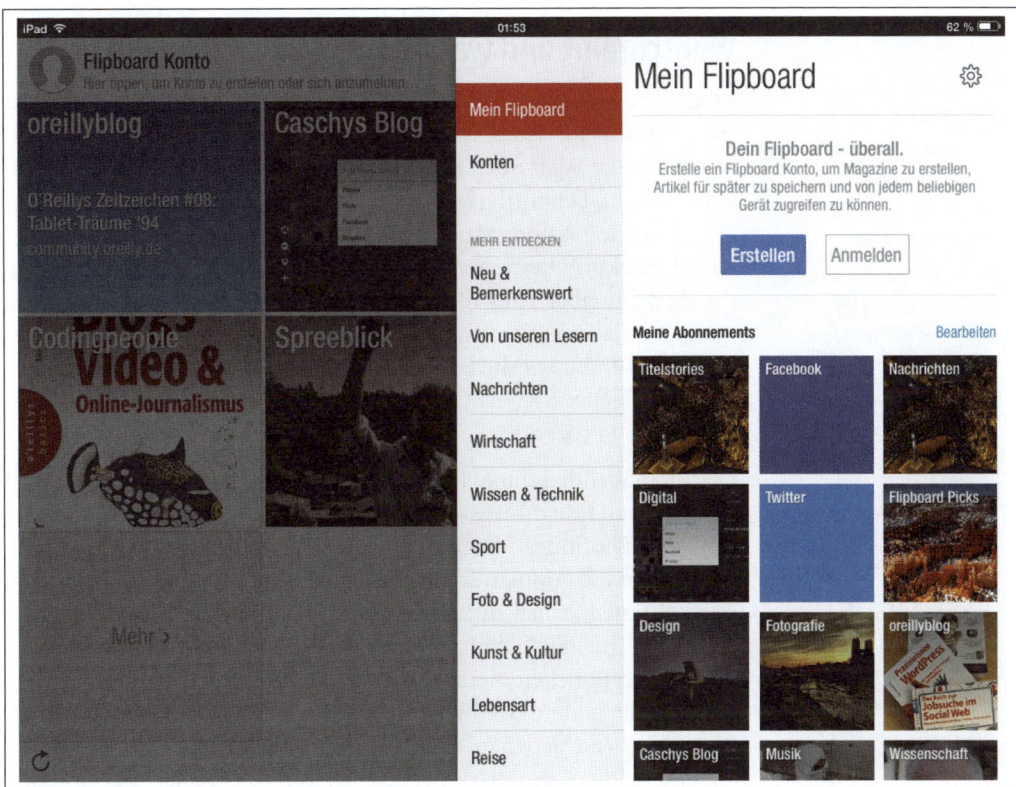

▲ Abbildung 5-1
Blogs, Nachrichtenmagazine und der eigene Twitter-Stream: Mit Flipboard stehen sie alle gleichberechtigt nebeneinander.

Social Web

Blogbeiträge verbreiten sich inzwischen vorrangig über angeschlossene Social-Media-Kanäle. Blogleser abonnieren also nicht das Blog, sondern den jeweils dazugehörigen Twitter-Kanal bzw. die Facebook- oder Google+-Seite. Damit erfahren sie aus erster Hand und unmittelbar, wann ein neuer Beitrag veröffentlicht wurde. Auch die Diskussionen über Beiträge finden immer mehr im Social Web statt.

Blogs per E-Mail

Sie können sich auf neue Blogartikel auch durch E-Mail-Alerts hinweisen lassen, die Sie, wie in Kapitel 2 beschrieben, bei Google einrichten können. Mit anderen Worten: Die Abonnenten müssen nicht unbedingt eine bestimmte Website besuchen, um ein Blog zu lesen; sie können sich den Content von Blogs auch direkt in ihren E-Mail-Posteingang liefern lassen.

Wer schreibt und wer liest Blogs?

Blogs gibt es schon seit Mitte der 90er-Jahre, und mittlerweile wird ihre Anzahl auf rund 200 Millionen weltweit geschätzt – doch weder für die Welt noch für Deutschland hat man wirklich verlässliche Zahlen. Da mittlerweile viele soziale Netzwerke ein Blogwerkzeug integrieren und ständig neue Mischformen entstehen, wird es auch in Zukunft keine genauen Zahlen geben. Genauso wichtig wie die Blogschreiber sind für Marketingtreibende aber die Blogleser: Bereits im Jahr 2007 kannten 77 Prozent der deutschen Internetuser Weblogs, und etwa die Hälfte las regelmäßig welche.[1] Der im Jahr 2013 erschienene »Wave 7 Report« beziffert diese Quote sogar auf weltweit 80 Prozent.[2]

Die Blog-Suchmaschine Technorati veröffentlicht seit 2004 jährlich Berichte unter dem Titel »State of the Blogosphere«[3], seit 2013 abgelöst von »The State of Digital Influence«[4]. Darin belegen viele statistische Daten die Popularität und Relevanz von Blogs und beschäftigen sich sehr ausführlich mit deren Akteuren, Themen und Tools. Seit Jahren bescheinigt Technorati der Blogosphäre einen starken Einfluss auf die traditionellen Medien. Viele Blogger arbeiten parallel als Journalisten für andere Medien. Aufgrund des Engagements von Bloggern in verschiedenen Social-Media-Angeboten verschwimmen außerdem die Grenzen zwischen Microblogs, Blogs und sozialen Netzwerken.

Technorati teilte die Blogger im Jahr 2011 allgemein in vier Gruppen ein:

Hobbyisten
    Die mit 60 Prozent größte Gruppe bildet das Rückgrat der Blogosphäre. Die Themen sind meist persönlicher Natur, außerdem erzielen diese Blogger kein (nennenswertes) Einkommen durch das Bloggen.

---

1 *http://www.techfieber.de/2009/09/28/studie-blog-boom-80-der-web-nutzer-kennen-weblogs/*
2 *http://wave.umww.com/index.html*
3 *http://www.technorati.com/state-of-the-blogosphere*
4 *http://technoratimedia.com/technorati-medias-2013-digital-influence-report/*

Freelancer, Selbstständige
Unter diese 13 Prozent der Blogger fallen Gewerbetreibende, die begleitend über Themen aus ihrer Branche bloggen.

Professionelle Blogger
Diese Gruppe steckt mehrere Stunden Arbeit pro Woche in ihr Blog und verdient sich auf diese Weise auch etwas dazu – einige begreifen Bloggen gar als Vollzeitjob und können auch davon leben. Diese Gruppe macht etwa 18 Prozent der Blogosphäre aus.

Corporate Blogger
Corporate Blogger schreiben üblicherweise über Fachthemen und begleiten das Unternehmensgeschehen. Sie wünschen sich dabei vor allem Austausch und möchten die Expertise des Unternehmens darstellen. Sie stellen etwa 8 Prozent der Blogosphäre.

Wie sich die Typologie von Blogs über die Jahre verändert hat, zeigt eine humoristische Grafik des amerikanischen Marketingunternehmens Flowtown/Demandforce. In »The Evolution of The Blogger«[5] sind sie alle dargestellt: vom »Urblogger«, der ein reines Onlinetagebuch verfasst, über den »Emoblogger«, der meist bei LiveJournal zu finden war, bis zur späteren Aufteilung der Blogger in einzelne »Subkulturen« wie die (Rucksack-)Reiseblogger, Politikblogger, Tech-Blogger, Foodblogger und Fashionblogger.

Die Umfrage »So bloggt Deutschland«[6] des Onlinemarketing-Unternehmens Rankseller gibt einen hilfreichen Einblick in die deutsche Bloglandschaft. Sie basiert auf einer Umfrage unter 2.344 Bloggern. Mehr als 90 Prozent der Befragten interessierten sich für Kooperationen mit Unternehmen. Statistiken zur deutschen Blogosphäre liefern außerdem die Website Blogoscoop[7], die Arbeitsgemeinschaft Online-Forschung e.V. (AGOF)[8], die W3B-Studien[9] und die Allensbacher Computer- und Technik-Analyse (ACTA)[10].

All diese Studien sind nützlich bei der Einordnung und Bewertung, ersetzen aber nicht die individuelle Analyse, ob Sie Ihre Zielgruppe in der Blogosphäre wiederfinden – und wo. Vielleicht finden Sie bei

---

5   http://www.fuelyourblogging.com/files/flowtown-evolution-blogger.png
6   http://blog.rankseller.de/pressemeldungen/studie-so-bloggt-deutschland/
7   http://www.blogoscoop.net/statistics.html
8   http://www.agof.de/internet-facts.987.de.html
9   http://www.w3b.org/trends/trends.html
10 http://www.ifd-allensbach.de/acta/

Ihrer Recherche nur ein relevantes Blog, aber das verfügt über ein erstklassiges Renommee. Oder Sie stoßen auf ein Corporate Blog Ihrer Konkurrenz, das vielleicht etwas vereinsamt wirkt, aber für Sie trotzdem höchst interessant ist. Eine Google-Recherche kann Ihnen einen tieferen Einblick in die für Sie relevante Bloggingszene geben als all diese Auswertungen zusammen.

Wieso betrifft Bloggen auch Unternehmen?

Jetzt wissen Sie etwas über die Menschen, die bloggen – aber warum ist das für Unternehmen interessant? Schon bei der Arbeit am Blogosphärenreport 2008 fand Technorati heraus, dass in Blogs sehr viel über Marken gesprochen wird:[11]

> Egal ob eine Marke bereits eine Social-Media-Initiative gestartet hat oder nicht, wahrscheinlich ist sie ohnehin in der Blogosphäre schon präsent. Vier von fünf Bloggern veröffentlichen Marken- oder Produktbesprechungen, 37 Prozent von ihnen sogar häufig. 90 Prozent der Blogger geben an, Beiträge zu schreiben über Marken, Musik, Filme und Bücher, die sie mögen (oder auch nicht mögen).

Inzwischen hat sich das Web längst als Informationsmedium Nr. 1 etabliert: Ganze 97 Prozent der Webuser haben schon mindestens einmal online nach Produktbeschreibungen und -bewertungen gesucht (AGOF). Im Jahr 2013 kauften 68 Prozent der vom Branchenverband BITKOM befragten Deutschen mindestens einmal in einem Onlineshop, wie Abbildung 5-2 zeigt. Unter überzeugten Onlineshopping-Fans ermittelte die ACTA-Studie bereits 2011 81 Prozent, die Produktinformationen in Blogs, Foren und auf Empfehlungsportalen recherchieren – und ihnen dabei größeren Glauben schenken als Testberichten und den Websites der Hersteller.

Im »Influencer Report 2013« bekräftigt Technorati den starken Einfluss der Blogger auf Konsumentscheidungen. Dieser wird demnach sogar desto größer, je kleiner die jeweilige Community ist. Auf den Punkt gebracht: Gerade Nischenblogger genießen in ihrer Leserschaft eine sehr hohe Glaubwürdigkeit. Für Unternehmen ist es daher umso wichtiger, den Kontakt zur Blogosphäre und den für ihre Branche und Themen führenden Bloggern, sprich: Multiplikatoren zu suchen. Nicht zuletzt, weil diese ihre Blogbeiträge auch sehr fleißig in sozialen Netzwerken teilen, wie der Report außerdem herausfand.

---

11 http://technorati.com/social-media/feature/state-of-the-blogosphere-2008/

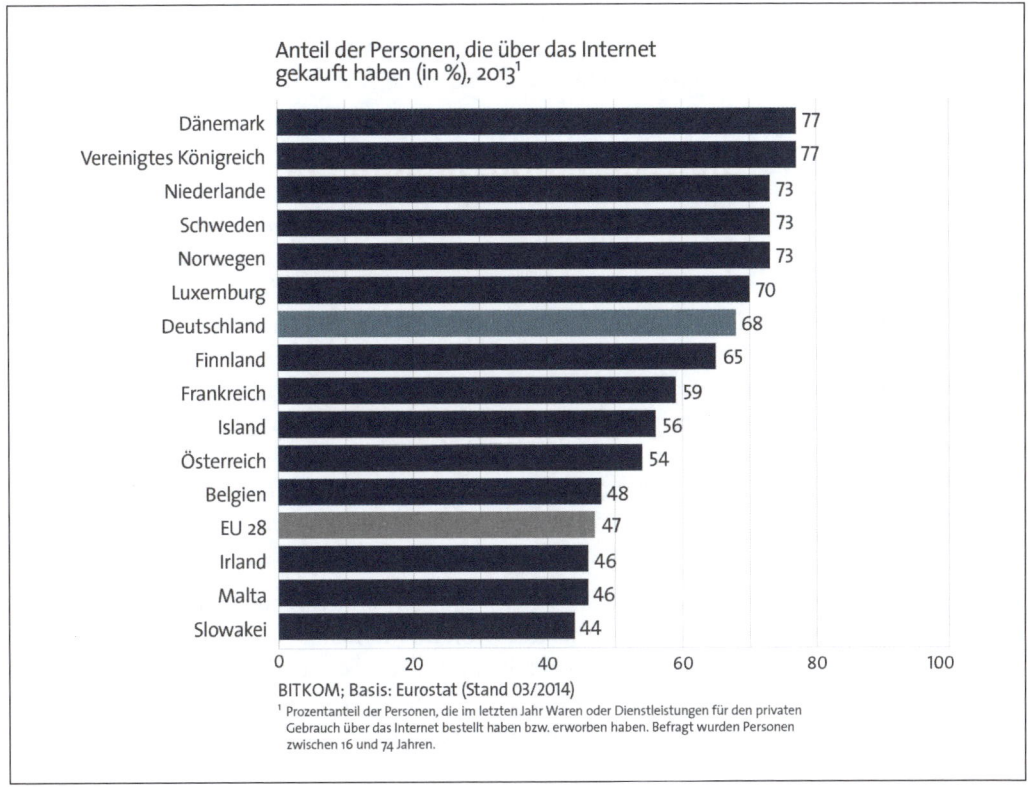

▲ Abbildung 5-2
Deutschland liegt im oberen Mittelfeld der Onlineshopping-Fans

Unternehmen sollten die Blogosphäre daher unbedingt beobachten. Und mehr noch: Sie sollten sich aktiv beteiligen – sei es durch das Kommentieren in anderen Blogs oder durch das Angebot eines eigenen Corporate Blogs. Aus Blogs erfahren Sie, was die Leute über Ihr Unternehmen sagen; Sie können aktiv einen Dialog anstoßen, der Ihre Firma und Ihre Produkte und Dienstleistungen stärkt, und Sie können ein Gefühl der Zufriedenheit auslösen, indem Sie Ihren Kunden mehr Raum zur Mitwirkung geben – etwa, indem Sie es ihnen ermöglichen, Feedback zu liefern oder sich auf Ihrer Website zu Fragen zu äußern. Ihr Blog und Ihre Stimme können Kunden zu Ihrer Marke locken und sie dazu veranlassen, über Ihre Firma zu sprechen. Sie können die Botschaften Ihres Unternehmens – von der Firmenkultur bis zu Produktneuheiten – verbreiten, und das ohne das Nadelöhr klassischer Medien, das Ihre PR-Abteilung bislang passieren musste. Im Grunde sind Blogs ein Mittel, um unmittelbare, vertrauensvolle Beziehungen zu den Kunden aufzubauen.

Übrigens: Laut einer Studie des Bundesverbands Digitale Wirtschaft betreiben bereits 40 Prozent der deutschen Unternehmen ein Corporate Blog.[12]

Blogs als Einflussnehmer im Internet

Blogger gelten heutzutage nicht mehr nur als Autoren in eigener Sache, sondern haben auch eine journalistische Rolle. Häufig bringen Blogs Nachrichten schneller als traditionelle Medien, und in den meisten Fällen sind die Nachrichten auch persönlicher: Da gibt es den jungen Türken, der die Lage im Gezi Park für seine Studienfreunde in Deutschland beschreibt. Oder die Berlinerin, die eine Petition für süßwarenfreie Kassen startet, mithilfe ihrer Leserschaft verbreitet und von ihrem Stammsupermarkt schließlich erhört wird. Oder den Journalisten und Blogger Richard Gutjahr, der sich spontan nach Kairo aufmacht, um über die dortigen Unruhen zu berichten – und schließlich auch von seiner Community finanziell unterstützt wird[13].

Die Meldungen solcher Blogger sind direkter am Geschehen dran und werden daher auch von traditionellen Medien zur Unterstützung ihrer eigenen Recherchen genutzt.[14] Seit dem Durchbruch von Microblogging via Twitter hat sich dieser Trend noch einmal verstärkt. Das Internet hat die Zeitung als optimale Nachrichtenquelle bereits abgelöst[15] und »traditionelle« Medienjournalisten stellen fest, dass sie in der zunehmend digitalen Welt nur Erfolg haben können, wenn sie sich die neuesten Nachrichten aus dem Web holen.

Wenn Sie als Unternehmer sich unter die Blogger mischen, haben auch Sie die Möglichkeit, als kompetenter Gesprächspartner wahr- und ernstgenommen zu werden. Vielleicht gelingt es Ihnen sogar, von Journalisten zitiert oder als Interviewpartner angefragt zu werden, weil Sie in Ihrem und anderen Blogs aus Ihrer persönlichen Sicht aktuelle Fragen beschrieben haben.

Im Folgenden erfahren Sie, was für ein eigenes Blog spricht und wie Sie es aufsetzen und bekanntmachen – und welche Alternativen es gibt, falls Blogging in Ihrem Unternehmen nicht erlaubt ist.

---

12 http://www.bvdw.org/presse/news/article/bvdw-deutsche-unternehmen-setzen-immer-staerker-auf-social-media.html

13 http://gutjahr.biz/2011/03/kairo-bilanz/

14 http://www.techipedia.com/2007/social-media-impacts-journalism

15 http://www.pewresearch.org/pubs/1066/internet-overtakes-newspapers-as-news-source

Ziele von Corporate Blogs

Ohne Zweifel: Bloggen ist keine leichte Aufgabe, und das Führen eines vielseitigen Corporate Blogs ist sicher mit einiger Arbeit und viel Durchhaltevermögen verbunden. Doch von so einem Blog kann Ihr Unternehmen auch enorm profitieren:

Sie können neue Kunden erreichen
Wenn Sie regelmäßig guten Content liefern, wird sich das herumsprechen – Ihre Kunden, Abonnenten und natürlich auch die Suchmaschinen werden Ihnen neue Leser aufs Blog bringen, bei denen Sie wiederum das Interesse an Ihren Inhalten, Dienstleistungen und Produkten entfachen können.

Sie können das Vertrauen Ihrer Kunden zu Ihrer Marke stärken
Indem Sie auf Ihrem Blog eine Diskussion Ihrer Produkte anregen, zeigen Sie, dass Sie sich für das Feedback Ihrer Kunden interessieren. Das ist absolut vertrauensfördernd.

Sie können die Kundenzufriedenheit erhöhen
Wenn es Ihnen gar gelingt, Kunden in die Produkt- und Unternehmensentwicklung einzubeziehen, lernen Sie mehr über deren Anforderungen, und Ihre Produkte sind schließlich näher an den Kundenwünschen.

Sie können sich Öffentlichkeit verschaffen
Wenn Sie noch kein Blogger in Ihrer Branche sind, wird jemand anders die Gelegenheit ergreifen. Wenn Sie noch nicht über Ihr Produkt bloggen, wird jemand anders es tun. Indem Sie Ihr eigenes Blog starten, bereiten Sie Ihren Kunden (und sich selbst) eine Bühne für unterschiedliche Themen und Anliegen.

Sie können Themen besetzen und vorgeben (Agenda-Setting)
In einem Blog können Sie in einen offenen Dialog mit Kunden, Geschäftspartnern und Journalisten treten, um darin frühzeitig Branchenentwicklungen zu begleiten und Produkttrends zu besetzen. Besonders Letzteres hilft dabei, sich von den Konkurrenten zu unterscheiden.

Sie können Ihre Sichtbarkeit erhöhen
Ein regelmäßig gepflegtes Blog wird natürlich auch häufiger von Google besucht und kann Ihre Website im Ranking steigen lassen. Ein Blog gibt zudem die Möglichkeit, frühzeitig über Trendthemen zu schreiben und damit häufiger aufgefunden zu werden.

Sie können Expertise vermitteln
> Produktive Blogger, die konsequent wertvollen Content liefern, werden oft als Experten ihres Fachs angesehen. Das hilft nicht nur dem Blog selbst, zu einer bekannten Marke zu werden, sondern kann auch die Blogger selbst zu begehrten Ansprechpartnern für die traditionellen Medien machen. Mehr denn je werden Blogger heute in Nachrichtenartikeln zitiert, und dieses Phänomen wächst noch: Wenn ein Journalist den Rat eines Experten einholen möchte, braucht er nicht weiter als bis zu seiner Suchmaschine zu gehen, um den Namen einer glaubwürdigen Quelle zu einem konkreten Thema zu finden.

Sie können Ihre Reputation stärken
> Ein Blog kann für den Aufbau einer Marke von unschätzbarem Wert sein. Mit dem richtigen Content und dem richtigen Herangehen an Ihr Publikum können Sie starke Bindungen knüpfen, die Ihnen dabei helfen, einen soliden Onlineruf aufzubauen. Und wenn Sie laufend weitere Inhalte bringen, können Sie eine Basis von Lesern aufbauen, die Ihre News oft besuchen (oder abonnieren) und dadurch Suchmaschinenzugriffe generieren. Sie etablieren sich dann als Meinungsführer, indem Sie signifikante Links von anderen Autoren und Bloggern hinzugewinnen.

Vor dem Start sollten Sie überlegen, welches der oben genannten Ziele Sie vorrangig erreichen wollen. Häufig entwickelt sich ein individuelles Ziel aus einem Defizit: Sind Sie beispielsweise viel Kritik von Kunden ausgesetzt, können Sie Ihr Blog dazu nutzen, mit ihnen in einen Dialog zu treten und konkret zu erfahren, welche Dienstleistungen und Produkte die Kunden sich von Ihnen wünschen. Falls Sie dagegen als gesichtsloser Konzern wahrgenommen werden, könnte es Ihr Primärziel sein, die Menschen hinter Ihrem Unternehmen mit all ihren Aufgaben glaubwürdig darzustellen.

Grundsätzlich dienen Corporate Blogs als firmeneigener Marktplatz für den Austausch von Informationen, deren Gestaltung und Inhalte allein von Ihnen als Unternehmen bestimmt werden. So können Unternehmensnachrichten ausführlicher und individueller dargestellt werden; das Blog ist quasi das persönliche Journal für alles, was an anderen Stellen nicht ausreichend dargestellt werden kann. Und: Sie haben Hausrecht.

> **Nur für große Unternehmen?**
>
> Sie denken, Corporate Blogs sind nur etwas für große Konzerne mit leistungsstarker PR-Abteilung und einer per se größeren Bekanntheit? Natürlich sind mit Otto, BASF, Daimler oder Adidas viele bekannte Firmen mit Corporate-Blogs vertreten. Einen beispielhaften Weg haben aber vor allem kleine Unternehmen hingelegt: So bloggt etwa der Besitzer eines Bremer Supermarkts seit Jahren sehr erfolgreich als Shopblogger, und auch die Geschäftsführerin des Familienbetriebs Saftkelterei Walther gehört mit ihrem Saftblog zu den Pionieren der deutschen Blogosphäre – Sie haben Kirstin Walther bereits in Kapitel 4 kennengelernt.
>
> Gerade kleineren Unternehmen, deren Entscheidungswege schneller und deren einzelne Mitarbeiter generell näher am Gesamtgeschehen sind, kann es deutlich leichter fallen, Themen zu finden und diese ansprechend aufzubereiten.

Das heißt auch, dass Sie sich von Fremdanbietern unabhängig machen: Sämtliche Inhalte liegen (bei selbst gehosteten Systemen) auf Ihrem Server. Sie allein bestimmen über die Gestaltung des Blogs, müssen sich also nicht den nicht beeinflussbaren Bedingungen etwa von Facebook unterordnen. Und Sie bestimmen, welche Inhalte gepostet werden. Der prominente Blogger und Netzmensch Sascha Lobo hielt dazu zur re:publica 2012 ein Plädoyer für das Bloggen[16].

Ohne Zweifel: Ein Blog aufzubauen, regelmäßig zu befüllen und es schließlich als Anlauf- und Knotenpunkt des Unternehmens zu etablieren, bedeutet eine Menge Arbeit. Als Königsdisziplin Ihrer PR-Arbeit bietet es aber auch die besten Chancen, sich unabhängig und authentisch an ein breites Publikum zu wenden.

Vorüberlegungen

Wenn Sie vom Bloggen überzeugt sind, sollten Sie sich einige Details schon vor Beginn überlegen:

Wer könnte bloggen?

Ein Corporate Blog darf keine reine Marketingveranstaltung sein. Am besten ist es, wenn es Ihnen gelingt, alle Bereiche des Unternehmens einzubeziehen – von der Führungsetage bis zur Entwicklungsabteilung, vom Außendienstmitarbeiter bis zur Produktion. Ermutigen Sie alle, ihren Teil beizutragen – und begleiten Sie das Bloggen mit einem gründlichen Briefing aller Beteiligten. Dazu gehört auch die Erstellung von allgemeinen Richtlinien sowie Tipps zu einer guten Schreibe.

---

16 http://www.youtube.com/watch?v=m42G0iI4S5U

Benennen Sie ein oder zwei Mitarbeiter, die sich um die Organisation des Blogs kümmern: Dazu gehören die Akquise von Autoren, die Pflege eines Redaktionsplans sowie ganz praktische Aufgaben wie das Prüfen von Texten auf inhaltliche und sprachliche Korrektheit und auf den Einsatz der richtigen Schlagwörter oder die Aktualisierung von Widgets. Besprechen Sie vorab, wer eingehende Kommentare prüft – auch an den Wochenenden oder während der Urlaubszeit.

Hinweis Einige Unternehmen ziehen in Betracht, externe Autoren oder Agenturen mit der Führung eines Blogs zu beauftragen. Dazu ist – wie bei allen Social-Media-Marketingaktivitäten – jedoch nur zu raten, wenn diese externen »Unternehmenssprecher« hundertprozentig über alle Abläufe, Firmenkultur, aktuelle Themen, Aufträge, Kunden und Produkte informiert sind. Wenn Externe authentisch für Ihr Unternehmen bloggen sollen, müssen sie Zugang zu allen wichtigen Informationen haben – und im besten Fall sogar gelegentlich Zeit im Unternehmen verbringen, um die Geschichten überhaupt erst einmal zu erfahren, über die sie im Blog berichten können.

Worüber soll gebloggt werden?

Viele Blogging-Anfänger haben Angst vor Mangel an Themen. Sowohl für die Themenfindung als auch zur Vermeidung von Beliebigkeit ist es sinnvoll, Themencluster zu entwickeln. Nehmen Sie sich für den Anfang also zwei bis drei Hauptschwerpunkte vor und deklinieren Sie dafür etwa zehn mögliche Blogbeiträge durch. Davon ausgehend können Sie die Ausrichtung Ihres Blogs anpassen, ohne Ihre Aussagen zu verwässern.

Erstellen Sie unbedingt einen Redaktionsplan, in dem Sie für mindestens jeweils zwei Wochen im Voraus die Artikel und Autoren festlegen. Bedenken Sie, dass auch spontan Artikel hinzukommen oder wegfallen könnten, z.B. bei Krankheit des Autors. Legen Sie daher auch immer einige zeitlose Artikel »auf Halde« an.

Wie soll das Blog aussehen?

Moderne Blogging-Software bietet Hunderte von Möglichkeiten: vom schlichten tagebuchähnlichen Design über dreispaltige Layouts hin zu komplexen Websites, die auf den ersten Blick kaum ihren Blogging-Charakter verraten. Verschiedene frei verfügbare »Themes« – also fertige Layoutvorlagen – stehen Ihnen ebenfalls zur Verfügung. Meistens dürfen Sie diese auch individuell anpassen.

Schauen Sie sich in der Blogosphäre um und überlegen Sie dann, was Sie benötigen: Zwei Spalten für Ihre Beiträge und ein paar

Links, oder mehrere Unterseiten für viele Kategorien? Beachten Sie, dass das Bloglayout mit dem Corporate Design Ihres Unternehmens und Ihrer Website korrespondieren muss. Denken Sie auch an feste Bestandteile wie ein Impressum, eine »About«-Seite oder ein Gästebuch. Achten Sie darauf, Ihr Blog nicht zu überfrachten, sondern eine möglichst klare und einleuchtende Struktur zu bieten.

Hinweis   Laut Telemediengesetz besteht für fast alle Webangebote eine Impressumspflicht – ausgenommen sind faktisch nur noch rein private Websites. Unternehmensblogs, die noch dazu auf lange Zeit angelegt sind, müssen ein Impressum vorweisen, in dem die vollständige Unternehmensbezeichnung inklusive Rechtsform, Anschrift (kein Postfach), der Name eines Vertretungsberechtigten, Kontaktdaten wie Telefonnummer und – zwingend – eine E-Mail-Adresse und ggf. entsprechende Handels-, Vereins-, Partnerschafts- oder Genossenschaftsregisternummern genannt sind. Unter Umständen muss auch eine Umsatzsteuer-ID aufgeführt werden. Diese Regelungen gelten ähnlich auch in der Schweiz und in Österreich. Außerdem müssen Sie eine Datenschutzerklärung abgeben.

Hilfreich sind Mustergeneratoren wie der Datenschutzgenerator (*www.datenschutz-generator.de*) des Juristen Thomas Schwenke sowie der Impressumsgenerator der Münchner IT-Recht Kanzlei (*http://www.it-recht-kanzlei.de/Tools/Impressum/generator.php*).

Welche Software und Tools sollen eingesetzt werden?

Entscheidend bei der Wahl der Software ist, ob Sie das Blog auf eigenem Webspace hosten oder auslagern wollen – und: wer schließlich damit arbeitet. Wenn Sie mehrere Autoren haben, benötigen Sie ein leistungsstarkes System, das unterschiedliche User und Rechte berücksichtigen kann und dessen Grundfunktionen wie das Einstellen von Texten im besten Fall selbsterklärend sind.

Im Folgenden gehen wir auf die verschiedenen Bloggingplattformen ein, bevor wir uns dem zuwenden, was das Blog ausmacht: interessante Themen, gute Texte und der rege Austausch mit Ihren Lesern und anderen Blogs.

Die technische Seite

Es gibt eine Reihe unterschiedlicher Dienste, mit denen Sie bloggen können. Entsprechend Ihren Anforderungen sollten Sie Ihre Blogging-Plattform sorgfältig aussuchen, um einen späteren Umzug von einem auf den anderen Anbieter zu vermeiden.

Features und Funktionalität

Blogsoftware macht es sehr einfach, Inhalte schnell und professionell auf Webseiten zu bringen. Auf den meisten Plattformen lassen sich Links und Bilder einfach einfügen, ohne dass man dafür nennenswerte Vorkenntnisse in HTML benötigt. In der Regel schmücken sich Blogging-Plattformen mit vollständigen WYSIWYG-Editoren (WYSIWYG steht für »what you see is what you get«).

Definition   WYSIWYG bedeutet, dass bei einer laufenden Verarbeitung bereits das Endergebnis des Prozesses angezeigt wird. In der Sprache der Blogger ist ein WYSIWYG-Editor ein System, in dem man statt des HTML-Codes die betreffende Formatierung (fett, kursiv, Links, Bilder usw.) auf dem Bildschirm sieht. Für Nutzer, die sich mit HTML nicht auskennen, sind WYSIWYG-Editors ungemein hilfreich.

Die meisten Blogging-Plattformen integrieren auch RSS, ohne dass Sie selbst Syndication-Kanäle einrichten müssen. Einer der größten Vorteile von Blogging-Software ist ihre Fähigkeit, Suchmaschinen auf Updates aufmerksam zu machen, indem sie bestimmte, voreingestellte Server kontaktiert (*Pinging*). Diese Ping-Mechanismen sorgen dafür, dass neuer Content extrem schnell gefunden wird. Außerdem sorgt Pinging auch für ein Update der RSS-Feedreader (oder »Aggregatoren«) und zeigt Ihren Lesern immer die aktuellsten Inhalte an. Somit sind Blogs ein mächtiges und schnelles Publishing-Medium, das Ihnen nicht abverlangt, die betreffende Website für Updates häufig zu aktualisieren.

Im Gegensatz dazu verfügen statische Websites nicht über RSS-Features oder Pinging-Services. Wenn Sie auf ihnen den Inhalt aktualisieren, müssen Sie eventuell lange warten, bis ein Suchmaschinen-Spider vorbeikommt und Ihren Content durchforstet. Mit Blogging-Software geht das um ein Vielfaches schneller.

Blogging-Plattformen

Die Zahl der Blogging-Plattformen ist groß. Grundsätzlich unterscheidet man zwischen gehosteten und nicht gehosteten Lösungen, also dazwischen, ob Ihr Blog auf fremdem oder Ihrem eigenen Webspace liegt. Einige Bloganbieter können Sie kostenfrei einsetzen, andere verlangen einmalig oder regelmäßig Gebühren. Hier sehen Sie einige der beliebtesten Plattformen im Überblick:

WordPress (http://wordpress-deutschland.org)

WordPress (siehe Abbildung 5-3) ist die beliebteste Plattform unter deutschsprachigen Bloggern. Die Software ist anpassungsfähig und Tausende von Entwicklern kümmern sich um Plugins[17] und Themes[18]. Die nicht gehostete WordPress-Version können Sie herunterladen und auf Ihrem Webhost installieren und pflegen. Direkt nach der Installation ist sie vollständig modifizierbar. Viele Websites werden mithilfe der WordPress-Software gehostet und sehen noch nicht einmal aus wie Blogs.

Für Unternehmensblogs ist WordPress sicherlich die erste Wahl.

▼ **Abbildung 5-3**
Ähnlich einfach und intuitiv wie bei einem Textverarbeitungsprogramm: Blogartikel einstellen und formatieren mit WordPress

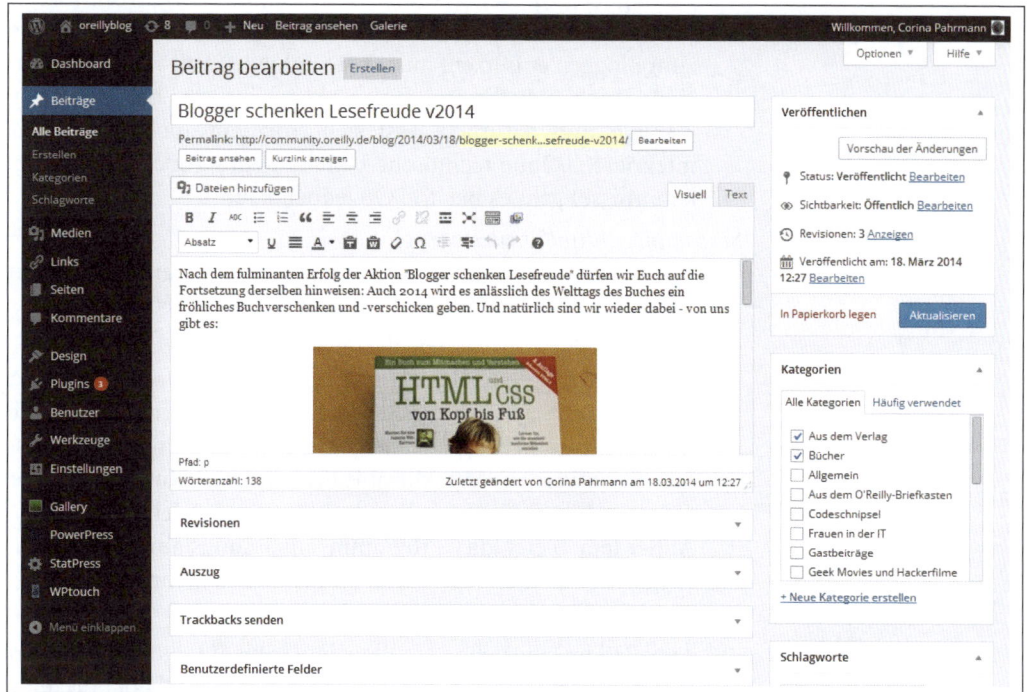

WordPress (http://de.wordpress.com)

Eine andere WordPress-Version (nicht zu verwechseln mit der zuvor beschriebenen) ist eine zentralisierte, gehostete Lösung auf der offiziellen Website von WordPress. Sie richtet sich an Nutzer, die nicht über eine eigene Domain bzw. eigenen Webspace verfügen. Interessenten können sich binnen Sekunden registrieren und ein Blog einrichten. Da diese Lösung auf den

---

17 http://wordpress-deutschland.org/#Plugins
18 http://wordpress-deutschland.org/#Themes

Servern von WordPress gehostet wird, bietet sie weit weniger Flexibilität in Bezug auf Anpassung, Plugins und Themes.

TYPO3-Extensions (http://typo3.org/extensions/repository/)
Rund eine halbe Million Websites weltweit sollen auf dem Content-Management-System TYPO3 basieren. Gerade kleine und mittlere Unternehmen sowie Organisationen greifen zur Open Source-Software. So stehen Social-Media-Manager nicht selten vor der Herausforderung, mithilfe von TYPO3 ein Corporate Blog zu starten. Glücklicherweise gibt es sehr viele frei verwendbare Extensions, von denen sich einige auch zum Bloggen eignen. *TT News* ist eine der bekanntesten davon, jedoch eher eine Allzweckwaffe für Nachrichten aller Art. Will man sie zum Bloggen einsetzen, muss man auf jeden Fall weitere Extensions hinzuinstallieren. Eine Alternative ist beispielsweise T3Blog, und natürlich lässt sich trotzdem auch WordPress integrieren. Ohne technische Unterstützung (oder eigene Vorkenntnisse) geht es bei TYPO3 jedoch kaum.

Serendipity (http://www.s9y.org)
Serendipity bietet eine große Auswahl an Plugins und kann auch als Content-Management-System verwendet werden.

MovableType (http://www.movabletype.com)
MovableType sieht sich als professionelle Plattform und wird von einigen der einflussreichsten Blogger verwendet. Die Lösung muss heruntergeladen und dann auf einem Webhost installiert werden. Mit MovableType können Nutzer auf einer einzigen Administrationsoberfläche mehrere Weblogs pflegen. Außerdem bietet das Programm anpassungsfähige Vorlagen, ausgefeilte Benutzerverwaltung und anderes mehr.

TypePad (http://www.typepad.com)
TypePad ist eine gehostete Blogging-Software. Es ist gerade bei Unternehmen und professionellen Bloggern beliebt, die eine funktionsreiche Plattform suchen; unter anderem kann es Blogbeiträge automatisch an soziale Netzwerke verteilen. TypePad ist keine Gratislösung: Die Kosten rangieren zwischen 8,95 und 29,95 US-Dollar pro Monat.[19]

Blogger.com / Blogspot (http://www.blogger.com)
Google unterhält mit Blogger.com seine eigene Blogging-Software. Es handelt sich dabei um eine gehostete, sehr einfach zu bedienende Lösung, die jedoch nicht sonderlich flexibel ist.

---

19 http://www.typepad.com/pricing/

Deutsche Plattformen

Im deutschsprachigen Raum sind außerdem die Blogging-Plattformen *twoday.net, blog.de, blogger.de* und *myblog.de* bekannt. Sie alle ermöglichen es Nutzern ohne umfangreiche Vorkenntnisse, schnell und unkompliziert ein kostenloses Blog zu erstellen, und fungieren darüber hinaus als Blogger-Communities.

Außerdem werden zum Hosten von Blogs gern die Content-Management-Systeme Drupal und Joomla! eingesetzt. TYPO3-gehostete Websites können auf Blogging-Extensions zurückgreifen.

Mini-Weblogs mit Tumblr

Für alle, denen ein Blog zu aufwendig oder »groß« und Twitter wiederum zu »klein« ist, gibt es Tumblr. Seine Funktionalität liegt genau zwischen Blogging und Microblogging. Ganz simpel lassen sich mit Tumblelogs Texte, Fotos, Videos und andere Inhalte teilen. Sie werden daher häufig als Materialsammlung verwendet. In der Netzgemeinde beliebt sind besonders spottende Tumblelogs wie http://merkelholdingthings.tumblr.com/.

Und nicht nur die via Tumblr veröffentlichten Inhalte, sondern auch seine Funktionen sind ein riesiger Mischmasch an Webdiensten. Es gibt eine Re-Blog-Funktion, es können Profile angelegt werden, und Benutzer können sich miteinander vernetzen. Außerdem können Sie Ihre Facebook- und Twitter-Streams integrieren sowie die Kontakte abgleichen.

Tumblr überzeugt durch große Benutzerfreundlichkeit. Der Registrierungsprozess dauert nur wenige Sekunden, direkt danach können Sie Ihr persönliches Tumblelog einrichten und es füttern. Neben vielen Templates bietet es die Möglichkeit, ein komplett eigenes Design zu nutzen. Dies macht es auch für Unternehmen mit vorgegebenen Corporate-Design-Richtlinien nutzbar. Auch das Bloggen funktioniert denkbar einfach: Feste Formulare für Text, Bild, Ton, Video und mehr lassen sich ohne jegliche Programmierkenntnisse bedienen. Eine in den Browser integrierte Tumblr-Schaltfläche ermöglicht Ihnen, per Mausklick Inhalte anderer Websites in Ihren Blogeintrag zu übernehmen.

Tumblr verzeichnet mehr als 100 Millionen Blogs weltweit, einer der User ist übrigens Barack Obama.

http://www.tumblr.com/

Welche Software sollten Sie verwenden?

Wissen Sie schon, wo Sie Ihr Blog hosten wollen? Bevor Sie diese Entscheidung treffen, sollten Sie Ihren Bleistift spitzen und die Antworten auf einige Fragen notieren.

Legen Sie Ihre Ziele fest:

- Will ich das Blog langfristig betreiben?
- Werde ich es für mich selbst oder für mein Unternehmen nutzen?

Legen Sie Ihr Budget fest:

- Verfüge ich über ein Budget für Hosting und die Registrierung eines Domainnamens?
- Habe ich das Entwicklungsbudget zur Erstellung eines persönlichen Designs?

Schätzen Sie Ihre technischen Fähigkeiten ein:

- Wenn ein wichtiges Sicherheitsupdate herauskommt, kann ich es sofort installieren, oder muss ich erst zur IT-Abteilung?
- Wenn das Blog plötzlich nicht mehr richtig funktioniert, kann ich es reparieren?

Anhand Ihrer Antworten können Sie sich eine Meinung darüber bilden, welche Software die richtige für Sie ist. Gerade für Unternehmensblogs empfiehlt sich eine Blogging-Software, die Sie selbst verwalten, pflegen und anpassen können. Zwar sind gehostete Blogs zunächst leichter zu realisieren, der eigene Server wirkt aber professioneller. Außerdem haben Sie so die volle Kontrolle über Software, Design und Inhalte. Kalkulieren Sie aber Zeit und/oder Budget für eventuelle technische Unterstützung ein.

Tipp Von Suchmaschinen am leichtesten gefunden und am höchsten bewertet werden Blogs, die Sie selbst auf einer Subdomain oder in einem Verzeichnis Ihrer Firmenwebsite hosten, z.B. *http://blog.firma.de* oder *http://www.firma.de/blog*. Auf diese Art und Weise bringen Sie auch gleich noch Traffic auf Ihre Homepage. Eine eigens dafür neu gekaufte URL wie *www.firma-blog.de* dagegen muss sich erst durchsetzen und hat schlechtere Ausgangschancen.

Blogging-Plattformen haben außerdem noch einige andere Aspekte:

- Wenn Sie oder die Teilnehmer, die Blogbeiträge einstellen möchten, keine HTML-Kenntnisse haben, sollten Sie eine Plattform mit einem guten WYSYWIG-Editor in Betracht ziehen.
- Die mächtigste Lösung mit voller Verwaltungsfunktionalität ist die nicht gehostete Version von WordPress, weil es für sie Tausende von Plugins und Themes gibt. Diese Blogging-Plattform wäre wohl die am besten geeignete für Blogs mit Gewinnerzielungsabsicht und ist damit auch die beliebteste Plattform für Unternehmen.
- Bekannte kostenfreie Plattformen wie WordPress geben regelmäßig Updates heraus, da sie aufgrund ihrer großen Verbrei-

tung Angriffen ausgesetzt sind. Achten Sie unbedingt darauf, Ihr System – inklusive der verwendeten Plugins – aktuell und geschützt zu halten.

- Wenn Sie einen rasanten Anstieg der Zugriffszahlen erwarten, vielleicht weil Sie das Blog als Plattform für virale Marketingkampagnen nutzen möchten, die in kürzester Zeit Hunderttausende von Besuchern bringen, benötigen Sie einen sehr gut ausgestatteten Webhost, um diesen Traffic zu bewältigen. WordPress erzeugt dynamische Webseiten mit PHP- und MySQL-Code, aber wenn unerwartet in kurzer Zeit viele Besucher kommen, könnte auf Ihrem eigenen Server das System abstürzen.

Blogs mobil nutzen

Da immer mehr Menschen über mobile Endgeräte wie Smartphones oder Tablet-PCs surfen, sollten Sie Ihr Blog auf Kompatibilität prüfen und den Quellcode entsprechend anpassen. Es gibt eine Reihe von Tools, die das für Sie erledigen können, z.B. die Adobe-Air-Anwendung Mobilizer[20], Operas Mobile Emulator[21] oder auch entsprechende WordPress-Plugins.

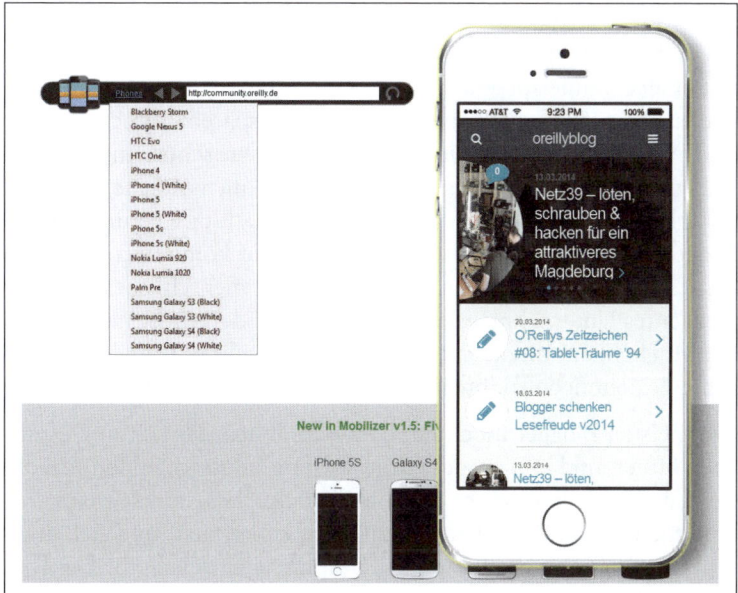

◀ **Abbildung 5-4**
Das kostenfreie, aber leider registrierungspflichtige Tool Mobilizer stellt Ihre Website auf gängigen Smartphones dar – hier das Corporate Blog des O'Reilly Verlags auf dem iPhone 4.

---

20 http://www.springbox.com/mobilizer/
21 http://www.opera.com/developer/tools/mobile/

Wenn Sie selbst vorrangig mobil bloggen wollen, sollten Sie den App-Store Ihres Smartphones oder Tablet-PCs durchforsten: WordPress und andere Blogging-Plattformen bieten inzwischen auch Apps an, über die Sie Ihr Blog aktualisieren können. Nützlich ist das auch für die Berichterstattung von Konferenzen und Reisen. Vielleicht finden Sie ja auch einen Außendienstler in Ihrem Unternehmen, der gern von seiner täglichen Reisetätigkeit berichten möchte.

Statistik-Tools

Natürlich müssen Sie den Erfolg oder Misserfolg Ihres Blogs sowie einzelner Beiträge mitschneiden. Kennzahlen sind etwa die Anzahl der Besuche, die Verweildauer, die Anzahl der Kommentare und Backlinks, die Resonanz in sozialen Netzwerken sowie der Status Ihres Google-Rankings. Es gibt eine Reihe von Plugins, die dies etwa für WordPress-Blogs erledigen. Außerdem bietet sich die übliche Webstatistiksoftware wie Google Analytics an. Prüfen Sie vorab, ob die ausgewählten Dienste den Datenschutzbestimmungen Deutschlands, Österreichs bzw. der Schweiz entsprechen, und ergänzen Sie Ihre Datenschutzerklärung entsprechend.

Schreiben für ein Blogpublikum

Wenn Sie sich aufmachen, ein eigenes Blog zu erstellen, sollten Sie mit einer Stimme sprechen, die glaubwürdig, offen und ehrlich ist. Die erfolgreichsten Blogs bieten große Transparenz zwischen Leser und Autor. Anstatt nur eine Unternehmensbroschüre ins Netz zu stellen, ermöglichen Blogs den Lesern, die menschliche Seite der Mitarbeiter eines Unternehmens zu sehen. Blogs vermitteln ein anderes Gefühl als traditionelle Medien: Sie kommunizieren Ihre Ansichten über Ihre Firma informeller und menschlicher. Ein gut gemachtes Unternehmensblog hebt sich von der Masse ab und gibt die Möglichkeit, direkt mit den Lesern Kontakt aufzunehmen und echte Beziehungen zu ihnen aufzubauen.

Die meisten Blogger möchten, dass man ihnen die Tür zu Gesprächen öffnet; und in Blogs, die Kommentare zulassen, fühlen sich die Teilnehmer willkommen und akzeptiert, besonders wenn Ihr Unternehmen den Ruf hat, gut zuhören zu können (und sich auch Führungskräfte in die laufenden Gespräche einschalten). Die Diskussionsbeteiligten haben das Gefühl, beim Unternehmen etwas erreichen zu können, bzw. dass sie sich beim Unternehmen Gehör verschaffen können.

Die Stimme des Blogs gestalten

Die Stimme des Blogs muss nicht weiter entfernt sein als die Stimme Ihres Herzens: Denken Sie über Ihre Umsatzziele und Marketingpläne hinaus und überlegen Sie, wie Sie mit Ihrer Community in Kontakt treten können. Ihr Publikum muss Ihre Produkte nicht unbedingt kaufen (noch nicht), aber wenn Sie den richtigen Ton treffen, können Sie diese Menschen zu Lesern, Abonnenten oder Käufern machen. Wenn Sie im Blog mit Ihren Lesern sprechen, stellen Sie diese bitte in den Mittelpunkt und verzichten Sie auf Ihren Firmenjargon. Sprechen Sie wie ein Mensch. Das Blog soll ein Mittel sein, um Ihren Lesern Ihre Gedanken mitzuteilen, aber zugleich ist es wichtig, die Leser auch emotional anzusprechen.

Entwickeln und verfassen Sie zu Beginn eine Kommunikationsstrategie, die Sie in der Geschäftsführung und PR-Abteilung Ihres Unternehmens verankern. Geben Sie Ihrem Blog einen einprägsamen, unverwechselbaren Namen. Checken Sie diesen vorher gründlich via Google, aber auch in den Markendatenbanken des Deutschen Patent- und Markenamts.[22]

Daimler Blog: So ist es richtig

Ein besonders wegen der Einbeziehung der Mitarbeiter hochgelobtes Blog ist das des Automobilherstellers Daimler (*http://blog.daimler.de/*). Darin schreiben einige hundert Daimler-Mitarbeiter über ihren Alltag im Unternehmen: Sie verbloggen ihre Vorstellungsgespräche und Doktorandenzeiten, zeigen Fotos aus dem firmeneigenen Wohnheim, berichten von Dienstreisen nach China und testen auch mal Daimler-Autos, vom Truck bis zum Sportwagen.

Uwe Knaus, der das Daimler Blog im Jahr 2007 ins Leben rief und für Daimlers komplette Social-Media-Strategie verantwortlich ist, nennt »Transparenz« als das Hauptziel des Blogs: Mit der Hilfe vieler Autoren aus der Belegschaft könne die Black Box eines großen Konzerns menschlich und überschaubar gemacht werden, erläutert er in einem Interview für berufebilder.de.[23]

Wichtig sei ihm, dass die Mitarbeiter in Themenwahl und Schreibstil frei sind – Einschränkungen gibt es nur im Rahmen der üblichen Loyalitätsverpflichtungen aus den Arbeitsverträgen. So wurde einer der meistkommentierten Artikel von einer aus Frankreich stammenden Ingenieurin verfasst, die sich über den Begriff »Rabenmutter« wundert und die Berufstätigkeit deutscher und französischer Mütter miteinander vergleicht – auf den ersten Blick nicht das Thema eines Fahrzeugherstellers, und dennoch gibt es einen völlig authentischen und anschaulichen Einblick hinter die Kulissen bei Daimler.

Das Daimler Blog wurde mehrfach national und international ausgezeichnet und in Rankings der besten Corporate Blogs verzeichnet. Knaus dehnte die Social-Media-Offensive auch auf weitere Plattformen wie Facebook oder Twitter aus.

---

22 https://register.dpma.de/DPMAregister/marke/einsteiger

Techniken und Taktiken

Einen guten Eindruck zu machen, ist das Wichtigste, wenn Sie einen Blogbeitrag schreiben. Sie müssen dafür sorgen, dass die Einflussnehmer in sozialen Medien und andere Leser Ihren Beitrag wohlwollend aufnehmen. Dabei helfen Ihnen folgende Techniken und Taktiken:

Sauber und sachlich schreiben

Der Schreibstil ist wichtig. Gliedern Sie die Beiträge in knappe, gut lesbare Absätze (Einleitung - Hauptteil - Schlussfolgerung). Sie dürfen nicht schwafeln oder von der Hauptidee abkommen. Schreiben Sie präzise und belästigen Sie Ihre Leser nicht mit irrelevanten Informationen oder zu vielen Buzzwords.

Bei der heutigen Informationsflut werden Ihre Leser Ihre Artikel wahrscheinlich nur überfliegen.[24] Heben Sie daher zentrale Aussagen durch Fett- oder Kursivschrift hervor – das gefällt auch Suchmaschinen, die fett ausgezeichneten Text als relevanter einstufen.

Recherchieren Sie gründlich, achten Sie auf die richtige Schreibweise sämtlicher Namen, Orte und sonstiger Bezeichnungen. Beachten Sie, dass auch für Blogger die journalistische Sorgfaltspflicht gilt. Sichern Sie Ihre Erkenntnisse daher immer ab, checken Sie Rechercheergebnisse immer gegen. Abgeschlossene Blogbeiträge sollten Sie nicht sofort veröffentlichen. Atmen Sie erstmal tief durch und lesen Sie später noch einmal Korrektur.

Starke Überschrift, griffiger Vorspann

Starke Überschriften entscheiden über die Aufmerksamkeitsspanne des Publikums und können Aufhänger sein, um Leser anzuziehen oder abzustoßen. Ihre Überschriften sollten provozieren, konfrontieren und den Leser unmittelbar ansprechen. Sie geben außerdem ein Versprechen ab, dass Sie dem Leser im Text auch erfüllen sollten. Beginnen Sie Ihren Blogbeitrag mit einem Vorspann. Dieser sollte in etwa 200 Zeichen zusammenfassen, was den Leser erwartet.

---

23 http://berufebilder.de/2010/interview-knaus-manager-daimler-blogs-dialog-suppe/

24 http://www.readwriteweb.com/archives/the_stats_are_in_youre_just_skimming_this_article.php

Aufmerksamkeit erregen durch visuelle Elemente

Locken Sie Leser an, indem Sie ihnen etwas fürs Auge bieten: Putzen Sie Ihre Blogbeiträge durch Videos, Bilder, Symbole, Grafiken, Diagramme und andere visuelle Elemente heraus. Mit den richtigen Bildern erwecken Sie bei neuen Lesern einen starken ersten Eindruck, der zugleich Unterhaltungswert hat. Bilder, deren Nutzungsrechte frei oder leicht zu erwerben sind, finden Sie bei Flickr (unter der Creative Commons (CC) lizenzierte Bilder: *http://www.flickr.com/creativecommons/*) oder auf Sites wie *EveryStockPhoto (http://www.everystockphoto.com/)*, Fotolia *(http://de.fotolia.com/)* und Pixelio *(http://www.pixelio.de/)*, die freies Bildmaterial zur Verfügung stellen.

| Hinweis | Unter der Creative-Commons-Lizenz stehende Bilder dürfen Publisher ohne restriktive Durchsetzung von Copyrightansprüchen weitergeben. Wenn Sie ein unter den Creative Commons lizenziertes Bild nutzen möchten, müssen Sie bloß darauf achten, die Lizenzanforderungen zu erfüllen. Derzeit unterscheidet man folgende Lizenzmöglichkeiten mit ihren jeweiligen Pflichten: |

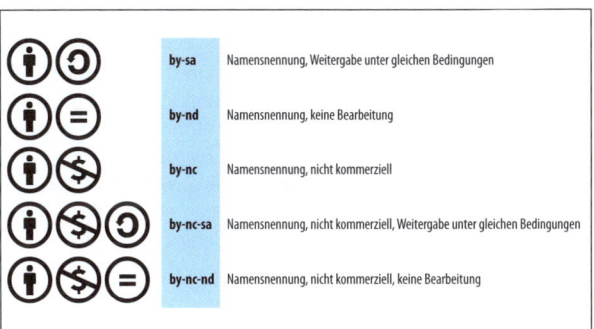

Weitere Informationen über die Creative-Commons-Lizenzierung finden Sie unter *http://creativecommons.org*.

Die Größe der verwendeten Bilder sollten Sie in einem Bildbearbeitungsprogramm skalieren, um sie dem Bloglayout anzupassen. Es kann sinnvoll sein, das kleinere Bild mit dem Originalbild zu verlinken – so verringern Sie Ladezeiten im Blog und bieten gleichzeitig die Möglichkeit, das Bild in voller Auflösung zu betrachten. Die größeren Bilder können Sie auf dem eigenen Server, aber auch bei einem Fotoservice wie Flickr oder Photobucket (*http://www.photobucket.com*) hosten.

Videos

Bewegtbild transportiert immer auch Emotionen, daher sind Videos heute ein wichtiges Instrument des Onlinemarketings. Es gibt viele Videowebsites im Internet, von YouTube über Blip.tv bis zu Vimeo. Es kann nicht schaden, Ihr Video überall hochzuladen, um maximale Öffentlichkeitswirkung zu erzielen. Sobald Sie ein Video auf eine dieser Websites hochgeladen haben, erhalten Sie einen Einbettungscode, den Sie in Ihr Blog einbinden können. Zum Zweck der Suchmaschinenoptimierung sollten Sie es auch transkribieren sowie mit Tags versehen. Viele Sites nutzen diesen Vorteil nicht, obwohl von dem Suchmaschinen-Traffic alle nur profitieren würden.

Links zu passenden Quellen einrichten

Um es mit Problogger.net zu sagen: »Seien Sie kein Inselblogger.«[25] Verlinken Sie Ihre Beiträge großzügig und angemessen mit externen Quellen – und auch älteren Artikeln Ihres eigenen Blogs. Das generiert Trackbacks, und Sie werden als Blogger zur Kenntnis genommen. Identifizieren Sie wichtige Branchenblogger und binden Sie sie in Ihre Blogroll ein. Kommentieren Sie bei anderen.

Definition   Was ist ein *Trackback*? Ein Trackback oder Pingback ist eine Benachrichtigung an einen Webpublisher, dass jemand einen Link auf seinen Artikel eingerichtet hat. Normalerweise wird dadurch lediglich ein Link zurück zum Originalbeitrag eingerichtet, damit sich der Leser weitere Informationen holen kann. Allerdings ist das auch eine gute Methode, um genau zu erfahren, wer sich mit Ihnen verlinkt, und um die Blogleser wissen zu lassen, dass der betreffende Artikel auch anderswo im Web besprochen wird.

Leserfreundliche Listen einfügen

Listen sind einfacher zu verdauen als normale Absätze. Sie werden häufig als wertvoll eingeschätzt und eher weiterverlinkt und geteilt, was bekanntermaßen ein wichtiges Ziel des Social Media Marketing ist. Und: Sie halten auch die Blogleser bei der Stange, die Inhalte nur schnell überfliegen (können).

Informative Artikel mit Tipps und Tricks schreiben

Scheuen Sie sich nie davor, so viele Informationen wie irgend möglich zu geben, denn dadurch veranlassen Sie Ihre Besucher, weiter-

---

25 http://www.problogger.net/archives/2006/11/27/dont-be-an-insular-blogger

zulesen und etwas zu erfahren (Sie bleiben ja trotzdem weiter der Experte, da Sie die Erfahrung haben, und die Menschen werden weiter Ihre Produkte oder Dienstleistungen kaufen). In Blogs können Sie sich als Fachmann etablieren und werden durch Ihr fundiertes Wissen zweifellos Kunden hinzugewinnen.

Erzähltechniken nutzen

Locken Sie Leser an, indem Sie eine Geschichte über sich selbst erzählen. Einige Blogs, etwa das der Fluggesellschaft Southwest Airlines[26], sind durch gekonntes Storytelling groß geworden. Appellieren Sie an die Gefühle Ihrer Leser und nutzen Sie Ihr Blog, um sich als Mensch aus Fleisch und Blut zu präsentieren. Je offener Sie über sich reden, desto wahrscheinlicher ist es, dass Ihre Leser sich anhören, was Sie ihnen sagen wollen, und sich Ihnen gegenüber ebenfalls öffnen. Achten Sie auf aktive, lebendige Formulierungen.

Glaubwürdigkeit durch Interviews untermauern

Interviews können in vielerlei Hinsicht sehr erfolgreiche Blogbeiträge sein. Sie können mit mehreren Experten über ein bestimmtes Thema eine Reihe von Interviews führen oder Ihre Leser beteiligen, indem Sie ihnen Fragen stellen. Die meisten Interview-Posts generieren eine Menge Traffic und Links, und viele Menschen verraten in der heutigen digitalen Zeit ganz schnell etwas über sich.

Interessante Produkte und Dienstleistungen bewerten

Reden Sie über Produkte, die Ihre Leserschaft interessieren, besonders solche, die den Leuten das Leben erleichtern können. Wenn Sie besonders gute Erfahrungen mit einem Produkt gemacht haben, das auch für Ihre Leser von Nutzen sein könnte, sagen Sie es ihnen. Und wenn der Service, den Sie promoten, Geld kostet, können Sie vielleicht über Partnerprogramme für Ihre Links eine Provision bekommen. Natürlich ist das für Corporate Blogs nur bedingt geeignet – für das Blog eines Freelancers aber schon viel besser. Weitere Möglichkeiten dafür, wie man mit Blogs Geld verdienen kann, finden Sie in diesem Kapitel im Kasten »Flattr und andere Finanzierungsmöglichkeiten«.

---

26 »Nuts about Southwest«: http://www.blogsouthwest.com/

Abbildung 5-5 ▲
Das Vodafone-Blog (http://blog.vodafone.de/) stellte eine Zeit lang jeden Freitag eine App vor – und schlug damit gleich mehrere Fliegen mit einer Klappe: für die Zielgruppe relevanter Content, glaubwürdige Empfehlungen, die persönlich gefärbt sind, und ein Seriencharakter, auf den sich die Blogleser verlassen können.

Mit regelmäßigen Features eine Fangemeinde aufbauen

Regelmäßige Aufmacher zu einem bestimmten Thema können den Traffic steigern. Vielleicht haben Sie eine Sektion namens »Fragen Sie Herrn X«, in der eine Führungskraft die Fragen der Leser aufgreift und offen und aufrichtig beantwortet. Vielleicht überlegen Sie, auf Ihrer Website zweimal monatlich ein Video zu veröffentlichen, das die wichtigsten Entwicklungen in Ihrer Branche zusammenfasst. Vielleicht veröffentlichen Sie jeden Mittwoch eine Buchbesprechung. Mit regelmäßigen Features stacheln Sie die Erwartungen der Leser an, bestimmte Inhalte vorzufinden. Das lässt Ihre Fangemeinde im Laufe der Zeit wachsen.

Alte Artikel nicht vergessen machen

Achten Sie darauf, dass Ihre Leser auch vergangene Artikel finden, die nicht mehr ganz oben auf Ihrer Seite oder im RSS-Feed auftauchen: Vergeben Sie viele passende Schlagwörter, denn die erleichtern nicht nur Ihren Lesern die Orientierung, sondern werden auch von Google mit einem höheren Ranking belohnt. Sortieren Sie Ihre Beiträge in passende Kategorien, und bieten Sie sowohl ein nach Monaten geordnetes Archiv als auch eine Suchfunktion an. Und: Ändern Sie nach dem Publizieren eines Artikels niemals mehr seine URL.

Hören Sie auf Ihre Leser!

Wenn Sie schon mit dem Bloggen begonnen haben, geben Ihnen erste Kommentare Einblick, was Ihre Leser über Ihr Blog denken. Nutzen Sie dieses Feedback für Ihre weitere Vorgehensweise. Erwecken Sie nicht den Eindruck, durch Ihr Blog sorgfältig ausformulierte Marketingbotschaften zu verbreiten, die von zig internen Abteilungen abgesegnet worden sind. Das Blog sollte immer authentisch wirken.

Lassen Sie Ihre Leser nicht im Stich

Wenn Sie Ihre Beiträge wegen Urlaub oder Abwesenheit für längere Zeit nicht aktualisieren können, informieren Sie Ihre Leser darüber. Die Leser wandern ab, wenn sie den Eindruck bekommen, dass Sie aus unerfindlichen Gründen nicht mehr zur Verfügung stehen. Laden Sie die Leser stattdessen ein, als Gäste ein oder zwei Beiträge für Sie einzureichen, oder bitten Sie Experten, sich zu äußern. Geben Sie den Lesern eine Stimme und Ihrer Community Rechte. Die meisten Blogger, die ins Rampenlicht treten, verlangen keine Vergütung, sondern möchten einfach als Mitglieder der Community zur Kenntnis genommen werden. Honorieren Sie das Engagement Ihrer Gastautoren dennoch – und sei es durch Warengutscheine oder eine kleine Aufmerksamkeit. Das bloße Abgreifen von Texten gegen »Reichweite« ist in den letzten Jahren zunehmend – und zu Recht – verpönt geworden.[27]

Tipp	»Wie häufig sollten Blogs aktualisiert werden?« lautet eine nicht unberechtigte Frage. Corporate Blogs veröffentlichen durchschnittlich zwei- bis dreimal pro Woche einen neuen Beitrag. Wenn Sie das nicht schaffen: Mindestens einmal pro Woche sollten Sie etwas posten, um die Google-Bots bei Laune zu halten und Ihre Sichtbarkeit in Google-Suchtreffern zu erhalten.	|本当

---

27 http://ninialagrande.blogspot.de/2014/02/reichweite-bezahlt-keine-miete.html

Trainieren Sie suchmaschinenoptimiertes Schreiben

Kümmern Sie sich nicht nur um aussagekräftige Texte, sondern auch um deren Auffindbarkeit im Web. Achten Sie darauf, die wichtigsten Schlagwörter zu Ihrem Blogbeitrag zu nennen, und recherchieren Sie Synonyme.

Content-Strategien für Blogger: Inhalte, die inspirieren

Sind Sie bereit, ins kalte Wasser zu springen und für Ihr Blog zu schreiben, haben aber das Gefühl, dass dieser Strom von Ideen bald zu einem Rinnsal verkümmern wird? Ohne konstantes Veröffentlichen von Blogbeiträgen werden Sie Ihr Publikum verlieren. Doch woher holen Sie sich Inspiration und Ideen für neue Inhalte? Ihre erste Quelle ist Ihr Unternehmen, also die Kollegen aus allen Abteilungen. Hören Sie genau zu, haken Sie gründlich nach. Halten Sie Augen und Ohren offen, so stoßen Sie auf spannende Themen aus dem Unternehmen selbst.

Zudem gibt es im Internet Hunderte von Inspirationsquellen:

Google Alerts

Google Alerts können Ihnen wunderbare Anregungen liefern. Wenn Sie Alerts zu einem Thema abonnieren, werden Sie reichlich mit relevanten E-Mails eingedeckt und keinen Mangel an Ideen leiden.

Andere Blogs

Unter den Millionen von Blogs, die bereits existieren, sind bestimmt einige, die dasselbe Thema beackern wie Sie. Nutzen Sie das als Inspiration. Aber Vorsicht: Manche Blogs sind einzig und allein dazu da, um das, was schon in anderen Blogs steht, für Suchmaschinen-Traffic zu verwursten. Um sich von der Masse abzuheben, müssen Ihre Blogbeiträge Meinungen und Einsichten vermitteln. Schreiben Sie detaillierte Kommentare und zitieren Sie Ihre Quellen. Wann immer es möglich ist, sollten Sie Verlinkungen auf verwandte Blogbeiträge einrichten.

> ### RIVVA.DE: Der Blick in die Blogosphäre
>
> Wenn Sie auf einen Blick wissen wollen, worüber im Social Web gerade gesprochen wird, dann sei Ihnen die Website Rivva (*http://rivva.de/*) ans Herz gelegt. Dieser Dienst von Frank Westphal verzeichnet tagtäglich die innerhalb des deutschen Sprachraums am häufigsten kommentierten und empfohlenen Links. Der »Pulsmesser der Blogosphäre« (Deutschlandradio) liefert Ihnen somit zuverlässig nicht nur die aktuellen Themen, sondern vor allem auch laufende Debatten, Stimmungen und Auskunft über die Meinungsführerschaft.
>
> Damit ist Rivva ein fast unverzichtbarer Dienst für alle, die im Social Web aktiv sind. Und wenn ein eigener Blogbeitrag es seinerseits nach Rivva schafft, kommt das einem kleinen Ritterschlag gleich.

Social Bookmarking

Außergewöhnliche Inhalte, die noch nicht durch alle Social-Media-Kanäle gereicht wurden, finden Sie auch bei Social-Bookmarking-Sites wie StumbleUpon oder Delicious. Nutzen Sie deren Suche nach Tags sowie das Ranking der beliebtesten Tags – Sie werden überrascht sein, was sich alles aufstöbern lässt. (Social Bookmarking wird in Kapitel 9 genauer erläutert.)

Nachrichten

Natürlich können Sie auch News veröffentlichen, um auf Ihrem Blog häufig frische Inhalte zu servieren. Suchen Sie auf allen Nachrichtenwebsites nach relevanten News zu Ihrem Spezialgebiet. Achten Sie dabei aber auf Unverwechselbarkeit, beliebige News-Sites gibt es genügend. Einen Einstieg bieten Aggregatoren wie Google News (*http://news.google.de/*) oder themenspezifische Sites wie Heise.de (*http://www.heise.de/*), T3N News (*http://t3n.de/news/*) oder Netzpolitik (*http://www.netzpolitik.org/*). IDW Online (*https://www.idw-online.de/de/*) bringt Wissenschaftsnews, Fussball.de (*http://www.fussball.de/*) bedient Fußballanhänger, und PerezHilton (*http://perezhilton.com/*) publiziert Klatschgeschichten über Prominente. Sie können auch Guzzle.it für Sie arbeiten lassen: Die Site durchsucht nach Ihren Angaben ständig Hunderte von RSS-Feeds.

Google Trends

Google Trends (*http://www.google.com/trends*) sagt Ihnen, wonach die Leute suchen, und zeigt dabei, was in der Welt gerade »in« ist. Sie können zwei oder drei Suchbegriffe (durch Kommata getrennt) in einer Suche kombinieren. Detaillierte Daten lassen erkennen,

Abbildung 5-6 ▼
Recherche nach »Ukraine« in Google Trends

wann bestimmte Suchen am häufigsten durchgeführt werden, welche Länder einen bestimmten Begriff am häufigsten suchen und welche verwandten Suchbegriffe es gibt (siehe Abbildung 5-6).

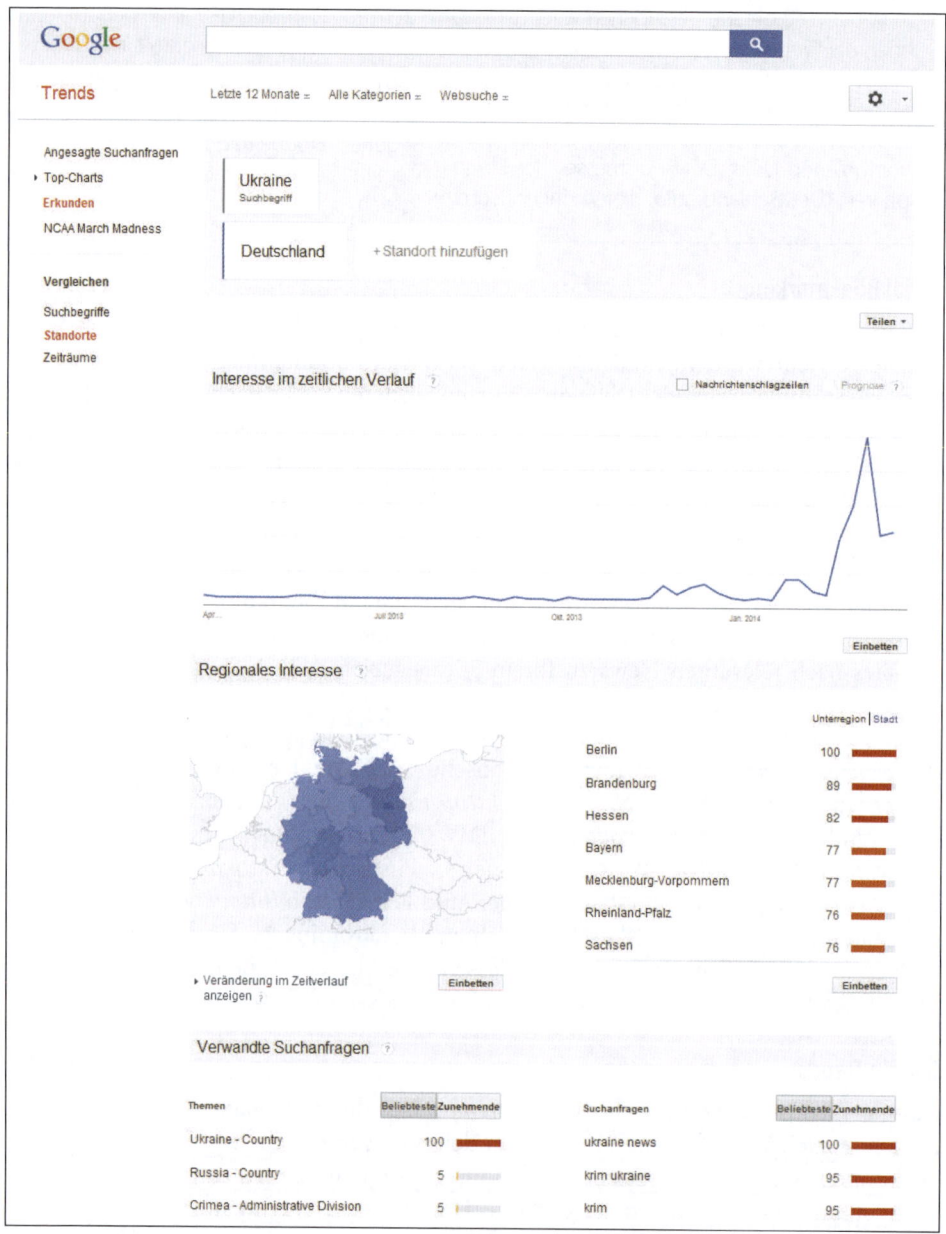

Blogverbesserungen, die funktionieren

Es gibt viele technische und gestalterische Möglichkeiten, aus einem Blog eine Plattform zu machen, auf der Sie sich mit Ihren Lesern austauschen können – einige davon stellen wir Ihnen im Folgenden vor. Vergessen Sie dabei nie: Sie schreiben für ein Publikum und nicht nur für sich selbst, beteiligen Sie sich also an der Diskussion und seien Sie offen für Fragen und Feedback.

Widgets und Plugins

Sie können Ihr Blog verbessern, indem Sie Widgets einbinden. Möglich machen dies Ihre Blogsoftware – im WordPress-Dashboard etwa unter dem Menüpunkt DESIGN → WIDGETS – oder spezielle Dienste wie Widgetbox (*http://www.widgetbox.com/*). Um die Inhalte, die Sie an anderen Stellen veröffentlichen, auch im Blog anzuzeigen, sollten Sie Plugins von Facebook, Twitter und anderen – von Ihnen bedienten – Sites einbinden. So machen Sie Ihre Leser auf Ihre verschiedenen Kanäle und Inhalte aufmerksam.

Social-Media-Buttons

Richten Sie Share- bzw. Tweet-Buttons für Facebook, Twitter, Google Plus und andere relevante Netzwerke neben Ihren Artikeln ein, damit Ihre Leser interessante Inhalte bequem weiterverteilen können. Code-Schnipsel bzw. Plugins finden Sie u.a. direkt bei WordPress.

Tipp Facebooks »Gefällt mir«-Button sorgte in der Vergangenheit für Datenschutzbedenken, da darüber auch die Personen gespeichert wurden, die den Artikel zwar aufgerufen, den Button jedoch gar nicht gedrückt hatten. Wie man Social-Media-Buttons datenschutzkonform einsetzt, erfahren Sie in Kapitel 7.

Kommentare

Wenn Sie Leser über mehrere Websites zur Mitarbeit motivieren möchten, sollten Sie sie nicht nur mit der integrierten Kommentierungssoftware Kommentare zu Ihrem Blog schreiben lassen, sondern auch den Einsatz von Disqus (*http://www.disqus.com*, siehe Abbildung 5-7) erwägen. Das ist für Ihre Kommentierer überzeugend einfach, da sie sich ohne zusätzliche Registrierung mit ihrem Facebook- oder Twitter-Account anmelden können. Disqus ersetzt die Blogkommentare in der Standardinstallation Ihres Blogs, ermöglicht aber Kommentar-Threads, Conversation Tracking und Vieles andere.

Seit dem Durchbruch sozialer Netzwerke wie Facebook klagen viele Blogger über einen Rückgang der Kommentare – kommentiert und diskutiert wird dagegen eifrig bei den Facebook-Posts, die den Blogartikel ankündigen. Inzwischen gibt es daher die technische Möglichkeit, Facebook-Kommentare mit Ihrem Blog zu synchronisieren. Der Einsatz entsprechender Plugins ist jedoch aufgrund von Datenschutz- und Persönlichkeitsrechten in Deutschland nicht unbedenklich, wie der Jurist Thomas Schwenke in einem Fachartikel zu bedenken gibt.[28]

Beteiligen Sie Ihr Publikum

Wenn Sie Blogger sind, ist Ihr Publikum Ihr größtes Kapital. Daher ist es wichtig, es zur Mitarbeit aufzufordern und die Hilfe der Leser in Anspruch zu nehmen. Der Kreativität sind keine Grenzen gesetzt, wenn es darum geht, die Leser zu unterhalten. Es gibt nur verschiedene Ausgangspunkte, aber wenn Sie Ihren Weg gefunden haben und die Reaktionen der User einschätzen können, wissen Sie, welche Strategien bei Ihrem Publikum am besten ankommen.

Fragen Sie Ihre Leser

Gehen Ihnen die Ideen aus? Dann führen Sie doch eine Kolumne ein, in der Sie den Lesern eine Frage stellen und sie dazu einladen, Ihnen (und damit auch dem Rest des Publikums) durch Kommentare zu antworten. Je nachdem, was für Antworten eintreffen, gibt Ihnen das die perfekte Gelegenheit, Ideen Ihrer Leser aufzugreifen und in eigene Blogbeiträge zu verwandeln. Diese Strategie können Sie auch umkehren und die Leser auffordern, *Ihnen* eine Frage zu stellen. Das ist Ihre Chance, die Vorteile eines neuen Produkts zu beleuchten, eine Firmenstrategie zu erklären oder auf eine menschliche Ebene zu gehen und über sich selbst zu sprechen.

---

28 *http://t3n.de/news/rechtliche-risiken-ubernahme-facebook-kommentaren-blog-341912/*

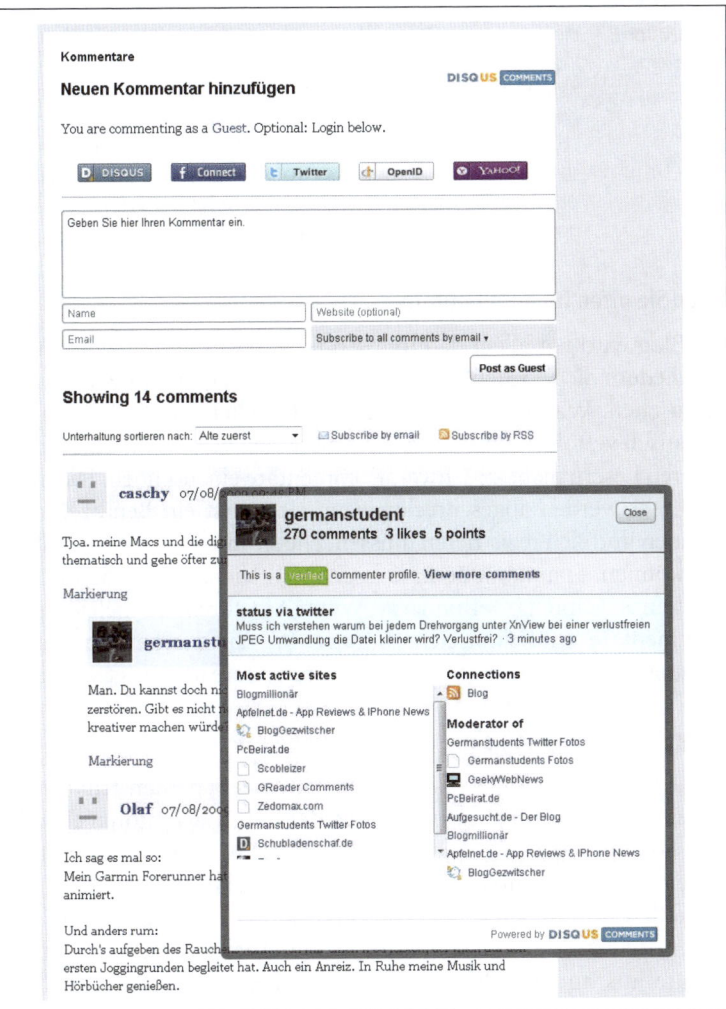

◀ **Abbildung 5-7**
Mit dem interaktiven Kommentartool Disqus intensiv mit Usern diskutieren

Bieten Sie Kontaktmöglichkeiten

Achten Sie darauf, Ihr Blog mit einem funktionierenden Kontaktformular auszustatten bzw. die E-Mail-Adressen Ihrer AutorInnen zu hinterlegen, damit Ihre Leser die Möglichkeit haben, Sie zu erreichen. Es gibt viele Plugins, um schnell und mühelos ein Kontaktformular einzurichten. Kontaktformulare sollten einen Spamschutz enthalten, zum Beispiel ein Captcha (siehe Abbildung 5-9) oder eine Mathematikaufgabe, um ein Bombardement durch Spam-Bots zu verhindern.

 **Definition** Ein *Bot* ist ein Programm, das menschliche Aktivität simuliert, indem es eine alltägliche Handlung automatisch oder auf Befehl ausführt. Wenn Hunderte von Spamkommentaren in schneller Folge an Ihr Blog gesandt werden, wissen Sie, dass sie von Bots stammen müssen. Ein Captcha ist eine verzerrte Darstellung von Buchstaben und/oder Zahlen, die der Nutzer entziffern und eingeben muss. So wird verhindert, dass Formulare und Websites von Bot-Spam überflutet werden.

Seien Sie offen für Kommentare

Ein Blog wird vor allem dadurch attraktiv, dass es den Community-Mitgliedern die Möglichkeit gibt, aktiv zu werden und ihre Ideen auszutauschen. Wann immer es möglich ist, sollten Sie den Meinungsaustausch verfolgen und sich an Diskussionen beteiligen. Machen Sie es Ihren Lesern nicht zu schwer, Kommentare einzusenden. Die meisten Leser werden abgeschreckt, wenn sie zuerst ein Benutzerkonto eröffnen und sich registrieren müssen, ehe sie ihren Kommentar abgeben können. Spamkommentare lassen sich leicht durch die Installation eines Captcha verhindern. Wenn Sie fürchten, beleidigende Kommentare zu bekommen, können Sie die Kommentare auch moderieren, damit nur genehmigte Kommentare angezeigt werden.

Laden Sie Gastautoren ein

Wenn Ihr Blog etabliert ist und durch seine Themenstruktur ein klares Profil bekommen hat, ist es an der Zeit, Gastautoren einzuladen. So könnte zum Beispiel einer Ihrer Vertriebspartner einmal aus seinem Alltag berichten, oder ein Prüfinstitut könnte die Methoden vorstellen, mit denen es Ihre Produkte unter die Lupe nimmt. Sie bieten Reichweite und Publikum – und erhalten gleichzeitig neue Inhalte aus anderer Perspektive – und bei Mut zur Kontroverse auch mehr Leben im Blog!

Veranstalten Sie regelmäßig Gewinnspiele

Gewinnspiele und Verlosungen sind ein gutes – wenn auch in den letzten Jahren etwas überstrapaziertes – Mittel, um Publikum zu gewinnen. Am besten gelingt ein Gewinnspiel, wenn Ihr Blog bereits etwas an Schwung und eine treue Fangemeinde gewonnen hat. Schreiben Sie keines aus, wenn noch nicht genug Nutzer mit dem Blog interagieren, da Sie sonst wegen des mangelnden Interesses vielleicht eine Enttäuschung erleben. Bieten Sie Preise an: vielleicht ein Jahr kostenlosen Service oder ein Produkt. Vielleicht können Sie Sponsoren dazu bewegen, Preise zu spenden.

Führen Sie Umfragen und Erhebungen durch

Sie können Ihre Leser auch zur Mitarbeit motivieren, indem Sie Umfragen zu einem Thema veranstalten. Zu diesem Zweck steht eine Reihe von Tools zur Verfügung, mit denen Sie Umfragen und Erhebungen posten können, darunter Graph.me (*http://graph.me*), Poll-Daddy (*http://www.polldaddy.com*) und Survey Monkey (*http://www.surveymonkey.com*). In einem ersten Beitrag können Sie Leser zur Eingabe ihrer Antworten auffordern (siehe Abbildung 5-8) und in einem Folgebeitrag dann die Umfrageergebnisse veröffentlichen.

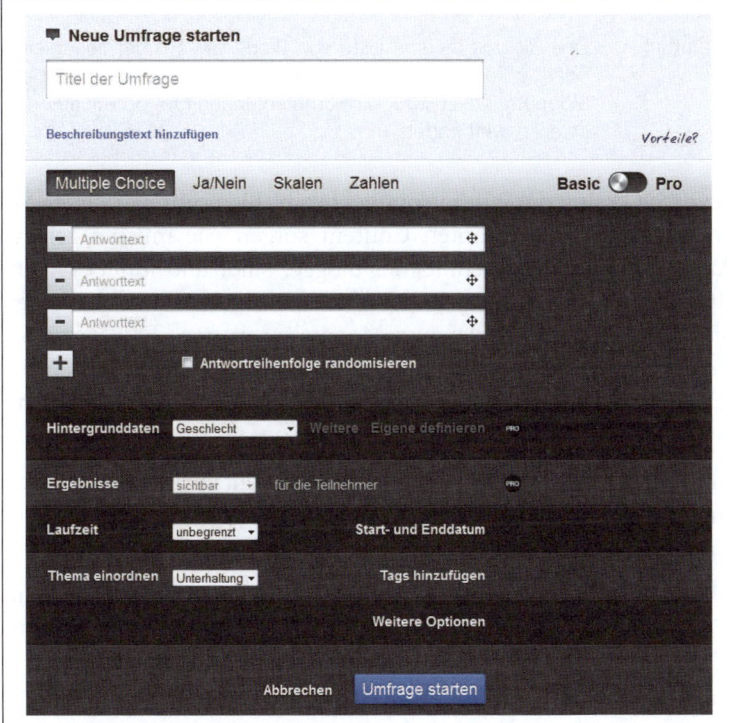

◀ **Abbildung 5-8**
Mit Graph.me können Sie binnen Sekunden Umfragen erstellen und dann in Ihr Blog einbinden. Die Basisversion ist kostenlos.

Wie Blogs gefunden werden

Bei Millionen von Blogs ist es wichtig, dass Ihr neues Blog auch gefunden werden kann. Dazu sollten Sie es zunächst einmal in all Ihren üblichen Publikationen erwähnen bzw. verlinken: Nehmen Sie es auf Ihre Website, in E-Mail-Signaturen, in Newsletter, in Anzeigen und in Kataloge auf. Berichten Sie firmenintern sowie im

Gespräch mit Kunden und Geschäftspartnern von Ihren Blogging-Aktivitäten.

Lesen Sie außerdem andere Blogs und beteiligen Sie sich an Gesprächen. Geben Sie einen Link auf Ihr Blog an, wo es notwendig ist. Das sollten Sie natürlich nicht einfach so tun, um sich selbst zu vermarkten, sondern nur, während Sie offen und ehrlich etwas zur Diskussion beitragen. Wenn Sie ein echtes und dauerhaftes Interesse an den Blogs zeigen, an denen Sie sich beteiligen, werden Sie mit der Zeit eine Beziehung zum Blogger aufbauen und vielleicht in die Blogroll aufgenommen oder sogar gebeten, einen Gastbeitrag zu verfassen.

Definition Eine *Blogroll* ist eine Liste von Blogs, die auf der Seitenleiste oder im Footer eines Blogs erscheinen. In Blogrolls spricht der Blogbetreiber ausdrücklich Empfehlungen für Content aus, den er lesenswert findet.

Bevor Sie kräftig die Werbetrommel für Ihr Blog rühren, müssen Sie unbedingt für interessanten Content sorgen. Sie müssen zeigen, dass Sie ein ernst zu nehmender Blogger sind, und immer wieder Updates veröffentlichen. Es ist besser, mit einer umfangreichen Blog-Promotion drei oder vier Monate zu warten. Erst wenn Sie eine nennenswerte Anzahl von Blogbeiträgen haben, können Sie zeigen, dass Sie bereit sind und Ihr Engagement als Blogger und Netzwerker ernst meinen.

Und: Sie sollten darauf achten, Ihren Content für Suchmaschinen auswertbar zu machen. Dazu können Sie simple Regeln der Suchmaschinenoptimierung anwenden:

- Das wichtigste Schlagwort, um das es in Ihrem Blogartikel geht, sollte in der Überschrift, im Direktlink zum Beitrag und in sämtlichen beschreibenden Metainformationen enthalten sein.
- Vergeben Sie aussagekräftige Tags, auch abseits eigener Denkweisen. Versuchen Sie, sich in andere Menschen hineinzuversetzen: Mit welchen Begriffen könnte noch nach Ihren Inhalten gesucht werden? Probieren Sie selbst verschiedene Suchbegriffe aus, und schauen Sie nach, wie relevanter Content anderer Websites verschlagwortet ist und welche Begriffe Google zusätzlich vorschlägt.
- Nutzen Sie dazu den Google AdWords Keyword Planner[29], um die am häufigsten gesuchten Begriffe Ihres Fachgebiets zu

---

29 *https://adwords.google.com/o/KeywordTool*

ermitteln (funktioniert leider nur noch nach Anmeldung). Tags sollten eigentlich auch immer vereinheitlicht und nach festgelegten Regeln gebraucht werden, z.B. immer im Singular, also beispielsweise »Konferenz« statt »Konferenzen«, auch wenn es im Beitrag um die Teilnahme an mehreren Konferenzen geht. Leider hat sich diese Grundregel aus der Dokumentation in der Praxis vieler Blogger nicht durchgesetzt. Wenn Sie sich jedoch daran halten, können themenverwandte Beiträge viel stärker voneinander profitieren.

- Verlinken Sie Ihre Beiträge im angemessenen Umfang mit themenverwandten Blogbeiträgen aus dem Web und nehmen Sie auch Bezug auf eigene Artikel – soweit es thematisch sinnvoll ist.

Soziale Netzwerke

Sie sollten Ihr Blog natürlich da bekanntmachen, wo Sie eventuell schon Zuhörer haben: bei Ihren Twitter-Followern, auf Ihrem Facebook-Profil oder unter Ihren XING-Kontakten. Wenn Sie sichergehen wollen, dass Ihr Beitrag auf allen Netzwerken sauber dargestellt wird, sollten Sie das für jedes einzelne Netzwerk händisch erledigen. Eine Software wie Hootsuite oder NetworkedBlogs (*http://networkedblogs.com*), die plattformübergreifend postet, spart zwar zunächst Zeit, sie kann die individuellen Stellschrauben der Netzwerke aber nicht optimal ausnutzen – und produziert nicht selten Darstellungsfehler. Zudem ist etwa bei Facebook die Sichtbarkeit Ihres Beitrags geringer, wenn Sie über Drittanbieter posten. (Mehr dazu erfahren Sie in Kapitel 7.)

Blogverzeichnisse

Sie können Ihr Blog aktiv promoten, indem Sie es in Blogverzeichnisse aufnehmen lassen. Beliebt ist Bloglovin' (*http://www.bloglovin.com*), Übersichten über deutschsprachige Blogs bieten auch *http://de.paperblog.com*, *http://www.bloggerei.de*, *http://www.bloggeramt.de* und *http://www.blogoscoop.net*. Spannend ist auch das #Blognetz[30], da es die Verbindungen zwischen den Bloggern visualisiert.

Alle Blogverzeichnisse bieten auch Rankings, die darüber Aufschluss geben, welche Blogs in Deutschland gerade am beliebtesten sind. Natürlich können nur Blogs ausgewertet werden, die sich bei den Verzeichnissen registriert haben, daher sind sie nicht repräsen-

---

30 *http://blognetz.com/*

tativ. Hilfreich sind in diesem Fall die Deutschen Blogcharts[31], die die Resonanz deutscher Blogs in den sozialen Netzwerken als Maßstab nehmen (siehe Abbildung 5-9).

Abbildung 5-9
Von »Popkulturjunkie« Jens Schröder geführt: Die deutschen Blogcharts messen die Likes und Shares einzelner Blogs und ihrer Beiträge und erstellen danach monatlich ein Ranking.

Blogparaden

Die Teilnahme an einer *Blogparade* (siehe Abbildung 5-10) ist ebenfalls ein gutes Mittel, um ein Blog bekannt zu machen. Dabei handelt es sich um Community-orientierte Blogbeiträge, die sich um bestimmte Themen drehen. Bei einer Blogparade – auch »Blogkarneval« genannt – sammelt ein Blogger mehrere Links zu Blogbeiträgen über ein bestimmtes Thema. Für Firmenblogs mag das nicht immer ideal sein, aber es ist ein hervorragendes Mittel, um mehr Öffentlichkeit zu bekommen und ein Netzwerk aufzubauen. Sich

---

31 http://deutscheblogcharts.de/

162   Kapitel 5: Kommunizieren, beeinflussen, lernen: Kundenkontakt durch Blogs

an einer Blogparade zu beteiligen, ist einfach: Suchen Sie beispielsweise über die Google-Blogsuche eine aktuell laufende Parade mit einem zu Ihrem Unternehmen passenden Thema und bloggen Sie dann Ihren Beitrag dazu – Link auf den Ursprungsbeitrag nicht vergessen! Es gibt auch Verzeichnisse wie *http://www.blog-parade.de* oder *http://www.blogcarnival.com*, die bei der Recherche und Themenwahl behilflich sein können. Und natürlich können Sie selbst eine Blogparade starten!

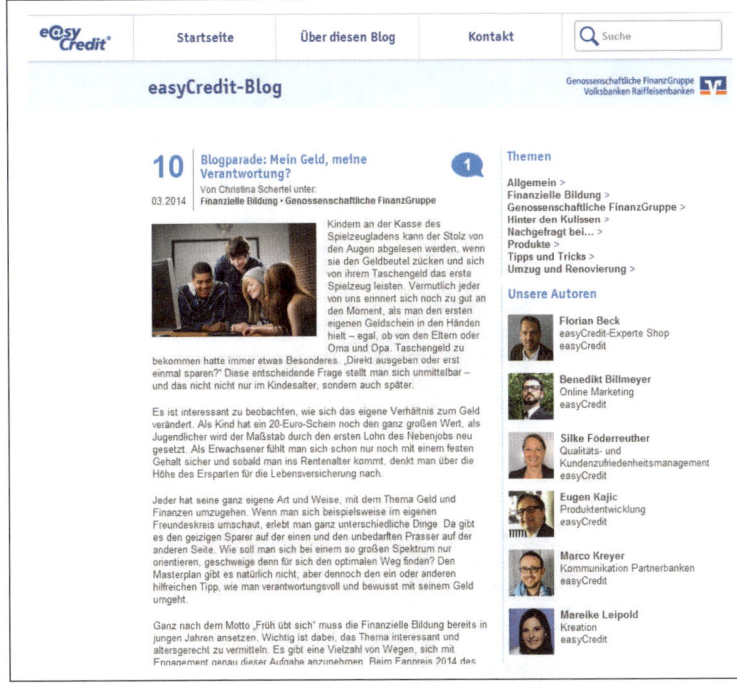

◀ **Abbildung 5-10**
Das Corporate Blog des Geldinstituts Easy Credit mit einer Blogparade

Blog Memes

Auch mit *Blog Memes* lässt sich die Bekanntheit steigern. Sie bestehen normalerweise aus einer Kette von Beiträgen, die von einer gemeinsamen Quelle ausgehen (siehe Abbildung 5-11). Dahinter steht die Idee, zunächst einmal Informationen über sich selbst preiszugeben, um dann eine Reihe von Bloggern mit Tags zu markieren und zu fragen, welche Antwort sie auf dieselbe Frage geben wurden. In Hunderten von darauf folgenden Beiträgen verbreiten die Teilnehmer dann ihre Ansichten und originelle Links. Wenn Sie sich an einem Blog Meme beteiligen, kontaktieren Sie einen Blogger, auf den Sie ein Tag gesetzt haben, und teilen ihm ebendies mit.

Er wird Sie dann belohnen, indem er seine Freunde taggt und einen Link auf Sie setzt.

Abbildung 5-11 ▶
»12 von 12« ist ein Meme, bei dem die Beteiligten immer am 12. eines Monats 12 Fotos auf ihrem Blog veröffentlichen – so entstehen über das Jahr hinweg 144 besondere Einblicke in ihr Leben. Das Blog http://draussennurkaennchen. blogspot.com beteiligt sich und listet außerdem immer andere Blogs auf, die Fotos posten.

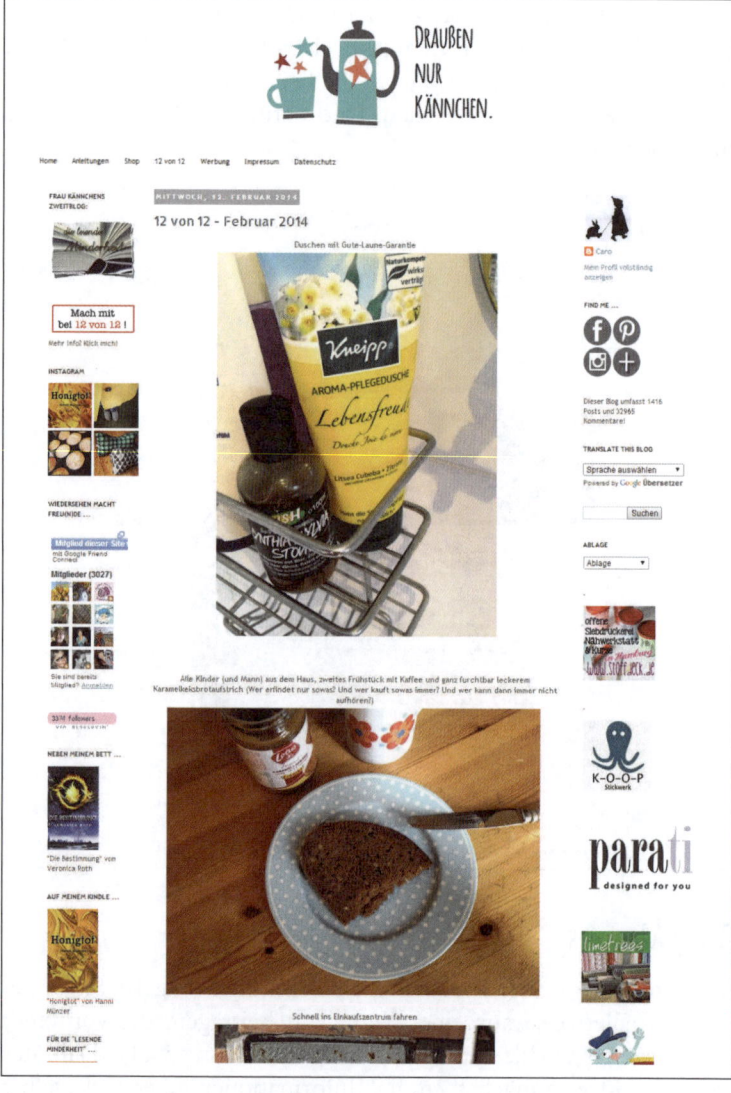

In der deutschen Blogosphäre ist auch der Begriff *Stöckchen* für dieses Phänomen bekannt: Man wirft sich sozusagen gegenseitig Stöckchen zu. Blog Memes können aber auch Quizze, Persönlichkeitstests oder Umfragen sein. Und natürlich Humor: Gibt man die Zahl 241543903 bei der Google-Bildsuche ein, erhält man witzigerweise sehr viele Bilder von Köpfen in Kühlschränken. Was hat es damit auf sich? Bei diesem Meme sollen User ein Foto von sich machen, auf dem sie ihren Kopf in den Kühlschrank stecken. Dieses Foto soll dann mit dem Dateinamen 241543903 bei Flickr oder einer anderen für Google zugänglichen Website hochgeladen werden. Und schon kann man sich an einer weltweiten Spaßaktion beteiligen. Ob das für Firmenmarketing interessant ist? Natürlich, wenn Sie zum Beispiel für einen Marmeladenhersteller arbeiten. Was spricht denn dagegen, den Kühlschrank vorher entsprechend zu füllen? Mit dieser oder ähnlichen Aktionen haben Sie unterhaltsamen und werbewirksamen Content, der sich von ganz allein verbreitet – und in größeren Abständen dürfen sich natürlich auch Corporate Blogger beteiligen.

Zu den erfolgreichen Memes der jüngeren Vergangenheit gehören die Stöckchen »20 Fakten über mich« oder – die Bezeichnung ist etwas missverständlich – der »Best Blog Award«. Dauerbrenner sind der Freitagsfüller[32] oder die Aktion »12 von 12« (siehe Abbildung). Beliebt ist das Posten von Zitaten aus bestimmten Buchseiten sowie von Katzenbildern (»Katzencontent«). Anregungen finden Sie unter *http://thedailymeme.com/*.

Schreibprojekte

Nutzen Sie Ihre Community und stellen Sie Öffentlichkeit her, indem Sie Ihre Leser in ihren eigenen Blogs zu einem bestimmten Thema um Rat fragen und bitten, Hinweise auf den jeweiligen veröffentlichten Blogbeitrag bei Ihnen einzureichen. Wenn die Projektlaufzeit vorbei ist, richten Sie Links auf alle eingereichten Beiträge ein. Ein erfolgreiches Beispiel für dieses Vorgehen ist das Daily Blog Tips Blog Writing Project,[33] dessen Initiator Daniel Scocco um Blogbeiträge zum Thema »Tipps für Blogs« bat und binnen acht Tagen 122 Antworten bekam. Dann listete er in einem Schlussbeitrag auf seiner Site alle Blogbeiträge der Teilnehmer auf und teilte sie in Kategorien ein, um die Lesbarkeit zu verbessern. Dieses Community-Blogging-Projekt zog gezielt Traffic an, machte sein Blog auf den individuellen Blogs aller Beteiligten bekannt und sorgte dafür, dass diese wiederum Links auf ihn einrichteten, und zwar als Geste des Dankes für die Möglichkeit, an dem Schreibprojekt betei-

---

32 *http://scrap-impulse.typepad.com/scrapimpulse/freitags-füller/*
33 *http://www.dailyblogtips.com/blog-writing-project-tips-tricks-final-list*

ligt worden zu sein. Die so entstandene Beziehung kommt also sowohl den Veranstaltern des Community-Projekts als auch den anderen Projektbeteiligten zugute.

 Hinweis

Ausführliche Tipps und Strategien für das eigene Blog gibt die Autorin Meike Leopold in »Corporate Blogs: Von der Strategie zum lebendigen Dialog«.

CHECKLISTE: Der Weg zum Corporate Blog

- Ziel und Hauptaussagen sowie Zielgruppe des Blogs definieren
- Hauptverantwortliche bestimmen
- Idee firmenintern vorstellen und bei der Geschäftsleitung verankern
- Budget festlegen
- Anforderungen klären, Software auswählen und ggf. technische Unterstützung suchen
- Namen für das Blog finden
- Layout skizzieren, Themen und Kategorien festlegen
- Feste Bestandteile des Blogs texten bzw. vorbereiten: Impressum, Datenschutzerklärung, About-Seite, Autorenprofile (soweit bereits bekannt), Blogroll, ggf. Netiquette und FAQ

- Technische Umsetzung: Blog installieren und einrichten bzw. an entsprechende Spezialisten weitergeben
- Autoren suchen
- Redaktionsplan erstellen
- etwa zehn erste Blogbeiträge »auf Halde« texten und ins System einstellen, sukzessive veröffentlichen
- Blog bekannt machen: Erwähnung in Newslettern und E-Mail-Signaturen, auf Visitenkarten, der Website und allgemeinen Werbematerialien des Unternehmens, eventuell Pressemitteilung versenden, in öffentlich zugänglichen Geschäftsräumen Plakate aufhängen, Flyer verteilen, Social-Media-Angebote und Blogverzeichnisse nutzen, auch firmenintern bekanntmachen.

Ohne eigenes Blog in die Blogosphäre

In manchen Unternehmen wird aufgrund juristischer Bedenken kein eigenes Firmenblog betrieben. Dennoch können Sie sich in die Blogosphäre und – falls auch das Kommentieren in anderen Blogs untersagt ist – auf anderen Wegen in das Social Web einbringen. Wenn es Ihnen gelingt, ehrliche und vertrauensvolle Verbindungen zu Bloggern aufzubauen (Stichwort »Blogger Relations«), wird Ihr Unternehmen in jeden Fall profitieren.

Lesen und Mitreden in »fremden« Blogs

Viele Blogger schreiben regelmäßig über Produkte und Marken: Sie berichten, welche Hersteller sie bevorzugen – und welche sie aus welchen Gründen boykottieren –, bewerten Produkte und geben allgemeine Informationen über Firmen weiter. Und sie tun das ganz unabhängig davon, ob das Unternehmen bereits im Social Web vertreten ist. Da außerdem 64 Prozent der Blogger glauben[34], von Unternehmen im Gegensatz zu den traditionellen Medien weniger ernst genommen zu werden, werden diese Blogger in den seltensten Fällen auf Sie zukommen. Es ist Ihre Aufgabe und Ihre Chance, sich dem Dialog (und gegebenenfalls auch der Kritik) dort zu stellen, wo er (bzw. sie) stattfindet: in den häufig und weniger häufig gelesenen Blogs.

Lesen Sie aufmerksam, welche Themen in welcher Art und Weise besprochen werden, welche Positionen und Gegenpositionen es gibt, und speziell, wie Ihr Unternehmen, Ihre Marke, Ihre Produkte und Ihre Mitarbeiter wahrgenommen werden (falls sie wahrgenommen werden).

Dazu müssen Sie die Meinungsäußerungen natürlich auch finden – einige Tipps dazu haben wir in Kapitel 3 unter »Monitoring« aufgeführt. Um außerdem wichtige Trends und kontroverse Diskussionen nicht zu verpassen, die Ihr Fachgebiet, aber nicht unbedingt Ihr Unternehmen betreffen, sollten Sie die Meinungsführer identifizieren und deren Beiträge regelmäßig lesen. Dabei können Ihnen die bereits genannten Blogverzeichnisse helfen.

Was tun bei Kritik?

Was sollten Sie tun, wenn der Worst Case eintritt und jemand negativ über Sie berichtet? Zunächst sollten Sie Ruhe bewahren und auf der Grundlage der Erfahrungen, die Sie durch regelmäßiges Bloglesen gemacht haben, die Brisanz der Meinungsäußerung einschätzen. Berichtet etwa eine bloggende Mutter, sie habe Glassplitter in einem Babygläschen Ihrer Marke gefunden, sollten Sie natürlich sofort handeln, um weitere Gefahren abzuwenden. Geht es »nur« um ein falsch geliefertes Produkt, können Sie schlichtweg Ihren Kundendienst informieren, der sich um alles Weitere kümmert. In jedem Falle sollten Sie direkt im jeweiligen Blog antworten, wie Sie über die Kritik denken und was Sie zur Lösung beitragen

---

34 *http://technorati.com/blogging/article/who-bloggers-brands-and-consumers-day/page-3/*

können. Dabei sollten Sie guten Stil bewahren, auch wenn Sie sich eventuell zu Unrecht angegriffen fühlen. Bleiben Sie sachlich und lösungsorientiert, zeigen Sie Interesse am Sachverhalt und gleichzeitig Bemühen, alles aufzuklären. Nur so können Sie Glaubwürdigkeit bewahren und Ihren schon fast verloren gegangenen Kunden vielleicht behalten – sowie viele weitere hinzugewinnen.

Flattr und andere Finanzierungsmöglichkeiten

Auf vielen Blogs wird Ihnen ein kleines grünes oder orangenes Symbol mit dem Schriftzug »Flattr« begegnen. Dahinter verbirgt sich ein »Social-Payment-Dienst«, der Bloggern zu Einnahmen verhilft und Lesern die Möglichkeit gibt, nützliche, unterhaltsame oder informative Beiträge zu honorieren. Zugrunde liegt der Gedanke, für wertvolle Inhalte freiwillig zu zahlen, auch wenn diese frei verfügbar sind. User zeigen damit, dass sie die Qualität schätzen und diese Inhalte auch gern weiterhin lesen, hören bzw. anschauen möchten.

Die Funktionsweise ist einfach: Der Zahlwillige überweist einen frei gewählten Beitrag pro Monat an Flattr. Dann kann er den Flattr-Button jeder beliebigen Site anklicken und damit für die Seite bzw. den dargebotenen Inhalt zahlen. Am Ende des Monats zählt Flattr zusammen, wie häufig »geflattert« wurde, und verteilt die eingezahlte Summe entsprechend unter den Empfängern. Außerdem können Geldspenden direkt an den Blogger gesandt werden.

Auch über Bannerschaltungen, Google Adwords und den Einbau kleinerer, immer präsenter Werbe-»Buttons« können Blogger Geld verdienen. Sehr beliebt ist außerdem die Teilnahme an Affiliate-Programmen, wie z.B. Amazon sie bietet. Dabei werden im Blog Links auf Produktseiten von Amazon gesetzt. Folgt ein Leser einem solchen Link und kauft bei Amazon ein, erhält der Blogger eine kleine Provision. Eine Form der bezahlten Werbung sind auch »Sponsored Posts«, die jedoch häufig wenig glaubwürdig wirken.

Für Corporate Blogs sind Finanzierungsmodelle dieser Art nicht relevant, denn natürlich sollen Blogs ein kostenfreies Angebot an Kunden sein. Wenn Sie sich aber mit anderen Blogs vernetzen, sind diese und ähnliche Werbekooperationen überlegenswert – insbesondere wenn die Blogger eine passende und ggf. große Leserschaft um sich scharen.

Wenn Sie keine Rolle spielen

Und was ist, wenn Ihr Unternehmen in relevanten Blogs bisher gar nicht wahrgenommen wird? Wenn Sie die Bekanntheit eines neuen oder verbesserten Produkts erhöhen wollen? Natürlich können Sie übliche Werbeformate wie Banner schalten. Es gibt einige Agenturen, die sich auf die Vermarktung von Blogs spezialisiert haben, in Deutschland z.B. adnation/Populis *(http://adnation.de/)*. Außer bloßen Bannern wird auch die Einbindung von Videos, Twitter-Streams, Facebook-Buttons und vielen anderen Social-Media-Formaten geboten. Ebenso entscheidend wie für die Glaubwürdigkeit des Blogs wichtig ist hier die klar erkennbare Trennung zwischen redaktionellem und werblichem Inhalt.

Wenn Sie möchten, dass eines Ihrer Produkte besprochen wird, können Sie auch sogenannte »Sponsored Posts« kaufen. Diese Beiträge stellen das Produkt ausführlich vor und werden von den Blogbetreibern persönlich geschrieben. Vorteil: Die Kritik wird in jedem Fall positiv ausfallen, dafür zahlen Sie schließlich. Nachteil: Die Beiträge sind als Sponsored Posts gekennzeichnet und werden daher als das wahrgenommen, was sie sind: pure Werbung, der – das ist in jedem Medium gleich – üblicherweise nicht allzu viel Glauben geschenkt wird.

Blogger Relations

Eine weitaus erfolgversprechendere und nachhaltigere Taktik ist, selbst auf Blogger zuzugehen und sie um Meinungen und Dialog zu bitten. Das ist seit Jahren gängige Praxis, wenn auch häufig mit erheblichem Aufwand verbunden.

Revelante Blogger sind nicht schwer zu finden: Abonnieren Sie einfach Google Alerts für Blogs, in denen Ihr Thema diskutiert wird, oder schauen Sie in Blogrankings und Blogrolls interessanter Sites. Nachdem Sie passende Blogs identifiziert haben, können Sie gezielt eine Pressemitteilung, eine Produktankündigung oder auch ein Produkt versenden, damit der Blogger es bewerten kann.

Der Kontakt zu Bloggern hat jedoch wie alles im Leben einen Haken. Die meisten bekannten Blogger bekommen ständig Angebote, auch »Pitches« genannt, neue Produkte und Dienstleistungen vorzustellen – und ignorieren sie zu 99 Prozent. Der beste Blogger-Pitch ist heutzutage personalisiert, kurz und sachlich. Die traditionelle Pressemitteilung ist für die meisten Blogger zu lang, um sie zu lesen, und ist oft auch nicht auf die konkrete Website zugeschnitten. Ein idealer Ansatz ist, das Produkt oder die Dienstleistung in einem persönlichen Anschreiben ganz kurz einzuführen (mit nur zwei oder drei Sätzen), um die Aufmerksamkeit des Bloggers zu erregen. Machen Sie sich unbedingt die Mühe, vorab mehr über den Blogger und seine Lebensumstände und Interessen zu erfahren. Sprich: Lesen Sie sein Blog und nehmen Sie ernst, was darin gegebenenfalls über die Zusammenarbeit mit Unternehmen und Werbung steht!

Die sicherlich meisten Blogger sind für Ihre Kontaktversuche (zunächst) nicht offen, besonders, wenn Sie ungezielte Nachrichten oder exzessive Spam-Methoden einsetzen, um sie zum Zuhören zu bewegen. Jede Presseagentur und jedes Unternehmen muss sich im Klaren darüber sein, dass ein einziger falscher Schritt wertvolle Geschäftsbeziehungen kosten kann. Blogger befolgen nicht dieselben Regeln der Kommunikation wie traditionelle Medien, und eine Verletzung ihrer Freiheit kann einen PR-Flächenbrand auslösen[35], bei dem die Aktionen fehlgeleiteter PR-Leute in aller Öffentlichkeit angeprangert werden. Im Verkehr mit Bloggern müssen Sie mit viel Sachkenntnis und gebührender Sorgfalt vorgehen und sich unbedingt an die Gebote der Höflichkeit halten. Eine seriöse Möglichkeit, an Produkttester zu kommen, bieten Word-of-Mouth-Plattformen wie *TRND.com*. Wir gehen auf diese Anbieter in Kapitel 8 ausführlicher ein.

Zusammenfassung

Blogging gehört zu den ältesten und erfolgreichsten Verfahren der Kommunikation im Internet – es gibt Hunderttausende von Content-Schöpfern und Konsumenten. Blogs können sehr einflussreich sein; sie sind Nachrichtenlieferanten und geben den Menschen dabei die Möglichkeit, über ihre persönlichen Erfahrungen zu berichten. Für Unternehmen sind Blogs ein sehr gutes Mittel, um mit einem Publikum in Kontakt zu treten und Kunden und Menschen anzuziehen, die der betreffenden Marke bereits treu sind.

Blogs werden über spezielle Blogging-Plattformen publiziert, die sehr viel mächtiger als statische Webseiten sind. In der Regel benötigt der Blogger keine umfangreichen HTML-Kenntnisse. Zudem ist eine integrierte RSS-Funktionalität bereits an Bord. Blogs können Ping-Nachrichten an Suchmaschinen und Blogplattformen senden, damit ihr Content in den Suchergebnissen schnell indiziert wird.

In diesem Kapitel haben wir beliebte Blogging-Plattformen untersucht, darunter das bei Millionen von Nutzern eingesetzte WordPress. Alle Tools haben unterschiedliche Vor- und Nachteile – Sie sollten Ihre Entscheidung daran ausrichten, ob das Hosting kostenpflichtig sein darf, ob Sie das Blogdesign selbst entwerfen möchten und ob Sie das technische Know-how besitzen, um Probleme selbst zu lösen.

Sobald Sie Ihre Blogging-Plattform eingerichtet haben, müssen Sie sicherstellen, dass Sie den richtigen Ton treffen und Ihre Beiträge

---

35 http://www.techcrunch.com/2008/12/18/meet-lois-whitman-the-poster-child-for-everything-wrong-with-pr

aufrichtig sowie authentisch sind und nicht nur die Firmenphilosophie wiederkäuen. Achten Sie darauf, einen guten, sauberen Text zu liefern und ihn mit relevanten Bloggern und Artikeln zu verlinken. Texten Sie starke Überschriften, die Aufmerksamkeit erregen. Gestalten Sie die Artikel als Listen, ausführliche Anleitungen, Geschichten, Experteninterviews, Besprechungen von Produkten und Dienstleistungen. Setzen Sie regelmäßige Features ein, die beim Leser eine Erwartungshaltung bezüglich Ihrer Onlinepublikation wecken.

Anregungen für mögliche Themen können Sie sich aus Ihrem Unternehmen, E-Mail-Alerts, verwandten Blogs oder Nachrichtenseiten holen. Außerdem sollten Sie mehrere Kollegen in die redaktionelle Arbeit einbinden – sicher werden Sie gemeinsam eine Menge Ideen und Perspektiven finden, die Ihre Leser interessieren.

Wenn Sie einen guten Blog-Content haben, ist es an der Zeit, Ihre Leser zur Diskussion zu ermuntern. Blogkommentare sind normalerweise gestattet, aber Sie können die Leser auch einladen, über ein Kontaktformular, das Sie selbst einrichten, Fragen einzureichen. Leser können aber auch durch Kolumnen wie »Fragen an die Leser«, Wettbewerbe, Umfragen und Untersuchungen zum Kommentieren gebracht werden.

Um bemerkt zu werden, müssen Sie bekannt machen, dass es Sie gibt. Eine der besten Methoden, um Ihren Namen in der Onlinewelt bekannt zu machen, ist die Beteiligung in Blogs Ihrer Branche. Mit geschicktem Networking können daraus dauerhafte Beziehungen werden, und vielleicht werden Sie sogar in Blogrolls aufgenommen, was einer Empfehlung durch einen anderen Blogger gleichkommt, der Ihren Content zu schätzen weiß. Andere Promotion-Strategien sind die Teilnahme an Blogparaden, die Registrierung Ihres Blogs in einschlägigen Verzeichnissen, Hosting von oder Teilnahme an Memes, das Weiterverteilen Ihrer Inhalte in sozialen Netzwerken und die Einrichtung eines Gruppen-Schreibprojekts.

Manche Firmen verbieten ihren Mitarbeitern, für das Unternehmen zu bloggen, und geben auch kein grünes Licht für die Einrichtung eines eigenen Firmenblogs. Auch in solchen Fällen kann eine Beteiligung in der Community die Bekanntheit Ihrer Marke steigern. Freundlicher Kontakt zu Bloggern ist eine Strategie, die ebenfalls funktioniert; statt ein eigenes Blog zu starten, wenden Sie sich an Blogger, die dann an Ihrer Stelle über Ihr Produkt reden. Wenn Sie den Bloggern ein spannendes Angebot machen, können Sie damit vielleicht Interesse wecken.

Die Magie des Microblogging: Wie Twitter Ihr Geschäft umkrempeln kann

6

In diesem Kapitel:
- Die Geschichte von Twitter
- Die Terminologie
- Die Geburt des Firmen-Twitters
- Geschäftliche Ziele mit Twitter verfolgen
- Twitter richtig verwenden
- Tools für Twitter
- Zusammenfassung

Twitter ist ein kostenloser Microblogging-Dienst, dessen Nutzer über kurze Textnachrichten von maximal 140 Zeichen Länge kommunizieren. Der 2006 gestartete Dienst hat mittlerweile mehr als 250 Millionen registrierte User[1], davon ca. 825.000 im deutschsprachigen Raum[2]. Etwa 250 Millionen User weltweit loggen sich mindestens einmal monatlich ein, knapp 200 Millionen nutzen dabei mobile Geräte.

Twitter ist bereits seit einigen Jahren als Informations- und Kommunikationskanal etabliert. Seine Tweets finden regelmäßig auch in traditionellen Medien wie Zeitungen und Zeitschriften, im Fernsehen und im Radio Erwähnung. Das liegt einerseits daran, dass immer mehr bekannte Unternehmen und Personen begonnen haben, Twitter zu nutzen und dafür Werbung zu machen. Andererseits sorgen Ereignisse wie der Arabische Frühling oder das

---

1 *https://investor.twitterinc.com/releasedetail.cfm?ReleaseID=843245*
2 Schätzung der Webevangelisten, siehe *http://webevangelisten.de/825-000-twitter-accounts-auf-deutsch/*. Nicht mitgezählt sind sogenannte »stumme Accounts«, die keine Tweets absetzen, sondern nur lesen oder sich gar nur registriert haben.

Erdbeben in Japan dafür, dass sich immer mehr Menschen mithilfe von Twitter informieren. Dabei befriedigt es sowohl professionelle als auch persönliche Kommunikationsbedürfnisse, schließlich kann man nicht nur Barack Obama und der Deutschen Lufthansa auf Twitter folgen, sondern auch ständig die Updates von Freunden und Familie abrufen.

Die Geschichte von Twitter

Ursprünglich sollte Twitter eine Plattform sein, auf der Nutzer in maximal 140 Zeichen die Frage »Was tust du gerade?« beantworten. Und als der Dienst 2006 an den Start ging, waren das auch die Mitteilungen, die gesendet wurden. Die Nutzer des Dienstes verkündeten, was sie zu Abend aßen, wohin sie gingen und wen sie trafen. Anfangs wurde das häufig als sinnlose Zeitverschwendung wahrgenommen, aber einige Menschen erkannten, dass Twitter mehr zu bieten hatte. Die Fähigkeit, Menschen miteinander zu verbinden, ließ ein Gefühl von Nähe und Intimität aufkommen – ein Phänomen, für das die Webentwicklerin Leisa Reichelt (@*leisa*) den Begriff »Ambient Intimacy« prägte.

Das Unternehmen hinter Twitter

Twitter startete als Nebenprojekt der kalifornischen Podcast-Firma »Odeo«. Deren Mitarbeiter Jack Dorsey, Biz Stone, Evan Williams und Noah Glass sollten ein Tool zur einfacheren Kommunikation innerhalb des Unternehmens entwickeln.

Inzwischen ist Twitter ein börsennotiertes Unternehmen, das über eine Niederlassung in Berlin die Marktdurchdringung in Deutschland erhöhen will.

Und während das Geld für Weiterentwicklung und Infrastruktur anfangs von Einzelinvestoren kam, ist das Unternehmen seit November 2013 auch an der Börse. Eigene Einkünfte generiert Twitter durch verschiedene Werbeformate wie »Sponsored Tweets« oder »Promoted Trends«. Erklärte Ziele, nicht nur für Anleger: Erhöhung der Nutzerzahlen und Monetarisierung des Dienstes.

Mitte 2007 erlebte Twitter seinen ersten Boom, als es den Teilnehmern an der SXSW-Konferenz (South by Southwest) ermöglichte, die vielen Sessions zu verfolgen und zugleich persönliche Treffen zu verabreden. Twitter wurde – auch aufgrund seiner klaren Struktur und Funktionalität – zu einem viel genutzten Werkzeug.

In der Folge entdeckten immer mehr Menschen die Möglichkeiten von Twitter. Meinungsführer begannen, sich an Diskussionen zu beteiligen. Marketingexperten merkten, wie wertvoll es war, mit Leuten aus ihren Branchen in Verbindung treten und diskutieren zu können. Firmen freuten sich, direktes Feedback zu ihren Produkten und Marken zu bekommen. Zudem stellten Twitter sowie viele freie Webentwickler immer mehr Dienste und Apps zur Verfügung, mit denen sich Tweets leichter absetzen und weiterverbreiten ließen. Nützliche Drittdienste wie Tweetdeck oder Vine kaufte Twitter dann schlichtweg auf – und wertete sich damit weiter auf.

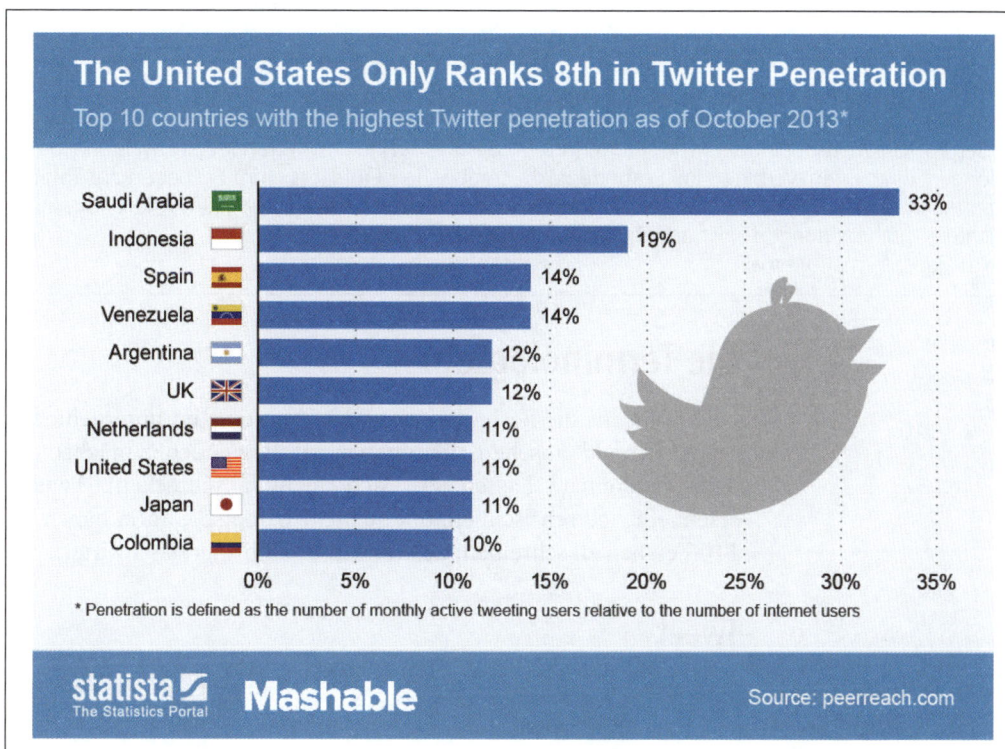

▲ Abbildung 6-1
Jeder dritte Internetnutzer in Saudi-Arabien twittert mindestens einmal monatlich. Zahlenmäßig liegen die USA, Japan und Indonesien in den Nutzerstatistiken vorn.

Etwa 2.700 Mitarbeiter stehen heute, acht Jahre nach Dorseys erstem Tweet (»Just setting up my twttr«), hinter dem Dienst. Mehrere US-Büros und Niederlassungen weltweit sollen die Verbreitung weiter erhöhen und natürlich auch die Werbemodelle an interessierte Unternehmen bringen.

Die höchste Durchdringung – also die meisten Twitterer von allen Onlinern – haben Saudi-Arabien und Indonesien (siehe Grafik). In Deutschland twittern dagegen nur 7 Prozent der Onliner[3]. In einigen Ländern, beispielsweise China, Nordkorea und auch in der Türkei – wurde der Dienst vorübergehend oder auch dauerhaft gesperrt.

---

3 ARD/ZDF-Onlinestudie, 2013

Twitter in Notfällen

Twitter wird auch dazu genutzt, Nachrichten über brandaktuelle Ereignisse zu verbreiten. Ein Ereignis der jüngsten Geschichte, das die Qualitäten von Twitter als Kommunikationsmittel in der Krise offenbart hat, war das Erdbeben mit anschließender Atomkatastrophe in Japan im März 2011. Während Anrufe und SMS wegen Netzüberlastung nicht mehr durchkamen, informierten viele Menschen über Twitter ihre Angehörigen über ihren Verbleib. Im Sekundentakt gingen außerdem Tweets mit Augenzeugenberichten, Suchmeldungen, Hilfsangeboten und aktuellen Informationen ein.

Was zeigt uns das? Dass Nachrichten auch von Menschen verbreitet werden können, die keine Journalisten sind. Und dass Mobiltelefone ungemein starke Kommunikationsmittel sind, besonders in Verbindung mit Medien wie Twitter, die für maximale Verbreitung sorgen. Die Nachrichten aus Japan wurden wirklich von Einzelpersonen mit Mobiltelefonen verbreitet – genauso wie die Meldungen vom Tahrir-Platz während des Arabischen Frühlings, vom Erdbeben auf Tahiti oder von der Notwasserung eines Flugzeugs auf dem Hudson River.

Die Terminologie

Bevor wir uns die Besonderheiten des Twitterns im unternehmerischen Umfeld ansehen, klären wir im Folgenden zunächst die Begrifflichkeiten. Lassen Sie sich nicht abschrecken: Twitter erschließt sich sehr schnell, und je mehr Übung Sie darin haben, in 140 Zeichen zu schreiben, desto mehr Spaß bringt das Twittern.

Tweet

Abbildung 6-2 ▶
Tweet von Spiegel Online mit Hinweis auf einen Artikel

Ein Tweet ist die Meldung, die Sie in das Feld »Was gibt's Neues?« eintragen. Ein Tweet ist auf 140 Zeichen begrenzt. Besser, Sie begrenzen sich selbst auf 120 Zeichen, denn so kann die Meldung leichter »retweetet« werden.

Retweet

Ein Retweet ist eine Meldung, die Ihr Follower von Ihnen erhalten und dann wiederum an seine Follower weitergegeben hat. Ursprünglich wurde ein Retweet immer mit *RT @Quellenangabe* eingeleitet (dafür sollten Sie bei Ihrem Tweet noch ca. 20 Zeichen Platz lassen), inzwischen bietet Twitter aber auch eine Retweet-Funktion, bei der keine Zeichen verbraucht werden. Außerdem gibt es u.a. in der Twitter-App die Funktion »Zitieren«, mit der der jeweilige Tweet noch ergänzt werden kann.

◀ **Abbildung 6-3**
Oben ein Retweet per Knopfdruck, unten das »Zitieren«: Der Original-Tweet bekommt einen Kommentar vorangestellt, es folgt »RT« für »Retweet« bzw. in diesem Beispiel ein »MT« für »Modified Tweet«. Das besagt, dass der Ursprungstweet verändert wurde. Alternativ gibt es noch das (nicht sehr bekannte) Kürzel »PRT« - »Partial Retweet« für gekürzte Tweets.

Hashtags

Hashtags sind Schlagwörter, die Ihre Aussage auf 140 Zeichen prägnant unterstützen. Sie können mit ihnen auf ein Thema verweisen,

Die Terminologie

ohne es lange erklären zu müssen. Wenn Sie zum Beispiel während der Konferenz re:publica bei Twitter aktiv waren, konnten Sie Tausende von Tweets mit #rp14 sehen. An Sonntagabenden wimmelt es von #tatort-Tweets, und auch bei Wahlen, Fußball-Finalspielen oder anderen Großereignissen können Sie über die zugehörigen Hashtags stolpern. Die Begriffe nach dem # sind verlinkt. Klickt man darauf, bekommt man umgehend alle Tweets mit dem entsprechenden Hashtag angezeigt.

Beliebte Hashtags landen in den Twitter-Trends, und damit bekommen sie auch Macht: Sie verstärken ein Thema und können sogar zu einer ganzen Bewegung werden – wie der Hashtag #aufschrei, mit dem die Netzgemeinde über alltägliche Gewalt und Sexismus gegenüber Frauen berichtete.

Hashtags sind damit auch für das Marketing bedeutend: Gelingt es einem Unternehmen, einen Hashtag erfolgreich zu lancieren, kann sich ein unvergleichlicher Verbreitungsprozess in Gang setzen. Wie wichtig dabei die geschickte Wahl des Hashtags ist, konnte man in der Vergangenheit an einigen Success- aber auch Fail-Storys beobachten: So erzielte der Sportartikelkonzern Nike mit dem Hashtag #makeitcount Zehntausende von Tweets und steigerte seine Follower-Zahl um eine halbe Million innerhalb von drei Monaten. Nike befeuerte die Hashtag-Kampagne dabei mit einer groß angelegten Werbekampagne auch in traditionellen Massenmedien (TV-Spots u.a.).

Im Gegensatz dazu tat sich die PR-Firma von Susan Boyle keinen Gefallen, als sie den Hashtag #susanalbumparty für das neue Album der britischen Sängerin entwarfen. Hier gab es wegen glückloser (schlüpfriger) Silbenzusammenstellung nur Spott und Häme. Einige weitere Beispiele können Sie sich in einer Slideshare-Präsentation ansehen[4].

Auch problematisch sind Hashtag-Aktionen, wenn Sie mit viel Kritik rechnen müssen: So stand die New Yorker Polizei im Jahr 2014 sehr negativen Tweets gegenüber, als sie zur Kampagne #myNYPD aufrief. Statt wohlgesonnener »Mein Freund und Helfer«-PR gab es unter anderem Fotos von gewalttätigen Übergriffen durch Polizisten.

---

4 http://de.slideshare.net/OReillyVerlag/hashtagology-1

◄ **Abbildung 6-4**
Beispiel für einen Tweet mit Hashtags

Following & Follower

Following und Follower definieren Ihr Netzwerk: Unter *Following* bzw. *Folge ich* finden Sie die Zahl derer, denen Sie folgen, unter *Follower* die Zahl derer, die Ihnen folgen. Bei einem Klick auf *Folge ich* bzw. *Follower* zeigt Twitter Ihnen die entsprechenden User an. Lange Zeit bot es sich an, all jenen zurückzufolgen, die einem auch folgten, denn nur so war es möglich, Direktnachrichten zu tauschen. Inzwischen können Sie Ihr Profil so einstellen, dass Ihnen jedermann private Nachrichten schicken kann. Gleichzeitig etablierte sich für Unternehmen ein eher vorsichtiges Zurückfolge-Verhalten. Die meisten Unternehmen haben daher deutlich mehr Follower als Followings. So kann man einerseits den Twitter-Stream besser verfolgen, andererseits entsteht nicht der Eindruck eines Spam-Accounts, der nur folgt, um zurückverfolgt zu werden.

Andere Unternehmen wie etwa der O'Reilly Verlag folgen prinzipiell allen »echten Twitterern« zurück, reine Spam-Accounts natürlich ausgenommen. Das unterstreicht den Respekt vor dem Kunden und dessen Interesse am Unternehmen – Dialog braucht schließlich immer auch beide Seiten. Der Nachteil: Je nach Anzahl der verfolgten Kontakte ist es nahezu unmöglich, deren Updates zu überblicken. Als Hilfestellung sollten Sie sich themenbasierte Listen anlegen. Diese Listen können sowohl öffentlich als auch privat sein. Einige Poweruser legen sich auch Zweitaccounts an, mit denen sie ausschließlich den Top-Twitterern folgen.

Antworten, Mitteilungen (Replies) & Erwähnungen (Mentions)

Unter dem Punkt *Mitteilungen* finden Sie die Tweets, die direkt an Sie gerichtet wurden, etwa als Antwort auf einen Ihrer Tweets. Unter *Mitteilungen/Erwähnungen* (Mentions) sind zusätzlich sämtliche Ereignisse um Ihr Profil chronologisch gesammelt: Beispielsweise, dass Ihnen jemand neu folgt oder einen Ihrer Tweets favorisiert hat. Möchten Sie jemandem auf seinen Tweet antworten, beginnen Sie Ihre Nachricht mit *@Benutzername* oder klicken Sie auf *antworten*. Erwähnungen anderer User funktionieren genauso: Immer wenn einem Benutzernamen ein @ vorangestellt ist, landet der Tweet automatisch bei der genannten Person sowie bei allen anderen Twitterern, die Ihnen beiden gleichzeitig folgen.

Tipp   Wenn Sie einen Tweet beantworten wollen, aber gleichzeitig die Botschaft weiter streuen wollen, können Sie vor das @ einen Punkt setzen, z.B. *.@oreilly_verlag Wann erscheint das neue Social Media Marketing-Buch?* Dann erscheint der Tweet als Mention beim @oreilly_verlag, aber auch bei Ihren anderen Followern.

Abbildung 6-5 ▶
Oben die Frage, unten die Antwort vom @oreilly_verlag

Favorisieren

Twitters Sternchen sind gewissermaßen das »gefällt mir«. Hier können Sie unkompliziert eine positive Rückmeldung zu einem Tweet geben. Besonders häufig »besternte« Tweets schaffen es dann auch zu Drittdiensten wie Favstar[5]. Praktische Begleiterscheinung außerdem: Tweets mit Links zu Artikeln, die Sie später lesen wollen, finden Sie unter ihren Favorites natürlich leichter wieder.

Direktnachrichten (DM/direct message)

Mit Direktnachrichten (DM/direct message) können Sie auch hinter den Kulissen reden – sozusagen privat. Voraussetzung: Sie müssen sich entweder gegenseitig folgen oder den Empfang von Direktnachrichten eines jeden Twitterers in ihren Einstellungen erlauben. Bei Unternehmensaccounts sollte man immer dann in den privaten Bereich gehen, wenn Kundendaten oder ähnliche sensible Angaben ins Spiel kommen.

Das Handwerkszeug kennen Sie jetzt – widmen wir uns nun der Ziel- und Umsetzung Ihres Auftritts bei Twitter.

Die Geburt des Firmen-Twitters

Viele Unternehmen erkannten schon früh, das sich Twitter gut für die Ansprache ihrer verschiedenen Zielgruppen eignet – etwa, um potenzielle Kunden besser zu erreichen oder effektiven Kundendienst zu leisten. Und sie erkannten, dass sie per Twitter ihrem Zielpublikum neue Dienste und Produkte nahebringen konnten. So tummeln sich mittlerweile sehr viele Firmenrepräsentanten auf Twitter. Sie bauen Beziehungen auf und vernetzen sich. Sie profitieren von der Viralität des Dienstes – denn via »Retweet« können die User relevante Nachrichten an ihre eigenen Follower weitersenden.

Unternehmen setzen sich unterschiedliche Ziele für ihre Twitter-Kanäle – entscheidend für den Erfolg sind aber vor allem der Vernetzungsgrad und die Art und Weise, wie mit den Followern kommuniziert wird. Die erfolgreichsten Unternehmen sind diejenigen, die aktiv die Interessen und Bedürfnisse ihrer Kunden verfolgen und sich auch auf direkte Gespräche einlassen. Und natürlich verbessert es auch die Reputation von Unternehmen, wenn Kundenanfragen via Twitter zügig und unkompliziert beantwortet werden.

---

5 http://favstar.fm/

Viele Unternehmen twittern inzwischen seit Jahren sehr erfolgreich – in diesem Kapitel gehen wir zunächst auf diese und andere Unternehmen und ihre Best Practices ein, bevor wir uns Ihrer eigenen Twitter-Präsenz widmen.

Geschäftliche Ziele mit Twitter verfolgen

Für Unternehmen ist Twitter ein wichtiges Mittel, um ein breites Publikum anzusprechen, Kunden zu binden und die eigenen Marken und Produkte bekannt zu machen. In den folgenden Beispielen werden Sie sehen, wie Firmen Twitter erfolgreich einsetzen.

Twitter als Umsatzmotor

Kann man mit Twitter Geld verdienen? Viele wünschen es sich, der Computerhersteller Dell hat es bereits 2007/08 geschafft: Über einen Zeitraum von etwa 24 Monaten machte Dell seine Kunden über Twitter auf spezielle Angebote aufmerksam und generierte damit rund drei Millionen Dollar Umsatz. Das war der Beginn für Dells ausgiebiges Engagement im Social Web: News, Community Sites, Angebote und Promotions sowie internationale Blogs, die mit dem Markennamen Dell in Zusammenhang stehen, sind alle auf Twitter aktiv. Und viele Vertreter aus verschiedenen Abteilungen von Dell, etwa von der Unternehmenskommunikation und vom Vertrieb, twittern ebenfalls (alle Twitter-Kanäle, die mit Dell im Zusammenhang stehen, finden Sie unter *http://www.dell.com/twitter*).

Wenn Sie Twitter als Einkommensquelle nutzen möchten, sollten Sie sich eine Strategie überlegen, bei der Sie Verkaufsaktionen exklusiv für Ihre Twitter-Follower anbieten. Sie könnten beispielsweise einen Gutscheincode übermitteln, der nur in Verbindung mit einem Twitter-Account gültig ist. Oder Sie erstellen eine spezielle URL für einen Twitter-Deal und bewerben diese ausschließlich über Twitter.

Umsatz generieren mit Twitter: Die kleineren Unternehmen

Vielleicht denken Sie nun, Twitter eigne sich nur für große Unternehmen, weil deren Produkte bekannt sind. Doch auch kleine Firmen haben schon die Twitter-Landschaft mit ihren Angeboten erobert.

Namecheap ist ein Hosting-Unternehmen, das Twitter Ende 2008 und Anfang 2009 für zwei Gewinnspielaktionen nutzte. Als aktive Twitter-Nutzerin erkannte die Marketingspezialistin des Unternehmens, Michelle Greer, dass Twitter die Zugriffe und Umsätze massiv steigern kann, ohne besondere finanzielle Investitionen zu erfordern. Also lancierte das Unternehmen eine Werbeaktion, in deren Rahmen die Nutzer mehrere Wochen lang jede Stunde eine Frage beantworten konnten. Den ersten drei Leuten, die jeweils eine richtige Antwort gaben, wurden 9,69 Dollar – der Preis einer Domain – auf ihren Namecheap-Accounts gutgeschrieben. Wer am Ende des Gewinnspiels die meisten richtigen Antworten gegeben hatte, bekam einen iPod.

Einige tausend Teilnehmer machten das Gewinnspiel extrem erfolgreich. Davon profitierte nicht nur die Community, sondern auch die Firma Namecheap: Bis Ende 2008 stieg die Zahl ihrer Follower bei Twitter um 2000 Prozent, die Neuregistrierungen von Domains nahmen um 20 Prozent zu, und neben zahllosen neuen Links auf die Homepage verwiesen auch 139 Backlinks auf die Gewinnspielseite der Domain *namecheap.com*.

Hinter der Twitter-Kampagne steckte einige Arbeit: Allein 600 Fragen formulierte das Namecheap-Team, Domainnamen im Wert von 17.000 Dollar wurden als Preise vergeben. Für die Dauer der Gewinnspiele waren vier Mitarbeiter notwendig, um den Account zu pflegen.

Dennoch hält Michelle Greer Twitter für eine äußerst preiswerte Alternative zu anderen Lösungen: »Twitter hilft Namecheap, ein besseres Unternehmen zu werden, weil wir Feedback direkt von unseren Kunden bekommen können – zu viel niedrigeren Kosten, als wenn wir Marktforschung betreiben oder Berater einschalten würden. Wir bieten unseren Kunden mit den kostenlosen Domains einen Mehrwert, und im Gegenzug helfen sie uns dabei, besser zu werden. Das ist für alle Beteiligten eine Win-win-Situation.«

Twittern für den Kundendienst

Egal, ob Sie sich in sozialen Medien engagieren oder nicht, es wird über Sie diskutiert. Gerade bei Twitter ist das ein klarer Fall: Besonders, wenn Sie zu einem etablierten Unternehmen gehören, fördert eine Twitter-Suche wahrscheinlich Hunderte, wenn nicht Tausende von Resultaten zutage. So bekommen Sie unmittelbar Feedback von Ihren Kunden und können genau herausfinden, was diese über Ihre Service- oder Produktangebote denken.

@Telekom_hilft

Die Deutsche Telekom twittert seit Frühjahr 2010 mit einem reinen Kundendienstkanal – und hat sich seitdem mehr als 32.000 Follower aufgebaut. Ein Team von 15 Mitarbeiterinnen und Mitarbeitern stellt einen beispielhaften Kundendienst auf die Beine: An sieben Tagen der Woche kümmern sie sich um die Twitter- und Facebook-Anfragen der (manchmal auch nur potenziellen) Telekom-Kunden. Sie helfen bei Netzstörungen und informieren darüber, wann das neue iPad erhältlich sein wird oder wo sich der nächste WIFI-Hotspot befindet – und das sehr zügig und auf eine lockere, freundliche Art.

Die Auswahl der Netzwerke folgte dabei der simplen Prämisse »Folge der Masse!«, wie uns Gunter Fritsche, Leiter »Internet Vertrieb & Service« der Telekom Deutschland GmbH in einem Interview verriet: »Da, wo unsere Kunden sind, wollen wir als Telekom auch mit unserem Kundenservice im Social Web verfügbar sein. Dort wollen wir unsere Kunden abholen, um sie an die Kundenservice-Angebote der Telekom heranzuführen.«

So sorgte das Engagement der Telekom_hilft-Kundenberater nicht nur für viele zufriedene Kunden sowie Erwähnungen in Blogartikeln und traditionellen Medien, sondern veranlasste andere Unternehmen dazu, diesem Beispiel zu folgen. Wir haben Oliver Nissen, Leiter Social Media & Service bei der Telekom Deutschland Kundenservice GmbH zur praktischen Umsetzung von @telekom_hilft befragt.

»Topfit im Kundenservice«

Oliver Nissen im Gespräch über *@Telekom_hilft*.

Abbildung 6-6 ▶
Oliver Nissen, Leiter Social Media & Service bei der Telekom Deutschland

Wie haben Sie Ihre Twitter-Kundenberater ausgewählt, welche Eigenschaften müssen sie mitbringen?

In erster Linie müssen die Berater topfit im Kundenservice sein und eine hohe Lösungskompetenz und Freude am Dialog mitbringen, so dass Kundenanliegen schnell und ohne große Umwege abschließend bearbeitet werden können. Darüber hinaus gibt es allgemeine Einführungen in Social Media, Trainings für den Umgang mit Tools (im Einsatz: das Dashboard B.I.G[6].) sowie einen Testbetrieb, um den realen Betrieb zu simulieren.

Sie kennzeichnen die Tweets mit den Kürzeln der Mitarbeiter, außerdem kann man auf der Twitter-Seite ihre Fotos und Namen ansehen – eine Transparenz, wie sie bei Callcentern geradezu undenkbar ist. Wie sind Ihre Erfahrungen?

Die Erfahrungen sind sehr gut, die Kunden wissen die Transparenz und Authentizität sehr zu schätzen. Außerdem haben Kunden feste Ansprechpartner, um Nachfragen stellen zu können. Und die Team-Mitglieder haben absolut keine Bauchschmerzen damit – ebenso wenig der Betriebsrat und die Personalabteilung trotz anfänglicher Bedenken.

Bearbeitet Ihr die Team nur direkte Anfragen, oder werden Kunden, die im Social Web ihre Unzufriedenheit äußern, auch aktiv angesprochen?

Auf Twitter werden Kunden auch aktiv angesprochen, dies ist als »aktiver Dialog« in der Ablaufbeschreibung fest verankert. Es sollte aber als Anlass ein Service-Fall erkennbar sein, bei dem Unterstützung etwas bringt; ein simples »Bashing« wird bisher eher ignoriert. Die Grenzen sind dabei natürlich fließend, denn ein beispielsweise mehrstündiger Internetausfall ist nicht immer die ideale Grundlage für wohlformulierte Sachlichkeit. Daher entscheidet in letzter Instanz das persönliche Ermessen unserer Kundenberater, auch auf ein einfaches »Scheiß Telekom« mit einer Einladung zum Dialog zu reagieren.

Auf Facebook wird in der Regel aktive Hilfe eher zurückhaltend angeboten, denn wir möchten nicht, dass diese unerwartete Ansprache von Kunden als ein Eindringen in die Privatsphäre wahrgenommen wird.

Recherchieren Sie diese Kunden durch automatisierte Suchanfragen und wenn ja, welche Tools setzen Sie ein?

Bislang verwenden wir die B.I.G.-Stichwortsuche. Wichtiger als alle Tools sind oft die vielen Kolleginnen und Kollegen im Unternehmen, die schnell mitbekommen, ob irgendwo etwas nicht in Ord-

---

6 http://www.big-social-media.de/

Abbildung 6-7 ▼
Vorbildliche Transparenz: Alle KundenberaterInnen von @Telekom_hilft sind mit Namen, Kürzel und Foto unter http://www.telekom-hilft.de/team abrufbar.

nung ist, und dann einen Hinweis an das Social-Media-Team schicken. Das ist unser »lebendes Monitoring-System«.

Zudem hat die Telekom vor einigen Monaten ein Social Media Center ins Leben gerufen, um ein regelmäßiges Monitoring durchführen zu können.

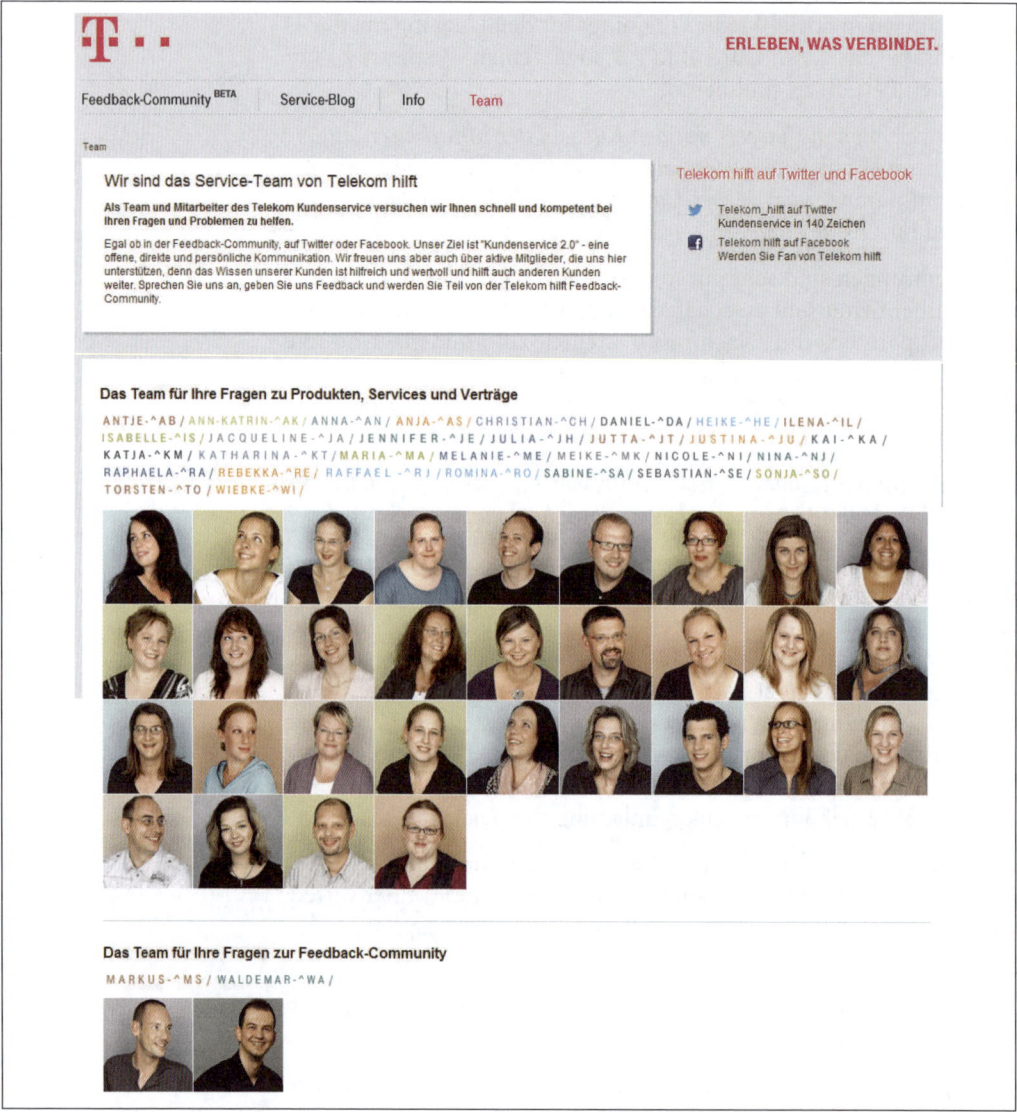

Sind die Teammitglieder autark in ihren Antworten oder müssen die Tweets erst im Team »abgesegnet« werden?

Die Team-Mitglieder sind autark, außer es ist ein potenzieller Krisenfall zum Beispiel durch ein Shitstorm-Risiko erkennbar. Außerdem sollte im Regelgeschäft ein Vieraugenprinzip zur Qualitätssicherung beachtet werden. In Zweifelsfällen sind die Teamleiter zu konsultieren.

Wie ist geregelt, wer welche Tweets beantwortet? Gibt es eine Art Ticketing-Software, die Ihnen die Zuteilung der Anfragen auf die Mitarbeiter erleichtert – insbesondere auch in Zeiten großen Ansturms?

B.I.G. Connect wird als Workflow-Management-Tool verwendet. Es gibt die Rolle des »Sichters«, der eingehende Anfragen sichtet, bewertet und dann an die »Bearbeiter« zuweist. In Zeiten großen Ansturms können die »Warteschleifen« auch im Social Web länger werden.

Aber der große Vorteil gegenüber der Individualkommunikation per Telefon ist, dass die Antworten auf sich wiederholende Fragen proaktiv kommunizierbar sind: per Tweet, Facebook-Post oder durch einen Blogartikel. So erhalten viele Kunden zeitnah Informationen, die sonst viele Tausende am Telefon jedes Mal wieder einzeln erfragen müssten.

Herr Nissen, wir danken für den Einblick!

Wie gut das @telekom_hilft-Team die Twitter-Sphäre tatsächlich kennt, zeigte sich im Sommer 2013. Die Telekom erreichte eine recht rüde Beschwerde, nachdem ein Kunde per SMS über die Überschreitung seines Datenvolumens informiert wurde:

◄ **Abbildung 6-8**
Mit Anfragen dieses Stils müssen Kundendienstmitarbeiter zurechtkommen ...

Anna von @telekom_hilft jedoch kannte offensichtlich den Absender @Griesgraemer und wusste von seinem provokanten, pöbeligen Sprachstil. Sie twitterte ungerührt zurück:

Abbildung 6-9 ▶
... wie sie zielgruppengerecht reagieren, macht die wirkliche Qualität aus.

Daraufhin entspann sich ein unterhaltsamer Dialog, bei dem die Telekom alles andere als alt aussah.[7] Binnen kurzer Zeit gingen die getauschten Tweets durch das gesamte deutschsprachige Social Web. Für die Telekom, die zu dieser Zeit durch die Bekanntgabe der geplanten Netzdrosselung (»Drosselkom«) einige schlechte PR hinter sich hatte, war dies eine willkommene Abwechslung.

Abbildung 6-10 ▶
Anna vom Telekom_hilft-Team jedenfalls war sehr gut über @Griesgraemer informiert.

Hier zeigt sich also deutlich, wie wichtig es für Unternehmen ist, die Twitter-Sphäre mit ihren Besonderheiten und auch einigen Twitterern zu kennen. Auch andere Unternehmen nutzten die Aufmerksamkeit, so bot etwa die Drogerie Rossmann via Twitter Baldrianpillen an.

@DB_Bahn

Auch die Deutsche Bahn nutzt Twitter (und Facebook) seit Längerem sehr erfolgreich (siehe Abbildung 6-6). Zwölf »Social Media

---

7 Den vollständigen Dialog inklusive Erläuterungen können Sie hier nachlesen: http://addliss.net/2013/06/22/telekom-hilft-dem-griesgraemer-fast/

Agents« antworten in drei Schichten zwischen 5.30 und 22.30 Uhr auf Anfragen aller Art, machen aber auch Produktwerbung und geben Reisetipps.

◀ **Abbildung 6-11**
Auch bei der @DB_Bahn gibt es was zu lachen: Dann nämlich, wenn der Lokführer mit im Spiel ist.

Die öffentliche Wahrnehmung des Twitter-Engagements ist positiv: Mehr als 37.000 Menschen folgen *@DB_Bahn*. Und nicht wenige ratsuchende Onliner auf Reisen werden wohl erst einen Tweet absetzen, bevor sie einen Zugbegleiter suchen.

Nichtsdestotrotz: Ein reiner Kundendienstkanal lohnt sich sicherlich nur für große Unternehmen mit zahlreichen Einzelkunden.

Tipp	Ausführliche Strategien und Hinweise zu Customer Care und Dialogmarketing bei Twitter und Facebook finden Sie auch im O'Reilly-Buch *Kundenservice im Social Web*. In diesem Buch fasst Andreas H. Bock sein Know-how zusammen, das er unter anderem beim Aufbau von Telekom_hilft gesammelt hat.

Kundenakquise mit Twitter

Mit Twitter kann man also den Umsatz steigern, Kunden bei Problemen helfen und die Bekanntheit der Marke erhöhen. Aber kann Ihnen Twitter auch dabei helfen, neue Kunden zu gewinnen?

Die Verizon-Story

Julio Ojeda-Zapata schreibt im Touchbase-Blog[8] über ein interessantes Akquise-Szenario, in dem ein Kunde von zwei konkurrierenden Unternehmen umworben wurde. In diesem konkreten Fall war ein Arzt verärgert über einen arroganten Mitarbeiter des technischen Kundendienstes von Verizon und machte bei Twitter seiner Enttäuschung Luft. Sofort kam ihm ein Vertreter von Verizon zur Hilfe.

Doch Verizon war nicht das einzige Unternehmen, das die Enttäuschung von Dr. Gary Kerkvliet bemerkt hatte. Frank Eliason von Comcast hatte ebenfalls nicht geschlafen. Zuerst wollte Eliason dem Arzt nur bei der Lösung seiner Verkabelungsprobleme helfen, indem er technischen Rat anbot, doch als sich herausstellte, dass Kerkvliet gar nicht daran interessiert war, bei Verizon zu bleiben, sprang ihm Eliason zur Seite und half der Familie, innerhalb nur eines Wochenendes zu Comcast zu wechseln.

Doch auch Verizons Engagement bei Twitter war nicht umsonst, denn Dr. Kerkvliet wurde zum Fürsprecher beider Firmen. Er hat auch über Verizon nichts Nachteiliges mehr zu sagen, sondern betont sogar, dass jeder, der Probleme mit dem Kundendienst hat, nur einen Tweet zu senden brauche, damit die Firmen ihm zuhören.[9]

Wie lassen sich Kunden über Twitter akquirieren? Ganz einfach: Indem Sie Ihre Wettbewerber und Ihre Branche als Suchbegriffe einrichten und dann, wenn es Ihnen richtig erscheint, in die Diskussion einsteigen. Versuchen Sie nicht gleich als Erstes, offen etwas zu verkaufen, da das den potenziellen Kunden abschrecken könnte. Seien Sie authentisch und bieten Sie zuerst Ihre Hilfe an.

 Tipp Hashtag-Aktionen können eine spielerische Option sein, um auf sich aufmerksam zu machen. Regelmäßig geistern Memes wie z.B. #Informatikfilme durch das Social Web. Wenn Sie davon mitbekommen und einen witzigen Beitrag liefern können: Nur zu! Und warum sollten Sie nicht auch mal selbst ein Hashtag-Spiel starten? Der O'Reilly Verlag forderte seine Follower beispielsweise mit #musikfuergeeks heraus, Musikalben in IT-Sprache zu übertragen. Während der Laufzeit des Spiels erzielte man Dutzende von Retweets und gewann eine Vielzahl neuer Follower.

---

8 http://www.pistachioconsulting.com/twitter-competition-verizon-comcast
9 http://www.twitter.com/gkerkvli/statuses/1055609599

Sofortiges Feedback bekommen

Sobald Sie eine aktive, treue Fangemeinde bei Twitter gewonnen haben, zeigt sich einer der größten Vorteile dieses Dienstes: dass man schnell Antworten bekommt. Wenn Sie Ihre Follower zu ihren Bedürfnissen und Wünschen befragen, werden Sie in der Regel zügig Rückmeldungen bekommen. Die Menschen teilen ihre Gedanken mit oder können Ihnen zumindest in dringenden Angelegenheiten wichtige Hinweise geben. Ist dieses Farbschema gut? Was denkt ihr über unser neues Produkt? Diese Informationen können Ihnen wertvolle Einblicke bieten und Anregungen für künftige interne oder externe Projekte geben.

Twitter als offizieller Kommunikationskanal

Natürlich können Sie Neuigkeiten auch auf Ihrer Website bekanntgeben, aber wenn niemand die Website kennt, wird Ihre Botschaft auch niemanden erreichen.

Nach Terrorangriffen im Gazastreifen beschloss das israelische Konsulat in New York, mithilfe von Twitter eine »Bürger«-Pressekonferenz abzuhalten. Zwei Stunden lang nahm das Konsulat Fragen entgegen, die mit *#AskIsrael* gekennzeichnet waren, und antwortete, wie das Land die Terrorgefahr einschätze.

Die Pressekonferenz war ein unglaublicher Erfolg: In kürzester Zeit gingen mehr als 750 Fragen beim israelischen Konsulat ein, das schließlich von zusätzlichen Mitarbeitern unterstützt werden musste, um alles zügig zu beantworten. Man nutzte Twitter, weil sich damit eine gewaltige Reichweite und Öffentlichkeit herstellen lässt. Die Zahlen sprachen dafür: 24 Stunden, nachdem der Twitter-Account des israelischen Konsulats an den Start gegangen war (*http://www.twitter.com/israelconsulate*), hatte er bereits mehr als 2.000 Follower. Hier haben wir also ein Beispiel dafür, dass Twitter insbesondere in Krisenfällen nützlich sein kann. Und das gilt natürlich auch für Unternehmen: Ein Bergbauunternehmen, das nach einem schweren Arbeitsunfall die Familien und Freunde der Mitarbeiter sowie Anwohner und Journalisten über die Suche nach Verletzten informieren muss, könnte dies auch über Twitter tun. Ein Kraftwerk, bei dem aufgrund eines Defekts giftige Gase austreten, könnte Nachbarn und die breite Öffentlichkeit auch über Twitter warnen und für Fragen und Sorgen zur Verfügung stehen.

Als im Frühjahr 2014 in der Nähe von Köln Chlorgas aus einem Chemiewerk austrat, wusste die Bevölkerung anfangs nur durch Sirenenalarm von einer Gefahr. Die genauen Informationen wurden durch das Radio verteilt, unglücklicherweise war die Frequenz bzw. der Sender vielen Menschen unbekannt. So begannen die Bürger zwischen Köln und Bonn, über die sozialen Netzwerke, vor allem Facebook und Twitter, Hinweise und Warnungen auszutauschen. Eine offizielle Meldung via Twitter oder gar ein offzieller (und als solcher auch erkennbarer) Twitter-Kanal hätte den Unsicherheiten der Bevölkerung früher entgegenwirken können. Auch Falschmeldungen kann ein Unternehmen so vorbeugen.

Eine Marke etablieren

Als aktive soziale Plattform ist Twitter ein großartiges Mittel, um Ihre persönliche Marke aufzubauen. Je regelmäßiger und interessanter Ihre Tweets sind, desto wahrscheinlicher ist es, dass Sie als führender Kopf in Ihrer Branche wahrgenommen werden.

Sehr gut gelungen ist das der Augsburgerin Sina Trinkwalder. Im April 2010 gründete sie ihr eigenes Kleidungslabel *Manomama*. Dessen Alleinstellungsmerkmal: Es werden ausschließlich natürliche Materialien verarbeitet und alle Stoffe sind aus kontrolliert biologischem Anbau und, so weit es möglich ist, auch aus der Region des Unternehmens. Genäht wird nur in Augsburg und Umgebung, wo der Firmensitz von Manomama liegt. Außerdem legt Sina Trinkwalder großen Wert auf faire Bezahlung ihrer Lieferanten und Mitarbeiter.

Der Unternehmensgegenstand ist innovativ und außergewöhnlich, aber wie schafft es ein Startup, sich in einer bestehenden Branche wie der Bekleidungsindustrie überhaupt bemerkbar zu machen? Sina Trinkwalder eroberte sich ihren Teil vom Kuchen auch, indem sie von Anfang an auf das Social Web setzte: Per Twitter und Facebook begleitet sie ihren Firmenalltag, berichtet von den Schwierigkeiten genauso authentisch wie von Erfolgserlebnissen und bittet ihre Follower um Feedback und Rat.

Stück für Stück verbreitete sich dabei der Name Manomama mitsamt der Prinzipien und Produkte dahinter. Sina Trinkwalder erhielt Auszeichnungen, darunter den *e-Star Online-Entrepreneur 2011 Award*, der sie für ihr Engagement im Social Web ehrt.

Markenbekanntheit und Reichweite steigern

Einen Mehrwert schaffen, sich in der Community engagieren – und Spaß dabei haben: Die folgenden Unternehmensbeispiele zeigen, wie sich über offene Kommunikation Bekanntheit und Image fördern lassen.

RWE: Die Menschen hinter einem Unternehmen

Der Essener RWE-Konzern nutzt Twitter nicht nur mit seinem fast schon obligatorischen Unternehmensaccount @rwe_ag, sondern stellt gleich alle 70.000 Mitarbeiter in den Blickpunkt. Dazu gründete man den Rotation-Curation-Account @we_are_rwe: Einen Twitter-Kanal, der jede Woche von einem anderen Mitarbeiter gepflegt wird.

Definition	Rotation-Curation-Projekte gibt es viele: Üblicherweise nutzen Städte, Regionen und Länder dieses Modell, um einen persönlichen Einblick in das Leben einzelner Twitterer ihres Umkreises zu geben. Die Initiatoren von Rotation-Curation-Accounts sind Tourismusbüros, Stadtmarketing-Ämter oder auch Privatpersonen. In der Regel wird wöchentlich zu einem festen Termin getauscht. Folgenswerte RoCur-Accounts sind beispielsweise @I_amGermany, @ichbinBW (für Baden-Württemberg) oder auch @wirlebenAC (für Aachen). International spannend sind z.B. @WeAreAustralia, @I_am_Europe und @TWkNYC (für New York). [10]

Der Einsatz eines #RoCur-Accounts im Unternehmen ist doppelt spannend, da man hier die Kontrolle über die interne und externe Kommunikation abgibt – naturgemäß auch an KollegInnen, die keine PR-Ausbildung haben. Stefan Balázs, der Manager für Interne und Online-Kommunikation beim RWE-Konzern, sprach mit uns über die Hintergründe zu @we_are_rwe.

»Ganz normale Menschen wie du und ich«

Herr Balázs, die meisten PR-Chefs wollen die Botschaften eines Unternehmens nach außen und innen kontrollieren. Was brachte Sie auf den Gedanken, Ihren Kollegen stattdessen einen »offenen Kanal« zu übergeben?

Über unser Social-Media-Management-Tool behalten wir immer eine Hand virtuell an diesem Kanal. Auch die Planung und Reihenfolge der Vergabe der »Curatoren« obliegt weiterhin der Konzernkommunikation. In ihrer jeweiligen Woche haben die Teilnehmerinnen und Teilnehmer aber ein Höchstmaß an inhaltlicher Gestaltungsfreiheit, weil wir glauben, dass die Mitarbeiterinnen und Mitarbeiter am besten wissen, wie es im Betrieb so läuft, und dadurch einen offenen, menschlichen und authentischen Blick von außen auf das Unternehmen ermöglichen.

---

10 Eine Liste verschiedener #RoCur-Kanäle finden Sie unter *http://en.wikipedia.org/wiki/Rotation_Curation*.

Abbildung 6-12 ▶
Stefan Balázs kennt die Twitter-Sphäre auch, weil er selbst aktiv unter @netzwege twittert.

Welche Ziele verfolgt RWE primär mit dem Kanal?

Wir möchten nicht als intransparenter Energiekonzern wahrgenommen werden, sondern der Öffentlichkeit zeigen, dass bei uns knapp 66000 Kolleginnen und Kollegen an Fragen der Energiewende arbeiten – ganz normale Menschen wie du und ich. Ein Ziel hat sich erst im Projektverlauf ergeben: Mit @we_are_rwe platzieren wir die Diskussion über Sinn und Zweck von Social Media mitten im Unternehmen. Seit wir den Kanal gestartet haben, hat das Thema digitaler Dialog auch intern eine höhere Sichtbarkeit und Bedeutung bekommen.

Wie wurde die Idee sowohl im Management als auch bei allen Angestellten aufgenommen? Wie muss ein Unternehmen bzw. auch eine PR-Abteilung aufgestellt sein, um ein RoCur-Projekt zu stemmen?

Wir haben uns von den Erfahrungen bei Vodafone Deutschland berichten lassen. Erst waren alle spontan begeistert, dann kamen die ersten Fragen auf. Wir haben die Gunst der Stunde genutzt und sind direkt gestartet – mit der Gewissheit, die offenen Fragen auf dem Weg klären zu können.

Der Wunsch nach Regeln für die Teilnehmerinnen und Teilnehmer kam in erster Linie aus den Betriebsräten. Man wollte ausschließen, dass öffentliche Äußerungen von Mitarbeitern Grundlage für Abmahnungen werden könnten. So haben wir gemeinsam »Nutzungsbedingungen« erarbeitet, bei deren Einhaltung die Unternehmensseite eine »Folgenlosigkeit« garantiert. Da wir im Team der Onlinekommunikation nachhaltig Erfahrung in Twitter gesammelt haben, war uns klar, dass wir die Mechanik des Kanals gut beherrschen könnten. Und das Schöne an Twitter ist, dass man die Benutzung auch Twitter-Novizen in zehn Minuten erklärt hat.

Wie viele Bewerber gab es bereits, und aus welchen Abteilungen kamen diese? Hatten sie schon Twitter-Erfahrung?

Die Bewerbungen kommen in Wellen. Wenn wir das Thema prominenter im Intranet oder der Mitarbeiterzeitung platzieren, kommt immer ein Schwung von Bewerbungen rein. Es gab aber auch Phasen, in denen wir aktiv auf mögliche Kandidatinnen und Kandidaten zugehen mussten, damit die Kette nicht abreißt. Die Teilnehmerinnen und Teilnehmer kommen aus allen RWE Gesellschaften und allen Abteilungen mit unterschiedlichsten Twitter- oder Social-Media-Erfahrungen. Anfänglich waren mehr Kommunikations- und Marketingkolleginnen und -kollegen dabei, aber inzwischen mischt es recht bunt.

Wie briefen Sie die Twitter-Paten? Gibt es Vorgaben oder Empfehlungen bezüglich des Inhaltes oder der Sprache der Tweets?

Die Sprache des Kanals ist Englisch, da wir von vornherein international gestartet sind. Tonalität und Inhalt bestimmen die Twitterer. Alle nicht leitenden Angestellten aus Deutschland müssen die »Nutzungsbedingungen« akzeptieren. Diese sind aber eher eine Art Leitlinie oder Hilfestellung, in der ganz banale Dinge wie der Verweis auf Betriebsgeheimnisse festgehalten sind, was aber auch bereits arbeitsvertraglich geregelt ist. Wir erklären aber auch den Umgang mit Urheberrechten und bzgl. der Verwendung von Bildern.

Wie begleiten Sie die Twitterer während der Woche? Gibt es während der Laufzeit feste Termine für Feedbackgespräche, eine Telefonnummer für den Notfall oder Ähnliches?

Wir haben das organisatorisch nicht überformen wollen. Wer eine Einweisung oder Feedback wünscht, spricht uns an. Die Teilnehmerinnen und Teilnehmer haben vor dem Start persönlichen Kontakt mit jemanden aus dem Team der Onlinekommunikation – meistens mit mir. Da wird recht schnell klar, wie viel Begleitung gewünscht wird oder notwendig ist. Meine Kontaktdaten dienen auch für »Notfälle«.

@We_are_RWE gibt es jetzt seit April 2013 – das macht nach unserer Rechnung bereits knapp 60 Twitter-Paten. Wie schaffen Sie es, sowohl Mitarbeiter als auch Follower für den Twitter-Kanal zu begeistern? Ist das Projekt zeitlich begrenzt?

Wir verschaffen kleineren Projekten und Initiativen durch die Teilnahme intern sowie extern für eine Woche eine höhere Sichtbarkeit. Deswegen schauen wir manchmal auch in den Terminkalender und sprechen Abteilungen dann konkret an: »He, ihr seid doch da auf einer Messe – wollt ihr in dieser Woche nicht auch twittern?« Dann ist die Begeisterung recht schnell da. Wir sind zeitlich unbegrenzt gestartet – aber zwei Jahre würde ich gerne mindestens durchhalten wollen.

Zum Abschluss: Welchen Unternehmen würden Sie einen RoCur-Account ans Herz legen?

Ich denke, jedes Unternehmen oder jede Organisation muss für ein solches Projekt seinen eigenen Dreh finden. Pauschale Gebrauchsanweisungen und Empfehlungen kann es nicht geben. Selbst kleine Organisationen können Rotationsprojekte machen, in dem man z.B. seine Kunden als Fans und Markenbotschafter mit einbezieht. Oder Schachfreunde aus aller Welt reichen sich einen Twitter-Account wöchentlich weiter – es braucht in erster Linie Personen, die diese Idee begeistert treiben wollen. Der Rest findet sich.

Herr Balázs, wir danken Ihnen sehr für den Einblick.

Abbildung 6-13 ▶
Rund 15.000 Follower verzeichnet Sina Trinkwalder mit @manomama.

Ein Netzwerk von Gleichgesinnten

Weiter vorn in diesem Kapitel haben wir untersucht, wie man mit Twitters Suchwerkzeug Follower findet. Auf dieselbe Weise können Sie ein Netzwerk mit Leuten aufbauen, die ähnliche geschäftliche Interessen haben wie Sie. Richten Sie einfach Suchbegriffe zu Ihren Interessengebieten ein (zum Beispiel Suchmaschinenoptimierung, Kleinunternehmen, IT, Grafikdesign oder Kombinationen aus verschiedenen Begriffen) und verfolgen Sie selbst Teilnehmer, die Tweets mit für Sie interessanten Inhalten veröffentlichen. Sie müssen nicht unbedingt intensiv nach anderen Nutzern forschen: Die suchen vielleicht auch nach Ihnen. Sorgen Sie nur dafür, dass Ihr Twitter-Stream aussagekräftig und interessant bleibt, damit die anderen Nutzer genau wissen, mit wem sie da Kontakt aufnehmen.

▼ **Abbildung 6-14**
Was wird gerade gesprochen – zur CeBIT und von Menschen in meiner Umgebung? Die erweiterte Suche spuckt's aus. Twitter kann Suchläufe auch abspeichern, so dass Sie jederzeit darauf zurückgreifen können.

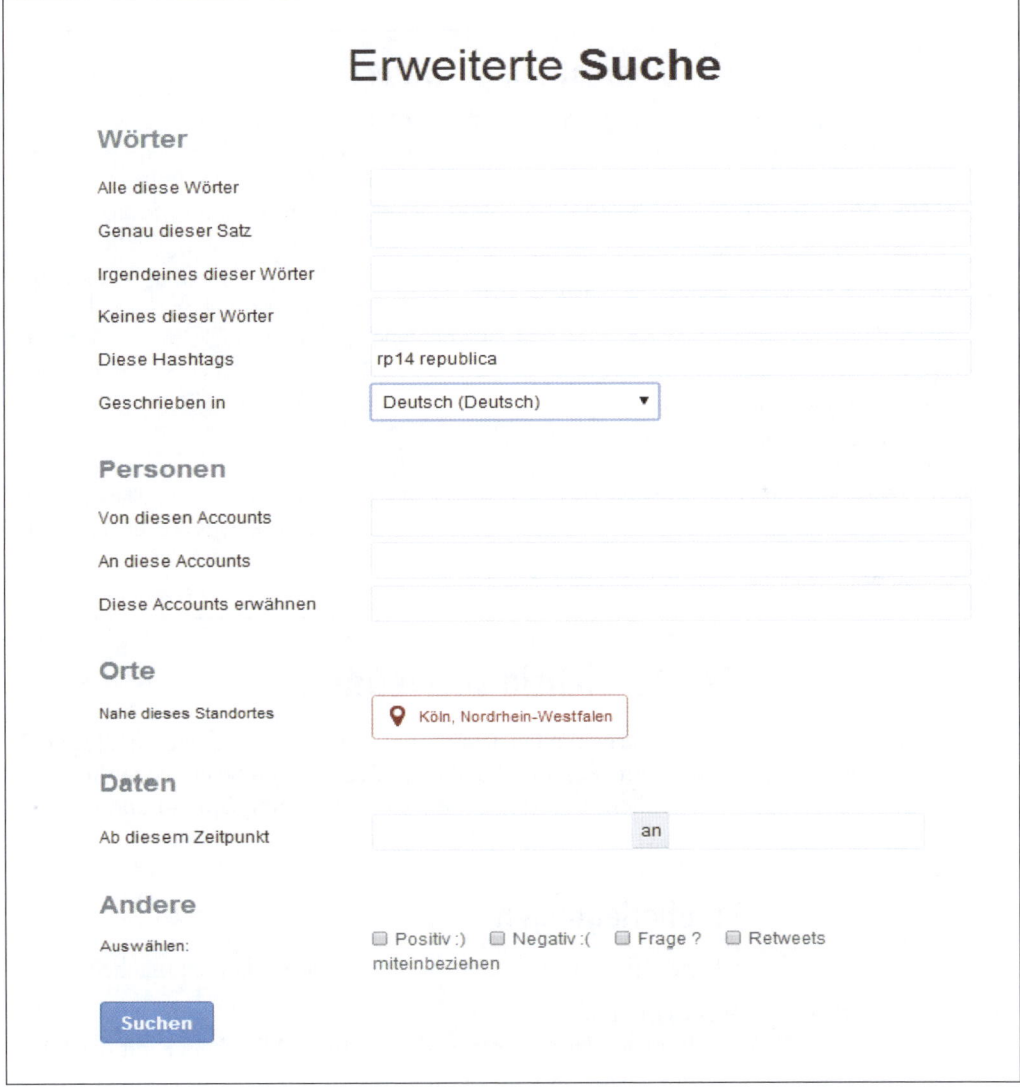

Geschäftliche Ziele mit Twitter verfolgen

Jobsuche, Eventorganisation, mehr Traffic und, und, und ...

Sobald Sie Ihre persönliche Marke aufgebaut haben und erfolgreich bei Twitter Networking betreiben, können Sie dort zum Beispiel auch über neue Karrierechancen informieren oder Events über Twitter organisieren. Und ein Argument für Twitter im Unternehmenseinsatz gilt immer: Wenn Sie spannende Inhalte auf Ihren Websites haben, können Sie diese regelmäßig weiterverteilen. Und umgekehrt werden sich die Zugriffe auf Ihre Seite natürlich erhöhen.

Alternativen zu Twitter

Im Zuge von Twitters Triumphzug sind etliche mehr oder weniger erfolgreiche Klone entstanden. *Yammer* (*https://www.yammer.com/*) beispielsweise ist ein auf Unternehmen ausgerichteter Dienst. Nach Registrierung mit Ihrer Firmen-E-Mail-Adresse können Sie mit Kollegen in einem privaten Raum kommunizieren, der nur Mitarbeitern Ihres Unternehmens zugänglich ist.

Identi.ca (*http://identi.ca/*) basiert auf der freien Software StatusNet und ist insbesondere in der IT-Branche bekannt. Identi.ca-Nutzer können dank dem freien *OStatus*-Protokoll auch parallel auf anderen Microblogging-Sites wie Twitter posten. Zusätzlich können Gruppen gegründet werden. Ein dem Posting vorangestelltes »!« plus Gruppenname verteilt die Nachricht automatisch an alle Mitglieder.

Mit Unterstützung Ihrer IT-Abteilung können Sie auch Ihren eigenen Microblogging-Dienst auf Ihren Servern installieren. Die Software *StatusNet* steht dafür unter einer Open Source-Lizenz kostenfrei zur Verfügung (*http://status.net/*).

Etwas jünger ist App.net (*https://alpha.app.net/*) – und auch hier ist die Microblogging-Funktionalität nur eine von vielen Möglichkeiten. App.net hat sich nicht besonders durchgesetzt, ist aber bei Early Adopters der IT- und Kommunikationsbranche bekannt.

Die Möglichkeit, kurze Statusmeldungen zu veröffentlichen, gibt es außerdem in fast allen sozialen Netzwerken wie Google Plus, Facebook oder XING.

Twitter richtig verwenden

Im Grunde gelten bei Twitter die gleichen Regeln wie für alle Social-Media-Kanäle – und die oberste Regel lautet: Seien Sie authentisch. Twitter dient in erster Linie dazu, mit seinen Kunden und Partnern auf Augenhöhe zu kommunizieren.

Vorüberlegungen

Über einige Fragen sollten Sie sich vorab Gedanken machen:

Wer twittert mit?
   In vielen Unternehmen sind mehrere Mitarbeiter mit der Pflege des Twitter-Kanals betraut. Damit Ihre Follower immer wissen,

mit wem sie reden, haben sich Kürzel etabliert, mit denen jeder Tweet markiert wird, z.B. ^lm oder /lm für Lieschen Müller – auf der Profilseite kann der Kunde dann nachsehen, wer sich genau hinter dem Kürzel verbirgt. Wenn Sie allein twittern, genügt die Namensnennung auch in der Kurzbeschreibung.

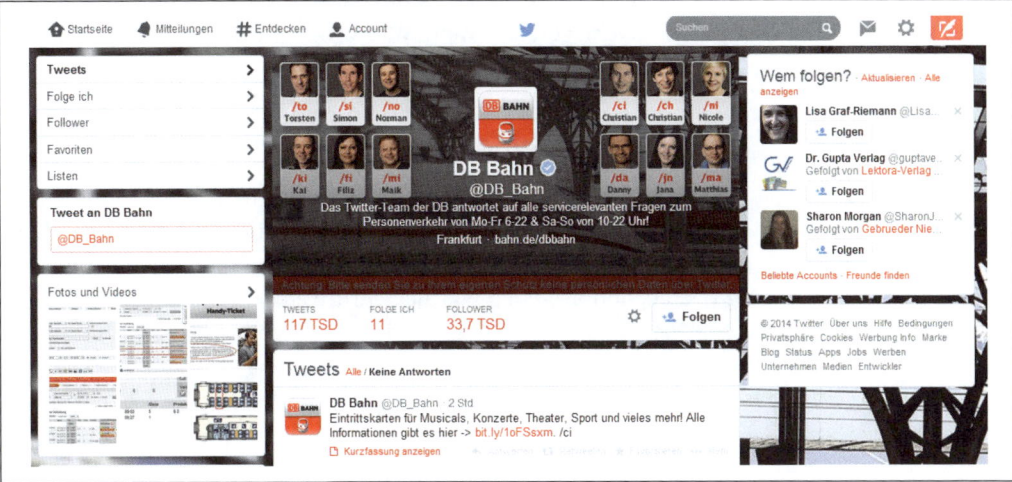

▲ Abbildung 6-15
Wer steckt hinter dem Twitter-Kanal? @db_bahn schlüsselt es auf.

Inhalte, Anrede und sprachlichen Stil festlegen

In jedem Fall sollten Sie sich genau beraten, wie Sie als Unternehmen in Twitter auftreten möchten: Wollen Sie Ihre Follower duzen? Möchten Sie aktuelle Nachrichten aus der Branche anbieten oder vielleicht einen reinen Kundendienst? In welchem sprachlichen Stil soll getwittert werden? (Tipp: Beachten Sie dazu ganz besonders die typischen Kürzel und Emoticons, die auf Twitter gebraucht werden.) Ab wann werden Vorgänge privat, schon aus datenschutzrechtlichen Gründen? Welche Inhalte und Themen werden per Twitter (nicht) besprochen? In den meisten Unternehmen gilt übrigens die schlichte Regel »Be smart«, andere verfügen über ein ganzes Regelwerk.

Brauchen Sie offizielle Geschäftszeiten?

Wenn Sie einen reinen Kundendienstkanal eingerichtet haben oder generell viele Anfragen per Twitter bekommen, ist es notwendig, mehrere Schichten einzurichten, um für die Kunden rund um die Uhr ansprechbar zu sein. Sie müssen natürlich selbst entscheiden, ob das für Ihre Branche sinnvoll ist und Ihre Kunden es überhaupt erwarten. Viele Unternehmen haben sich für feste Geschäftszeiten wie 8–20 Uhr entschieden und geben das auch auf Ihren Profilseiten bekannt.

Angestellte zu Fürsprechern machen

Wenn einzelne Mitarbeiter Ihres Unternehmens privat twittern, wird die Sache komplizierter, denn natürlich darf man das weder verbieten noch inhaltlich beeinflussen. Vielmehr gilt es, die eigenen Mitarbeiter zu Fürsprechern und Multiplikatoren zu machen. Hier ist es sinnvoll, die Initiative zu ergreifen, um die Sachlage zu klären: Wie wäre es beispielsweise mit einer Twitter-Schulung für Angestellte?

So richten Sie einen Firmenaccount ein

Der Einstieg in Twitter ist leicht: In wenigen Sekunden können Sie ein Benutzerkonto einrichten und danach ausgiebig gestalten. Twitter unterscheidet übrigens nicht zwischen Unternehmens- und Privataccounts. Gehen wir die Schritte einzeln durch:

E-Mail-Adresse

Wählen Sie zur Registrierung eine E-Mail-Adresse, auf die alle beteiligten Kollegen zugreifen können. Am besten lassen Sie sich einen Alias wie *twitter@unternehmenxy.de* einrichten, über den eintreffende Nachrichten dann automatisch an alle eingebundenen Personen verteilt werden. Vorteil: Diese Adresse wird auch abgerufen, wenn Sie gerade im Urlaub sind. Und Sie können sie an Ihre Follower weitergeben, um darüber längere Anliegen zu klären oder Gewinnspiele durchzuführen.

Profilnamen

Überlegen Sie sich einen leicht erkennbaren und einprägsamen Profilnamen.[11] Wenn Sie bereits auf anderen Kanälen im Social Web aktiv sind, übernehmen Sie diesen. Achten Sie darauf, dass der Profilname nicht zu lang wird: Jedes Zeichen vermindert die verfügbaren 140 Zeichen bei Replies und Retweets. Twitter lässt insgesamt 15 Zeichen zu, dabei sind auch Unterstriche erlaubt.

Bio

Wenn Sie sich erfolgreich registriert haben, widmen Sie sich den Feineinstellungen. Schreiben Sie zunächst eine Bio, also eine Kurzbeschreibung zu Ihrem Unternehmen und demjenigen, der twittert – keine leichte Aufgabe bei 160 verfügbaren Zeichen!

---

11 Es gibt die Option »Verifiziertes Konto«: Wenn Sie sich bei Twitter dieses Siegel besorgen, wissen Ihre Follower, dass hinter dem Avatar auch wirklich die genannte Firma steckt. Noch nutzen aber nur wenige Unternehmen diese Möglichkeit. Vor allem prominente Personen greifen darauf zurück, seitdem in einigen Fällen mit gefälschten Accounts Schindluder getrieben wurde.

▲ Abbildung 6-16
Die Registrierung ist denkbar einfach – danach beginnt die Feinarbeit.

Ihr Profilbild

Laden Sie ein Foto oder ein Logo hoch, das als Ihr Profilbild fungiert. Achten Sie darauf, dass dieses Bild auch auf Smartphones in winziger Auflösung noch gut erkennbar ist – zu viele Details sind kontraproduktiv. Twitter empfiehlt eine Größe von 400x400 Pixeln, akzeptierte Dateiformate sind JPG, PNG und GIF.

Ihr Header

Laden Sie eine Header-Grafik hoch. Nutzen Sie die Fläche oberhalb Ihrer Tweets für eine ausdrucksvolle Fotografie oder Grafik, die Ihr Unternehmen repräsentiert. Verzichten Sie möglichst auf Schrift, da diese in den unterschiedlichen Darstellungen auf Desktop-PCs, Tablets und Smartphones verdeckt oder überschrieben werden könnte. Achten Sie außerdem darauf, dass die untere linke Ecke keine wichtigen Details enthält, denn hier setzt Twitter automatisch Ihr Profilbild auf die Header-Grafik. Twitter empfiehlt für den Header eine Größe von 1500x500 Pixeln, akzeptierte Dateiformate sind JPG, PNG und GIF.

Richten Sie sich ein

Stellen Sie ein, bei welchen Ereignissen Twitter Sie per Mail informieren soll, hinterlegen Sie bestimmte Suchanfragen, die Sie regelmäßig durchführen möchten, und füttern Sie Ihr Profil weiter aus. So ist es beispielsweise auch möglich, einen wichtigen Tweet dauerhaft ganz oben im Twitter-Stream anzuheften. Füllen Sie persönliche Informationen wie Ort und Zeitzone auf.

Folgen und gefolgt werden

Dann können Sie anfangen, anderen zu folgen. Über den Menüpunkt *#Entdecke* finden Sie heraus, welche Ihrer Kontakte aus anderen Netzwerken und Mailaccounts bereits dabei sind (»Freunde finden«). Außerdem gibt es ein Verzeichnis, das empfehlenswerte Twitter-Kanäle nach Themengebieten sortiert auflistet (»Beliebte Accounts«). Sehr spannend ist der Punkt »Aktivität«, denn hier sehen Sie, auf welche Beiträge die Twitterer reagieren, denen Sie folgen.

Abbildung 6-17 ▼
Follow-Empfehlungen von Twitter: Abonnieren Sie ruhig großzügig, wofür Sie sich interessieren. Aus Unternehmensicht sind auch Geschäftspartner, Kunden und natürlich Wettbewerber folgenswert.

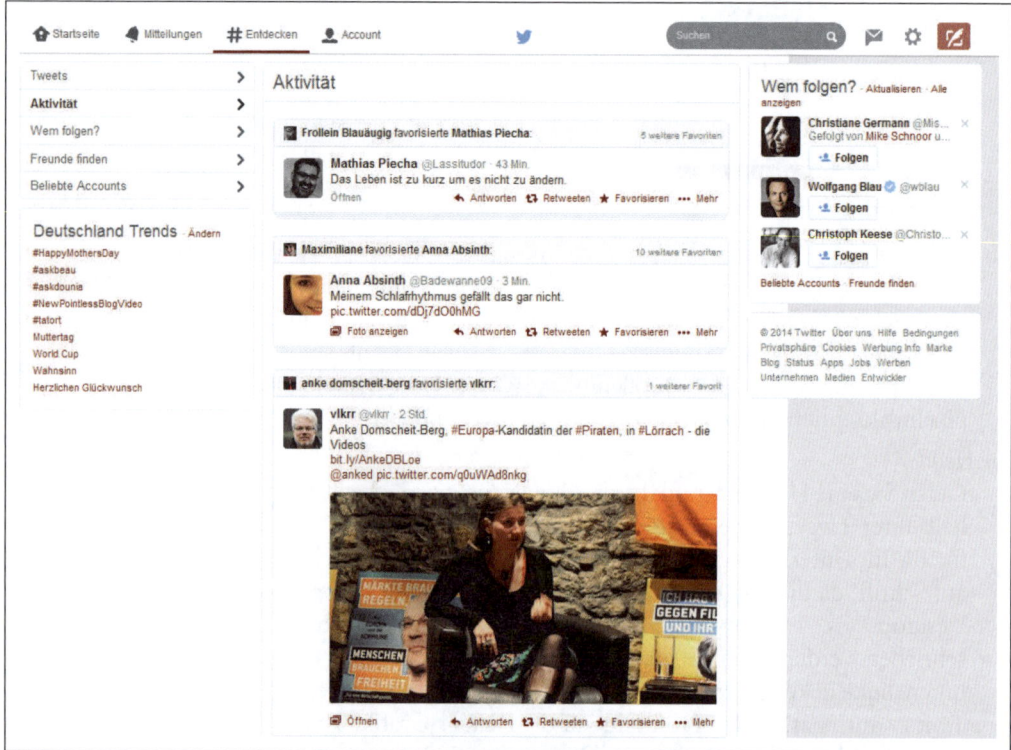

Je nach Ihren Vorlieben schlägt Twitter unter »Wem soll ich folgen?« auch passende Twitter-Kanäle vor. Oder Sie nähern sich einem Thema: So können Sie sich alle aktuellen Tweets zu einem bestimmten Ereignis ansehen oder die letzten Aktivitäten aller Twitter-User durchscrollen.

Natürlich können Sie auch Twitters Suchfunktion unter *http://search.twitter.com* verwenden. Geben Sie Suchbegriffe ein, die Sie interessieren, und folgen Sie den Nutzern, deren Aktivitäten Sie ansprechen. Wahrscheinlich werden Sie massenhaft Nutzer mit ähnlichen Hobbys und geschäftlichen Verbindungen finden. Sie sollten jede Verbindung nutzen, die Sie bekommen können, besonders wenn Sie gerade erst anfangen.

Bis Sie beginnen, Leuten zu folgen, ist Ihre Timeline – das Feld für eingehende Tweets – leer. Abbildung 6-18 zeigt, wie es aussieht, wenn Sie einigen Leuten folgen und dadurch Nachrichten empfangen.

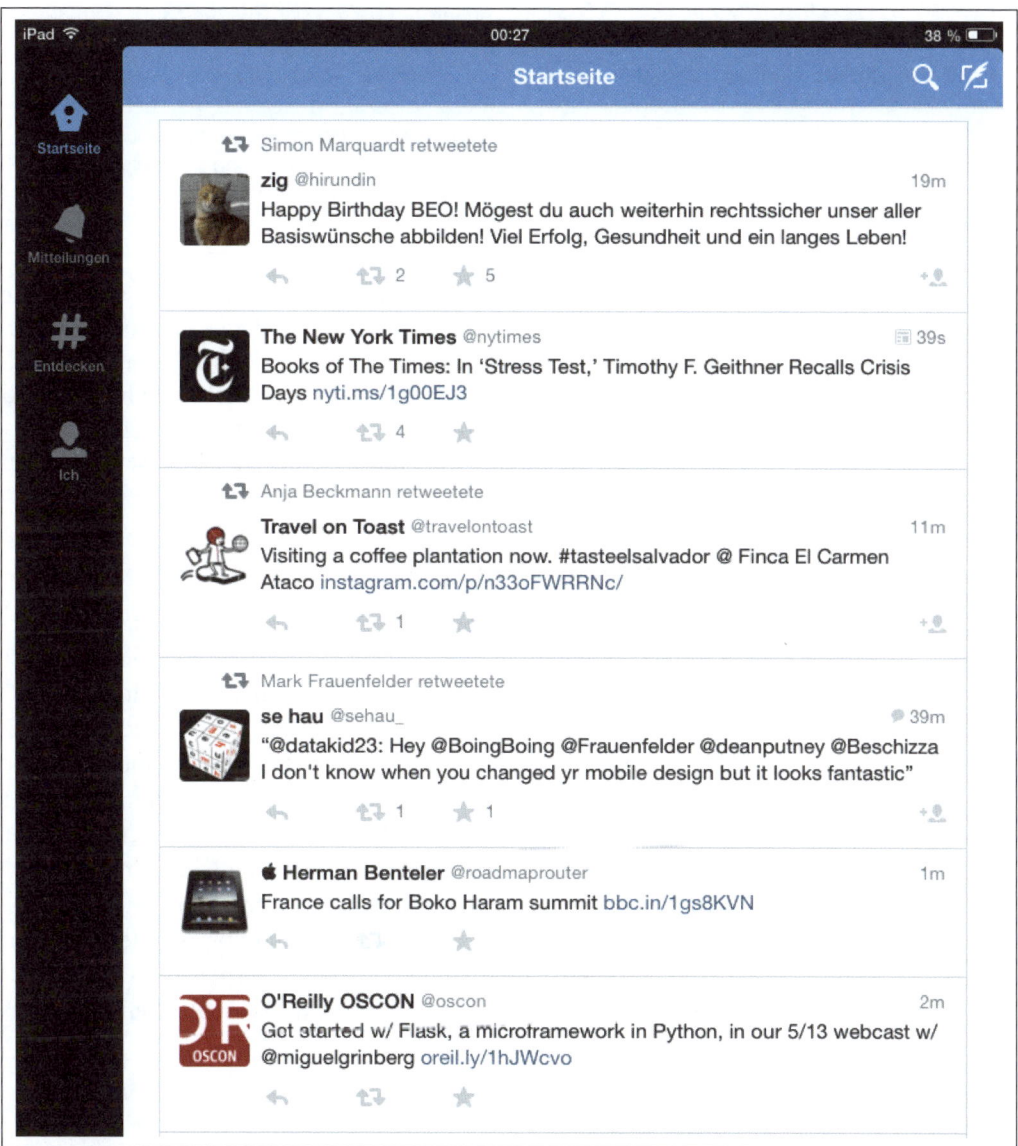

▼ **Abbildung 6-18**
Die Benutzersicht des O'Reilly-Twitter-Kanals, Screenshot aus der Twitter-App

> ### Follower finden und weiterempfehlen
>
> Immer wieder freitags empfehlen sich Twitter-User gegenseitig: Versehen mit dem Hashtag *#ff* für *FollowFriday* weisen sie auf interessante Twitterer hin. Sie können dies einerseits nutzen, um Follower zu finden, und andererseits auch, um selbst auf folgenswerte User hinzuweisen. Dies ist der einfachste Weg, um Teil der Community zu werden!
>
> Einen Versuch wert sind auch sogenannte Twitter-Zeitungen wie *paper.li*[12]: Darin sammeln Twitter-User die Storys, die ihnen an einem Tag als besonders interessant erschienen sind, auf einer Website. Aufgemacht ist die Seite wie eine Tageszeitung – die Geschichten werden jeweils angeteasert und mit dem Namen des Twitter-Kanals versehen, der sie ursprünglich versandt hat. Wenn Sie es durch außergewöhnliche Tweets schaffen, in die Twitter-Zeitungen Ihrer Follower zu gelangen, erreichen Sie natürlich auch neue Follower.
>
> Außerdem treffen sich Twitterer sehr gern auch offline: In vielen großen Städten gibt es *Twittwochs*, *Twitterstammtische* oder *Twittagessen* – allesamt lockere Treffen mit mal mehr und mal weniger inhaltlichem Programm, vor allem aber gedacht zum Austausch und persönlichem Kennenlernen.

Wie können Sie nun eigene Follower anlocken? Die beste Methode ist, sich zu engagieren. Schauen Sie, was andere Leute so zwitschern (»tweet« bedeutet »zwitschern«), und tun Sie Ihre Gedanken kund. Sie können außerdem andere Twitter-User direkt anschreiben und auf deren Tweets reagieren: Für eine Antwort an den O'Reilly Verlag versehen Sie Ihren Tweet mit *@oreilly_verlag*. Oder Sie fragen *@db_bahn*, ob Ihr Zug heute pünktlich abfährt.

Was und wann twittern?

»Was soll ich denn bloß schreiben?«, fragen sich viele Twitter-Anfänger. Eine Sorge, die zunächst durchaus nachvollziehbar ist – von der Sie sich aber nicht einschüchtern lassen sollten. Grundsätzlich hängen die Inhalte natürlich davon ab, welches Unternehmen dahinter steht – eine Bank wird andere Themen und eine andere Sprache wählen als ein Café, und das wiederum andere als eine Bildungseinrichtung. Entscheidend ist auch, welches Ziel Ihr Twitter-Account hat. Bei einem reinen Kundendienstkanal twittern Sie nur wenige Servicemeldungen, der große Teil der Kommunikation besteht aus dem Beantworten von Kundenanfragen. Bei klassischen Unternehmensaccounts werden Sie eine Mischkultur entwickeln, deren Inhalte sich im Wesentlichen so zusammensetzen:

---

12 *http://paper.li/*

Unternehmens- und Branchennachrichten
Achtung, Relevanz berücksichtigen: Beschränken Sie sich besser auf die Meldungen, die entweder direkt etwas mit Ihrem Unternehmen zu tun haben (»Wir expandieren – ab März finden Sie uns auch in Potsdam«) oder die sich auf Ihre Arbeit auswirken werden (»Neue EU-Richtlinie für XY ab Januar für alle Pflicht«). Für vollständige Branchennews gibt es Fachmedien und Pressedienste.

Besondere Anlässe
Das kann »Wir nehmen am verkaufsoffenen Sonntag teil« sein, aber auch »Wir wünschen schöne Feiertage« – nicht immer muss alles direkt mit dem Unternehmen zu tun haben.

Personalmeldungen
Viele Unternehmen nutzen Twitter inzwischen auch erfolgreich zur Personalsuche. Twittern Sie also ruhig, wenn Sie einen neuen Marketingassistenten oder einen Azubi suchen. Und wenn er/sie den ersten Tag im Unternehmen ist, begrüßen Sie den neuen Kollegen mit einem Tweet wie: »Wir freuen uns auf unseren Marketingassistenten, der heute zum ersten Mal ins Büro kommt!«

Der Alltag im Unternehmen
Twittern Sie darüber, was Sie tun: Dass Sie gerade an einem neuen Produkt tüfteln, dass Sie heute noch @*GeschäftspartnerXY* treffen, dass Sie gerade den Stand auf der nächsten Messe planen, oder auch wie der Kaffee schmeckt, dass Sie gerade einen neuen Schreibtischstuhl bekommen haben, dass Sie gerade auf dem Weg zur Weihnachtsfeier sind, und andere »interne, weiche« News. Das alles gibt Ihrem Unternehmen ein menschliches, persönliches Gesicht.

Twitter als Verstärkermedium
Nutzen Sie Ihren Twitter-Kanal auch, um auf die Inhalte Ihres Blogs oder Ihrer Website sowie von Facebook, Google Plus, Slideshare, YouTube und anderen Diensten hinzuweisen. Aber Achtung: Nutzen Sie Twitter nicht ausschließlich dazu.

Produkthinweise, Sonderangebote, Gewinnspiele
All das darf natürlich auch getwittert werden, allerdings sparsam. Inflationäres Twittern von »Ab jetzt erhältlich: Produkt XY« oder »Jetzt nur noch 1,99 Euro: Unser Bestseller XY« wird vor allem für eines sorgen – nämlich dafür, dass Sie Ihre Follower sehr schnell wieder verlieren.

Interaktion
: Retweeten Sie interessante Inhalte und beteiligen Sie sich an Diskussionen. Beachten Sie aber, dass Sie sich dabei nicht selbst in den Vordergrund stellen oder gar versuchen, nebenbei Produkte oder Dienstleistungen anzupreisen.

Fragen stellen
: Bitten Sie Ihre Follower um Meinungen – führen Sie eventuell auch Umfragen durch (z.B. mit Twitpoll: *http://twittpoll.com/*).

Humor & Kuriosa
: Sie dürfen Ihre Follower auch unterhalten! Wenn Sie einen lustigen Cartoon oder einen spannenden Artikel gefunden haben, können Sie diesen ebenfalls an Ihre Follower weiterempfehlen – vorausgesetzt natürlich, es sind »harmlose« Inhalte (beachten Sie die Grenzen des guten Geschmacks und des Gesetzes).

So machen Sie sich unbeliebt

Leider gibt es inzwischen viele schreckliche Unarten unter Twitter-Usern. Wenn Sie nicht gleich unangenehm auffallen wollen, vermeiden Sie Folgendes:

Auto-Responder
: Einige Twitterer versenden automatische Nachrichten à la: »Herzlich willkommen auf meinem Twitter-Kanal. Auf meiner Website *www.xyz.de* finden Sie viele tolle Produkte.« Nachrichten dieser Art sind weder individuell und persönlich, noch haben sie Informationsgehalt (Sie können davon ausgehen, dass Ihre Follower wissen, wer Sie sind) – im Gegenteil: Diese Nachrichten sind schlichtweg Werbespam, und als solcher werden sie auch angesehen.

Follower kaufen
: Es gab sie sehr schnell, diese Anbieter: »Kaufen Sie 1.000 Follower für xxx Dollar!« Sie haben kein erfolgreiches Twitter-Konto, nur weil Sie viele Follower haben. Es geht wie bei allen Kontakten, auch in der Werbung, doch viel mehr darum, passende Follower zu haben, mit denen Sie sich auch austauschen. Der wirkliche Maßstab für erfolgreiches Twittern ist die Interaktion, nicht die Zahl der Follower. Sparen Sie sich lieber das Geld.

Folgen/Entfolgen
: Ebenfalls ein beliebtes Spiel: Folgen, warten, bis man zurückgefolgt wird, und dann wieder entfolgen. Die Erfahrung mag zeigen, dass die meisten dennoch Follower bleiben – doch ist das ein manipulatives und ziemlich unsympathisches Verhalten. Zu einem guten Ruf als angesehener Teil der Twitter-Community werden Sie so nie kommen.

Und wann sollten Sie nun zwitschern? Am besten twittern Sie während der Zeit, in der Ihr Unternehmen auch arbeitet, sprich: in der das Büro besetzt bzw. der Laden geöffnet ist. Dass zu üblichen Geschäftszeiten montags bis freitags zwischen 9 und 18 Uhr auch die meisten Menschen auf Twitter aktiv sind, bestätigen einige Studien[13] – Sie können daher ohne Weiteres auch nur zu diesen Zeiten aktiv twittern. Wenn Sie jedoch für eine Discothek oder eine Bäckerei twittern, verschieben sich die Zeiten entsprechend nach hinten oder nach vorn. Schauen Sie außerdem auf die Nutzungsgewohnheiten: Da viele Twitterer während des Pendelns zur Arbeit auf ihrem Smartphone mitlesen, sind die typischen Berufsverkehrszeiten morgens und abends besonders wichtig.

Abgesehen von den Kernzeiten sollten Sie unternehmensintern regeln, wer Twitter auf Rückmeldungen und Erwähnungen hin »überwacht«. Falls sich abends um 22 Uhr ein Kunde beschwert, müssen Sie ggf. eingreifen, bevor daraus ein Shitstorm entsteht. Sie sollten daher immer einen »diensthabenden Verantwortlichen« benennen, der in dringenden Fällen einen Notfallplan anstoßen kann. Dazu muss derjenige nicht die ganze Nacht vor dem PC verbringen. Ein Smartphone, das im Falle einer Erwähnung Alarm schlägt, genügt völlig – geeignete Twitter-Tools finden Sie am Ende dieses Kapitels.

Definition   Als *Shitstorm* bezeichnet man die geballte öffentliche Entrüstung der Online-Community, die sich meistens gegen ein Unternehmen richtet. Dabei wird das betroffene Unternehmen mit häufig aggressiven Protestmeldungen über Facebook, Twitter und andere Dienste des Social Web geradezu überzogen. Bekanntes Opfer eines Shitstorms ist beispielsweise Jack Wolfskin (siehe Kapitel 4). Der Begriff »Shitstorm« wurde zum Anglizismus des Jahres 2011 gewählt.

Ihren Twitter-Kanal bekannt machen

Nutzen Sie alles, was Sie haben: Von der Website bis zur Visitenkarte, vom Newsletter bis zu E-Mail-Signatur, von der Pressemitteilung bis zu Plakaten und Flyern: Informieren Sie Ihre Kunden, Geschäftspartner und Mitarbeiter auf allen erdenklichen Wegen über Ihre Twitter-Präsenz.

Twitter stellt zudem einige Widgets zur Verfügung, über die Ihre Tweets automatisiert auf Ihrer Website dargestellt werden können. Binden Sie ein solches Widget auch in weitere Webangebote wie ein Blog oder einen Onlineshop ein, falls vorhanden.

Recherchieren Sie Twitter-Verzeichnisse und -Charts Ihrer Branche und lassen Sie sich darin eintragen – und nicht zuletzt: Twittern Sie. Und twittern Sie so, dass Sie gern retweetet werden!

---

13 Siehe z.B.: *http://www.briansolis.com/2010/03/the-state-of-the-twittersphere-2010/*

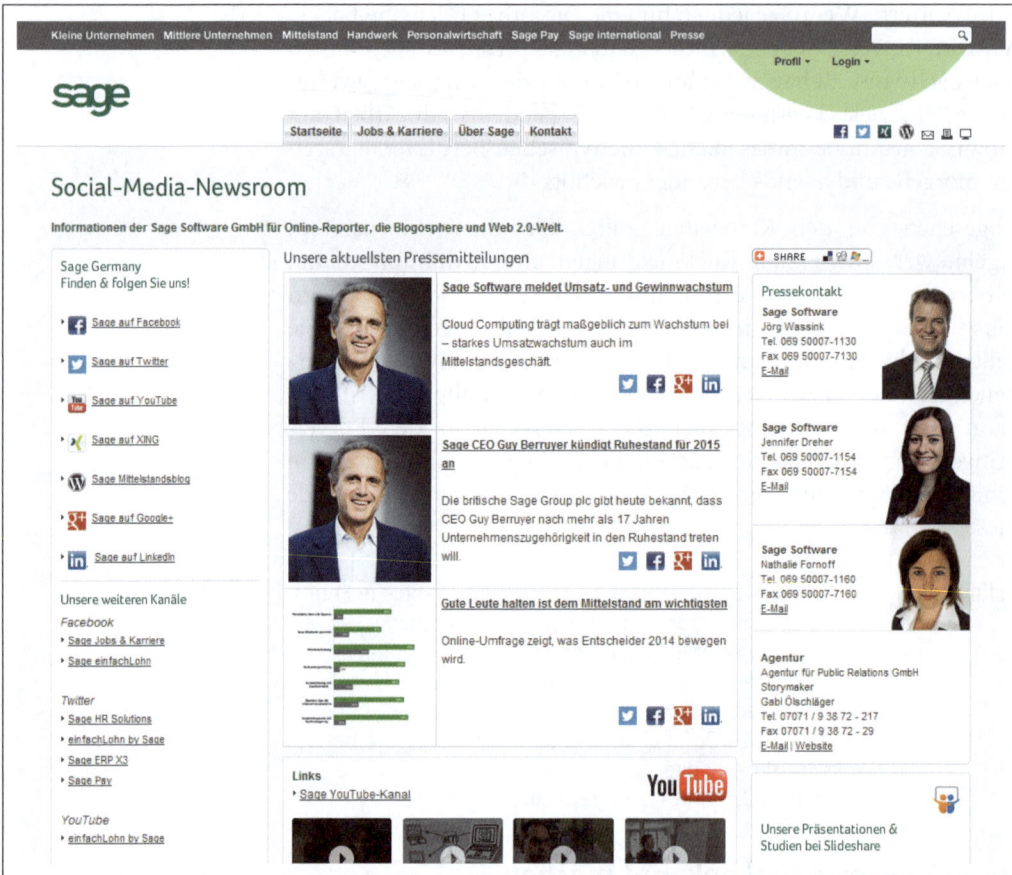

Abbildung 6-19
Gut in Szene gesetzt: Die Social-Media-Angebote des Softwarehauses Sage. In der rechten Spalte ist ein Twitter-Widget eingebunden, das die drei aktuellsten Meldungen darstellt.

Erfolgsmessung

Follower-Zahlen sind wahnsinnig wichtig, nicht zuletzt, weil man bei entsprechend gutem Ergebnis auch hoch in Twitter-Charts einsteigt und damit einen noch stärkeren Werbeeffekt erzielt. Lassen Sie sich dennoch nicht unter Druck setzen – Sie twittern dann erfolgreich, wenn Sie nicht nur senden, sondern sich mit Ihren Followern auch intensiv austauschen.

Inzwischen gibt es einige Dienste, die den Grad der Vernetzung und Interaktion mathematisch berechnen und bewerten. Der bekannteste unter ihnen ist Klout[14]: Auf einer Skala von 1 bis 100 beziffert Klout den eigenen Einfluss auf andere Twitterer. Dabei greift Klout

---

14 http://klout.com

auf alle eigenen Meldungen sowie auf Replies und Mentions zu. Klout ist aufgund von Datenschutzproblemen in Europa, besonders in Deutschland, umstritten. Der sorgsame Einsatz für den Twitter-Kanal ist rechtlich unproblematisch, da hier ausschließlich auf öffentlich zur Verfügung stehende Daten zugegriffen wird. Klout kann jedoch auch Facebook- und Google-Plus-Seiten auswerten – die Datenschutzproblematik ist hier sehr viel sensibler. Sie sollten einen Einsatz daher unbedingt abwägen und im Zweifel auch anwaltlich bewerten lassen.

Allgemein gilt: Wenn Sie eine Weile twittern, entwickeln Sie von allein ein gutes Gespür dafür, ob Sie in der Community angekommen und angesehen sind. Ein per Algorithmus berechneter Index wird Sie nicht wesentlich weiterbringen – außer natürlich in der Argumentation gegenüber Ihrer Geschäftsführung.

Tools für Twitter

Schon bald werden Sie, wie die meisten Nutzer von Twitter, süchtig sein. Und dann werden Sie sich das Leben mit Twitter-Tools erleichtern wollen. Es gibt Hunderte von mehr oder weniger populären Tools, von denen wir in diesem Abschnitt die bekannteren besprechen werden, die in der Twitter-Community zum Einsatz kommen.

Twitter-Clients

Um über Ihren Computer auf Twitter zuzugreifen, können Sie mehrere Wege beschreiten – vom Webinterface (unter *http://twitter.com*) bis hin zu Anwendungen, die Sie auf Ihrem Desktop installieren, um auf Twitter zugreifen zu können, ohne die ganze Zeit die Website geöffnet zu haben. Diese Anwendungen überzeugen außerdem mit Spezialfeatures wie Suchfunktionen und der Unterstützung weiterer Social-Media-Anwendungen.

Das Angebot an Apps und Tools hat sich in den vergangenen Jahren etwas ausgedünnt, nachdem Twitter, Inc., einerseits den API-Zugriff begrenzt und andererseits einige Dienste schlichtweg aufgekauft hatte. Empfehlenswert sind dennoch die folgenden:

Hootsuite (http://www.hootsuite.com)

> Hootsuite ist und bleibt Favorit vieler Unternehmenstwitterer: Die Anwendung läuft im Browser, sortiert Ihre Twitter-Accounts spaltenweise inklusive Erwähnungen und Direkt-

nachrichten und ermöglicht auch den Zugriff auf Facebook, Google+ und andere Netzwerke. Für Marketingprofis sehr reizvoll sind die Statistik- und Analysetools, die Hootsuite mitbringt. So können Sie sich beispielsweise Ihre beliebtesten Tweets oder die Zugriffsrate auf Links anzeigen lassen. Wenn Sie einen Firmen-Twitter-Kanal im Team betreuen, können zudem unterschiedliche Rechte vergeben und Tweets mit den Initialen der gerade schreibenden Person versehen werden. Außerdem unterstützt Hootsuite zeitversetztes, programmiertes Posten. Ein echtes Rundumtalent für Unternehmen – für viele fortgeschrittene Funktionen sind allerdings Gebühren fällig. Hootsuite gibt es auch als App für Smartphones und Tablets.

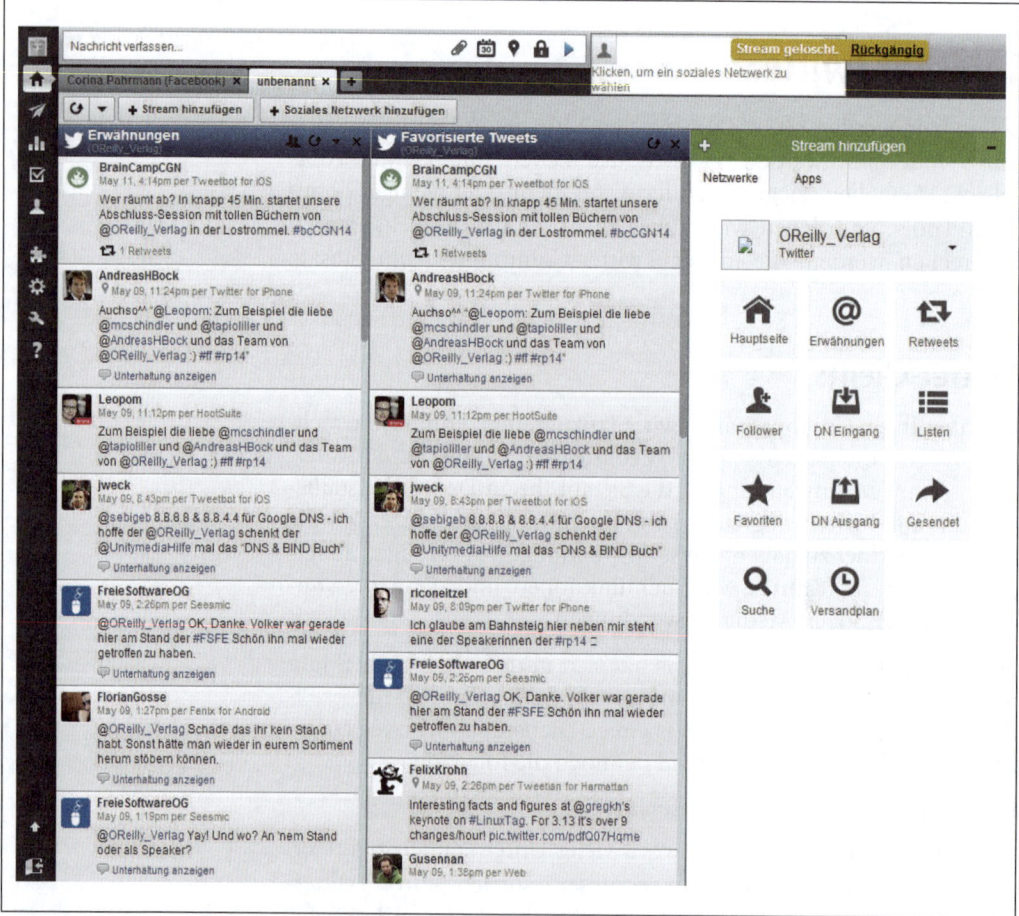

Abbildung 6-20 ▼
Hootsuite kommt aufgeräumt und hochfunktional daher: Gerade dann, wenn Sie mehrere Accounts im Blick behalten müssen, ist das sehr hilfreich.

TweetDeck (https://about.twitter.com/products/tweetdeck)
TweetDeck ist eine im Herbst 2011 von Twitter übernommene Software, die Twitter-Feeds in mehrere, anpassbare Bereiche zerlegt. Sie können mit TweetDeck in einem Bereich einen Suchbegriff verfolgen, in einem anderen Ihre Direktnachrichten und in einem dritten Ihren gesamten Twitter-Stream. TweetDeck unterstützt mehrere Netzwerke und ist sowohl für den Desktop als auch für mobile Geräte und den Browser erhältlich.

URLs abkürzen

In Anbetracht der Beschränkung auf 140 Zeichen bei Twitter kann es passieren, dass Sie im Internet auf eine URL stoßen, die dieses Limit überschreitet und sich deshalb nur schwer über Twitter kommunizieren lässt. Daher gibt es mehrere Dienste zum Abkürzen von URLs, und die meisten aktuellen Tools bieten zudem Statistik- und Analysefunktionen. Die meisten Twitter-Clients sowie auch Twitter.com verkürzen Links inzwischen übrigens automatisch.

bit.ly (http://www.bit.ly)
bit.ly ist ein Kurz-URL-Dienst mit Analysefunktion. Jeder mit bit.ly versendete Link hat seine eigene Informationsseite, die an Ihren Account gebunden ist (sofern Sie sich anmelden). Auf dieser Seite können Sie detaillierte Statistiken einsehen, zum Beispiel die Anzahl und den Ursprung von Klicks und die dazugehörige Diskussion. Außerdem zeigt Ihnen bit.ly, welche anderen Nutzer des Dienstes dieselbe URL abgekürzt haben. Und: Sie können sprechende Links wählen.

ow.ly (http://www.ow.ly)
Auch *ow.ly* bietet zahlreiche Statistikfunktionen. Der URL-Verkürzer wird standardmäßig bei allen über Hootsuite gesandten Tweets – bzw. deren Links – eingesetzt und verbreitet sich daher ebenfalls stark. Außerdem können Sie mit ow.ly Dateien hochladen und anderen zur Verfügung stellen.

TinyURL (http://www.tinyurl.com)
Der ebenfalls beliebte URL-Verkürzer *TinyURL* lässt Sie direkt eine Kurz-URL erstellen, auf Wunsch auch mit Alias (keine Anmeldung erforderlich).

Twitter-Trends

Auf Twitter werden viele Themen intensiv diskutiert. Es gibt viele Tools, die es Ihnen ermöglichen, Trends aufzuspüren, indem sie die beliebtesten Storys eines gegebenen Zeitraums anzeigen.

Twitter.com
Wenn Sie sich auf der Twitter-Homepage bzw. -App einloggen, zeigt Twitter Ihnen unter *Entdecke* die sogenannten *Deutschland Trends*, die zehn am häufigsten gebrauchten Schlagwörter, gemessen in Echtzeit. Sie können sich dabei auch auf eine der derzeit verfügbaren Städte Berlin, München und Hamburg beschränken – oder ein beliebiges anderes Land auswählen.

What The Trend (http://www.whatthetrend.com)
What The Trend listet nicht nur die Trends auf, sondern erklärt sie auch: Zu jedem Hashtag steht, was sich genau dahinter verbirgt, und falls nicht, sind Sie aufgerufen, eine Definition einzutragen. Der Dienst ist leider vorrangig auf Trends in den USA ausgerichtet.

Trendsmap (http://trendsmap.com/)
Trendsmap bereitet die aktuellen Trends auf einer Weltkarte auf. Eine kleine Spielerei, die Ihnen aber die für Sie geografisch relevanten Trends auf einen Blick darstellt.

Persönliche Statistiken bei Twitter

Möchten Sie über Twitter erfahren, wie beliebt Sie sind, oder mehr über eine andere Person und deren Einfluss herausfinden? Oder feststellen, ob Ihre eigenen Aktivitäten bei Twitter schon die Suchtschwelle überschritten haben? Es gibt noch einige weitere, teilweise wirklich witzige Tools, mit denen Sie mehr über sich und die anderen Twitterer erfahren können.

TweetStats (http://www.tweetstats.com)
TweetStats liefert Ihnen nutzernamenspezifische Statistikdaten über einen Account. Wie viele Tweets senden Sie jeden Tag? Wie viele Antworten verfassen Sie? Was ist Ihr Lieblingsinterface für Twitter? Zu welcher Zeit sind Sie am aktivsten? TweetStats betrachtet Ihre gesamte Account-History und verrät Ihnen alles über Sie selbst. Außerdem erstellt das Tool eine »Tweet Cloud« der Begriffe, über die Sie bei Twitter am häufigsten reden. TweetStats funktioniert ohne Login und damit auch für andere Accounts, die gar nicht von Ihnen betreut werden – es kann also auch zur Konkurrenzanalyse eingesetzt werden.

TwitterCounter (http://www.twittercounter.com)
TwitterCounter zeigt Ihnen einen Graphen über Ihre Follower. Standardmäßig werden die Follower der letzten sieben Tage angezeigt, aber Sie können auch einen Graphen für 30 Tage oder

3 bzw. 6 Monate bekommen. Außerdem prognostiziert Twitter-Counter anhand der Geschwindigkeit, mit der Sie zu einem bestimmten Zeitpunkt neue Follower hinzugewinnen, wie viele Follower Sie am Ende des jeweiligen Tages haben werden.

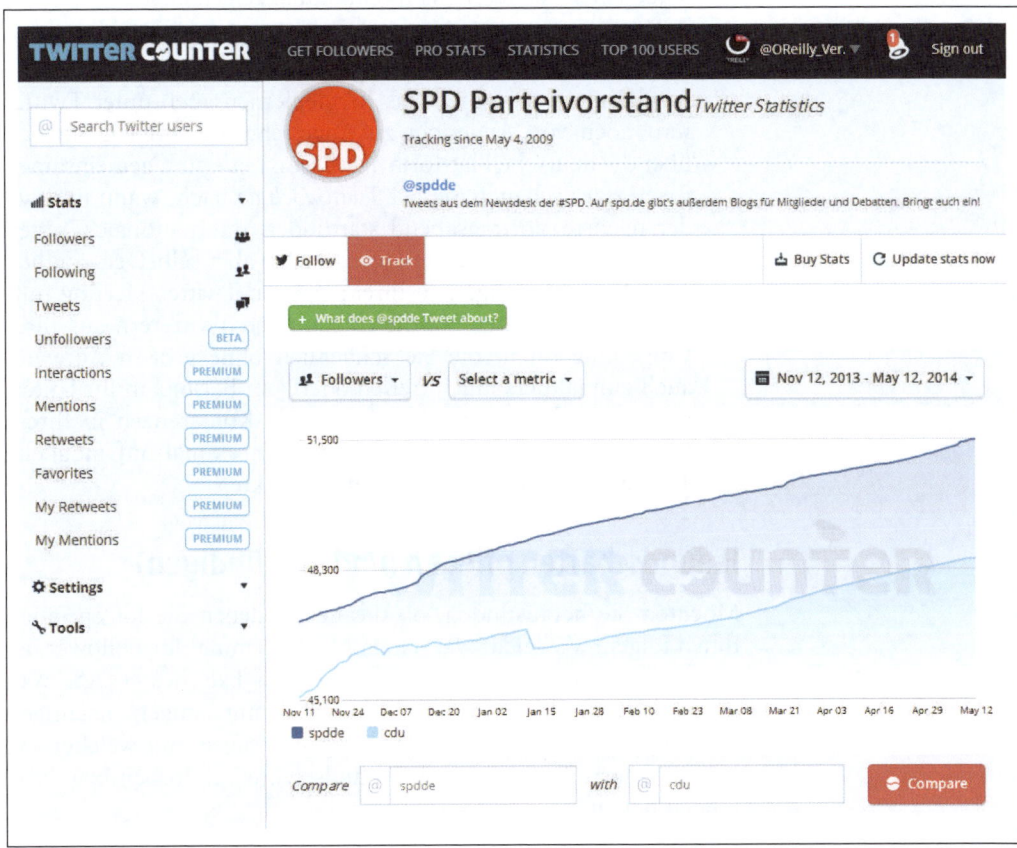

▲ Abbildung 6-21
Diese TwitterCounter-Abfrage vergleicht die Follower-Zahlen von @SPDde mit @CDU: Man kann also viel über das eigene Standing im Vergleich zur Konkurrenz erfahren. Vergessen Sie aber nie, dass es bei Social Media Marketing um die Interaktion und den Aufbau fester Bindungen geht – und darüber sagen diese Statistiken nichts aus.

Wie finde ich interessante Twitterer?

Interessieren Sie sich für bestimmte Firmen oder prominente Twitter-Nutzer, um Ihr Netzwerk auszuweiten? Neben der Twitter-eigenen Oberfläche helfen Ihnen einige Dienste dabei, diese Teilnehmer bei Twitter zu finden und zu überlegen, wem Sie sonst noch folgen könnten.

WeFollow (http://www.wefollow.com)
WeFollow ist ein Twitter-Verzeichnis von Nutzern für Nutzer. In verschiedenen Kategorien können Sie Experten für jedes Fachgebiet heraussuchen und Leute finden, denen Sie folgen möchten.

Twellow (http://www.twellow.com)
> Twellow sind die »Gelben Seiten« für Twitter-Profis – allerdings: Es ist nicht ganz einfach, durch die vielen amerikanischen Twitterer hindurch zu navigieren. Sie können sich jedoch alle Twitterer aus Ihrer Stadt anzeigen lassen.

twtvite (http://www.twtvite.com), Twittwoch (http://www.twittwoch.de/) und Twittagessen (http://twittagessen.de/)
> Am besten funktioniert das Kennenlernen auch unter Twitterern noch von Angesicht zu Angesicht. Verabreden Sie sich über die deutsche Plattform *Twittagessen.de* zum gemeinsamen Essen oder schauen Sie bei *Twittwoch.de* nach, wann und wo der nächste Vortragsabend stattfindet. Internationale Treffen finden Sie über die Seite *twtvite*, die Sie aber selbstverständlich auch für Einladungen zu Ihrem eigenen Twitter-Meeting nutzen können. Halten Sie die Augen nach Twitterern aus Ihrer Umgebung offen, die Sie schließlich ohne großen Aufwand auch einmal persönlich treffen oder zum Beispiel in Ihr Unternehmen einladen könnten. Wenn Sie Konferenzen in Ihrem Fachgebiet besuchen: Achten Sie doch einmal auf mögliche Twitter-Accounts Ihrer Geschäftskontakte.

Freundschaften pflegen (und aufkündigen)

Möchten Sie herausfinden, ob die Leute, denen Sie folgen, auch Ihnen folgen? Vielleicht war jemand früher einmal Ihr Follower, ist es aber heute nicht mehr. Haben Sie etwas Falsches gesagt? Wer Ihnen folgt (und wer nicht), können Sie mit einigen mächtigen Tools feststellen, die Ihnen überdies genau sagen, mit welcher Tat oder welchem Tweet Sie sich Freundschaften erworben bzw. verscherzt haben.

Friend or Follow (http://www.friendorfollow.com)
> Mit diesem Dienst können Sie erkennen, ob eine Person, der Sie folgen, auch Ihnen folgt. Anhand dieser Daten können Sie entscheiden, ob Sie einseitige Beziehungen fortführen oder beenden möchten.

JustUnfollow (http://www.justunfollow.com/)
> Eine enge, austauschreiche Beziehung zu einem Follower ist viel besser als zehn stumme Follower. Dieser Dienst hilft Ihnen, mal gründlich aufzuräumen: Wem folgen Sie, der aber nicht zurückfolgt, seit Monaten keinen Tweet verfasst hat (oder vielleicht noch nie) oder ganz offensichtlich nur ein Spam-Account ist? *JustUnfollow* hilft Ihnen dabei, die Spreu vom Weizen zu trennen.

NutshellMail (http://www.nutshellmail.com)

NutshellMail sendet Ihnen E-Mail-Zusammenfassungen der neuesten Tweets von Ihnen und/oder Ihren Freunden für einen bestimmten Zeitraum. Ja, mehr noch, das Tool sagt Ihnen genau, wann jemand Sie bei Twitter hinzugefügt oder abgeschossen hat. Doch NutshellMail verrät Ihnen nicht nur die Neuigkeiten von Twitter, sondern fasst auch die Updates Ihrer Freunde auf Facebook, LinkedIn und anderen Netzwerken zu einem einzigen Digest zusammen. Das ist recht nützlich, besonders wenn Sie Tweets nachschlagen möchten, ohne die Twitter-Suche dafür zu bemühen.

Twitter-Suche und Monitoring

Erwähnungen einzelner Wörter lassen sich mit der Twitter-Suche leicht finden – und außerhalb von Twitters offizieller Suchseite *http://search.twitter.com* gibt es noch Monitoring-Dienste, die parallel mehrere Suchbegriffe mitschneiden. Hilfreich: der Einsatz von Hashtags.

Twazzup (http://www.twazzup.com)

Twazzup ist ein mächtiges Suchprogramm, das Echtzeitupdates hinzufügt und in dem Sie Nutzern per Mausklick folgen können. Ziehen Sie Ihre Maus über den Namen eines Twitter-Nutzers, um seine Statistikdaten zu sehen (Biografie, Anzahl der Follower und Standort).

TweetBeep (http://www.tweetbeep.com)

TweetBeep ist wie *Google Alerts* für Twitter: Sie erhalten regelmäßig Mails, in denen die Tweets aufgelistet sind, die Ihren Suchbegriff enthalten.

Mobile Anwendungen

Wenn Sie erst einmal Twitter-süchtig geworden sind, werden Sie den Dienst unterwegs nicht mehr missen wollen. Zum Glück gibt es Anwendungen, die Twitter portabel machen, ob auf einem Android-Handy, einem iPhone oder einem anderen Gerät.

TweetDeck (http://www.tweetdeck.com)

Dieses Desktopprogramm gibt es auch für mobile Geräte. Wenn Sie die Anwendungen schon kennen, empfiehlt sich der Einsatz auch auf Ihrem Smartphone oder Tablet.

CHECKLISTE: Der Weg zum Twitter-Kanal

- Ziel, Inhalte und sprachlichen Stil des Twitter-Kanals festlegen
- Twitter-Team zusammenstellen und mindestens eine gemeinsame Schulung veranstalten, um alle in die benötigten Tools sowie die Besonderheiten der Kommunikation in 140 Zeichen einzuführen. Wenn Sie allein twittern: Überlegen Sie sich trotzdem schon eine Vertretung für Krankheits- und Urlaubszeiten bzw. andere Abwesenheiten.
- Geschäftszeiten einrichten: Beschränken Sie sich auf Ihre üblichen Bürozeiten? Oder twittern Sie auch »nach Feierabend«? Wie können Sie zügige Reaktionszeiten gewährleisten? Weisen Sie auf Ihrer Twitter-Seite auf Einschränkungen hin (»Wir sind montags bis freitags von 8 bis 20 Uhr für Sie erreichbar.«).
- Unterstützende Tools und Dienste auswählen und ggf. technische Unterstützung suchen. Aber: Bleiben Sie flexibel: Die besten Tools findet man, indem man immer wieder Neues ausprobiert.
- Quellen für außergewöhnliche und interessante Inhalte recherchieren und Kollegen aus allen Unternehmensteilen um Infos, Fotos und Eindrücke aus ihren aktuellen Projekten bitten
- Kanal einrichten und interessanten Leuten folgen
- Kanal bekannt machen: Erwähnung in Newslettern, in E-Mail-Signaturen, auf der Website und in allgemeinen Werbematerialien des Unternehmens, eventuell Pressemitteilung versenden, in öffentlich zugänglichen Geschäftsräumen Plakate aufhängen, Flyer verteilen, Social-Media-Angebote und Blogverzeichnisse nutzen, auch firmenintern bekannt machen
- Twitter-Widgets auf Firmenwebsite einbinden
- Geeignete Tools zur Erfolgsmessung auswählen

Twitter für iPhone, iPad, Android, Windows und Blackberry

Der Twitter-eigenen Apps sind immer besser geworden – so funktional und aufgeräumt, wie Sie das von der Twitter-Website her kennen. Einziger Nachteil: Hier bindet Twitter *sponsored Tweets*, also Werbung, ein. Außerdem haben wir die Erfahrung gemacht, dass die Suche nicht immer alle vorhandenen Einträge tatsächlich findet und auch die Tweets in der Profilansicht einzelner User nicht immer vollständig sind. Für eine Hashtag-Suche empfiehlt es sich daher, auf andere Anbieter auszuweichen.

Echofon (http://www.echofon.com)

Echofon ist eine einfache und beliebte Twitter-App für den iPod Touch und das iPhone. Sie umfasst ein Suchprogramm und ermöglicht neben anderen Grundfunktionen das Antworten, Retweeten und Anzeigen von Diskussionen in einer separaten Ansicht.

Tweetcaster (http://tweetcaster.com)
> *Tweetcaster* ist ebenfalls eine gute Wahl für Smartphone-Besitzer. Es verfügt über sehr viele nützliche Funktionen, beispielsweise kann man mehrere Twitter-Accounts verwalten. Leider sind auch hier die Werbeeinblendungen mehr geworden.

Achten Sie darauf, nicht zu viele Fremdapplikationen zu nutzen – insbesondere dann, wenn eine Registrierung notwendig ist oder Sie den Dienst nach Eingabe Ihrer Zugangsdaten auf Ihr Twitter-Profil zugreifen lassen müssen. Immer wieder werden Twitter-Profile gekapert und dann jede Menge Spam-Botschaften über bislang seriöse Accounts verschickt. Das verursacht Ihnen und Ihren Followern jede Menge Ärger und liegt nicht selten daran, dass User allzu unvorsichtig mit ihren Zugangsdaten umgegangen sind.

Zusammenfassung

Twitters große Community und seine kurze, bündige Art machen es zu einem praktischen Dienst für die Interaktion mit Kunden. Überdies erleichtert Twitter die Pflege erfolgreicher Geschäftsbeziehungen. Da Twitter so schnell ist und Ihre Gedanken rasch übermittelt, ist es zu einem der wichtigsten Mittel zur Krisenkommunikation geworden. Für Unternehmen kann Twitter sogar den Umsatz steigern. So setzt Dell den Dienst erfolgreich als Verkaufsmedium für runderneuerte Computer ein, und Namecheap durfte sich nach der Durchführung eines Gewinnspiels bei Twitter über mehr Domainregistrierungen freuen. Auch für den Kundendienst ist Twitter sehr gut geeignet: Die Deutsche Telekom und andere Unternehmen nutzen es, um ihre Kunden zufriedenzustellen, und das weit schneller, als es mit dem üblichen Telefonsupport möglich wäre.

Zu alledem kann Twitter auch zur Stärkung von Marken beitragen. Der Energiekonzern RWE etwa präsentiert über seinen Rotation-Curation-Kanal die komplette Bandbreite seiner 70.000 Mitarbeiter. Und zu guter Letzt kann Twitter auch ein mächtiges Verbreitungsmedium sein, unter anderem in Krisenfällen.

Twitter bietet auch andere Nutzungsmöglichkeiten für Firmen: Es erleichtert den Aufbau einer persönlichen Marke, sorgt für sofortiges Feedback und schafft Netzwerke zwischen Menschen. Diverse Tools helfen Ihnen dabei, nicht nur diese, sondern noch viele weitere geschäftliche Ziele zu verfolgen.

Seien Sie sozial: Facebook, Google+, XING und andere soziale Netzwerke

7

In diesem Kapitel:
- Einführung in soziale Netzwerke
- Facebook: Das digitale Du
- Google+
- »Im Social Web geht es um Gespräche!«
- XING: Das Businessnetzwerk
- Weitere soziale Netzwerke
- Zusammenfassung

Über soziale Netzwerke wie Facebook, Google+ oder XING lassen sich Marken sehr gut bekannt machen. Diese Plattformen verbinden Menschen mit ähnlichen Interessen miteinander. In diesem Kapitel stellen wir die wichtigsten Plattformen vor und erklären, wie Sie diese Plattformen zur Erhöhung Ihrer Reichweite nutzen können.

Einführung in soziale Netzwerke

Unter den Begriffen »soziale Netzwerke« und »Social-Networking-Sites« werden Websites zusammengefasst, auf denen die Nutzer persönliche Profile anlegen und mit ihren Interessen, Fotos und Lebensdaten anreichern können. Sie werden ermutigt, sich zu vernetzen und Beziehungen miteinander aufzubauen. Im Grunde lassen sich aber die meisten sozialen Medien auch als soziale Netzwerke nutzen. Social Networking ist weniger eine Frage der Funktionen als vielmehr eine der Haltung. In diesem Kapitel konzentrieren wir uns auf die für den deutschsprachigen Raum wichtigsten Plattformen, die sich auf den Vernetzungsaspekt konzentrieren und eine Vielzahl von Austauschmöglichkeiten bieten.

Soziale Netzwerke gehören zu den beliebtesten Sites im Internet. Facebook verzeichnet nach Google die meisten Webzugriffe weltweit, gelegentlich löst es sogar Google an der Spitze ab. Über eine Milliarde Menschen weltweit verfügen über ein Profil auf Facebook – und die meisten von ihnen nicht erst seit dem erfolgreichen Kinofilm »The Social Network«. Rund 26 Millionen Nutzer aus Deutschland haben bei Facebook ein Profil eingerichtet. Nicht zuletzt durch die zunehmende mobile Nutzung haben sich Dauer und Anzahl der Zugriffe auf soziale Netzwerke enorm erhöht. 169 Minuten ist der durchschnittliche deutsche Internetnutzer online, wobei 89% in der Nutzergruppe unter 30 sogar täglich soziale Netzwerke nutzt. Die Grenzen zwischen privat und beruflich sind hierbei fließend, weshalb sich Unternehmen mit Richtlinien für den Umgang Ihrer Mitarbeiter mit sozialen Netzwerken beschäftigen sollten, etwa in Form von Social Media Guidelines.[1]

Soziale Netzwerke sind durchaus nicht der Jugend vorbehalten, sondern in der Mitte der Gesellschaft angekommen. Die Nutzergruppe der sogenannten »Digital Natives« zwischen 18 und 34 ist zwar nach wie vor die größte, aber weiterhin legen ältere Nutzergruppen zu.[2] Das ist nicht weiter verwunderlich, denn aus der Gruppe der Nutzer zwischen 14 und 19 sind bereits 91% in sozialen Netzwerken angemeldet. Soziale Netzwerke verbinden Menschen mit ähnlichen Interessen, Hobbys, politischen Ansichten oder familiären Hintergründen. Der Wunsch, sich mithilfe der Communities mit Freunden auszutauschen und in Kontakt zu bleiben, ist der Hauptgrund für Menschen, sich in sozialen Netzwerken anzumelden. Für Unternehmen nicht unwichtig: Bis auf Businessnetzwerke wie XING oder LinkedIn nutzen Menschen soziale Netzwerke privat, Sie befinden sich damit also quasi im Wohnzimmer Ihrer Kunden.

Der *Bundesverband für Informationswirtschaft, Telekommunikation und neue Medien e.V.* (BITKOM) veröffentlichte 2013 bereits zum dritten Mal eine Studie zur Nutzung von sozialen Medien in Deutschland[3]. Die Ergebnisse (bei 1.016 Befragten) sagen Folgendes aus:

---

1 http://www.bvdw.org/presseserver/social_media_richtlinien_unternehmen/bvdw_social_media_leitfaden_unternehmen.pdf
2 http://allfacebook.de/zahlen_fakten/facebook-nutzerzahlen-2013-deutschland
3 http://www.bitkom.org/files/documents/SozialeNetzwerke_2013.pdf, siehe auch Kapitel 1

- Insgesamt 78 Prozent der Internetnutzer sind in mindestens einem sozialen Netzwerk angemeldet; 67 Prozent sind aktive Nutzer.
- Der Anteil aktiver Facebook-Nutzer ist unter Frauen (59%) deutlich höher als unter Männern (55%). Bei XING und LinkedIn ist es umgekehrt.
- Das mit Abstand am meisten genutzte Netzwerk in Deutschland ist Facebook: 56% der Internetnutzer verwenden Facebook (11 Prozent mehr als 2011).
- Im Durchschnitt ist jeder Internetnutzer bei 2,5 sozialen Netzwerken angemeldet. Bei den 20- bis 29-Jährigen sind es durchschnittlich sogar 3 Mitgliedschaften.
- Die Mehrheit der Nutzer (69%) besucht die aktiv genutzten sozialen Netzwerke täglich, insbesondere jüngere Netzwerker (89%).

Die Netzwerke, auf die wir uns in diesem Kapitel konzentrieren werden, sind die aus unternehmerischer Sicht interessantesten, nämlich *Facebook*, *Google+*, *XING* und LinkedIn. In Kapitel 10 gehen wir auf soziale Netzwerke ein, die sich auf die Kommunikation über Bewegtbild und Bilder konzentrieren (*YouTube*, *Pinterest*, *Instagram* u.a.)

Allen gemeinsam ist der Grundgedanke, sich mit einem Profil darzustellen, Informationen über sich an Freunde und Kollegen weiterzugeben und Menschen mit ähnlichen Interessen miteinander zu vernetzen.

Soziale Netzwerke setzen voraus, dass der Nutzer ein Profil erstellt und mit Informationen zu seiner Person anreichert. Über dieses Profil vernetzt sich der Nutzer und kann eigene Inhalte hochladen und die Inhalte anderer kommentieren, bewerten und wiederum ins eigene Netzwerk weitergeben. Der Eigentümer des Profils hat weitestgehend die Kontrolle darüber, was auf seiner Profilseite angezeigt wird. In vielen sozialen Netzwerken können Sie auch Gruppen erstellen und Seiten für Ihr Unternehmen anlegen.

Viele Menschen zögern, sich mit ihrem Namen und ihrem Konterfei sowie einem erkennbaren Profil in sozialen Netzwerken anzumelden. Die Diskussionen um Datenschutz und Privatsphäre werden uns noch eine ganze Weile beschäftigen. Die Fragen hierzu lassen sich in diesem Buch nicht beantworten, da sich die Erkenntnisse darüber beinahe täglich ändern. Wenn Sie sich entscheiden, aus unternehmerischen Gründen in sozialen Netzwerken aktiv zu sein, werden Sie wie im Geschäftsalltag und im Umgang mit Kunden und

Geschäftspartnern auch genau überlegen müssen, welche Informationen über Ihre Person und Ihr Unternehmen angemessen sind. Hierbei sollten Sie allerdings bedenken, dass Sie kein Vertrauen aufbauen werden, wenn Sie sozusagen mit einer Papiertüte über dem Kopf im Social Web Kontakte knüpfen wollen. Ein korrekt benanntes Profil, ein Profilbild, auf dem Sie zu erkennen sind, und einige Informationen, die Sie als Mensch begreifbar machen, fördern den Aufbau von zwischenmenschlichen Beziehungen. Und genau darum geht es in sozialen Netzwerken, ob nun im digitalen Raum oder auf Messen, Tagungen oder im Ladengeschäft.

In den meisten sozialen Netzwerken haben Sie die Möglichkeit, mit Datenschutzeinstellungen festzulegen, wer Ihre Inhalte und Informationen sehen darf. Wenn Sie für ein Unternehmen im Internet agieren, sollten Sie allerdings daran denken, dass es durchaus in Ihrem Interesse ist, gefunden und erkannt zu werden. Sehen Sie Ihre Profile in soziale Netzwerke wie eine Art Telefonanschluss an. Nur bieten Sie im Gegensatz zu einer Telefonnummer mit Ihren Inhalten und Informationen Anknüpfungspunkte, die die Kontaktaufnahme erleichtern.

Bedenken Sie, ob Sie selbst einem Gast in Ihr Wohnzimmer lassen würden, der sich nicht vorstellen möchte, sein Gesicht verbirgt und als Erstes mit Werbebotschaften herausplatzt. Wie beschrieben, werden soziale Netzwerke in erster Linie von Menschen privat genutzt. Das birgt durchaus Möglichkeiten für Sie als Unternehmer, denn wie im Kaffeehaus, am Tresen oder bei einem gemütlichen Beisammensein im Vereinslokal sind Menschen auch in sozialen Netzwerken durchaus empfänglich für Empfehlungen und nützliche, informative oder unterhaltsame Inhalte von Unternehmen.

Mithilfe der zahlreichen Ausdrucksmöglichkeiten durch unterschiedliche Medienformate wie Text, Bild, Ton und Bewegtbild können Sie im digitalen Raum sogar sehr gut greifbar werden, was für den Aufbau von wertschätzenden Beziehungen zwischen Menschen und Unternehmensvertretern außerordentlich wichtig ist. Menschen möchten schließlich nicht mit Marken sprechen, sondern mit Menschen.

An dieser Stelle möchten wir noch einmal an das bereits in Kapitel 4 erwähnte Cluetrain Manifest[4] erinnern. Sich dessen 95 Thesen zu verinnerlichen, hilft Ihnen, die sozialen Netzwerke und den

---

4   http://www.cluetrain.com/auf-deutsch.html

Umgang miteinander in ihnen besser zu verstehen. Allein die ersten fünf Thesen haben es bereits in sich:

1. Märkte sind Gespräche.
2. Die Märkte bestehen aus Menschen, nicht aus demografischen Segmenten.
3. Gespräche zwischen Menschen klingen menschlich. Sie werden in einer menschlichen Stimme geführt.
4. Ob es darum geht, Informationen oder Meinungen auszutauschen, Standpunkte zu vertreten, zu argumentieren oder Anekdoten zu verbreiten – die menschliche Stimme ist offen, natürlich und unprätentiös.
5. Menschen erkennen sich am Klang dieser Stimme.

Diese Thesen rütteln am Selbstverständnis mancher Unternehmen. In den Social Media begeben Sie sich als Unternehmen jedoch zu den Menschen, nicht umgekehrt. Sie kommunizieren also zu anderen Bedingungen, als Sie es möglicherweise gewohnt sind, was sich auch auf Ihre interne Kommunikation auswirken kann. Aber das muss nichts Nachteiliges sein, oder was meinen Sie?

Facebook: Das digitale Du

Facebook ist momentan das beliebteste soziale Netzwerk weltweit – obgleich es bis 2006 nur Studenten und Hochschulangehörigen in den USA offenstand und in dieser Zeit bereits etwa mit MySpace andere Netzwerke existierten.

Urspünglich diente Facebook allein dem privaten Austausch der Nutzer. Nachdem es sich auch Unternehmen geöffnet hatte, wurde Facebook in vielen Unternehmen ein fester Bestandteil der Markenkommunikation. Manche Unternehmen wie *Telekom* oder *Deutsche Bahn* bieten über Facebook Kundenservice an, andere, zum Beispiel das Versandunternehmen *Otto* oder die *Krones AG*, nutzen Facebook für die Rekrutierung von Mitarbeitern und Auszubildenden.

Um bei Facebook aktiv werden zu können, benötigen Sie ein persönliches Profil. Begehen Sie nicht denselben Fehler wie viele andere Unternehmen und legen Ihr Unternehmen als persönliches Profil an. Für Unternehmen gibt es die Möglichkeit, Seiten einzurichten. Auf die Besonderheiten und Unterschiede gehen wir in diesem Kapitel ein.

Für das persönliche Profil gelten andere Nutzungsbedingungen als für Seiten (Fanpages). Hier ist von Facebook klar gefordert, dass Sie sich mit Ihrem Klarnamen anmelden und das Profil nicht für kommerzielle Zwecke nutzen. Wir empfehlen Ihnen, sich diese Nutzungsbedingungen[5] vor dem Einrichten Ihres Profil durchzulesen, damit Sie später keine Schwierigkeiten bekommen.

Von außen ist Facebook nicht ganz leicht zu verstehen. In der klassischen Medienberichterstattung ist häufiger von Problemen mit dem Datenschutz die Rede als vom Reiz des Austauschs und der Vernetzung der Menschen miteinander. Dennoch werden Sie auch die klassischen Medien in Facebook finden, die über ihr Programm, ihre Artikel und ihre Sendungen informieren und den Austausch mit ihrem Publikum suchen.

Abbildung 7-1 ▶
Die Facebook-Seite des Kulturradiosenders WDR3

Grundsätzlich funktionieren alle sozialen Netzwerke ähnlich: Sie erstellen ein Profil für Ihre Person, vernetzen sich mit bereits bekannten Menschen oder interessant wirkenden Profilen und erhalten in Ihrem Stream, Ihrem Nachrichtenstrom, die Inhalte und Informationen, die die Mitglieder Ihres Netzwerk teilen. Diese erhalten wiederum auch Ihre Neuigkeiten in ihre Streams, die dort genau in dem Moment erscheinen, in dem Sie sie bei Facebook pos-

---

5   https://www.facebook.com/legal/terms?locale=de_DE

ten. Auf diese Weise stellt sich jeder seinen persönlichen Nachrichtenstrom zusammen. Zusätzlich sehen Sie auch, wenn jemand aus Ihrem Netzwerk etwas mag oder kommentiert.

Jedes Posting können Sie mit einem »Gefällt mir« (Like) markieren, kommentieren oder teilen. Für jede Regel gibt es eine Ausnahme: wenn die Privatsphäreneinstellungen einen Inhalt nur einem eingeschränkten Netzwerk zugänglich machen, werden Sie diesen auch nur eingeschränkt teilen oder kommentieren können. Das sollten Sie bedenken, wenn Sie möchten, dass Inhalte sich verbreiten.

◀ **Abbildung 7-2**
Bei Facebook können Sie Texte, Fotos, Videos und Links mit anderen teilen.

Facebook lässt sich nur schwer beschreiben, weil die Möglichkeiten, sich dort auszudrücken, stetig wachsen. Wenn Sie bei Facebook beginnen, sollten Sie sich daher mit Leuten vernetzen, die selbst bereits aktiv sind. Fragen Sie Kollegen, Geschäftspartner und andere Menschen aus Ihrer Branche, ob sie bei Facebook sind und Sie sich mit ihnen vernetzen können. Suchen Sie nach Experten aus Ihrer Branche und Influencern, die sich in Social Media gut auskennen. Sehen Sie sich an, wie diese Facebook nutzen, mit wem sie sprechen, mit welchen Seiten und Profilen sie nteragieren und welche Inhalte sie teilen. Sie werden feststellen, dass Menschen Facebook ganz unterschiedlich handhaben. Es macht einen Unterschied aus, ob Sie Facebook nur privat oder auch bzw. ausschließlich unternehmerisch nutzen. Kontakte aus Familie und Freundeskreis sind oft wenig aussagekräftig, da sie Facebook vielleicht vor allem für das Zusenden von Nachrichten oder fürs Chatten gebrauchen.

Sehen Sie sich die Seiten Ihrer Konkurrenz an und suchen Sie nach bekannten Marken oder Unternehmen aus Ihrem direkten Umfeld. So bekommen Sie allmählich ein Gespür dafür, wie Sie selbst auftreten wollen, wie Sie Ihre Marke am besten präsentieren und welche Rolle Facebook im Rahmen Ihrer Social-Media-Strategie spielen kann. Facebook selbst ist, nicht zuletzt durch den Gang an die Börse und auf der Suche nach Geschäftsmodellen, an einer Zusammenarbeit mit Unternehmen sehr interessiert. Facebook bietet daher auch selbst viele Informationen darüber an, welche Möglichkeiten Sie haben, um Ihre Kunden und Fans zu erreichen.[6]

Die Nutzung von Facebook an sich ist zwar kostenlos, aber Sie sollten ein monatliches Budget (ab dreistellig aufwärts) für Anzeigenwerbung und Marketingkampagnen in Facebook bereithalten. Nach Änderungen im Algorithmus von Facebook ist die Visibilität vieler Seiten und deren Posts in letzter Zeit stark eingebrochen. Mit *Sponsored Posts* können Sie dem entgegenwirken. Wenn möglich, sollten Sie also alle Möglichkeiten ausschöpfen, um Reichweite aufzubauen und mit Ihren Inhalten sichtbar zu sein.

Außerdem unterstützt Facebook Anwendungen von Fremdherstellern. Viele User spielen beispielsweise *Farmville* oder *Cityville* oder zeigen mit *Cities I've visited*, wie weit sie schon in der Welt herumgekommen sind.

Für Ihr Unternehmen sollten Sie eine Seite einrichten. Dort geben Sie Interessenten, Kunden, Geschäftspartnern, Mitarbeitern und Branchenteilnehmern die Möglichkeit, mit einem »Gefällt mir« die Neuigkeiten und Inhalte Ihrer Unternehmensseite zu abonnieren. Dort können Sie Statusmeldungen posten, Fotos und Videos hochladen und die Inhalte von anderen teilen. Je nach Kategorie Ihres Unternehmens bietet Facebook unterschiedliche Möglichkeiten an, mit welchen Informationen und Funktionen Sie Ihre Seite ausstatten können. Facebook unterscheidet dabei etwa zwischen verschiedenen örtlichen Gegebenheiten (zum Beispiel Ladengeschäft), Marke und Produkt, Institution und Unternehmen, Künstler oder gutem Zweck[7].

Nicht nur für private Beziehungen und für Unternehmen ist Facebook inzwischen ein wichtiges Instrument. Als im Februar 2011 in Ägypten die Menschen für Unabhängigkeit und ein Ende der Diktatur kämpften, war Facebook zusammen mit Twitter eines der wich-

---

6   *https://www.facebook.com/business/overview/*
7   *https://www.facebook.com/help/364458366957655/*

tigsten Mittel, um Menschen zu informieren und zu Demonstrationen zusammenzurufen und die Welt auf die aktuellen Vorgänge aufmerksam zu machen. Und obwohl von Staatsseite zunächst alles versucht wurde, um den Zugang zum Internet zu blockieren, konnte sich der damalige Präsident Mubarak schließlich dem Druck nicht mehr widersetzen. Die Revolution wurde von den Ägyptern herbeigeführt, und die Nutzung von Facebook half dabei mit (wenngleich umstritten ist, wie viel Anteil die sozialen Netzwerke tatsächlich hatten). Auch wenn nicht abzusehen ist, wie die Entwicklung in den arabischen Ländern verlaufen wird: über Social Media können Menschen einander mobilisieren und informieren.

Facebook-Hilfe im Internet

Facebook ist eine Onlineplattform, und als solche wird sie im Gegensatz zu fest installierten Desktopprogrammen ständig aktualisiert und erweitert. Mehr noch: Facebook ist geradezu berühmt und berüchtigt dafür, sehr häufig und unangekündigt den Aufbau von Profilen, die Standardeinstellungen für die Privatsphäre oder den Ablauf von Registrierungen zu verändern. Meist werden neue Funktionen erst auf wenigen Profilen oder nur in einzelnen Ländern getestet, um dann auf alle User ausgedehnt zu werden. Auf diese Weise erfährt man häufig gerüchteweise von einer geplanten Änderung. Zuletzt führte die Änderung des Layouts von Seiten und Profilen zu Aufregung unter den Nutzern. Es gibt einige nützliche Anlaufstellen im Web, die sich aktuellen Fragen zur Verwendung von Facebook widmen und über neue Entwicklungen informieren:

- Schwindt PR-Blog: O'Reilly-Autorin Annette Schwindt ist nicht erst seit der Veröffentlichung des »Facebook-Buchs« eine anerkannte Facebook-Expertin. Seit Langem ist sie privat und beruflich Facebook-Userin und pflegt mehrere eigene Facebook-Seiten. Auf *http://blog.schwindt-pr.com* sowie der dazugehörigen Facebook-Seite veröffentlicht sie ständig Infos über Änderungen und Stolperfallen bei der Verwendung von Facebook.

- Speziell dem Thema »Marketing mit Facebook« widmen sich *http://www.futurebiz.de* und *http://allfacebook.de*. Mithilfe vieler Blogbeiträge und frei herunterladbarer Whitepapers können Sie hier tief in Facebook einsteigen: vom Aufbau von Seiten bis zur Programmierung von Apps usw. Auch Statistiken zur Nutzung in einzelnen Ländern sind hier regelmäßig zu finden.

- Statistiken und Auswertungen der Nutzerzahlen finden sich außerdem auf *http://www.socialbakers.com/facebook-statistics*.

- Der Schweizer PR-Profi Thomas Hutter beschäftigt sich unter *http://www.thomashutter.com/index.php/themen/facebook-socialmedia/* sowie auf seiner Facebook-Seite *http://www.facebook.com/thomashutterblog* ebenfalls regelmäßig mit Facebook als Marketingwerkzeug.

- Die englischsprachige Website *http://www.allfacebook.com/* ist die unabhängige Newsquelle aus den USA.

- Es gibt einige Facebook-Gruppen, in denen Social-Media-Manager miteinander Tipps und Erfahrungen austauschen.

- Nicht zuletzt bietet Facebook unter *http://blog.facebook.com/* und *http://developers.facebook.com/* selbst Nachrichten und Hilfestellungen (teilweise auf Englisch).

In manchen Ländern ist aus diesen Gründen die Nutzung von Facebook wie auch von anderen sozialen Medien wie Twitter oder YouTube verboten oder eingeschränkt. Die Nachricht darüber wiederum verbreitet sich global rasant über Social Media.

In Deutschland dienten Facebook und Twitter der Initiative gegen Stuttgart 21 (S21), den Umbau des Stuttgarter Hauptbahnhofs, zur Kommunikation miteinander und als Medium, um die Öffentlichkeit über ihre Aktionen zu informieren.

Facebook baut sein Angebot mehr und mehr zu einem »Internet im Internet« aus: Die User haben ihre persönlichen Profile inklusive Adressbuch, schreiben über den Messenger Nachrichten, laden Fotos und Videos hoch, chatten, spielen, bewerten und kommentieren und rufen Informationen zu Unternehmen, Produkten und Marken ab, statt auf die Websites der Unternehmen zu gehen.

Facebook hat daher auch als Werbemedium ein gewaltiges Potenzial. Vergessen Sie jedoch nicht, dass Facebook von seiner Geschichte her ein privat genutztes Netzwerk ist. Erst später begannen Marketingfachleute, sich in Facebook zu engagieren, weil sie das große Werbepotenzial dieses Portals erkannten. Aus diesem Grunde sollten Sie mit Taktgefühl und gesundem Menschenverstand vorgehen. Seien Sie ein angenehmer, aber nicht aufdringlicher Gesprächspartner – wie im Leben abseits des Bildschirms auch.

Sie sollten übrigens keine Wunder erwarten. Der Aufbau und die Pflege von zwischenmenschlichen Beziehungen brauchen Geduld und Fingerspitzengefühl. Facebook ist nicht gleich Social Media, daher sollten Sie in Ihrer Social-Media-Strategie nicht allein auf Facebook setzen und sich damit abhängig machen von nur einer Plattform. Momentan ist Facebook noch stetig wachsend, aber was in fünf Jahren sein wird, lässt sich angesichts der rasanten Entwicklungen im Internet schwer absehen. Wenn Sie es schaffen, sich über verschiedene Kommunikationsformen ein stabiles Netzwerk von Kontakten aufzubauen, Ihre Inhalte im Griff haben und die Entwicklung von Social Media im Blick behalten, vermeiden Sie eine allzu große Abhängigkeit von nur einer Plattform.

Persönliches Profil – Seiten – Gruppen

Am Anfang steht immer die Registrierung einer Person. Auch wenn Sie eigentlich nur für Ihr Unternehmen tätig werden wollen, müssen Sie vorher ein persönliches Profil erstellen.

Facebook verlangt in seinen Nutzungsbedingungen Ihren Klarnamen. Wenn Sie später für Ihr Unternehmen eine Seite anlegen, wird Ihr Profil nicht damit in Verbindung gebracht. Wenn Sie aus unternehmerischen Gründen im Internet unterwegs sind, sollten Sie sich allerdings fragen, ob es nicht sinnvoll sein könnte, dass Sie als Unternehmer oder Mitarbeiter eines Unternehmens auch als solcher auffindbar sind. Sie benötigen ein Personenprofil, um eine Seite zu erstellen und Administrator dieser Seite zu werden. Mit Ihrem Profil können Sie sogar mehrere Seiten anlegen und mit anderen Nutzern gemeinsam verwalten.

Ein Profil ist also für eine Person vorgesehen und kann auch nur von einer Person verwaltet werden. Immer wieder sind Profile zu sehen, die fälschlicherweise für Unternehmen genutzt werden. Ein solches falsch genutztes Profil widerspricht nicht nur den Nutzungsbedingungen von Facebook und kann daher jederzeit von Facebook gesperrt werden; hinzu kommt, dass viele Funktionen, die für Unternehmen sehr nützlich sind, in einem Profil nicht genutzt werden können: Werbeanzeigen, Seitenstatistiken, mehrere Administratoren und Anwendungen bzw. Apps integrieren.

Ein Profil ist außerdem in der Anzahl der Kontakte limitiert: mehr als 5.000 Freunde können Sie nicht »sammeln«, während eine Seite von beliebig vielen Facebook-Nutzern »geliket« werden kann. Facebook untersagt die kommerzielle Nutzung von Personenprofilen, wobei sich gerade Selbstständige hierbei oftmals in einer Grauzone bewegen.

Neben der Beschränkung der Anzahl Ihrer Freunde beruht die Vernetzung zwischen Profilen auf einem beidseitigen Einverständnis. Sie stellen einer anderen Person eine Freundschaftsanfrage, wenn Sie sich vernetzen möchten, die diese bestätigen muss. Ihre Seite kann im Vergleich dazu jeder mit einem »Gefällt mir« abonnieren, ohne dass Sie etwas tun müssen.

Zusätzlich können Sie für Ihr persönliches Profil die Möglichkeit eines Abonnements freischalten, so dass auch diejenigen Menschen Ihre öffentlichen Postings im Stream erhalten können, die sich scheuen, Ihnen eine Freundschaftsanfrage zu stellen.[8] Das setzt natürlich voraus, dass Sie auch etwas öffentlich posten, ansonsten ergibt die Freigabe eines Abonnements wenig Sinn.

---

8   https://www.facebook.com/notes/facebook-deutschland/einf%C3%BChrung-der-abonnieren-schaltfl%C3%A4che/276413219038190

Abbildung 7-3 ▲
Mit »Folgen« abonnieren Sie die öffentlichen Postings einer Person

Mit Ihrem Profil können Sie Gruppen beitreten oder selber eine oder mehrere Gruppen gründen. Diese Gruppen bieten die Möglichkeit, sich über Interessen, Hobbys und Themen auszutauschen. Gruppen lassen sich öffentlich (für jeden lesbar), geschlossen (nur Mitglieder sehen die Inhalte) oder geheim anlegen (über die Suche nicht auffindbar, Beiträge und die Gruppe können nur von Mitgliedern gesehen werden). Eine Seite kann weder eine Gruppe anlegen noch einer beitreten.

Dennoch können Gruppen für Unternehmen durchaus interessant sein, von einer Gruppe für Ihre Geschäftspartner oder Ihre treuesten Fans über eine für Spezialthemen Ihrer Branche bis hin zu einer Arbeitsgruppe. Vielleicht möchten Sie als Franchisegeber all Ihre Partner über Neuigkeiten informieren und zum Austausch über erfolgreiche Unternehmensstrategien animieren? Oder möchten Sie von einer Firmenzentrale aus mit allen Filialen kommunizieren? Oder einen Kundenstamm zu exklusiven Veranstaltungen einladen? Oder als Freiberufler eine Gruppe zu einem bestimmten Trendthema gründen, um sich darüber zu profilieren und im Austausch Neukunden kennenzulernen? Auch aus diesem Grund sollten Sie ein Profil nicht mit einem Fantasienamen oder einem unkenntlichen Profilbild anlegen. Selbst wenn Sie Facebook (noch) nicht ernstnehmen: Ihre Kunden und Geschäftspartner erwarten von Ihnen einen professionellen Umgang mit Social Media.

Für irrtümlich als Profil angelegte Seiten bietet Facebook die Möglichkeit, sie in Seiten umwandeln zu lassen. Folgen Sie dem Link *http://www.facebook.com/pages/create.php?migrate*, wählen Sie eine passende Kategorie aus, bestätigen Sie die Umwandlung mit einem

Captcha, und schon haben Sie eine Seite. Probieren Sie das aber bitte nicht mit Ihrem persönlichen Profil aus, sondern nur, wenn Sie versehentlich ein Profil für Ihr Unternehmen erstellt haben und über ein Profil für Ihre Person verfügen. Irgendjemand muss die entstehenden Seiten administrieren, und das sollten mindestens Sie mit Ihrem Profil sein.

▼ **Abbildung 7-4**
Das Registrierungsformular für Facebook unter http://www.facebook.com

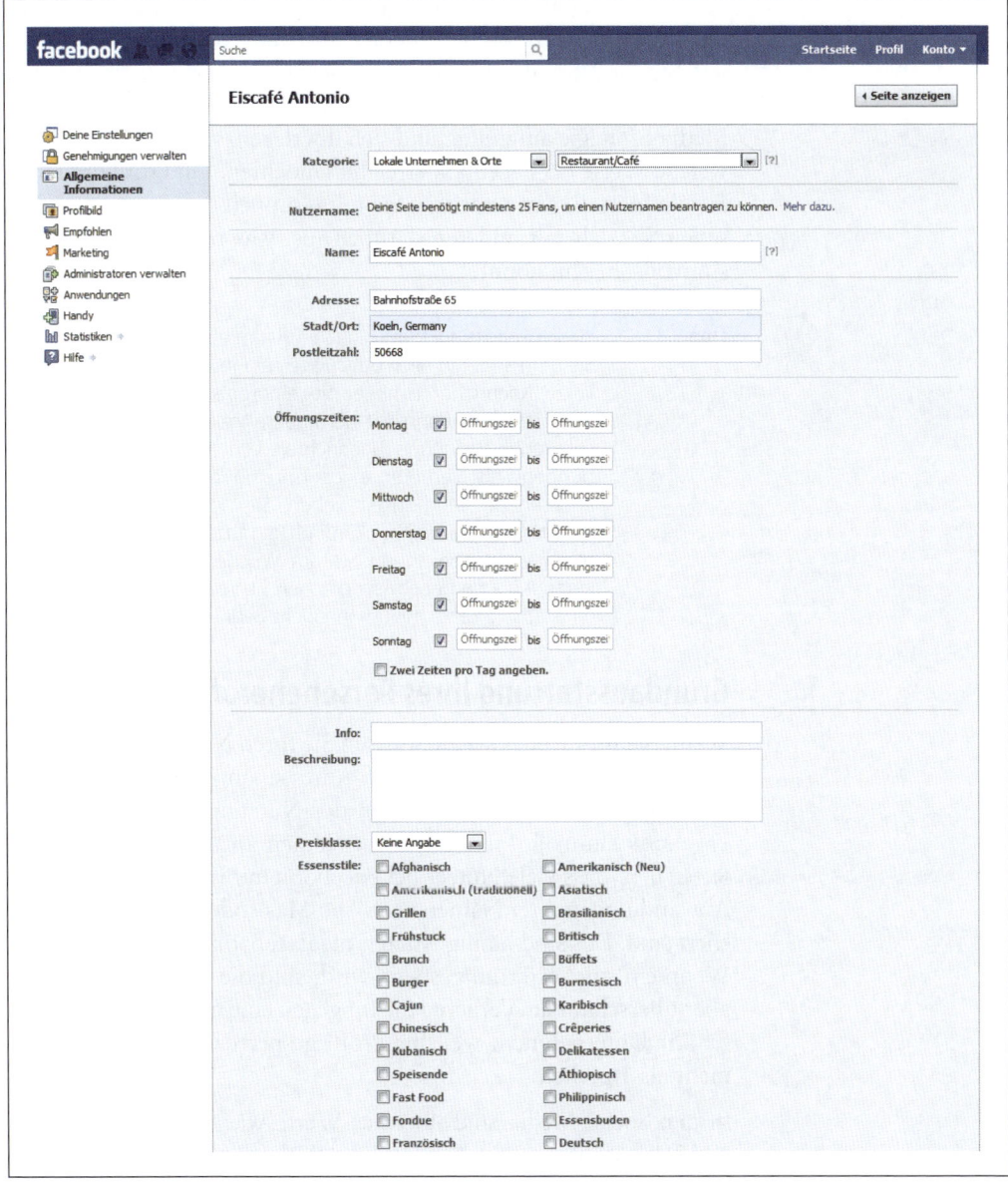

Hierbei sollten Sie auch nicht vergessen, vor der Umwandlung Ihre Kontakte zu informieren. Nicht jeder ist glücklich, plötzlich Fan statt Freund eines Unternehmens oder einer Marke zu sein. Die hohe Kunst der Kommunikation beweist sich darin, ob die Menschen sich bei Ihnen wahrgenommen und respektiert fühlen, ob als Freund oder Fan.

Sollen Sie nun also ein Profil, eine Gruppe oder eine Seite nutzen? Die Frage ist nicht, ob Sie eine der Möglichkeiten nutzen, sondern wie Sie die Vorteile jeder dieser Möglichkeiten am geschicktesten nutzen. An dieser Stelle sollten Sie den Punkt »Ziele« Ihrer Social-Media-Strategie aufgreifen und sich überlegen, was und wen Sie auf welche Weise bei Facebook erreichen möchten. Ein Profil brauchen Sie ohnehin. Experimentieren Sie mit Gruppen und Seiten und tauschen Sie sich mit anderen darüber aus, was für Ihre Zwecke am sinnvollsten sein könnte.

Tipp   Höflichkeit ist auch im digitalen Raum eine Tugend. Schreiben Sie dem anderen nach oder vor einer Freundschaftsanfrage eine kurze Nachricht, damit er sie einordnen kann. Das ist nicht möglich? Nun, dann hat der andere vielleicht in seinen Privatsphäreneinstellungen Nachrichten von Nicht-Freunden unterbunden. Als Vertreter eines Unternehmens sollten Sie also anderen die Möglichkeit geben, Sie ansprechen zu können. Selbst wenn Sie Facebook nur privat nutzen sollten, ist das nicht sofort ersichtlich. Wenn Sie am Wochenende auf der Straße einem Kunden begegnen, machen Sie vermutlich auch nicht auf dem Absatz kehrt, nur um ihn nicht begrüßen zu müssen.

Grundausstattung Ihres Personenprofils

Wenn Sie Ihr Profil anlegen, müssen Sie Ihren Namen, Ihr Geburtsdatum und eine gültige E-Mail-Adresse angeben. Wie bereits erwähnt, ist es nicht allein wegen der Nutzungsbedingungen von Facebook sinnvoll, Ihren richtigen Namen anzugeben. Sie werden feststellen, dass viele Nutzer bei Facebook mit Fantasienamen oder Abwandlungen ihrer Namen wie »Tho Mas« oder »Su Sanne« registriert sind. Das sind häufig Nutzer, die Facebook rein privat nutzen. Wenn ein solches Profil gesperrt wird, sind die Folgen unbequem, aber überschaubar. Verlieren Sie hingegen eine oder mehrere Seiten für Ihr Unternehmen, weil Ihr Profil gesperrt wird, ist das schon mehr als ärgerlich.

In den Social Media sind überdies Werte wie Vertrauen, Respekt und Wertschätzung eine wesentliche Währung. Als Vertreter eines

Unternehmens unterliegen Sie einer anderen Wahrnehmung als jemand, der eine Plattform privat nutzt.

Ihr Profil können Sie anreichern, so dass Sie als Person wiedererkennbar sind. Verwenden Sie ein sympathisches Profilbild. Wenn Sie dann einige Erfahrungen im Umgang mit Facebook gesammelt haben, werden Sie vermutlich ein anderes Bild wählen als zu Beginn. Nehmen Sie ein Bild, mit dem Sie sich wohlfühlen und auf dem Sie weder unnötig formell noch allzu leger wirken. Vermeiden Sie Bilder, auf denen mehr als eine Person abgebildet ist, und insbesondere solche mit Kindern, denn das wirkt oft eher verstörend als ansprechend.

Bei Facebook können Sie Ihr Personenprofil mit einem Titelbild weiter personalisieren. Außerdem gibt es zahlreiche Informationen, die Sie angeben können, von Ihrer aktuellen Beschäftigung, Ihrem Karriereweg und Ihrer Ausbildung über Ihre Interessen, Hobbys und Lieblingsfilme bis hin zu Ihrer Religionszugehörigkeit und Ihrem Familienstand.

Überlegen Sie sich gut, welche Angaben sinnvoll sind und wie viel Sie über sich verraten wollen. Alle Angaben können Sie später noch ergänzen oder ändern. Sie selbst haben in der Hand, welchen ersten Eindruck Ihre Kunden, Geschäftspartner und Kollegen von Ihnen erhalten.

Für alle Angaben können Sie in den Privatsphäreneinstellungen festlegen, ob sie öffentlich oder nur einem eingeschränkten Personenkreis in Ihrem Netzwerk zugänglich sind. Dafür bekommen Sie im Laufe der Nutzung ein Gespür. Oft ist es so, dass Neulinge in Facebook sich erstmal komplett abschotten, bis sie sich ein vertrautes Netzwerk aufgebaut haben und feststellen, dass es eher irritierend ist, wenn der Vertreter eines Unternehmens nichts über sich preisgibt. Insbesondere wenn Sie vorhaben, Gruppen beizutreten oder gar welche zu gründen, sollten Sie Ihren bestehenden und künftigen Kontakten die Möglichkeit geben, Sie zuzuordnen. Zumal Sie für geschlossene Gruppen von den Administratoren freigeschaltet werden müssen. Wegen der Häufigkeit von Spam- und Fake-Accounts werden Sie möglicherweise erst gar nicht in eine Gruppe gelassen, um dort Kontakt mit den Mitgliedern aufzunehmen, wenn Sie gar nichts von sich preisgeben.

Gestalten Sie Ihr Profil so, dass Sie gut auffindbar und einschätzbar sind, und so, dass Sie sich selbst gut und professionell dargestellt fühlen.

Facebook wird Sie auffordern, sich mit anderen zu vernetzen. Ohnehin wird Facebook Sie häufig auffordern, Angaben zu Ihrer Person, zu Ihren Interessen und zu Ihrer Arbeit zu machen. Bleiben Sie gelassen. Bisher ist noch niemand gesperrt worden, weil er nicht verraten hat, welcher Religion er angehört, welche politische Gesinnung er hat, ob er in einer Beziehung ist oder was sein Lieblingsbuch ist.

Nehmen Sie für den Beginn Kontakt mit Leuten auf, denen Sie vertrauen und denen Sie ab und zu auch mal eine Frage stellen können. Dann können Sie beginnen, interessante, nützliche und unterhaltsame Inhalte zu posten: ein Foto, ein Text, eine kurze Nachricht, ein Video oder ein Link. Am besten sammeln Sie einige Erfahrungen damit, wie Facebook funktioniert, bevor Sie eine Seite oder eine Gruppe für Ihr Unternehmen erstellen.

Tipp Facebook benachrichtigt Sie automatisch mit einer Meldung, wenn jemand aus Ihrem Netzwerk Geburtstag feiert. Das bietet eine gute Möglichkeit, einen Kontakt zu pflegen oder aufzufrischen. Sie benötigen dafür keine Zusatz-App, auch wenn solche in Facebook vorhanden sind. Seien Sie misstrauisch bei Apps, deren Nutzen Sie nicht (er-)kennen. Manche Apps dienen dem Zweck, Daten zu sammeln. Verwenden Sie also keine Apps, die keinen klaren Nutzen haben oder im Vergleich zum Nutzen unnötig viele Berechtigungen von Ihnen fordern.

Was posten Sie denn nun?

Ein Profil ist ebenso fix angelegt wie eine Seite oder eine Gruppe. Der wirklich interessante Teil beginnt, wenn Sie selbst Inhalte posten, sich ein Netzwerk aufbauen und die Inhalte der anderen Mitglieder lesen und wiederum teilen. An dieser Stelle sollten Sie sich an Ihre Social-Media-Strategie aus Kapitel 2 erinnern und die Ergebnisse Ihres Social-Media-Monitoring aus Kapitel 3 berücksichtigen. Vergegenwärtigen Sie sich, wen Sie mit welchen Inhalten zu welchem Zweck erreichen wollen und über welche Themen in Ihrer Zielgruppe derzeit gesprochen wird. Beobachten Sie eine Weile, wie Ihre Kontakte miteinander (und mit Facebook) umgehen, und sehen Sie sich Seiten anderer Unternehmen, Medien und Organisationen an.

Unabhängig davon, ob Sie Ihr Personenprofil oder eine Seite benutzen, sollten Sie sich immer fragen, für wen Sie etwas posten und welchen Nutzwert dieses Posting für andere hat.

Selbstverständlich werden Sie auch manchmal etwas posten, weil Sie es einfach großartig finden oder unbedingt etwas mitteilen wollen. Aber auch das erfüllt einen Nutzwert, denn Ihr Netzwerk erhält eine Information darüber, was Sie begeistert, erfreut oder vielleicht auch aufregt.

▼ **Abbildung 7-5**
In der linken Spalte sehen Sie Ihre Gruppen, Favoriten und Seiten.

Bei jedem Posting können Sie festlegen, ob nur Freunde es sehen sollen oder es öffentlich ist. Außerdem können Sie Listen einrichten und wiederum die Sichtbarkeit auf bestimmte Listen in Ihrem Netzwerk aus Freunden beschränken.

Tipp   Facebook gibt Ihnen mit der Funktion »Lebensereignis« die Möglichkeit, etwa Ihr erstes Wort, Ihre Hochzeit, den Wechsel Ihrer Arbeitsstelle, einen Umzug oder eine Reise, aber auch aberwitzige Begebenheiten wie die Entfernung Ihrer Zahnspange, ein neues Piercing oder einen Gewichtsverlust in Ihrer Chronik, also der Zeitlinie Ihres Profils zu markieren. Sie haben auch die Möglichkeit, eigene Ereignisse zu definieren, wodurch fantasievolles Storytelling fast ohne Grenzen möglich ist.

Auf der rechten Seitenleiste Ihrer Startseite sehen Sie die laufenden Aktivitäten Ihrer Freunde, beispielsweise, welche Seiten ihnen gefallen oder dass sie etwas kommentiert oder ein Foto hochgeladen haben. Außerdem sehen Sie Veranstaltungen, zu denen Sie eingeladen wurden, Geburtstage Ihrer Freunde und Seiten von Unternehmen, Marken oder Produkten, zu denen Ihre Freunde Sie einladen. Die Vorschläge zeigen Ihnen, was sie außer ihren Statusmeldungen sonst noch bei Facebook machen.

Neben Ihrem Stream sehen Sie Werbeanzeigen, die auf Ihre Interessen und Profileigenschaften hin personalisiert sind. Die Werbeanzeigen lassen sich durch Anklicken eines Kreuzchens im rechten Bereich der Anzeige verbergen, wobei von Facebook nach einem Grund gefragt wird. Facebook »lernt« auf diese Weise, welche Anzeigen für Sie von Interesse sind und welche nicht.

Diese Werbeanzeigen sind personalisiert, aber nicht persönlich. Das bedeutet, dass Sie als Unternehmen Werbeanzeigen auf bestimmte Profileigenschaften hin schalten können. Das reicht von Geschlecht, Alter, Wohnort und Interessen bis hin zu sehr kleinteiligen Eigenschaften, zum Beispiel ob jemand Fan einer bestimmten Seite ist, was Werbeanzeigen für Sie aus Unternehmersicht sehr interessant machen kann. Viele Unternehmen schalten jedoch nach recht groben Kriterien ihre Werbanzeigen, um möglichst viele Impressions zu erreichen. Wenn Sie also eine Frau mittleren Alters sind, werden Sie höchstwahrscheinlich Werbung für Mode und Diätmittel erhalten.

Abbildung 7-6 ▼
Ein Blick auf Facebook im laufenden Betrieb mit Statusmeldungen, Gruppenzugehörigkeiten, Werbeanzeigen und weiteren Meldungen

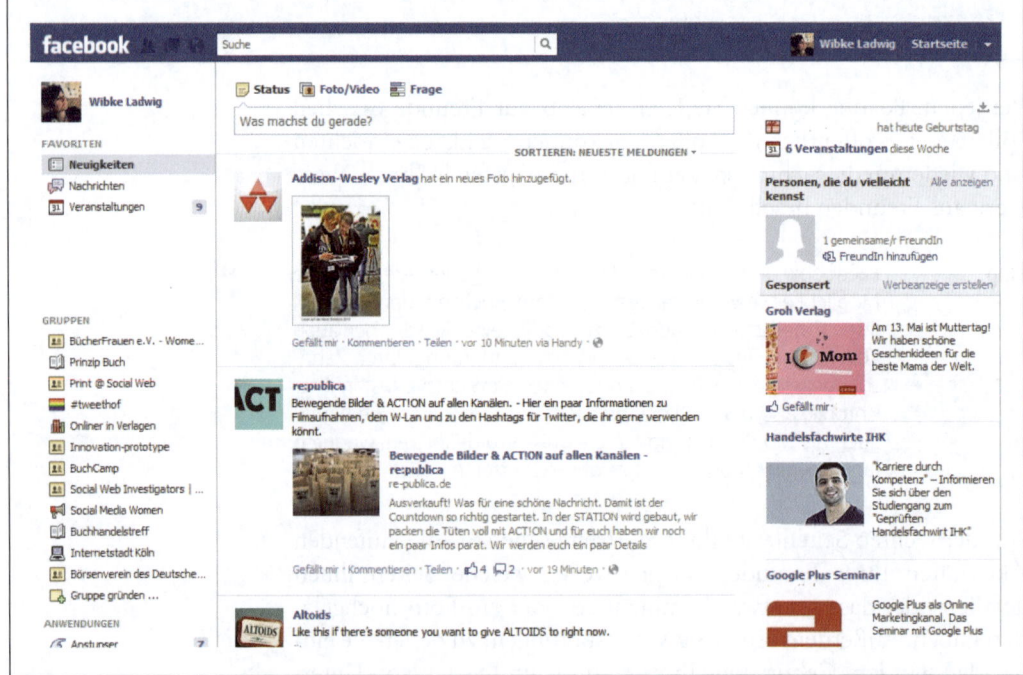

Der Begriff der Freundschaft

Eine Anmerkung zum Begriff *Freunde*: Sie werden feststellen, dass längst nicht alle Personen, die Ihnen eine Freundschaftsanfrage stellen, in Ihrem Leben auch wirklich eine Rolle als Freund im klassischen Sinne spielen. Immer mehr mischen sich ehemalige Schulkameraden, Arbeitskollegen und Geschäftspartner, aber auch lose Bekanntschaften unter Ihre Kontakte. Und so sollten Sie den Begriff *Freundschaft* bei Facebook auch verstehen: als mehr oder weniger lose Verbindung zu verschiedenen Menschen aus verschiedenen Bereichen Ihres Lebens.

Im Vergleich zu eher interessengetriebenen Diensten wie Twitter oder Instagram vernetzen sich Menschen bei Facebok oft erst dann, wenn sie sich aus einem anderen Zusammenhang kennen. Wenn es möglich ist, empfiehlt sich daher zusätzlich eine Nachricht, wenn Sie jemandem eine Freundschaftsanfrage stellen.

Wie eng Sie den Begriff der Freundschaft für sich definieren wollen, können und müssen Sie selbst entscheiden – einige Facebook-User haben mehr als 1.000 Freunde, andere nur 25. Manchmal werden Sie aber auch – je nach der Branche, in der Sie tätig sind – keine Alternative haben, als den einen oder anderen als Facebook-Freund zu akzeptieren, obwohl Sie mit ihm oder ihr niemals eine Flasche Wein teilen würden.

Es gibt jedoch eine Möglichkeit, zwischen »Freund« und »Freund« zu trennen: Sie können bestimmte Statusmeldungen und Fotos beispielsweise nur einer ausgewählten Gruppe von Freunden zugänglich machen, nämlich über Listen. Anhand solcher Listen können Sie bei jedem Posting bestimmen, für welche Ihrer Freunde diese Nachricht gedacht ist. In Ihren Privatsphäreneinstellungen haben Sie auch die Möglichkeit, Standardeinstellungen für das Posten von einem mobilen Endgerät aus zu wählen. So können Sie festlegen, ob Ihre Meldungen *Öffentlich*, für *Freunde* oder *benutzerdefiniert* sichtbar sind. Diese Einstellung können Sie individuell bei jedem Post auch wieder abschalten. Auf diese Weise schaffen Sie es, Ihre engen Freunde mit privaten Updates zu versorgen, berufliche oder losere Kontakte damit jedoch nicht zu »belästigen«. Rufen Sie dazu *http://www.facebook.com/settings/?tab=privacy* auf.

Dort legen Sie auch fest, wer mit Ihnen Verbindung aufnehmen kann, ob Ihr Facebook-Profil über Suchmaschinen auffindbar ist und inwieweit Sie das Markieren Ihrer Person auf Fotos erlauben. Wenn Sie Facebook vor allem aus beruflichen Gründen nutzen, denken Sie bitte daran, dass Sie durchaus gefunden und als sympathischer, kompetenter Geschäftspartner wahrgenommen werden wollen. Ziehen Sie die »Mauer« also nicht zu hoch.

Da Facebook auch Tools von Fremdherstellern unterstützt, nutzen außerdem viele Firmen die Möglichkeit, bei Facebook eigene Anwendungen anzubieten. Twitter verfügt zum Beispiel über ein beliebtes Facebook-Konto mit einigen Millionen aktiven Nutzern (*https://apps.facebook.com/twitter*). Die Anwendung NetworkedBlogs (*http://www.facebook.com/networkedblogs*) überträgt Ihre Blogbeiträge automatisch auf Ihr Profil und ermöglicht Bloggern die Netzwerkbildung.

Um diese Tools für Ihr Facebook-Konto einzurichten, brauchen Sie nur zur betreffenden Anwendung zu navigieren (über *Anwendungen*) und auf *Zugriff erlauben* zu klicken. Um maximalen Nutzen aus den Features zu ziehen, müssen Sie den erbetenen Zugriff genehmigen (siehe Abbildung 7-7). In den Kontoeinstellungen Ihres Profils können Sie diese Genehmigung jederzeit widerrufen.

Unternehmensprofil: Die Seite (auch: Fanseite) bei Facebook

Die bei Weitem beliebteste kostenfreie Marketingmöglichkeit bei Facebook sind Facebook-Seiten (*http://www.facebook.com/pages/*). Das sind Profile für Unternehmen, Produkte, Marken, Dienstleistungen, Initiativen und Personen des öffentlichen Lebens.

Abbildung 7-7 ▶
So genehmigen Sie bei Facebook den Zugriff auf Anwendungen von Fremdherstellern.

Eine Facebook-Präsenz ist für Unternehmen inzwischen beinahe genauso wichtig wie eine eigene Homepage. In manchen Branchen, z.B. der IT- oder der Medienbranche, kann eine Facebook-Seite sogar wichtiger und stärker frequentiert sein als die Homepage. Die Wahrscheinlichkeit, dass Sie Ihre Zielgruppe und bestehende Geschäftskontakte auch bei Facebook antreffen, steigt mit dem raschen Wachstum der Nutzerzahlen. Viele Millionen Deutsche unterschiedlichen Alters, unterschiedlicher Bildung und unterschiedlichen kulturellen Hintergrunds sind bei Facebook aktiv. Hinzu kommen viele Millionen Seiten, Gruppen und Veranstaltungen: Facebook ist längst ein Mikrokosmos mit eigenen Regeln geworden. Der Satz »Das habe ich bei Facebook gelesen« wird längst nicht mehr nur von Menschen gesagt, die generell viel Zeit am PC verbringen oder das Internet mobil mit ihrem Smartphone nutzen.

Mit einer Facebook-Seite können Sie grundsätzlich eine bessere Wahrnehmung Ihres Unternehmens erreichen, was auch die Wave 6-Studie belegt. Voraussetzungen sind eine gute Kenntnis der Erwartungen und Bedürfnisse Ihrer Kunden. Wie die Studie belegt, lassen sich keine allgemeingültigen Aussagen für alle Unternehmen treffen, genauso wenig, wie die Aussage zutrifft, dass *alle* Unternehmen Werbespots im Fernsehen schalten müssen. Umso wichtiger ist die Planung einer Strategie für Ihre Präsenz in sozialen Netzwerken. Machen Sie sich bewusst, dass Facebook von etwa 80% aller Nutzer ausschließlich privat genutzt wird. Als Unternehmen sollten Sie daher mit Fingerspitzengefühl, Professionalität und souveränem Geschick vorgehen. Platte Werbesprüche helfen Ihnen in den meisten Fällen nicht weiter.

Wenn Sie sich für eine Präsenz Ihres Unternehmens, Ihrer Marke oder eines Ihrer Produkte, Ihres Vereins oder Ihrer Person (falls Sie sich z.B. als Künstler selbst vermarkten wollen) entschieden haben, empfehlen wir Ihnen einige Vorüberlegungen:

- Wie wollen Sie sich darstellen? Welche Aussage wollen Sie treffen? Wie wollen Sie wirken? An wen wollen Sie sich wenden? Welchen Nutzen soll die Seite Ihren Kunden bzw. Fans bringen? Warum sollten Ihre Kunden Fan werden wollen? Was könnten diese überhaupt von Ihnen erwarten?
- Wer könnte Sie unterstützen? Haben Sie Facebook-erfahrene Kollegen oder Mitarbeiter? Benötigen Sie eventuell den fachlichen Rat einer Marketingagentur oder eines Beraters?
- Welche Inhalte möchten und können Sie bereitstellen? Was ist für Ihre Zielgruppe nützlich, unterhaltsam oder sinnstiftend? Wie könnten Sie diese Inhalte planen, beschaffen und kreieren?
- Welche Themen wollen Sie besprechen, welche bewusst ausklammern?

- Wie wollen Sie Ihre (Neu-)Kunden ansprechen: siezen oder duzen? In welchem sprachlichen Stil sollen die Posts gehalten sein?
- Wie wollen Sie mit Kommentaren umgehen, vor allem, wenn sie Kritik enthalten?
- In welchem zeitlichen Rahmen soll die Seite aufgesetzt sein? Gibt es spezielle Termine wie Messen, die Sie nutzen können, um für Ihre Seite zu werben? Oder steht gar der Launch eines neuen Produkts bevor, der Ihnen einen Termin vorgibt?

Am hilfreichsten ist es, wenn Sie sich zunächst selbst ausgiebig auf Facebook umschauen. Das Netzwerk und auch das Marketing damit sind kein Teufelswerk. Schauen Sie sich andere Profile und Seiten an, lassen Sie sich von deren Inhalten inspirieren, lesen Sie nach, wie andere mit der Kommentarfunktion umgehen, und profitieren Sie von den Erfahrungen, die andere bereits auf Facebook gemacht haben. Und dann: Versuchen Sie, die oben genannten Fragen durch ein Brainstorming zu beantworten.

Sobald Sie Ihren Fahrplan zum Aufbau einer Facebook-Seite angelegt haben, können Sie loslegen. Für die Verwaltung einer Seite können Sie mehrere Administratoren einsetzen. Das ist z.B. für den Fall sinnvoll, dass ein persönliches Profil etwa wegen Wartungsarbeiten bei Facebook einmal eine Weile nicht erreichbar sein sollte. Es empfiehlt sich ohnehin, die Pflege von Unternehmensseiten auf ein Mitarbeiterteam zu verteilen. Sollten Sie keine Mitarbeiter einsetzen können oder wollen, wählen Sie eine vertrauenswürdige Person aus Ihrem Umfeld als »Sicherung«. Administratoren können Sie jederzeit hinzufügen und entfernen und ihnen verschiedene Rechte einräumen.

In der Hilfe bei Facebook finden Sie eine Schritt-für-Schritt-Anleitung[9] zur Erstellung von Seiten. Umfassendere Hilfe und Tipps finden Sie im Facebook-Buch von Annette Schwindt[10].

In Abbildung 7-8 sehen Sie das Grundprofil, das für ein Café oder Restaurant ausgefüllt werden kann: Von Öffnungszeiten über den Dresscode bis zum Essensangebot sind viele nützliche Aspekte bereits vorgegeben. Die Möglichkeiten richten sich danach, welche Kategorie Sie für Ihre Seite auswählen. Am besten experimentieren Sie ein wenig damit herum, welche Kategorie sich für Sie eignet.

---

9 *https://www.facebook.com/help/104002523024878*
10 *http://www.schwindt-pr.com/publikationen/das-facebook-buch/*

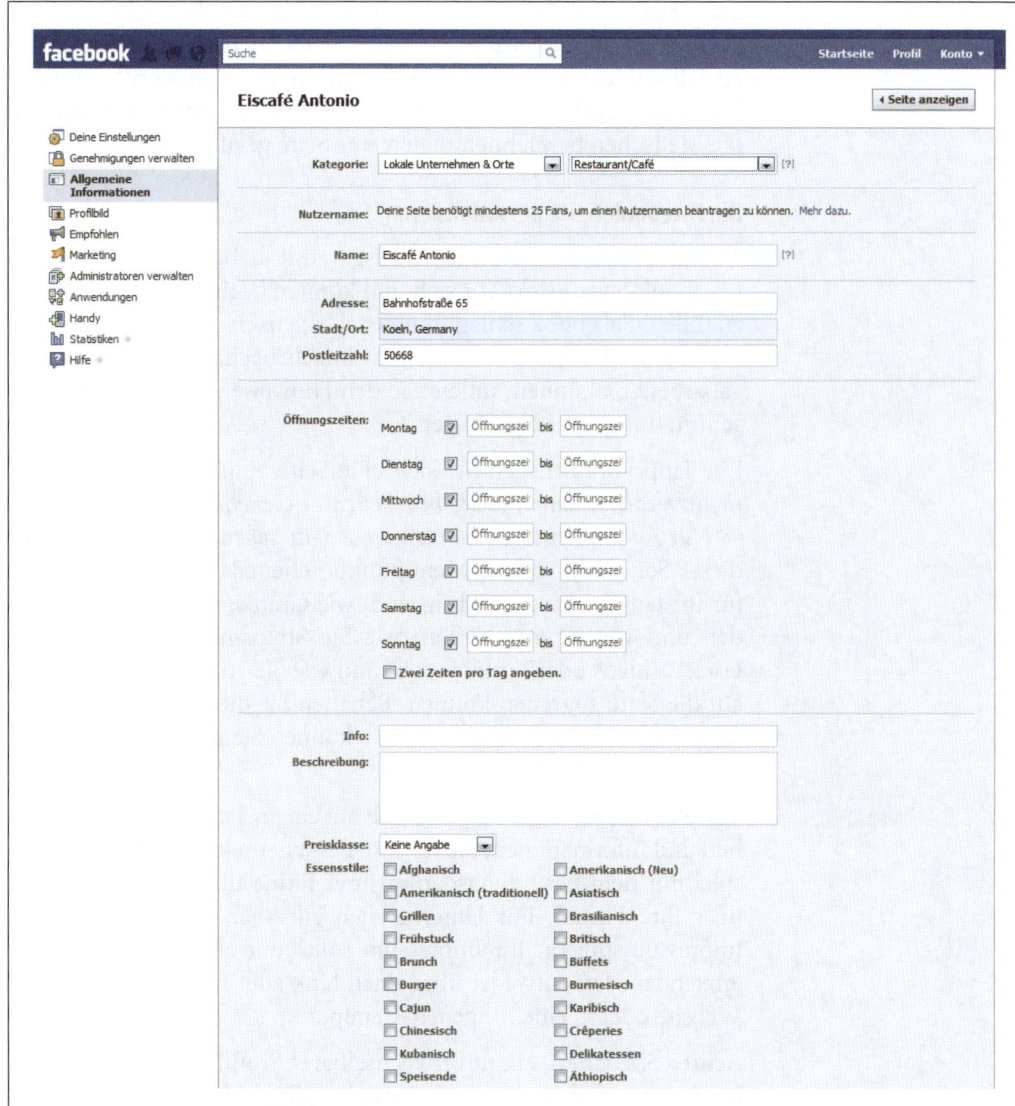

▲ Abbildung 7-8
Facebook schlägt je nach gewählter Kategorie diverse Eintragungen vor, die Unternehmen vornehmen können (Ausschnitt).

Eine Anmerkung zu den Begrifflichkeiten: Lange Zeit hießen Seiten von Unternehmen, Organisationen usw. *Fanpages* oder *Fanseiten*. Nutzer konnten per Klick auf *Become a Fan* eine Verbindung zur Seite herstellen, sie wurden *Fan*. Die Anzahl der Fans war (und ist) dabei ein Maßstab für die Beliebtheit der Seite. Im Jahr 2009 änderte Facebook die Terminologie: Aus *Fanseiten* wurden schlichtweg *Seiten*, und statt auf *Become a Fan* klicken die User jetzt auf *Like* bzw. *Gefällt mir*. Das Prinzip ist das gleiche: Statt Fans versucht man nun Menschen zu gewinnen, denen die eigene Seite »gefällt«. Mangels passender Alternativen wird der Begriff *Fan* noch häufig gebraucht, und auch in diesem Buch werden so gelegentlich die Menschen bezeichnet, denen eine Seite gefällt.

Die Facebook-Seite personalisieren

Nachdem Sie Ihre Kategorie ausgewählt haben, haben Sie Ihre Facebook-Seite direkt vor sich und können beginnen, sie mit Inhalt zu füllen. Facebook schlägt Ihnen dabei je nach gewählter Kategorie verschiedene Punkte vor, die Sie einfach nach eigenem Ermessen »abarbeiten« können, indem Sie den Hinweisen auf dem Startbildschirm unter *Los geht's* folgen.

Ein Tipp vorab: Legen Sie sich eine Seite zum Testen an, die Sie nicht veröffentlichen (*Seite bearbeiten → Genehmigungen verwalten → Nur Administratoren können diese Seite sehen*). Probieren Sie mit dieser Seite aus, welche Menüpunkte (ehemals *Reiter*, auch *Tabs*) für Ihr Unternehmen wichtig sind, wie Grafiken eingebunden werden und welche gut wirken, wie Sie Statusmeldungen inklusive Fotos, Videos oder Links posten und wie Sie von Ihrem Handy aus auf die Seite zugreifen können. Behalten Sie diese unveröffentliche Seite auch später als Spielwiese: So können Sie peinliche Fehler am sichersten vermeiden.

Versehen Sie die Seite auf jeden Fall mit einem Titelbild, einem Profilbild und Informationen, die für Ihre Besucher relevant sind (zum Beispiel mit dem Gründungsdatum Ihrer Firma und einem Überblick über Ihre Firma). Für Unternehmen gilt auch bei Facebook eine Impressumspflicht. Ihr Impressum sollte mit ein oder zwei Klicks erreichbar sein, entweder über einen Link zum Impressum auf Ihrer Website oder in einem eigenen Menüpunkt.

Achten Sie darauf, ein unverwechselbares Profilbild[11] auszuwählen: Im Newsfeed Ihrer Fans wird das Profilbild als kleine Voransicht (*Thumbnail*) dargestellt; den anzuzeigenden Bildausschnitt können Sie selbst wählen – er sollte natürlich ebenfalls leicht wiedererkennbar sein. Das Profilbild ist quadratisch und sollte eine Größe von mindestens 180 Pixeln haben. Wie im persönlichen Profil können Sie ein markantes Titelbild für den Kopf Ihrer Seite auswählen (Mindestgröße 851 x 315 Pixel). Nehmen Sie die Möglichkeit wahr,

---

11 http://allfacebook.de/fbmarketing/perfekte-facebook-profilbild

mithilfe dieses Bilds eine angenehme, einladende Atmosphäre zu schaffen, die den Geist Ihres Unternehmens widerspiegelt.

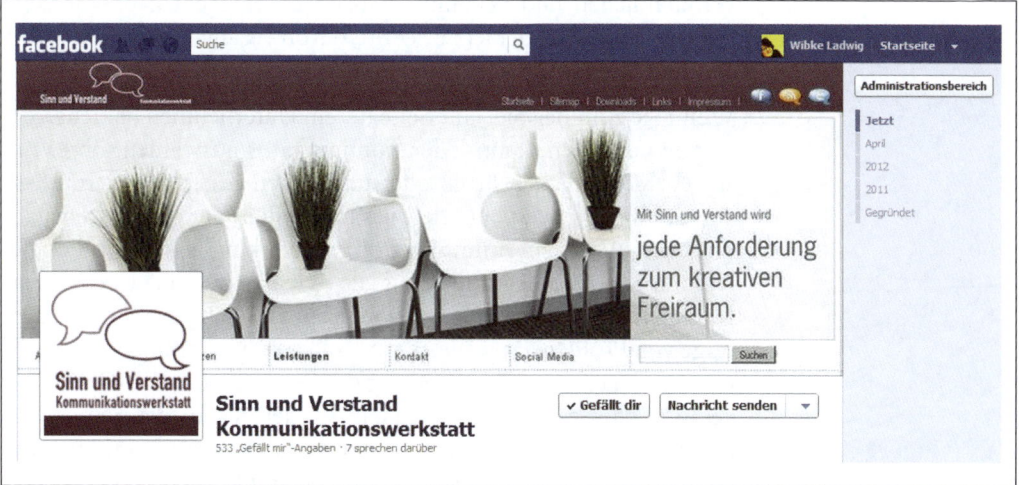

▲ Abbildung 7-9
Ihr Profilbild sollte eine Höhe von mindestens 180 Pixeln haben und Ihr Titelbild eine Größe von 851 x 315 Pixeln.

Neben den Basisanwendungen von Facebook wie Pinnwand, Info, Fotos, Veranstaltungen und Videos können Sie Ihre Seite auch mit Anwendungen von Fremdherstellern anreichern, z.B. dem von Facebook empfohlenen *RSS Connect* und der *YouTube Video Box* für Unternehmen. Tausende von weiteren Anwendungen stehen zur Verfügung, um Ihrer Seite Mehrwert zu verleihen. Natürlich können Sie auch eigene Apps integrieren, zum Beispiel für eine Kampagne. Als Marketer sollten Sie sich Hilfe bei einem Designer oder Programmierer holen, um einen professionellen Ablauf und eine rechtlich einwandfreie Anwendung zu gewährleisten.

Wenn Sie sich als Seiteninhaber im Infobereich anzeigen lassen, sollten Sie in Ihren Privatsphäreeinstellungen die Möglichkeit auswählen, dass jeder Ihnen Nachrichten senden darf. So können Ihre Fans Fragen zur Seite oder zu Ihrem Angebot direkt stellen.

Mithilfe der Chronik können Sie Ereignisse der Firmengeschichte hervorheben und die Geschichte einer Marke oder eines Produkts erzählen. Meldungen können Sie (auch rückwirkend) hervorheben und damit das Aussehen Ihrer Seite besser gestalten.

Denken Sie bei der Gestaltung Ihrer Facebook-Präsenz und Ihren Inhalten immer daran, dass Sie damit Menschen erreichen wollen und Ihre Postings in einem Strom von überwiegend privaten Inhalten angezeigt werden.

Ihre Facebook-Seite mit Ihrem Unternehmen teilen

Wenn Sie Ihre Facebook-Seite erstellt haben, ist es an der Zeit, sie zu veröffentlichen und bekannt zu machen. Das geht ganz kurz und schmerzlos und ist der letzte Schritt, bevon Sie anfangen können, Ihre Mitmenschen aktiv darauf hinzuweisen.

Wenn Sie zum Beispiel eine Seite für ein Unternehmen namens *Café Antonio* erstellen, kann jeder Administrator auswählen, ob er mit seinem persönlichen Profil oder im Namen der Seite agiert. Diese Auswahlmöglichkeit befindet sich im Profil in der oberen Navigationsleiste. Wenn ein Administrator Facebook im Namen von »Cafe-Antonio« verwendet und nicht als »Heiner Schmitz« oder »Lisa Müller«, dann kann er andere Seiten und öffentlich gestellte Beiträge von Profilen als »CafeAntonio« liken oder kommentieren. Seiten, bei denen unter Verwendung des Seitennamens auf *Gefällt mir* geklickt wurde, lassen sich zudem wiederum auf der Seite selbst anzeigen. Das fördert die Vernetzung mit anderen eigenen oder ähnlichen Seiten. Gehen Sie auch hierbei mit Bedacht und Verstand vor, so, wie Sie es auch bei persönlichen Begegnungen tun würden.

Wenn Sie eine Seite mit mehreren Administratoren pflegen, sollten Sie sich sinnvollerweise ein System überlegen, wie Sie die Identitäten transparent darstellen. Das ist beispielsweise durch die Verwendung von Kürzeln für die Administratoren möglich, die im Infofeld für die Seite aufgeschlüsselt werden. Jeder, der Administratorzugriff hat, kann außerdem detaillierte Statistiken einsehen und Anwendungen hinzufügen oder entfernen.

Für Ihre Seite können Sie einen aussagekräftigen Nutzernamen vergeben (über *Seite bearbeiten* → *Allgemeine Informationen* → *Nutzername*). Dieser Name kann ab einer Fanzahl von 200 bislang nur umständlich auf Anfrage über ein Formular geändert werden. Sie sollten ihn also sorgsam auswählen, und natürlich sollte er für Kunden als Ihr Unternehmensname erkennbar sein. Viele internationale Unternehmen, die sich mit der Facebook-Seite ausschließlich an ein deutsches Publikum richten, wählen beispielsweise auch die Form *www.facebook.de/CafeAntonio.de* – Punkte sind nämlich innerhalb des Namens erlaubt. Auf diese Weise können Verwechslungen mit anderen Niederlassungen ausgeschlossen werden.

Da die Auswahl eines Nutzernamens zentrale Bedeutung für Ihre künftige Auffindbarkeit hat, in der Vergangenheit jedoch häufig von Unternehmen missbraucht wurde, stellt Facebook ausführliche Informationen in der Hilfe zur Verfügung: *https://www.facebook.com/help/usernames/general*.

Die Facebook-Seite bewerben

Wie verkünden Sie nun der Welt die Existenz Ihrer Facebook-Seite? Nutzen Sie dafür vorhandene Kanäle, zum Beispiel Ihren Firmen-Newsletter, Ihre persönlichen Facebook-Kontakte (aber nur die, die daran wirklich interessiert sein könnten), die Signatur in Ihrer E-Mail, Ihren Account bei Twitter oder Google+, Ihr Blog oder Ihre Website.

Binden Sie auch die von Facebook bereitgestellten *Social Buttons* auf Ihren Webseiten ein. Im Folgenden werden einige davon erläutert. Bitte beachten Sie, dass alle Social Plugins mit dem Datenschutzrecht in Deutschland, Österreich und der Schweiz kollidieren. Ihr Einsatz erfordert mindestens eine Datenschutzerklärung auf Ihrer Website. Wir empfehlen zudem, sogenannte 2-Klick-Lösungen zu verwenden, bei denen Ihre Website-Besucher der Verwendung selbst zustimmen können. Verfolgen Sie in jedem Fall die aktuelle Berichterstattung, denn ausgelöst von Abmahnwellen können sich immer wieder Veränderungen ergeben. Bitte prüfen Sie vor dem Einsatz die aktuelle Rechtssprechung. Empfehlenswerte Informationsquellen sind *rechtsanwalt-schenke.de/blog* und *http://www.rechtzweinull.de/*.

Like-Box
Facebook schlägt diese Box standardmäßig bereits bei den ersten Schritten der Konfiguration Ihrer Seite vor. Die Box wird auch *Gefällt mir-Feld* genannt und enthält Name, Logo, letzte Statusmeldungen sowie die Anzahl derjenigen, denen die Seite bereits gefällt. Außerdem werden einige Anhänger mit ihrem Logo dargestellt. Ist Ihr Besucher selbst bei Facebook Mitglied und eingeloggt, erkennt die Box das und stellt vorrangig die Fans Ihrer Seite dar, die gleichzeitig mit dem Besucher befreundet sind. Der potenzielle Neu-Fan kann also auf einen Blick sehen, ob einer seiner Freunde ebenfalls mit der Seite verbunden ist. Wenn das der Fall ist, ist das ein fast unschlagbares Argument für die Seite und Word-of-Mouth-Marketing im besten Sinne.

Like-Button
Der Like-Button ist etwas dezenter und kann daher auch leichter untergebracht und in bestehende Websites eingefügt werden. Er enthält lediglich eine Aussage wie »123 Personen gefällt das« einschließlich einer Vorschau auf die Benutzerbilder einzelner Fans. Auch hier werden die angezeigten Personen angepasst, wenn der Betrachter Ihrer Website Facebook-User und eingeloggt ist.

Activity-Feed
Diese Box zeigt Ihre letzten Aktivitäten an und erwähnt dazu, wie viele Menschen sie kommentiert oder dazu auf *Gefällt mir* geklickt haben.

Abbildung 7-10 ▶
Die Like-Box zeigt eingeloggten Facebook-Nutzern die Aktivitäten von Freunden an, wie hier bei Spiegel Online.

Spiegel Online setzt das Social Plugin *Recommendations* ein, das eingeloggten Facebook-Nutzern die Aktivitäten von befreundeten Kontakten anzeigt (siehe Abbildung 7-11). Alle diese sogenannten *Social Plugins* können Sie unter *http://developers.facebook.com/docs/plugins/* leicht selbst erstellen. Facebook zeigt Ihnen nach Eingabe aller benutzerdefinierten Daten den Code an, den Sie in Ihre Webseite einfügen müssen. Des Weiteren stellt Facebook für Ihre Webseite auch einfache Banner in verschiedenen Formaten und Größen zur Verfügung (*http://www.facebook.com/badges/*).

Abbildung 7-11 ▶
Schlicht und unaufdringlich laden diese Buttons dazu ein, den Inhalt auf Networking-Sites zu veröffentlichen, darunter auch Twitter und Facebook.

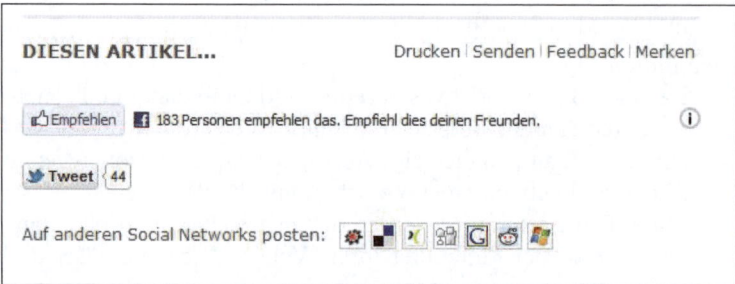

Setzen Sie die *Gefällt mir*-Buttons nicht nur auf Ihre Startseite, sondern auch auf möglichst viele Unterseiten wie einzelne Blogartikel, Produktseiten und andere Inhalte. Spiegel Online hat den Button beispielsweise über und unter allen Artikeln einbaut (siehe Abbildung 7-11).

> ### Edgerank
>
> Hinter dem Edgerank bei Facebook verbirgt sich ein komplexer Algorithmus, der die (vermutete) Relevanz von Inhalten für den jeweiligen Nutzer bewertet. Diese Relevanz ergibt sich laut Facebook aus der Interaktion mit den Seiten, aus der Aktualität und daraus, wie intensiv insgesamt auf den Seiten interagiert wird: Insgesamt rund 100.000 Faktoren sollen eine Rolle spielen. Die letzte große Weiterentwicklung des Algorithmus war so entscheidend, dass Facebook intern nicht mehr von »Edgerank« spricht. Klar ist: Von Facebook als für den Nutzer relevant eingestufte Beiträge werden bevorzugt im Newsfeed angezeigt, wobei die Auswahl auch bei den langmütigsten Facebook-Nutzern immer wieder für Irritationen sorgt. Inzwischen kommt man als Unternehmen um Werbeanzeigen zur Verbesserung der Auffindbarkeit kaum mehr herum.

Beachten Sie bei allen Aktionen die Nutzungsbedingungen von Facebook, insbesondere die Richtlinien für die Durchführung von Werbeaktionen (Promotions). Bei einem Verstoß gegen die Richtlinien laufen Sie sonst Gefahr, dass Ihre Facebook-Seite gesperrt wird. Deshalb sollten Sie sich einige Minuten Zeit nehmen, um sich auf den aktuellen Stand zu bringen: *https://www.facebook.com/page_guidelines. php#promotionsguidelines*. Bei Gewinnspielen müssen Sie außerdem die geltende Rechtslage[12] für die Durchführung beachten.

Die richtigen Inhalte bieten

Natürlich geht es gleichzeitig darum, den neu gewonnenen Fan auch bei der Stange zu halten und mit ihm ins Gespräch zu kommen. Und das ist eine der größten Herausforderungen. Denn erfüllen Sie nicht die Erwartungen Ihrer Fans oder – noch schlimmer – fallen Sie gar in irgendeiner Weise negativ auf, sind die Fans auch schnell wieder weg: Ein einfacher Klick auf *Gefällt mir nicht mehr* genügt. Um die häufigsten Gründe dafür herauszufinden, haben die Social-Media-Agenturen *CoTweet* und *Exact Target*[13] eine Umfrage durchgeführt: Facebook-Fans gehen wieder, wenn …

- zu häufig gepostet wird (44 Prozent Nennungen),
- die persönliche Pinnwand allgemein zu marketinglastig wurde und man sich daher generell von einigen Seiten trennen wollte (43 Prozent),

---

12 http://www.konstanz.ihk.de/recht_und_fair_play/handel_wettbewerb/werbung/ 996016/DieVeranstaltungvonGewinnspielen.html

13 http://www.exacttarget.com/resources/SFF8.pdf

- der Inhalt zu oft wiederholt und langweilig wurde (38 Prozent),
- sie nur einmalig Vorteile erhalten wollten (26 Prozent) oder zu wenig Rabattaktionen durchgeführt wurden (24 Prozent) oder
- die Posts zu werbelastig waren (24 Prozent).

Am besten laufen also Facebook-Seiten, die ansprechende Inhalte zu bieten haben. Um herauszufinden, was genau für Ihre Kunden fesselnd ist, sollten Sie sich eingehend mit Ihrer Zielgruppe und ihren Bedürfnissen befassen. Wen genau sprechen Sie in Facebook an? Und welche Inhalte sind für Ihre Zielgruppe nützlich oder wertvoll? Je mehr Sie selbst sich für Ihre Zielgruppe interessieren, desto genauer werden Sie Inhalte planen können, die auch gut ankommen.

Sie können Ihre Fans nach ihrer Meinung fragen, wie es beispielsweise der Musiker Clueso im Januar 2011 tat, als es um die Gestaltung des Booklets für sein neues Album ging: Auf die Frage, ob die Songtexte aufgeführt werden sollten oder lieber mehr Fotos, erhielt er allein in den ersten 60 Sekunden nach Veröffentlichung 120 Rückmeldungen. Sie können Ihren Fans eine besondere Art der Beratung bieten, wie es die Shoppingplattform Limango tut, wenn sie Stylingfragen ihrer Kunden mit individuellen Skizzen beantwortet und diese dann zur Diskussion stellt. Sie können ein wenig den Vorhang lüften und vom Geschehen in Ihren Büros berichten (wie die DIY-Plattform DaWanda) oder Kundendienst bieten (wie mymuesli und die meisten anderen Onlineshops). Verlassen Sie auch hin und wieder Ihre Seite und lesen Sie bei anderen Seiten mit, kommentieren Sie und zeigen Sie Interesse.

Nützlich ist die Anwendung *Veranstaltungen*, wo Sie Events jeglicher Art und Größe eintragen können: von exklusiven Fantreffen für wenige Personen über Lesungen bis hin zu Rockkonzerten. Über Facebook erhalten Ihre Fans mehr Informationen, und Sie können sie zur Teilnahme einladen. Über die Pinnwand auf der Veranstaltungsseite können Nachrichten hinterlassen werden, über die Sie schon im Vorfeld engeren Kontakt zu Ihren Teilnehmern knüpfen können. Nicht zu unterschätzen ist der virale Charakter: Klickt Klaus Müller auf Ihre Einladung zum Event XY hin *Ich nehme teil* an, erhalten gleichzeitig all seine Freunde die Meldung »Klaus Müller wird an Event XY teilnehmen« – selbstverständlich mit entsprechenden Links versehen.

Sie sollten allerdings nicht zu jedem Event uneingeschränkt alle Fans und Freunde einladen. Damit laufen Sie bei häufigen Events rasch Gefahr, als Spammer wahrgenommen zu werden. Auch für die Einladungen sollten Sie sich also ein wenig Zeit für die Auswahl nehmen.

Auch auf die Inhalte anderer Kanäle können Sie über Facebook aufmerksam machen, zum Beispiel durch einen Link auf Ihr Unternehmensblog oder auf ein neues Angebot Ihrer Website. Aber fügen Sie niemals den Originaltext von Pressemeldungen, Newslettern und anderen PR-Kanälen ein. Auf Ihrer Facebook-Seite tummeln sich Menschen, die Sie schätzen, Sie sollten sie daher auch individuell und persönlich ansprechen. Das darf und sollte ruhig auch etwas weniger förmlich sein. Machen Sie sich bewusst, dass die meisten Menschen Facebook hauptsächlich privat nutzen. Ihre Postings sollten sich in den Nachrichtenstrom ganz natürlich einfügen. Ein Redaktionsplan hilft Ihnen dabei, den Überblick zu behalten und Inhalte für Ihre unterschiedlichen Kanäle im Voraus zu planen und so vorzubereiten, dass sich Ihre Kanäle gegenseitig sinnvoll ergänzen und nicht kannibalisieren.

Wie häufig Sie bei Facebook Inhalte veröffentlichen, kommt auf Ihr Unternehmen, Ihre Branche, Ihre Ziele, Ihre Gewichtung und darauf an, wie häufig Sie an interessanten, neuen Content kommen. Wir sind der Meinung, dass etwa drei neue Statusmeldungen pro Tag ein gutes Maß sind. Wer zu selten postet, läuft Gefahr, in Vergessenheit zu geraten. Umgekehrt kann zu häufiges Posten die Fans aber auch nerven, insbesondere wenn es immer um dieselben Inhalte geht. Seien Sie nicht übertrieben selbstreferenziell, sondern teilen Sie auch bemerkenswerte Inhalte von Kunden, Geschäftspartnern oder anderen Facebook-Seiten und Blogs, also all das, was für Ihre Zielgruppe spannend sein könnte. Es gibt kaum etwas Ermüdenderes als einen Gesprächspartner, der sich immer nur um sich selbst dreht.

Erfolgskontrolle

Nachdem Sie Ihre Seite angelegt, erste Fans gefunden, regelmäßig Neuigkeiten und besondere Angebote für Ihre Kunden veröffentlicht und mit Ihren Fans Gespräche aufgebaut haben, geht es an die Erfolgskontrolle. Natürlich können Sie einfach die Anzahl Ihrer Fans beobachten, doch Facebook-Seiten bieten mehr: Über die Seitenstatistiken (»Insights«, siehe Abbildung 7-12) erhalten Sie detaillierte kostenlose Statistiken zur Anzahl der Seitenaufrufe pro Tag, zu demografischen Daten und zu beliebten Inhalten. Sie finden diese Auswertungen in der linken Menüleiste unter *Statistiken*.

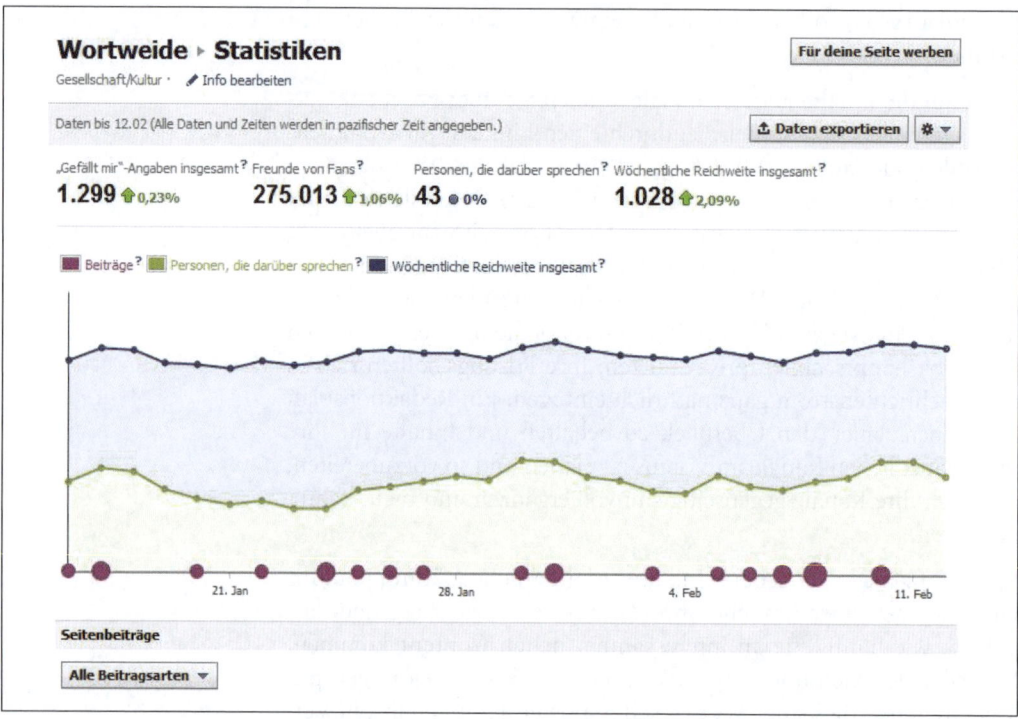

Abbildung 7-12 ▲
Facebook Insights

Die Statistiken sind von jedem Seitenadministrator einsehbar. Die Werte können außerdem als XLS- oder CSV-Dateien exportiert werden. Da Facebook die Daten nicht unendlich lange zur Verfügung stellt, ist es sinnvoll, die Werte regelmäßig zu speichern. So können Sie auch nach längerer Zeit Entwicklungen ablesen und Ihre Schlüsse aus Ihren Auswertungen ziehen.

Mit diesen Informationen bewaffnet, können Sie auch Kosten auf sich nehmen und Ihre Leser mit gezielter Werbung ansprechen. Diese Werbeanzeigen sind nützlich, weil die Nutzer von Facebook meist detaillierte und aktuelle demografische Daten preisgeben, was Facebook zu einer starken Werbeplattform macht. Werbeanzeigen, die sogenannten *Facebook-Ads*, lassen eine genaue Zielgruppenauswahl und -ansprache zu. Wie bei *Google Adwords*-Anzeigen legen Sie Ihr Budget selbst fest und haben dadurch eine gute Kontrolle der Kosten. Über die Facebook Insights sehen Sie dann, wie viele neue Fans Sie über Ihre Anzeigen dazugewinnen konnten. War es lange Zeit möglich, allein über gute Inhalte bei Facebook hohe Reichweiten zu erzielen, kommen Sie mittlerweile kaum mehr ohne flankierende Werbeanzeigen aus, wenn Sie mehr Fans erreichen wollen.

Gemeinschaftsseiten

Der Vollständigkeit halber seien hier auch *Gemeinschaftsseiten* bzw. *Community Sites* genannt. Diese Seiten haben keinen bestimmten Administrator. Sie werden von Facebook häufig anhand der Interessen und Hobbys angelegt, die User angeben, und enthalten oft ausschließlich den Wikipedia-Eintrag, falls es einen gibt. Eine Gemeinschaftsseite ist nur interessant, wenn es sie beispielsweise zu Ihrer Marke oder Ihrem Produkt bereits gibt. Von Nutzern aktiv neu angelegt werden können sie über die Funktion *Seite anlegen* mit der Option *Guter Zweck oder Gemeinschaft*. Seien Sie also nicht überrascht, sollte es auf einmal eine Gemeinschaftsseite zum Gründer Ihrer Firma geben, die Sie nicht selbst angelegt haben. Sie können bei Facebook eine Zusammenlegung von Gemeinschaftsseiten mit Ihrer Seite beantragen[14].

Facebook-Gruppen

Auch Facebook-Gruppen eignen sich zur Bildung einer Community zu einer Marke. Seitdem Facebook die Einrichtung von Gruppen vereinfacht und ihnen neue, nützliche Funktionen hinzugefügt hat, sind Gruppen als Netzwerktool insbesondere für Vereine und Interessenverbände, aber auch für Unternehmen sehr attraktiv geworden. Ihr größter Vorteil gegenüber Seiten ist: In Gruppen können alle Mitglieder Nachrichten posten und gleichberechtigt kommunizieren.

Eine Gruppe ist einfach einzurichten, aber Sie sind dort ausschließlich mit dem persönlichen Profil aktiv. Als Seite können Sie weder eine Gruppe gründen noch in einer bestehenden Gruppe Mitglied werden.

Um eine Gruppe zu erstellen, klicken Sie mit eingeloggtem Profil entweder in der linken Navigationsleiste auf der Facebook-Startseite auf *Gruppe gründen* oder rufen *http://www.facebook.com/groups/* auf, wählen *Gruppe gründen*, vergeben einen Namen und nennen erste Mitglieder der Gruppe – und fertig. Um eine Gruppe zu gründen, müssen Sie mindestens ein weiteres Gruppenmitglied angeben. Ob Sie die Gruppe öffentlich anlegen, so dass jeder die Mitglieder sehen und Beiträge lesen kann, als geschlossene Gruppe, deren Beiträge nur Mitglieder lesen können, oder gar als geheime Gruppe, die nur für Sie und die anderen Gruppenmitglieder sichtbar ist – das bleibt Ihnen und Ihrer Zielsetzung überlassen.

---

14 *https://www.facebook.com/help/187301611320854*

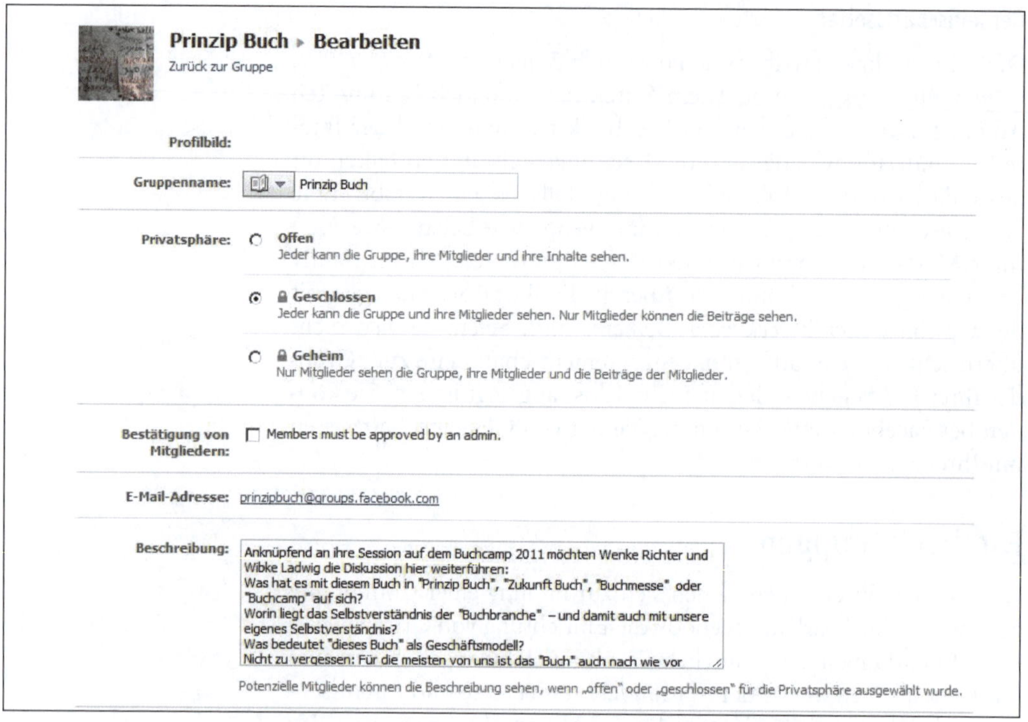

Abbildung 7-13 ▲
Gruppen können geheim, geschlossen oder offen sein.

Zur Interaktion untereinander steht außerdem die bekannte Pinnwand inklusive Kommentarfunktion und Einbindung von Dateien, Fotos, Videos, Fragen und Links zur Verfügung. Eine Besonderheit der Gruppen ist, dass gemeinsam einfache Textdokumente erstellt und bearbeitet werden können (»Docs«).

Der Nachteil von Gruppen ist: Sie können ihnen keine Anwendungen hinzufügen und bekommen keine detaillierten statistischen Daten über die Nutzer, die mit ihnen interagieren.

Dennoch kann es eine Überlegung wert sein, für bestimmte Zwecke eine Gruppe anzulegen – ob Sie sich nur mit Kollegen austauschen oder eine Gruppe von Produkttestern oder Multiplikatoren betreuen wollen. Gruppen konzentrieren sich in ihrer Funktion auf etwas sehr Wichtiges: den Austausch und die Diskussion unter Menschen, die sich für dasselbe interessieren.

Facebook-Anwendungen für das Marketing

Auch mit Facebook-Anwendungen können Sie Ihre Marke oder Firma vermarkten. Dabei handelt es sich um Anwendungen von Fremdherstellern oder selbst programmierte Anwendungen.

Wenn man es richtig macht, können Unternehmen von Facebook-Anwendungen bei der Verbreitung von Marketingbotschaften profitieren. Das kann gelingen, wenn Sie eine Anwendung erstellen, die Ihren Kunden nützlich ist und ein bestimmtes Bedürfnis befriedigt. Die Mitfahrzentrale *flinc*, ein Unternehmen, das stark auf Social Media setzt, bietet eine Anwendung zur Organisation von Fahrten an, für Fahrer und Mitfahrer, und ermöglicht es, diese Anwendung bei Facebook zu teilen.

Wenn Sie unterschiedliche Produkte verkaufen, könnten Sie den Nutzern eine Anwendung zum Schreiben von Wunschzetteln zur Verfügung stellen, und wenn Sie Sportartikel anbieten, können Sie Fans zu einem Tippspiel animieren. Viele Anwendungen zielen auf reine Unterhaltung, z.B. Spiele, Kreuzworträtsel und Ähnliches. Der Erfolg von Facebook-Anwendungen stellt sich ein, wenn Sie etwas Originelles tun, das aber dem User zusätzlich einen Mehrwert verschafft. Werbegeschenke und Incentives sind ebenfalls nie verkehrt. Wie bei jedem Schritt im Social Web sollten Sie sich überlegen, welchen Mehrwert Sie Ihren Kunden bieten können und womit Sie sie begeistern können.

Einige Unternehmen verwenden Anwendungen, um ihre Direktverkäufe anzukurbeln: fahrrad.de verlinkt z.B. über eine schlichte Anwendung auf seinen Shop (siehe Abbildung 7-14).

▼ **Abbildung 7-14**
fahrrad.de verlinkt in einer Anwendung auf den Shop.

Eine andere Möglichkeit ist, Produkte auf einer Unterseite vorzustellen und einen Link auf den Shop zu setzen. So macht es etwa der *Ulmer Verlag*, ein Fachverlag für Garten- und Landschaftsbau (siehe Abbildung 7-15). Auf diese Weise führt die Facebook-Präsenz zu direktem Umsatz. Und da der Verlag gleichzeitig noch sehr aktiv mit seinen Fans kommuniziert, bekommt das Unternehmen ein persönliches Gesicht. Kundendienst wird quasi on-the-fly erledigt. Überhaupt versuchen auch Onlineshops, sich über die Facebook-Schnittstelle zu vernetzen und den direkten Kontakt mit Kunden aufzunehmen. So ermöglicht beispielsweise ein Tool des Shopsystems *Magento*, automatisch in das Profil eines Users einzutragen, was derjenige wo gekauft hat, etwa so: »Klaus Müller hat das Buch *Social Media Marketing* in der Onlinebuchhandlung XY gekauft.«

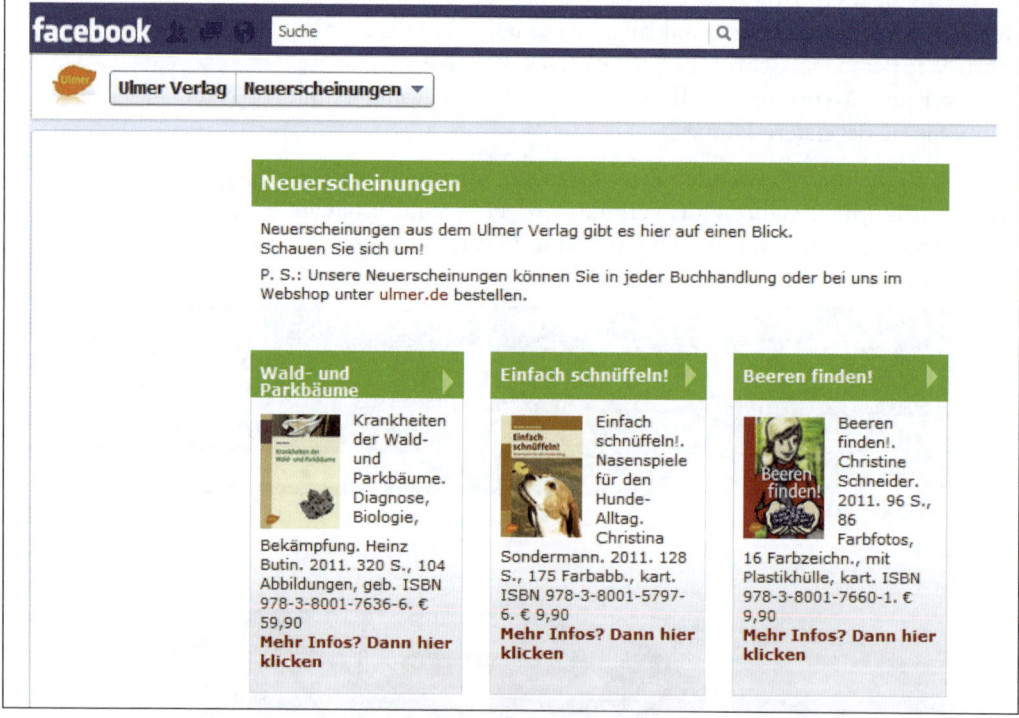

Abbildung 7-15 ▲
Der Ulmer Verlag verlinkt von Facebook aus zum Webshop.

Wenn Sie selbst Anwendungen erstellen wollen, sollten Sie zu Beginn gründlich die Funktion und Funktionsweise, die einzelnen Elemente sowie Ihr Ziel skizzieren. Überlegen Sie sich genau, worin für den User der besondere Nutzen liegen soll. Möglicherweise können Sie Ihre Kunden auch schon in diesem Stadium um Feedback zu Ihrer Idee bitten. Danach sollten Sie sich Hilfe suchen: Wenn Sie nicht gerade selbst über Programmiererfahrung verfügen, ist es besser, die tatsächliche Umsetzung Ihrer Idee einer Agentur oder einem Webprogrammierer zu übertragen, insbesondere da sich die Anforderungen für Facebook-Anwendungen und auch Facebook selbst häufig ändern.

Bezahlte Werbung bei Facebook

Wenn Sie Ihre Reichweite bei Facebook signifikant erhöhen bzw. erhalten wollen, kommen Sie durch die Veränderung im Facebook-Algorithmus um bezahlte Werbung kaum mehr herum.

Die Seite für Facebook-Werbeanzeigen (*http://www.facebook.com/ads/create/*) skizziert den Prozess der Anzeigenerstellung (siehe Abbildung 7-16). Dort wählen Sie die zu bewerbende URL, erstellen die Anzeige und fügen ein Foto hinzu. Dann wählen Sie anhand der demografischen Informationen Ihr Publikum und den Preis Ihrer Anzeige aus (Cost-per-Click oder Cost-per-Impression), überprüfen das Ganze und veröffentlichen es für die Nutzer der Website.

▼ **Abbildung 7-16**
Eine Anzeige bei Facebook erstellen (Ausschnitt)

Facebook-Werbeanzeigen sind das beliebteste Werbemittel dieses Portals und erscheinen auf den Seitenleisten der meisten Profile und Facebook-Gruppen. Durch Zielgruppenfilter lassen sie sich auf bestimmte Standorte zuschneiden (Land und sogar Stadt, und zwar anhand der IP-Adresse und nicht der Netzzugehörigkeit) sowie nach Geschlecht, Alter, Bildungsstand, politischen Ansichten und Familienstand spezifizieren. Facebook-Ads können auch auf bestimmte Schlüsselwörter auf Profilseiten oder gar auf den Arbeitsplatz ausgerichtet sein, was besonders dann hilfreich ist, wenn Sie einen Service für Leute anbieten, die für einen bestimmten Arbeitgeber arbeiten.

Die Kosten für Anzeigen variieren und hängen davon ab, was Sie ausgeben wollen. Das beginnt bei 0,01 Euro pro Klick (aber mit einem Mindestbudget von einem Euro pro Tag). Alternativ können Sie auch eine Bezahlung nach Cost-per-Impression wählen. Jeweils können Sie Maximalkosten pro Tag festlegen.

Neben den Werbeanzeigen gibt es seit 2011 außerdem die Möglichkeit der *gesponserten Meldungen*. Diese beruhen auf Interaktionen befreundeter Nutzer. Wenn einem Ihrer Freunde eine Seite gefällt, die gesponserte Meldungen einsetzt, wird in der rechten Leiste – dort, wo auch Werbeanzeigen erscheinen – die Meldung »Nutzer XY gefällt Seite YZ« angezeigt.

Um die Wirksamkeit Ihrer Werbung zu beurteilen, können Sie die Seitenstatistiken (Facebook Insights) einsetzen. Dort erfahren Sie detaillierte Messwerte, zum Beispiel die Anzahl der Seitenaufrufe, die Gesamtzahl der Klicks, die Click-through-Rate (CTR), durchschnittliche Kosten pro Klick (CPC) und mehr.

Auch in der Facebook-Familie: WhatsApp

In den vergangenen Jahren hat Mark Zuckerberg einige Web- und Mobile-Dienste erworben, die über eine besondere Technologie oder eine vielversprechende Reichweite verfügten. So geschah es auch bei dem Instant-Messenger WhatsApp, der allein in Deutschland 72 Prozent der 10- bis 18-Jährigen erreicht – während Facebook selbst bei den Teenies Marktanteile verloren hat.

Zwar fehlen WhatsApp die klassischen Elemente eines Social Network – es gibt keine Timeline und User posten keine Statusmeldungen. Mit etwa 30 Millionen Usern allein in Deutschland, die den Dienst zudem auch noch fast täglich nutzen, hält WhatsApp aber ein enormes Datenvolumen bereit. Zudem wird es den Usern aufgrund einer simplen Bedienoberfläche sehr leicht gemacht, Texte, Bilder, Tonaufzeichnungen und Videos an ihre Kontakte zu senden oder in Gruppen zu posten. Diese Gruppen können ebenfalls sehr schnell erstellt werden, geeignet sind sie für kleinere Freundeskreise und privaten Austausch genauso wie für Vereine und Orte, deren Mitglieder bzw. Bewohner miteinander diskutieren wollen. Auch Schulklassen, Elternverbände oder Belegschaften großer Unternehmen finden seit einiger Zeit per WhatsApp zusammen.

So hat es nicht lange gedauert, bis die ersten viralen Videos per WhatsApp verschickt wurden. Sehr schnell gingen vorrangig witzige oder außergewöhnliche Werbespots herum, wie man sie auch bei YouTube findet. Wo der Ursprung der Videos jeweils liegt, lässt sich kaum nachvollziehen, schließlich basiert WhatsApp auf dem Austausch »realer Personen«.

Dass gerade in der Viralität aber das Potenzial von WhatsApp liegt, erkannten einige Werber bereits vor dem Verkauf an Facebook. Die Marke »Absolut Vodka« beispielsweise lancierte im November eine Kampagne »Absolut Unique«, zu der vier Millionen individuell gestaltete Wodkaflaschen verkauft wurden. Die zu diesem Anlass in Argentinien veranstaltete Party sollte die Kampagne einläuten. Zwei Einladungen zur exklusiven Party vergab Absolut Vodka unter allen Kunden, die den fiktiven Unternehmensvertreter namens Sven per WhatsApp-Botschaft von sich überzeugten. Ergebnis: 600 Menschen schickten mehr als 1000 einzigartige Bilder, Videos und Tonachrichten.

Gerade zur Verbreitung viraler Inhalte und Kampagnen eignet sich WhatsApp also, wie dieses – vermutlich erste – Beispiel zeigt. Doch das ist nicht alles: Denkbar ist auch die Einrichtung eines Kundendienstkanals über den Messaging-Dienst. Wer hier kreativ ist, kann mit hohem Zuspruch seitens seiner (Neu-)Kunden belohnt werden. Denn eines ist klar: Inhalte, die die WhatsApp-User von ihren Kontakten zugesandt bekommen, werden mit Sicherheit nicht nur pflichtbewusster angesehen und/oder gelesen, sondern auch als glaubwürdiger eingestuft als übliche Werbung.

Google+

Mit Google+ hat Google im Juni 2011 nicht nur ein soziales Netzwerk eröffnet, sondern Google verknüpft nach und nach seine in der Regel kostenfrei nutzbaren Dienste mit Google+. Der Start dieses sozialen Netzwerks hat große Aufmerksamkeit erregt, nicht zuletzt deshalb, weil Google jedem ein Begriff ist. Die Suchmaschine von Google ist die am häufigsten verwendete im deutschsprachigen Raum, viele Websitebetreiber setzen *Google Analytics* zur Auswertung ihrer Websites ein, und YouTube, das zu Google gehört, ist das am häufigsten frequentierte Videoportal. Das ist nur eine kleine Auswahl der vielen Dienste und Anwendungen, die Google zur Verfügung stellt und mit denen es seine Nutzer erfolgreich an sich bindet.

Mit dem sozialen Netzwerk Google+ befriedigte Google außerdem den Wunsch vieler Nutzer nach einer Alternative zu Facebook. Inzwischen wird bei der Verwendung von Google-Diensten automatisch ein Konto bei Google+ erstellt, was das Wachstum von Google+ beschleunigt.

Mit der Einführung der *Social Search* werden angemeldete Google+-Nutzer künftig personalisierte Suchergebnisse erhalten. Für Unternehmensseiten ist ein Engagement daher auch unter Gesichtspunkten der Suchmaschinenoptimierung interessant, da Seiten, mit denen der Nutzer oder seine Kontakte interagieren, höher gerankt werden. Das Pendant zum Like-Button von Facebook ist übrigens »*+1*«, mit dem sich Postings, Kommentare und – sofern der Nutzer angemeldet ist – Suchmaschinenergebnisse und Webseiten bei der Google-Suche »plussen« lassen.

Das persönliche Profil

Den Weg zu Google+ finden Sie am einfachsten über *http://plus.google.com* oder über *http://www.google.de*, wo Sie links oben in der Navigationsleiste den Menüpunkt »*+Ich*« finden. Dort melden Sie sich mit einem bestehenden Google-Konto an oder erstellen sich in wenigen Schritten ein neues. Ihrem Profil bei Google+ fügen Sie nach Ihrem Namen und Ihrer E-Mail-Adresse ein Profilbild, einen Beschreibungstext sowie Angaben zu Ihrem Beruf, derzeitigen und früheren Wohnorten und Ihren Interessen hinzu. Dann kommen noch Links zu Ihrer Website und Ihren anderen Social-Media-Accounts dazu, um Ihre Präsenzen im Internet miteinander zu verknüpfen. Außerdem haben Sie, wie bei Facebook, die Möglichkeit, Ihr Profil über Suchmaschinen auffindbar zu machen.

Beachten Sie beim Anlegen Ihres Profil die Richtlinien von Google, insbesondere für Ihren Namen. Google ahndet Verstöße gegen diese Richtlinien ungleich strenger als Facebook. Sie finden diese und andere Hinweise zur Nutzung von Google+ im *Help Center* unter *http://support.google.com/plus/bin/answer.py?hl=de&answer= 1228271.*

Bei Google+ verbinden Sie sich mit Freunden, Geschäftspartnern und Menschen mit ähnlichen Interessen durch »Einkreisen«. Die

Kreise entsprechen den Listen bei Facebook. Standardmäßig werden vorbenannte Kreise von Google+ vorgegeben, die Sie aber jederzeit löschen oder umbenennen können. Alternativ können Sie neue Kreise erstellen. Bitte beachten Sie, dass Kontakte mit dem Löschen eines Kreises nicht mehr mit Ihnen verbunden sind. Möchten Sie die Kontakte in Ihren Kreisen behalten, fügen Sie sie vor dem Löschen einem anderen Kreis hinzu.

Das Einkreisen entspricht dem Abonnieren bei Facebook oder einem Follow bei Twitter. Sie erhalten die Meldungen der eingekreisten Personen in Ihrem Nachrichtenstream.

Wenn Sie in der Übersicht eine Textnachricht, ein Foto, ein Video oder einen Link posten, entscheiden Sie, welchem Ihrer Kreise Sie diesen Inhalt mitteilen möchten. Sie können auch einzelne Kontakte auswählen oder Ihr Posting öffentlich machen. Öffentliche Postings können auch nicht angemeldete Besucher auf Ihrem Profil bei Google+ lesen.

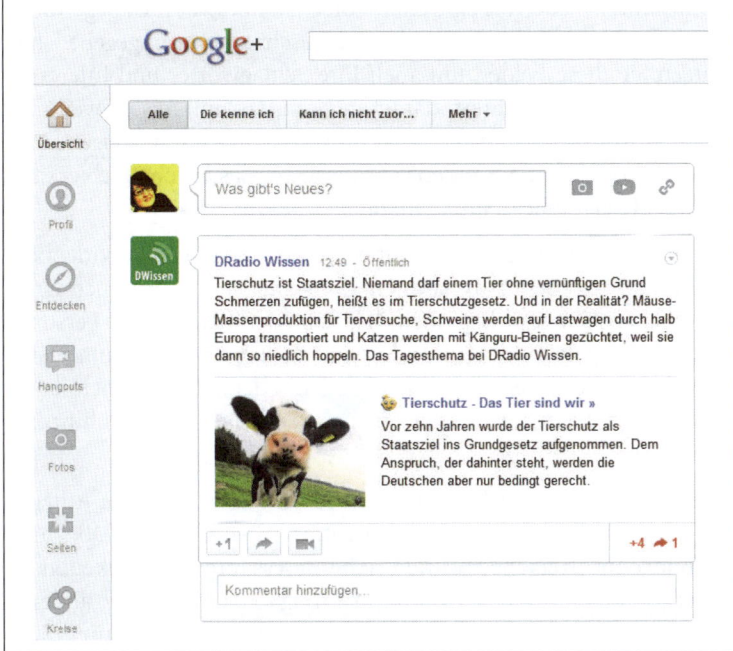

◀ **Abbildung 7-17**
Ein Blick in Google+

Auch bei Google+ können Sie Fotos hochladen, in Alben sortieren und mit Profilseiten der darauf abgebildeten Personen verlinken (sogenanntes Foto-Tagging). Bei Google+ können Sie neben herkömmlichen Fotoformaten auch animierte GIFs hochladen.

Ihrem Spieltrieb können Sie bei Google+ mit diversen integrierten Spielen wie *Angry Birds* und *City of Wonder* nachgeben. Sie können dort mit anderen Nutzern in Wettstreit treten und Ihre Spielergebnisse dann in Ihrem Stream veröffentlichen.

Auf Ihrem Profil sehen Sie Ihre Beiträge, Ihr Profil, Ihre Fotos und Videos sowie die Seiten, denen Sie innerhalb von Google+ oder bei der Google-Suche (als angemeldeter Nutzer) ein »+1« gegeben haben. Außerdem können Sie sich problemlos anzeigen lassen, wie andere – ob bestimmte Kreise oder Personen – Ihr Profil sehen. Auf Ihrem Profil sehen Sie außerdem, wen Sie bislang eingekreist haben und in wessen Kreisen Sie zu finden sind.

Im nächsten Schritt gilt es daher, interessante und bekannte Menschen zum Einkreisen zu suchen und sich mit ihnen zu verbinden. Dies können Sie über die Suche nach Personen oder Interessen tun, oder Sie folgen den Empfehlungen auf der Seite »*Kreis erstellen*« von Google+. Wenn andere Sie einkreisen, werden Sie von Google+ darüber benachrichtigt. Wenn Sie mit der Maus über die angezeigten Profile fahren, sehen Sie eine erste Vorschau und was die ausgewählte Person in ihrem Feld für Beruf und Beschäftigung angegeben hat. Nutzen Sie diese Felder, um auch Ihre Schlagwörter und Interessen einzugeben. Sie erleichtern damit anderen das Einkreisen, weil man nicht erst Ihr Profil aufrufen muss, um Sie bestimmten Kreisen zuzuordnen. Google hat ein Video veröffentlicht, das anschaulich erklärt, wie man Kreise anlegt: *http://youtu.be/ocPeAdpe_A8*.

Mit eingekreisten Kontakten können Sie chatten oder eine Videokonferenz starten, einen sogenannten *Hangout*. Sie können auch einen öffentlichen Hangout beginnen, bei dem sich bis zu zehn Personen gleichzeitig miteinander per Video unterhalten können. Zum Hangout können Sie gezielt Kontakte einladen, oder Sie lassen sich davon überraschen, wer Lust hat, sich einem öffentlichen Hangout hinzuzugesellen.

Mit Optionen wie der Namensvergabe für Hangouts, dem Anlegen von gemeinsamen Notizen, der Integration von Google-Docs und der Bildschirmfreigabe eröffnen sich interessante Möglichkeiten für Unternehmen. Mit einer Bildschirmfreigabe können Sie anderen Nutzern in einem Hangout einen Blick auf Ihren Bildschirm gestatten, etwa um Präsentationsfolien zu zeigen oder ein Programm vorzuführen. Auch Webinare oder die gemeinsame Erstellung von Präsentationen sind so möglich.

Mit einem *Hangout on Air* (*http://www.google.com/intl/de/+/learn-more/hangouts/onair.html*) können Sie außerdem Videokonferenzen live streamen. Automatisch wird die Aufzeichnung in Ihrem YouTube-Kanal gespeichert.

Unternehmensseiten bei Google+

Seit November 2011 gibt es bei Google+ auch die Möglichkeit, Seiten für Unternehmen, Marken und Produkte anzulegen. Voraussetzung dafür ist ein persönliches Profil.

- In der Übersicht finden Sie in der rechten Navigationsspalte den Button »*Google+ Seite erstellen*«, oder Sie steuern *http://plus.google.com/pages/create* an.
- Wählen Sie eine Kategorie, die zu Ihrem Unternehmen oder Ihrer Marke passt: »*Lokales Geschäft*«, »*Produkt oder Marke*«, »*Unternehmen, Einrichtung und Organisation*«, »*Kunst, Sport oder Unterhaltung*« oder »*Sonstiges*«.
- Geben Sie Ihrer Seite einen Namen, tragen Sie den Link zur Website ein, und geben Sie eine Altersbeschränkung an.

Im Gegensatz zu Personenprofilen können Sie als Administrator von Unternehmensseiten erst dann andere einkreisen, wenn diese Sie ihren Kreisen hinzugefügt haben. Wie Sie es von Ihrem persönlichen Profil her gewohnt sind, können Sie aber über Ihre Seite mit anderen Nutzern interagieren, fremde Beiträge kommentieren und diese teilen. Unternehmensseiten haben einen Seiteninhaber und können bis zu 50 Administratoren haben. Diese werden vom Seiteninhaber hinzugefügt. Um als Seite zu agieren, wählen Sie das Drop-down-Menü auf der Übersicht Ihres Profils oben links neben Ihrem Profilbild.

Die Herausforderung besteht darin, die unterschiedlichen Möglichkeiten bei Google+ für Ihren Unternehmensauftritt sinnvoll zu nutzen. Bisher tun sich viele Unternehmen noch schwer, den Seiten bei Google+ in Abgrenzung zu bestehenden Facebook-Fanseiten eine eigene Attraktivität zu verleihen. Es gibt aber auch Akteure wie Mercedes-Benz, die mit Google+ experimentieren, um mit ihrer Zielgruppe ins Gespräch zu kommen (siehe Abbildung 7-15).

In diesem YouTube-Video erfahren Sie mehr über die Gedanken, die Google sich zu den Unternehmensseiten gemacht hat: *http://youtu.be/ozxfUtgySlo*.

Abbildung 7-18 ▲
Die Unternehmensseite von Mercedes-Benz bei Google+ hat knapp 4 Millionen Abonnenten.

»Im Social Web geht es um Gespräche!«

Interview mit der Kommunikationsberaterin Annette Schwindt.

Annette Schwindt (*http://www.schwindt-pr.com*) berät Menschen und Unternehmen in Fragen der Kommunikation. Mit ihrem »Facebook-Buch«, hilfreichen Beiträgen in ihrem Blog und ihrer zuverlässigen Präsenz im Social Web ist sie für viele Nutzer die erste Anlaufstelle, wenn es um Fragen zu Facebook geht. Zudem hat sie das »Google+ Buch« geschrieben, das ein wertvoller Begleiter bei einem Engagement in Googles sozialem Netzwerk ist. Beide Bücher sind im O'Reilly Verlag erschienen.

Abbildung 7-19 ▶
Annette Schwindt ist Kommunikationsberaterin und O'Reilly-Autorin.

Frau Schwindt, was sind die häufigsten Fehler, wenn Unternehmen eine Präsenz in einem sozialen Netzwerk einrichten?

Annette Schwindt: Der häufigste Fehler ist wohl, das Social Web als Kanal für Pressemitteilungen oder Werbebotschaften misszuverstehen und nur in kurzfristigen Kampagnen statt langfristig zu denken.

Im Zusammenhang damit steht auch der Wunsch, einen Dialog gar nicht erst zu ermöglichen. Dabei ist es genau das, worum es im Social Web geht: Gespräche! Da wird dann versucht, das Posten von Beiträgen und Kommentaren zu unterbinden oder Fragen und Anmerkungen zu ignorieren.

Klassisch ist auch das Fokussieren auf Technik statt auf Inhalte. Da werden dann große Budgets für blinkende Apps verballert, die Gespräche mit den Kunden und Multiplikatoren aber vernachlässigt.

Und natürlich nützt es wenig, sich im Social Web zu engagieren, wenn man keine entsprechende Basis, also eine funktionierende Kommunikation und weitersagenswerte Inhalte zu bieten hat. Schlechte Produkte werden durch Facebook und Co. nicht plötzlich zu guten ...

Warum ist es für Unternehmen sinnvoll, sich in Facebook zu engagieren?

Annette Schwindt: Durch eine Seite auf Facebook können Unternehmen ihre Onlinekommunikation sinnvoll ergänzen.

Facebook ist derzeit das Weitersage-Instrument Nr.1 im Web. Hier finden Gespräche längst statt, ob sich das Unternehmen nun daran beteiligt oder nicht. Wenn Unternehmen diese Gespräche mitgestalten und sich auf unkomplizierte Weise für andere direkt ansprechbar machen wollen, dann sollten sie auf Facebook Präsenz zeigen.

Aber auch mit anderen Unternehmen lässt sich über Facebook wunderbar netzwerken. Seit Einführung des Chronik-Layouts bietet Facebook Unternehmen außerdem die Möglichkeit, ihre Firmengeschichte auf ansprechende Weise zu präsentieren.

Woran erkennt man, dass sich der Aufwand in den Social Media lohnt?

Annette Schwindt: Letztendlich an steigenden Umsatzzahlen, wenn sich Unternehmen oder ihre Produkte nachhaltig auf positive Weise herumsprechen. Denn das Social Web ist zuerst ein Ort für Gespräche. Das schafft – wie eine gute Offlinekommunikation auch – Vertrauen und Bindung und schlägt sich dann in Weiterempfehlungen und Verkaufszahlen nieder.

Natürlich kann man im Social Web auch Werbung schalten (und das sehr effektiv). Man kann und soll darüber auch Unternehmensnachrichten verbreiten. Diese sollten aber nicht im Vordergrund stehen, wenn die Kommunikation im Social Web gelingen soll. Vorrang sollte immer der Nutzen der Fans und Follower haben.

Welche Vorteile birgt Google+ Ihrer Meinung nach für Unternehmen?

Annette Schwindt: Google+ ist bevorzugter Content-Lieferant für die Suchmaschine Google. Mit Google+ hat Google sein bereits existierendes Universum aus Suchmaschine und anderen Diensten »social« gemacht. Wer also künftig im Suchranking gut dastehen will, der sollte eine Unternehmensseite auf Google+ erstellen.

Sehr praktisch ist dabei, dass nicht nur persönliche Profile, sondern auch Seiten diejenigen, denen sie folgen, in Kreise organisieren können. Damit wird es möglich, Inhalte exklusiv an bestimmte Gruppen zu liefern. Für das Suchmaschinenranking zählen freilich nur öffentliche Beiträge.

Google+ selbst ähnelt in seiner Funktionsweise dabei eher Twitter, auch wenn es öfter mit Facebook verglichen wird.

Liebe Frau Schwindt, wir danken für das Gespräch.

XING: Das Businessnetzwerk

XING startete im Jahr 2003 unter dem Namen *OpenBC*, »Open Business Club«. Heute ist es mit 14 Millionen Mitgliedern weltweit eines der größten und bekanntesten Netzwerke der Welt. Und obwohl sich der Name mittlerweile in *XING* geändert hat, richtet es sich weiterhin vornehmlich an Unternehmer und Freiberufler. 2006 ging XING an die Börse, und bis heute ist es eines der wenigen Web-2.0-Unternehmen, die Gewinn machen. In Deutschland gibt es mehr als sieben Millionen XING-Mitglieder. Seit dem Kauf der Eventorganisationsplattform *Amiando* im Dezember 2010 und dessen Umbenennung in XING Events wird XING von vielen Unternehmen und Verbänden für das Ticketing von Veranstaltungen genutzt.

XING ist insbesondere in Deutschland ein solider Dienst, um sich mit Kollegen – auch aus anderen Unternehmen – und Geschäftspartnern zu vernetzen. Sie können sich selbst und Ihr Unternehmen hier auf professioneller Ebene präsentieren, in Ihrer Branche verankern und in Diskussionsforen Ihr spezielles Wissen und Ihre Expertise zum Besten geben. Eine Präsenz auf XING richtet sich nicht vornehmlich an Endkunden, denen Sie Ihre Produkte verkaufen wollen. Vielmehr bietet sie gute Möglichkeiten, um sich auszutauschen, um neue Mitarbeiter und Kooperationspartner zu suchen oder das Know-how Ihrer Firma darzustellen.

Daneben stärken Sie Ihre persönliche Präsenz in den Suchmaschinen durch Anlegen eines Profils mit Ihren Schlagwörtern. Vorhandene XING-Profile werden bei der Suche nach einem Namen in der Regel weit oben in den Trefferlisten angezeigt.

XING trennt zwischen Einzelprofilen und Unternehmensprofilen: Registrierte Einzelnutzer können ein persönliches Profil erstellen, Kontakte pflegen und hinzugewinnen, auf Jobsuche gehen oder in Gruppen zu vielen verschiedenen Themen diskutieren. Zu diesem Kerngeschäft sind im April 2009 noch die Firmenaccounts hinzugekommen. Wir werden hier zunächst auf Personenaccounts und danach auf Möglichkeiten für Unternehmen eingehen.

Persönliches Profil einrichten

Eine Registrierung bei XING geht schnell: Mit Ihrer E-Mail-Adresse und der Eingabe einiger persönlicher Daten legen Sie unkompliziert ein Profil an. Um XING jedoch professionell nutzen zu können, sollten Sie sich etwas Zeit für Ihr Profil nehmen.

Bei XING können Sie Ihren Lebenslauf, Ihre Erfahrungen, Ihre Mitgliedschaft in Verbänden, mögliche Auszeichnungen sowie Ihre Fertigkeiten und Fähigkeiten darstellen (siehe Abbildung 7-20). Auch für Hobbys und Interessen ist Platz, um Ihr Profil abzurunden. In den Feldern *Ich suche* und *Ich biete* sollten Sie klar definieren, wonach Sie bei XING suchen und was Sie im Angebot haben. Bringen Sie Ihre konkreten Schlagwörter unter, haben Sie aber auch Mut zu eigenen Formulierungen, die Sie unverwechselbar und wiedererkennbar machen.

Privatsphäre schützen

Sie können einstellen, welche Daten für alle XING-Mitglieder und welche nur für direkte Kontakte sichtbar sind. Außerdem können Sie den Zugriff von Suchmaschinen auf Ihr Profil sperren. Wenn Sie also nicht möchten, dass Ihr XING-Profil über Google gefunden wird, sollten Sie sich den Punkt *Einstellungen → Meine Privatsphäre* etwas genauer ansehen.

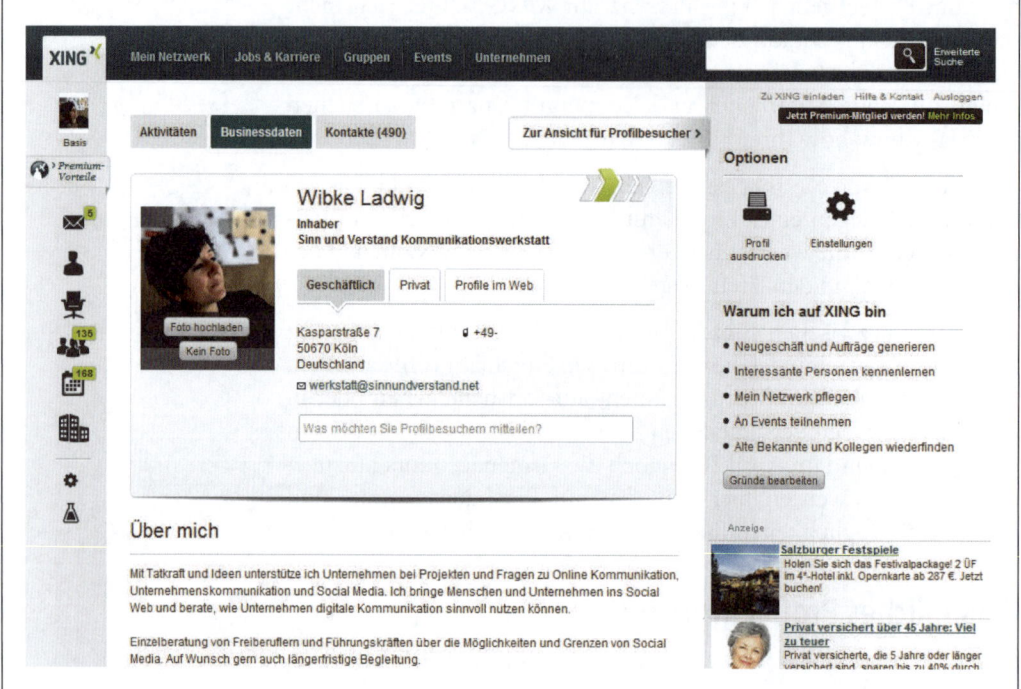

Abbildung 7-20 ▲
Nutzen Sie das Feld »Über mich« für eine individuelle Zielgruppenansprache.

Kontakte finden und pflegen

Beginnen Sie damit, Kollegen, ehemalige Kollegen und Geschäftspartner zu suchen und zu Ihrem Profil hinzuzufügen. Neue Kontakte finden Sie am besten über die Suche: Unter dem Punkt *Erweiterte Suche* ist das zum Beispiel über Hochschulen, Orte und Branchen möglich. Überlegen Sie sich gut, welche Kontakte Ihnen am besten weiterhelfen. Das reine Sammeln von Kontakten kommt Ihrer Reputation nicht unbedingt zugute. Sie sollten bei einer Kontaktanfrage einen schlüssigen Bezug herstellen können, der über die reine Zugehörigkeit zur selben Gruppe oder schwammig formulierte *Snyergieeffekte* hinausgeht.

Gruppen beitreten

Mehr als 50.000 Gruppen gibt es, zu allen erdenklichen Themen und Branchen (siehe Abbildung 7-21). XING ist somit auch ein Austauschmedium. Sie können dort Kollegen in anderen Unternehmen finden und zum Beispiel in der Gruppe »B2B-Marketing« über aktuelle Marketingtrends diskutieren, oder in einer der vielen Regionalgruppen potenzielle Geschäftspartner in Ihrer Stadt kennenlernen. In den Profilen Ihrer Kontakte können Sie sehen, in welchen Gruppen diese Mitglied sind. Das gibt Ihnen die Möglichkeit zu einem ersten Gesprächseinstieg in einer neuen Gruppe.

Fehlt Ihnen zu Ihrem Thema eine Gruppe oder möchten Sie eine Gruppe für Ihr Unternehmen, Ihren Verband oder eine Kundengruppe eröffnen, können Sie eine neue Gruppe gründen.

XING eignet sich auch zur Jobsuche: Mehr als 70.000 Personalmanager nutzen XING zum Recruiting, außerdem gibt es einen gesonderten Bereich, in dem Premium-User Jobangebote einstellen können. Wir kommen später in diesem Kapitel darauf zurück.

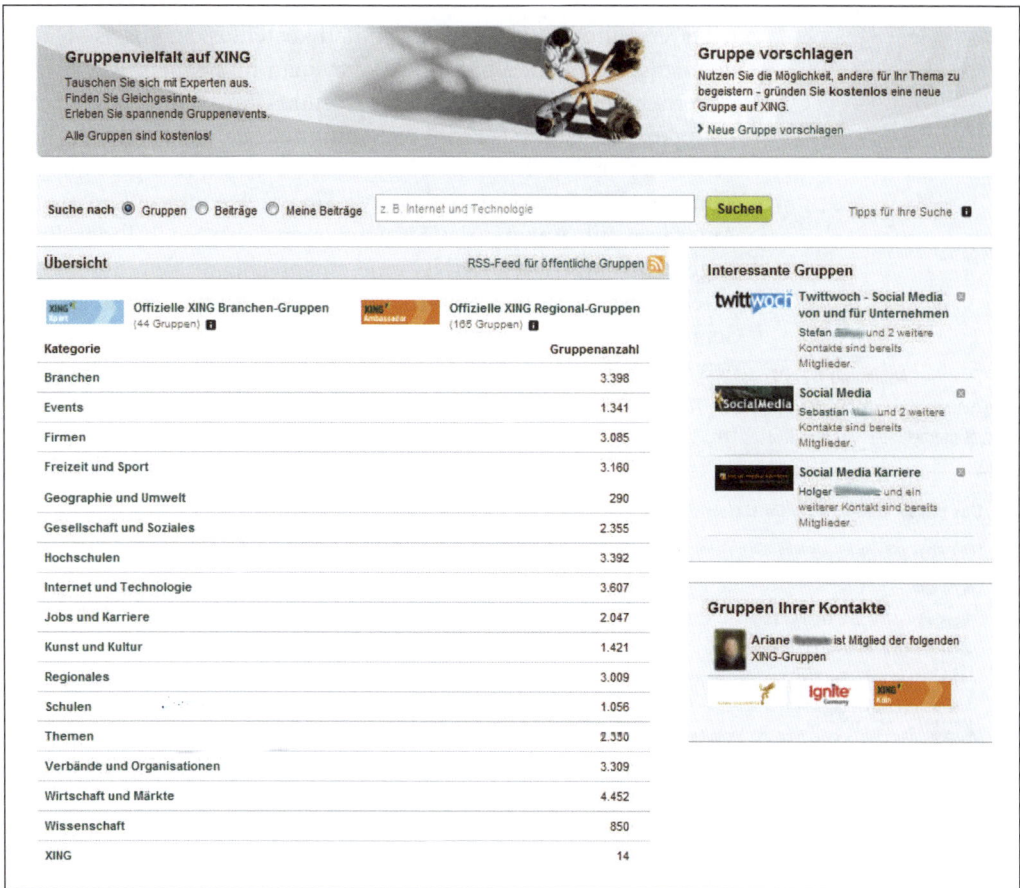

▼ **Abbildung 7-21**
XING bietet Gruppen zu verschiedensten Themen.

Basis- oder Premium-Mitgliedschaft?

Mit einer Basis-Mitgliedschaft können Sie fast alle Funktionen von XING nutzen. Eine Premium-Mitgliedschaft bietet Ihnen einige

Zusatzmöglichkeiten: So erfahren Sie beispielsweise, wer Ihr Profil angesehen hat, Sie können unbegrenzt Nachrichten schreiben und viele Suchmöglichkeiten nutzen. Außerdem gibt es ein Rabattprogramm in Kooperation mit anderen Unternehmen. Übrigens hat XING rund 800.000 Premium-Accounts – kein anderes Netzwerk kommt auf so viele zahlende Mitglieder.

Profil für das Unternehmen einrichten

Im Frühjahr 2009 überraschte XING mit einem neuen Feature: der Erstellung von Unternehmensprofilen (siehe Abbildung 7-22). Waren von einem Unternehmen mehr als vier Mitarbeiter registriert, erstellte XING automatisch und kostenlos ein »Basis«-Unternehmensprofil. Auf einen Blick kann man nun sehen, wer für ein Unternehmen arbeitet, und den passenden Ansprechpartner direkt kontaktieren. Falls das Profil nicht automatisch erstellt wurde, können Sie es auch anfordern. Dazu rufen Sie von Ihrem persönlichen Konto aus die Seite *Unternehmen → Unternehmensprofil anlegen → Anfordern* auf. Anhand des Firmennamens, den Sie in Ihrem Profil angegeben haben, legt XING eine entsprechende Seite für Sie an. Wichtig ist, dass alle Mitarbeiter den Firmennamen in gleicher Schreibweise aufgeführt haben, inklusive der korrekten, vollständigen Geschäftsform – nur dann kann XING die Daten zu einem Profil zusammenführen. Allgemein gehaltene Titel wie »Unternehmensberatung Köln« werden ebenfalls nicht akzeptiert.

Abbildung 7-22 ▼
Funktionsvergleich der Profiltypen für Unternehmen (Quelle: XING)

Das passende Profil für Ihr Unternehmen

Die Vorteile der drei Angebotspakete im Überblick:

Leistungen	BASIS	STANDARD	PLUS
"Über uns"-Seite und eigenes Logo	✓	✓	✓
Automatisch generierte Mitarbeiterliste	✓	✓	✓
Anzeige Ihrer aktuellen XING-Stellenangebote	✓	✓	✓
Unternehmens-Neuigkeiten schreiben	✓	✓	✓
Auffindbarkeit bei Google, Bing etc. (optional)	✓	✓	✓
Max. Zugänge für den Bearbeitungsbereich	1	5	10
Max. Schlagwörter für bessere Auffindbarkeit	–	5	10
Max. Einträge im Kontaktbereich	–	4	10
Arbeitgeber-Bewertungen von kununu (optional)	–	✓	✓
Verlinkbare Header-Grafik	–	–	✓
Besucher des Unternehmensprofils sehen	–	–	✓
Besucher- und Abonnenten-Statistik	–	–	✓
Prominente Darstellung in den XING-Suchergebnissen	–	–	✓
Automatischer Import von Unternehmens-Tweets	–	–	✓

Das Basisprofil fungiert als Visitenkarte. Sie können ein Logo einbinden und Ihren Unternehmensgegenstand beschreiben. Außerdem werden alle Mitarbeiter angezeigt, sofern sie XING-Mitglieder sind. Falls Sie im XING-eigenen Jobportal freie Stellen gemeldet haben, werden diese auch mit Ihrem Basisprofil verlinkt. Das Basisprofil ist kostenfrei.

Sie können Ihr Unternehmensprofil aufwerten, indem Sie die Option *Unternehmensprofil Standard* oder *Unternehmensprofil Plus* wählen.

Die Standardversion sorgt vor allem durch die freie Vergabe von drei Suchbegriffen und die Indizierung durch Suchmaschinen für eine bessere Auffindbarkeit Ihres Profils. Außerdem können Sie innerhalb des Profils bis zu vier Ansprechpartner Ihres Unternehmens herausstellen. Seit der Kooperation mit dem Arbeitgeberbewertungsportal *Kununu.com* können Sie auch die Bewertungen, die Sie ggf. dort erhalten haben, bei XING einbinden.

In der Plusversion können Sie unbegrenzt News einstellen und diese einer unbegrenzt großen Gruppe von Abonnenten auf die persönliche Startseite liefern. Außerdem dürfen Sie bis zu fünf Suchbegriffe vergeben und bis zu zehn Mitarbeiter als Ansprechpartner darstellen. Ein großer Vorteil ist auch die individuelle Gestaltung des Unternehmensprofils. Die Plusversion kann für große Unternehmen, aber auch für Recruiter oder Unternehmen auf der Suche nach Vertriebs- und Kooperationspartnern durchaus hilfreich sein.

**Die Continental AG:
Ein XING-Employer-Branding-Profil-Inhaber im Interview**

Der internationale Automobilzulieferer *Continental* ist mit einem Employer-Branding-Profil bei XING vertreten. Wir sprachen mit Pia Stender, die als Online Communications Specialist im Employer Branding für die Profilpflege zuständig ist.

▶ **Abbildung 7-23**
Pia Stender von der Continental AG

Frau Stender, welche Ziele verfolgen Sie mit der Präsenz auf XING?

Pia Stender: In den vergangenen Jahren haben wir verstärkt feststellen können, dass sowohl unsere Mitarbeiterinnen und Mitarbeiter diverse soziale Netzwerke intensiv zur Kommunikation nutzen und ihr Profil gerne mit unserem Unternehmensprofil verknüpfen, als auch dass sich Bewerberinnen und Bewerber immer intensiver in sozialen Netzwerken über potenzielle Arbeitgeber informieren und über Neuigkeiten auf dem Laufenden gehalten werden möchten. Da das Business-Netzwerk XING in Deutschland führend ist, haben wir dort schon seit Jahren ein Unternehmensprofil für den Konzern etabliert. Mit fast 13.000 Abonnenten fühlen wir uns in der Präsenz auch bestätigt.

Welche Inhalte veröffentlichen Sie vornehmlich über XING, und wie viel Zeit investieren Sie, um diese zu generieren?

Pia Stender: Grundsätzlich bilden wir mit den auf XING veröffentlichten Inhalten das weitreichende Spektrum der Themen innerhalb unseres Unternehmens ab. Wir bemühen uns um einen ausgewogenen Mix aus Neuigkeiten über Produkte, Konzernzahlen, Events und Karriere-Themen. Dabei verlinken wir Informationen zu eigenen Internetseiten oder anderen sozialen Medien wie zum Beispiel unserem YouTube-Kanal. Die Zusammenstellung und Veröffentlichung dieser Nachrichten nimmt derzeit wenige Stunden wöchentlich in Anspruch.

Haben Sie auch schon Stellenanzeigen über XING geschaltet, und wenn ja, konnten Sie so Mitarbeiter gewinnen?

Pia Stender: Im Rahmen unserer Recruiting-Strategie nutzen wir diverse Kanäle, um Stellenangebote zu verbreiten. Wir planen ab Sommer 2014 selbst Stellenanzeigen über XING zu schalten und hoffen, dass wir darüber neue Kollegen rekrutieren können. Wir sehen einen Vorteil darin, dass XING Stellenangebote gezielt eventuell passenden Kandidaten in den Neuigkeiten anzeigt.

Wie viele Menschen können Sie über diesen Kanal erreichen, und welche Resonanz erhielten Sie?

Pia Stender: Wir verzeichnen sowohl bei den Abonnenten als auch bei den Kolleginnen und Kollegen, die sich bewusst mit unserem Unternehmensprofil verbinden, stetige Zuwächse. Dies lässt sich direkt auf die Anzahl und Art der veröffentlichten Artikel zurückführen. Mindestens ebenso wichtig wie die Wahrnehmung durch zukünftige Mitarbeiter oder Partner ist uns aber der Netzwerkgedanke. Interessenten sehen auf dem Unternehmensprofil, wen sie vielleicht bei Continental schon kennen und können dort individuelle Informationen erfragen. So bekommt das Ganze auch eine persönliche Komponente.

In welchen sozialen Netzwerken ist Continental weiterhin vertreten? Ist XING Teil einer kompletten Social-Media-Strategie?

Pia Stender: Ja, XING ist Teil einer Social-Media-Strategie, die sich kontinuierlich weiterentwickelt. In den sozialen Netzwerken ist immer viel in Bewegung, weshalb wir unsere Ausrichtung immer wieder überprüfen.

Wir möchten die Interessenten möglichst zielgruppenspezifisch ansprechen, das erfordert eine Präsenz auf verschiedenen Kanälen mit unterschiedlichen Ausrichtungen. Auf Facebook treten wir z. B. anders auf als auf XING. Die Social-Media-Strategie berücksichtigt diese Unterschiede, ist andererseits aber auch sehr flexibel in der konkreten Ausgestaltung. Continental nutzt für Karriere-Themen diverse Konzern-Präsenzen auf Facebook, YouTube, Kununu und auf einem eigenen Blog. Weitere Auftritte – zum Beispiel auf Flickr, LinkedIn, Glassdoor und vielen anderen Kanälen – sind zudem über die Jahre entstanden.

Desweiteren gibt es natürlich viele weitere Profile der Marke Continental in unzähligen Netzwerken weltweit. Dort geht es dann jedoch nicht um Jobs oder Karriere.

Herzlichen Dank.

XING als Jobbörse

Viele Menschen erstellten sich ein XING-Profil, um beruflich voranzukommen. Das hat sich XING vor einigen Jahren zunutze gemacht und einen eigenen Bereich namens *Jobs* gestaltet. Hier können Sie als Unternehmen Ihre Angebote einstellen, und arbeitsuchende XING-User finden sie nach Aufruf des Menüpunkts *Jobs*. XING bietet aber noch mehr als eine übliche Jobsuchmaschine: Es erreicht auch Menschen, die gar nicht aktiv nach einer (neuen) Stelle suchen, indem es die Stellenanzeigen auf der persönlichen Startseite der Nutzer postet – und zwar nicht wahllos, sondern passend zum jeweiligen Profil. Ein Patentanwalt aus Düsseldorf wird also vorrangig freie Jobs von Technologieunternehmen und Anwaltskanzleien im Rheinland sehen, eine Unternehmensberaterin aus München vorrangig die Jobangebote von Consultingfirmen in Süddeutschland.

Wenn Sie häufig auf der Suche nach qualifiziertem Personal sind, kann das XING-Jobportal ein sehr nützliches Werkzeug für Sie sein. Und natürlich müssen Sie nicht warten, bis Bewerbungen eingehen: Sie können auch selbst die Profile von interessanten potenziellen Mitarbeitern aufrufen, denn XING schlägt Ihnen automatisch passende Bewerber vor (diese Funktion ist abhängig vom Anzeigentyp, den Sie wählen).

Events organisieren mit XING

Durch den Kauf von Amiando im Dezember 2010 und die Umwandlung in XING Events bietet XING gute Möglichkeiten an, um Veranstaltungen von Unternehmen, Institutionen und Verbänden recht unkompliziert zu organisieren. Die Sichtbarkeit eines Events lässt sich ebenso festlegen wie die der Gästeliste. Interessierte Teilnehmer die Gästeliste sehen zu lassen, kann einen zusätzlichen Anreiz zur Teilnahme bieten. Auch wird durch die Zusagen zu einem Event automatisch eine entsprechende Meldung auf der Übersicht erstellt, was wiederum Kontakte animieren kann, ebenfalls teilzunehmen.

Wenn Sie eine kostenpflichtige Veranstaltung erstellen, können Sie auch unterschiedliche Rabatte und Gutscheine zur Promotion Ihres Events oder für Mitglieder der Presse vergeben.

Es gibt Sonderkonditionen für Unternehmen und Freiberufler, die sehr viele Veranstaltungen organisieren.

XING als Werbemedium

Außer den Community-Funktionen bietet XING auch die üblichen Werbeformate: Sie können beispielsweise Werbung im Newsletter oder Banner schalten oder am Partnerprogramm der XING-Vorteilsangebote für Premium-Mitglieder teilnehmen. Der Vollständigkeit halber werden diese Möglichkeiten hier erwähnt, jedoch sind sie natürlich keine Maßnahmen, die den Netzwerkeffekt an sich nutzen. Alle Angebote finden Sie in der Fußleiste von XING unter *Werben auf XING*.

Weitere soziale Netzwerke

Einige soziale Netzwerke wie Facebook und Google+ sind fast überall auf der Welt erfolgreich. Doch es gibt noch viele weitere Angebote in den Weiten des Internet, und in jedem Land haben die Nutzer ihre eigenen Vorlieben. Im Folgenden sehen Sie einige andere soziale Netzwerke in Deutschland sowie in anderen Teilen der Welt.

LinkedIn

Der amerikanische XING-Konkurrent LinkedIn, der auch mit einem deutschsprachigen Angebot vertreten ist (*http://www.linkedin.com/deutsch*), bietet ein soziales Netzwerk für Profis und wird eingesetzt, um mit (ehemaligen und aktuellen) Arbeitskollegen und Personen in derselben oder verwandten Branchen Beziehungen zu knüpfen sowie empfehlenswerte Dienstleistungen zu finden. LinkedIn ist gut geeignet, um potenzielle Kunden, Dienstleister, Fachleute und Kollegen rund um den Globus zu finden. Zudem kann es Experten mit Geschäftsideen und Jobs zusammenbringen, und viele Personalvermittler und Arbeitsuchende nutzen die Plattform, um sich nach neuen beruflichen Möglichkeiten umzusehen. Auch bei LinkedIn gibt es persönliche Profile, Gruppen, Anwendungen, kontextsensitive Werbebanner und außerdem einen F&A-Bereich und eine Empfehlungs- und Bewertungsfunktion, mit der Sie Experten verschiedener Branchen aufspüren können.

Weltweit hat LinkedIn fast 300 Millionen Mitglieder, davon 5 Millionen aus Deutschland, Österreich und Schweiz. LinkedIn wächst mittlerweile schneller als XING und viele Experten glauben, dass LinkedIn mittelfristig XING im deutschsprachigen Raum als führendes Business-Netzwerk ablösen wird.

Path (https://path.com)

Das soziale Netzwerk Path startete im November 2011 und erreichte rasch Aufmerksamkeit. Es behauptet sich nicht zuletzt wegen einer sehr liebevoll gestalteten App für Smartphones. Path spricht die Nutzer an, die der großen sozialen Netzwerke etwas müde sind. Mit der Beschränkung auf 150 Freunde und dem Verzicht auf Werbung und Unternehmensseiten bietet es eine gewisse Intimität. Interessant ist die Beschränkung auf eine mobile App für iOS und Android. Durch Partnerschaften mit z.B. WordPress gibt es mittlerweile etwa einen *Like on Path*-Button.

Diaspora (http://www.joindiaspora.com)

Hinter Diaspora verbirgt sich ein Open Source-Social Network, bei dem die Nutzerdaten dezentral gespeichert und keine Nutzerdaten an Dritte weitergegeben werden. Diaspora wurde von vier Informatikstudenten der New Yorker Universität ins Leben gerufen und finanziert sich allein über Spenden. Als Alternative zu Facebook und Google+ hat der Nutzer die volle

Kontrolle über seine Inhalte und Privatsphäre. In der Breite hat sich Diaspora jedoch nicht durchsetzen können.

MySpace (http://www.myspace.com)
MySpace war über viele Jahre das weltweit bekannteste soziale Netzwerk. Im Juli 2013 gab es einen aufsehenerregenden Relaunch: MySpace richtet sich wieder an die Kernzielgruppe der Musiker und Musikfans, die hier leicht Musik hochladen und in ihr Profil einbinden können. Allerdings nimmt die Nutzerzahl seit dem Relaunch stetig ab.

Orkut (http://www.orkut.com)
Orkut ist ein soziales Netzwerk von Google, das mehr als 100 Millionen registrierte User verzeichnet, in Deutschland jedoch kaum genutzt wird. Die meisten User kommen aus Brasilien und dem Iran, wobei der Zugriff im Iran durch die Regierung blockiert ist.

Zusammenfassung

In Deutschland sind Facebook, Google+ sowie XING im Businessbereich die sozialen Netzwerke mit der höchsten Aufmerksamkeit und Aktivität. Viele Dienste in den Social Media funktionieren jedoch auch als soziale Netzwerke, wobei hier ganz klar die Bildung von Gemeinschaften und die Verbindung mit anderen Menschen im Vordergrund steht.

Alle drei Netzwerke haben jeweils viele Millionen Nutzer und geben Ihnen die Möglichkeit, ein Profil zu erstellen und sich mit anderen Leuten zu vernetzen, mit denen Sie Kontakt halten möchten, die ähnliche Interessen oder einen ähnlichen beruflichen Hintergrund haben.

Facebook hat sich in den letzten Jahren stark weiterentwickelt und ein rasantes Wachstum der Nutzerzahlen erlebt. Für viele Nutzer ist Facebook das Synonym für Social Media, wenngleich Sie aus Unternehmersicht auch genau prüfen sollten, ob sich Facebook für Ihre Social-Media-Strategie eignet und welchen Stellenwert Sie Facebook in Ihrer Strategie einräumen wollen. Neben einem persönlichen Profil stehen Ihnen Seiten, Gruppen und Werbeanzeigen für die Vermarktung zur Verfügung.

Google+ ist nicht primär ein soziales Netzwerk, sondern verknüpft das Profil von Google+ nach und nach mit anderen Diensten und Anwendungen von Google. In Verbindung mit der Einführung der Social Search entwickelt sich Google+ zu einer interessanten Plattform für Social Media Marketing für die Suchmaschinenoptimierung. Zusätzliche Dienste wie Hangouts erweitern Ihre Möglichkeiten zur Nutzung von Social Media.

XING wird im deutschen Sprachraum vornehmlich zum beruflichen Netzwerken und für Recruiting genutzt. Ihnen stehen dafür persönliche und Unternehmensprofile zur Verfügung. Mithilfe von XING Events können Sie unkompliziert Veranstaltungen planen und das Ticketing durchführen.

Ein Profil genau wie eine Seite ist in allen Netzwerken rasch eingerichtet. In allen sozialen Netzwerken brauchen Sie jedoch eine Strategie dafür, welche Inhalte Sie für wen kommunizieren wollen, wie Sie sich sinnvoll vernetzen und welche Ziele Sie verfolgen.

Soziale Netzwerke für Wissen und Waren

In diesem Kapitel:
- Wissen ist Macht
- Ratgeber-Communities für das Social Media Marketing nutzen
- Meinungen austauschen
- Mit Social Media den Umsatz ankurbeln
- Social Media im Real Life
- Zusammenfassung

Soziale Netzwerke bieten mehr als Beziehungen zu Nutzern, die einen ähnlichen Geschmack in Bezug auf Essen, Musik oder Literatur haben. Die Mehrzahl unserer Onlineinteraktionen ist offenbar auf Gemeinschaftsbildung ausgerichtet. Oft suchen wir auf einer Website nach einem Produkt und lesen die Bewertungen anderer Nutzer. Oder wir versuchen, eine Begriffserklärung zu finden oder Genaueres über eine bestimmte Küche zu erfahren. Das erste Resultat, das uns die Suchmaschine anzeigt, ist inzwischen häufig eine Social Site, die nutzergenerierte Antworten oder eine von Nutzern erstellte Enzyklopädie anbietet. Das Internet wird immer sozialer, und die sozialen Interaktionen dort wirken bis in unseren Alltag hinein, auch wenn wir uns dessen vielleicht nicht immer bewusst sind.

Social Media durchdringen inzwischen alle möglichen Arten von Onlineaktivitäten, zu den beliebtesten gehört der Austausch auf Community-Portalen. Community-Mitglieder helfen sich gern untereinander, und wer immer wieder wertvolle Beiträge leistet, wird belohnt. Daher kommen wir nun zu einer anderen Kategorie von Social Media, nämlich solchen sozialen Netzwerken, die sich ganz dem Austausch von Informationen widmen. Seit Jahren sind diese Portale sehr beliebt, und schließlich tragen alle Nutzer auch zum Gemeinwohl bei, wenn sie ihr Wissen und ihre persönlichen Erfahrungen weitergeben.

Natürlich haben Nutzer, die sich einbringen, immer auch selbst etwas davon, da die aktiven und dauerhaft engagierten Teilnehmer in ihrer Community als wertvolle Mitglieder Lob und Anerkennung ernten. Ob es sich um Frage-und-Antwort-Websites oder Enzyklopädien handelt – nutzergenerierte Informationsportale sind populär, weil sie oft sehr präzise und detaillierte Informationen geben, die auf anderen Websites nicht zur Verfügung stehen.

Die Attribute einer funktionierenden Web-Community werden inzwischen auch in reine eCommerce-Anwendungen übertragen: Shopping-Communities wie *Limango*, *brands4friends* und *Dawanda* oder lokal begrenzte Gutscheindienste bzw. Special Offers wie *Groupon* versilbern Webaktivitäten. Regelmäßig werden von Unternehmen neue Geschäftsmodelle für das Social Web entwickelt. Statt Informationen können hier mit Erfolg Waren gegen Geld getauscht werden.

Die Verbindung von Social Web und realer Welt spielt eine zunehmend große Rolle: »Location-based Services«, insbesondere Check-in-Dienste, bringen die virtuell verbundenen Kunden auch an reale Orte wie Ladenlokale und Niederlassungen.

Die Kombination von sozialen Netzwerken, Community-Sites und Check-in-Diensten bietet somit eine reale Chance auf Umsatzsteigerung, Festigung eines Kundenstamms sowie – über den Social Graph der bestehenden Kontakte – weitere potenzielle Kunden.

 Hinweis   Mit dem Begriff »Social Graph« bezeichnet Facebook das jeweilige Netzwerk eines Users. Dabei reicht der Social Graph über die Ebene der direkten Freunde hinaus weiter auf die Ebene der Freundesfreunde und weiter zu deren Freunden und so weiter und so fort. Der Social Graph eines Users umfasst die Gruppe an Menschen, die einflussreich ist. Mittlerweile wird der Begriff generell zur Beschreibung aller Netzwerke eingesetzt.

An welchen virtuellen und realen Plätzen der Austausch von Informationen und Waren schon recht erfolgreich etabliert ist, ist das Thema dieses Kapitels.

Wissen ist Macht

Wenn Sie etwas wissen, sollten Sie um Himmels Willen keine Scheu davor haben, es mitzuteilen. Viele Menschen machen sich Sorgen, dass es ihrem Geschäft schaden könnte, wenn sie auf ihren Websites zu viele Informationen umsonst anbieten. Doch aller Wahrscheinlichkeit nach wird man Ihnen gerade wegen des Contents auf Ihrer Website oder wegen Ihrer sozialen Profile gern Aufträge geben, weil Sie als tatkräftiger Mensch wahrgenommen werden, der bestimmt noch mehr Wissen zu bieten hat, als er verrät.

Wenn Sie viel Wissen weitergeben, bekommen die Menschen, die Ihre Informationen zu schätzen wissen, eine hohe Meinung von Ihnen, und Ihre Glaubwürdigkeit wächst. Das ist ein großer Vorteil. Möchte man lieber als jemand gelten, der kompetent und offen ist, oder als Geheimniskrämer, der alles Wissenswerte für sich behält? In der Mentalität des modernen Social Media Marketing ist Wissen Macht, und beide Seiten können davon profitieren.

Content-Marketing

Klassische Werbung wird nicht nur immer weniger wahrgenommen bzw. sticht kaum aus der Masse der TV-Spots, Plakatwände und Anzeigenkampagnen heraus. Klassischer Werbung wird zudem auch fast gar kein Vertrauen mehr geschenkt. Wie also können Unternehmer auf sich und ihr Angebot aufmerksam machen? In diesem Zusammenhang kursiert seit wenigen Jahren verstärkt der Begriff »Content-Marketing«. Dabei geht es darum, den Zielgruppen stets relevante und wirklich spannende Inhalte anzubieten. Prinzipiell werden dazu alle zur Verfügung stehenden Kanäle genutzt – auch ein Werbespot kann schließlich eher informationslastig als marktschreierisch sein. Aber gerade Wissensplattformen sind neben Corporate Blogs, eigenen Publikationen (White Papers) und Fachforen natürlich prädestiniert dafür, Expertise zu zeigen. Content-Marketing eignet sich daher ganz besonders für Unternehmen im B2B-Bereich.

Und was bringt Ihnen das letzten Endes? Indem Sie Ihr Wissen der größeren Community schenken, gewinnen Sie Verlinkungen auf Ihre Profile in den sozialen Medien, auf einen wertvollen Beitrag von Ihnen oder auf Ihre Website. Denn Ihre Einsichten bleiben nicht unbemerkt, und Leser, die selbst Profile besitzen, könnten Sie durch Verlinkung in ihren sozialen Netzwerken weiterempfehlen. Vielleicht verweisen sie auch auf Ihren Artikel oder Ihr Unternehmen. Im besten Fall entspinnt sich eine Diskussion auf Ihrem Blog oder bei Facebook, Google+ oder Twitter, in der Sie ebenso wie Ihre Mitdiskutanten weitere Erkenntnisse über das Thema Ihres Beitrags gewinnen. Das ist der Boden, auf dem Social Media gedeihen: Der Einzelne und die Community teilen etwas miteinander. Das beginnt auf Websites für den Wissensaustausch und Informationsportalen wie Wikipedia, doch die Vorteile können sich viel weiter erstrecken.

Je mehr Links Sie bekommen, desto besser werden Sie sichtbar, sowohl bei Lesern als auch bei Suchmaschinen. Wenn jemand in einem News-Artikel Empfehlungen für Ihren Content findet und dann später auf einer Social-Media-Plattform weitere Empfehlungen sieht, wird er eher bereit sein, Ihnen zu glauben. Zugleich gilt: Wenn Suchmaschinen merken, dass verschiedene Links von unterschiedlichen Quellen auf Ihre Site verweisen, dann beginnen sie, Ihnen als Content-Autor zu vertrauen. Das macht sich im Suchmaschinen-Ranking positiv bemerkbar. So hat sich beispielsweise die *Wikipedia* Ansehen erworben: Das in ihr enthaltene Wissen hat sich durchweg als wertvoll für Tausende von Nutzern und Content-Erstellern im gesamten Internet erwiesen.

So können Sie sich selbst als Marke etablieren und Ihre Identität als echter Meinungsführer in Ihrer Branche ausbauen. Wenn Sie sich konsequent in relevanten Communities engagieren und nützliche Informationen liefern, die die jeweilige Community zu schätzen weiß, werden Sie in Ihrer Branche bekannt und von anderen empfohlen. Das hilft Ihnen letzten Endes dabei, Ihre Marke zu stärken und Ihr Ansehen in Ihrem Fachgebiet zu festigen.

Wikipedia: Die lebende Enzyklopädie

Seit Wikipedia 2001 an den Start gegangen ist, hat sich die Enzyklopädie zum größten Onlinenachschlagewerk im Internet gemausert, das in mehr als 270 Sprachen abrufbar ist und weltweit Platz sechs der meistbesuchten Websites belegt. Die deutsche Wikipedia (*http://de.wikipedia.org*) umfasst allein über 1,5 Millionen Artikel. Die deutsche Version richtet sich an 185 Millionen Menschen, die Deutsch als Muttersprache oder Fremdsprache verwenden.[1]

Der Name »Wikipedia« setzt sich aus zwei Begriffen zusammen: aus »Wiki«, der mit dem hawaiischen Wort für »schnell« bezeichneten Technologie zur kollektiven Erstellung von Internetseiten, und »Encyclopedia«, dem englischen Wort für Enzyklopädie. Wikipedia macht diesem Namen Ehre, mit Millionen von Beitragsverfassern in aller Welt und Hunderten von Administratoren, die aktiv auf der Site patrouillieren, um Missbrauch zu verhindern und sicherzustellen, dass alle Einträge korrekt sind.

Wikipedia ist eine sehr offene Plattform, zu der jeder etwas beitragen darf, egal, ob er einen Account hat oder nicht. Allerdings

---

1 *http://stats.wikimedia.org/DE/Sitemap.htm*

berechtigt das Anlegen eines Accounts den Nutzer, eine eigene Profilseite anzulegen (die sogenannte Benutzerseite), was dazu beitragen kann, sich als glaubwürdiger Fachmann in der Community zu etablieren. Wenn Sie noch kein Benutzerkonto haben und Änderungen an einer Seite vornehmen, zeigt die Versionsgeschichte Ihre IP-Adresse an. In der Versionsgeschichte (siehe Abbildung 8-1) sind Personen mit Benutzernamen die Mitglieder der Website, während die IP-Adressen mit Nutzern verbunden sind, die die Site einfach nur bearbeitet haben, ohne sich anzumelden.

▼ **Abbildung 8-1**
Wikipedia-Versionsgeschichte

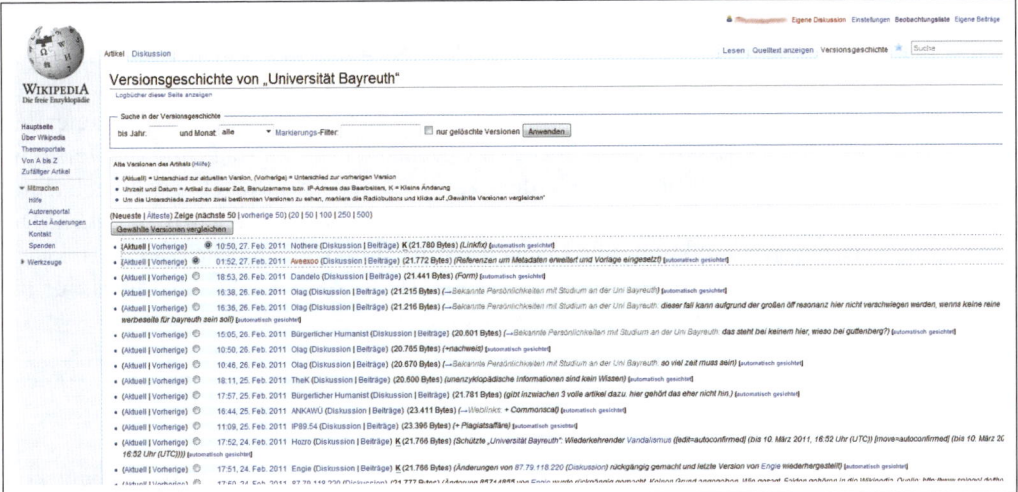

Nun ist die Wikipedia zwar offen, aber ihre Nutzung ist nicht unbeschränkt. Eine der wichtigsten Wikipedia-Regeln besagt, dass die Site nur Artikel über Menschen, Orte und Objekte einer gewissen Relevanz enthält. Das bedeutet, dass der Gegenstand des Artikels in zuverlässigen, von diesem Gegenstand unabhängigen Quellen ausführlich behandelt worden sein muss.[2] Es gibt also Grenzen für das, was man der Wikipedia hinzufügen darf, und nach den Regeln und Vorschriften der Wikipedia verdient nicht jeder Mensch und jede Firma einen eigenen Artikel. Diese Regeln werden von den Administratoren auch strikt durchgesetzt.

Es gibt eine sehr rege und kritische deutsche Wikipedia-Community, die auf Relevanz und Qualität der Artikel achtet. Rund 6.100 registrierte Autoren loggen sich regelmäßig ein; sie und nicht registrierte User legen pro Tag durchschnittlich etwa 300 neue Artikel

---

2 http://de.wikipedia.org/wiki/Wikipedia:Relevanzkriterien

an.[3] Bisweilen wird gerade die deutschsprachige Wikipedia-Community kritisiert, weil hierzulande ganz besonders streng auf Relevanz und versteckte Werbung geachtet wird.

Eine weitere Anforderung ist die, dass Wikipedia Fakten und nichts als Fakten präsentieren will. Die Einträge sollen absolut neutral und unvoreingenommen sein. Jeder Kommentar, der eine bestimmte Meinung widerspiegelt, wird von den Wikipedia-Administratoren und -Nutzern herausgefiltert und umgeschrieben, die danach streben, nur unparteiische Einträge auf dieser Site zu veröffentlichen.

Die Struktur eines Wikipedia-Eintrags

Jeder Seiteneintrag in der Wikipedia hat eine Seite für das Publikum, aber auch Unterseiten (siehe Abbildung 8-2) für die laufenden Diskussionen über den Gegenstand des Eintrags und die Versionsgeschichte. Außerdem kann die Seite bearbeitet sowie beobachtet werden, um Änderungen und Ergänzungen nachzuvollziehen. Die Funktion »*Beobachten*« wird durch einen Klick auf das kleine Sternchen in der Navigationsleiste aktiviert, ist allerdings nur für registrierte und angemeldete Benutzer wählbar.

Abbildung 8-2 ▼
Die obere Navigationsleiste der Wikipedia zeigt die Unterseiten eines Beitrags.

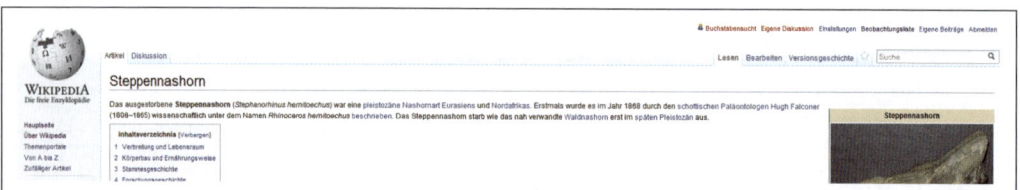

In Einzelfällen ist die Bearbeitung der Seite gesperrt, das geschieht meist vorübergehend während aktueller Vorkommnisse rund um den Beitragsgegenstand. So wird zum Beispiel vor Bundestagswahlen vermieden, dass in Einträgen zu Parteien Wahlkampf betrieben wird oder politische Diskussionen entstehen. Der Reiter »*Seite bearbeiten*« wird dann durch »*Quelltext anzeigen*« ersetzt

Artikeltext

Wenn Sie etwas in der Wikipedia suchen, wird Ihnen die Seite mit dem entsprechenden Artikel angezeigt. Dieser Artikel kann in mehrere Teile untergliedert sein; dann gibt es zum Beispiel einen Abschnitt namens »*Inhalt*«, in dem die Gliederung des Artikels zu sehen ist, und vielleicht auch eine Seitenleiste am rechten Bildschirmrand, die Einzelheiten über den Gegenstand Ihrer Suche

---

3 http://stats.wikimedia.org/DE/TablesRecentTrends.htm

angibt. Betrachten Sie zum Beispiel einen Artikel über ein Unternehmen, zeigt die Seitenleiste sein Gründungsjahr und seine Chefs an, und wenn Sie einen Artikel über eine Fernsehserie anschauen, sind auf der Seitenleiste die Hauptdarsteller aufgelistet, über die es auch jeweils eigene Artikel in der Wikipedia gibt.

Am Ende von Wikipedia-Artikeln befinden sich oft Fußnoten (sogenannte Einzelnachweise) und Weblinks. In den Einzelnachweisen sind Fundstellen für Zitate im Artikel angegeben und in den Weblinks Verknüpfungen zu Websites, die nicht zur Domain *Wikipedia.org* gehören und Informationen zum Thema enthalten (zum Beispiel eine offizielle Biografieseite eines Schauspielers, inoffizielle, aber viel zitierte Seiten über Filme und Interviews mit Unternehmensgründern).

Diskussion

Der Diskussionslink ist eine Verknüpfung zur Diskussionsseite (siehe Abbildung 8-3). Diese ist für Unternehmen besonders wichtig, weil sie sich dort um die Bereinigung sachlicher Unstimmigkeiten bemühen können, ohne den Ausschluss aus der Wikipedia befürchten zu müssen. Auf dieser Seite diskutieren Nutzer auch darüber, wie man den Artikel verbessern könnte. Die Diskussionsseiten können ganz einfach und überschaubar sein, mit kleinen Notizen von diversen Nutzern, oder auch extrem ausführlich mit Artikel-Meilensteinen, provokanten Äußerungen (besonders bei Gegenständen, die umstritten sind) und anderen Hinweisen, die Nutzer der Site gegeben haben.

▼ **Abbildung 8-3**
Eine Diskussionsseite bei Wikipedia zeigt Beiträge von Mitgliedern und lange Diskussionen an.

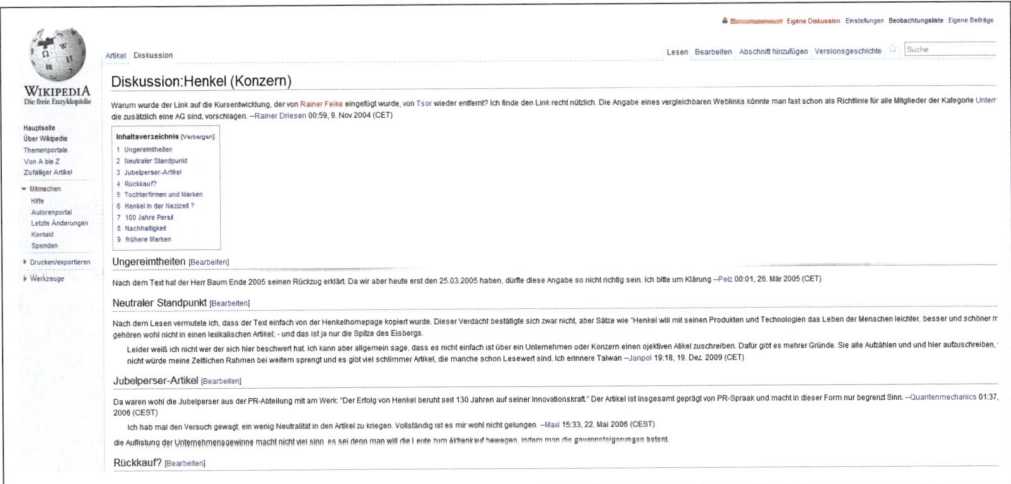

Die Artikel- und Diskussionsseiten haben einen Link namens »*Seite bearbeiten*«, über den Nutzer Inhalte hinzufügen und entfernen können. Die Formatierung in Wikipedia kann etwas umständlich sein, weil es sich nicht um einfaches HTML handelt; aber auf Wikipedia existieren etliche Hilfsdokumente mit den stilistischen Richtlinien und Formatierungskonventionen, die für die Seitenbearbeitung hilfreich sind. Wikipedia enthält einen WYSIWYG-Editor mit Grundfunktionen, aber wenn Sie die Wikipedia-Formatierungsrichtlinien (siehe *http://de.wikipedia.org/wiki/Hilfe:Bearbeiten*) beherrschen, haben Sie noch weitere Formatierungsoptionen. Sind Sie sich über die Formatierung eines Elements nicht im Klaren (besonders, wenn Sie eine ganz neue Seite verfassen), so können Sie immer zu einer bestehenden Wikipedia-Seite gehen und dort auf »*Seite bearbeiten*« klicken, um die notwendigen Codestücke zu kopieren und in Ihr Dokument einzufügen. So erhalten Sie eine einfache Vorlage für Ihren neuen Wikipedia-Eintrag. Dann können Sie sich eine Vorschau Ihrer Änderungen anzeigen lassen, bevor Sie die Seite veröffentlichen. Wenn Sie Änderungen vornehmen, ist es ratsam, sie in einem Bearbeitungskommentar zusammenzufassen und in dem verfügbaren Kontrollkästchen anzugeben, ob es sich um eine geringfügige Bearbeitung (etwa die Korrektur eines Grammatik- oder Rechtschreibfehlers) oder um eine größere Bearbeitung handelt. Im letzteren Fall sollten Sie Einzelheiten der Veränderung(en) angeben.

Geschichte

Änderungen an einem bestimmten Wikipedia-Artikel können Sie über die Registerkarte »Versionsgeschichte« einsehen. Sie ist in mehrere Spalten gegliedert, wobei sich der Link »Aktuell« auf die gegenwärtige Version der Seite bezieht und der Link »Vorherige« zeigt, wie die Seite vor der letzten Änderung ausgesehen hat. Normalerweise können Sie durch einen Klick auf den Link »*Vorherige*« genau sehen, was geändert worden ist, da Wikipedia Ihnen nur die zugehörigen Ausschnitte der Seite zeigt.

Die nächste Spalte zeigt Ihnen den Zeitpunkt der Änderung sowie den Benutzernamen oder die IP-Adresse ihres Urhebers. Wenn der Benutzername blau ist, besitzt der Betreffende eine Benutzerseite, andernfalls ist der Benutzername rot. Wenn Sie auf den roten Link klicken, wird die Standardvorlage von Wikipedia zur Erstellung einer Benutzerseite angezeigt (ja, Sie können auch die Seite von jemand anderem bearbeiten!).

 Hinweis Benutzerseiten ähneln Diskussionsseiten, die weiter oben in diesem Kapitel behandelt wurden. Diese Seiten entsprechen einem Benutzerprofil und ermöglichen den Mitgliedern der Wikipedia-Community, miteinander zu reden und ihre eigene Präsenz auf der Website anzupassen.

Ein »K« in der nächsten Spalte kennzeichnet eine »Kleinere Änderung«, gefolgt von der Angabe, wie viele Bytes der Wikipedia-Eintrag nach der Änderung hat.

Weitere Features von Wikipedia

Weitere Reiter auf der Top-Navigationsleiste sind »*Ungesichtete Änderungen*«, wo man gegebenenfalls Hinweise darauf findet, welche zuletzt hinzugefügten Bearbeitungen noch nicht von einem Wikipedia-Editor geprüft worden sind, und der Reiter mit dem Stern zum »*Beobachten*«, d.h. zur Verfolgung von Änderungen.

Social Media Marketing mit Wikipedia

Wie schon weiter oben in diesem Kapitel gesagt wurde, genießt Wikipedia höchstes Ansehen und erreicht bei fast jedem Suchbegriff ein Top-Ranking. Wikipedia bietet Ihnen eine große Chance, Ihren Ruf und Ihre Marke zu stärken. Außerdem lässt sich durch Wikipedia viel gezielter Traffic hinzugewinnen: Beliebte Websites registrieren Hunderttausende von Besuchern, die über Wikipedia-Links kommen.

Nachdem die Grundlagen von Wikipedia nun geklärt wären, ist es an der Zeit, zu besprechen, wie Sie dort Beiträge einpflegen können, die mit den Regeln von Wikipedia und den Unternehmensrichtlinien im Einklang stehen.

Nach den Richtlinien der Wikipedia können Personen, die eine Seite über sich selbst oder ihr Unternehmen erstellen oder mitgestalten, und Mitarbeiter, die bei Wikipedia die Seiten ihres Arbeitgebers bearbeiten, bestraft werden. Beiträge werden umstandslos gelöscht, oder es entbrennen hitzige Diskussionen. Interessenkonflikte haben bei Wikipedia keinen Platz. Wenn bei Wikipedia eine Seite über eine Person oder Firma fehlt, deren Wichtigkeit Sie beweisen zu können glauben, dann suchen Sie sich am besten jemanden, der die Wikipedia-Seite anlegen kann, ohne in Interessenkonflikte zu geraten. Um die Relevanz des Eintrags zu beweisen, müssen Sie Links zu mehreren Quellen angeben. Sonst wird der Gegenstand nicht für erwähnenswert befunden und Sie dürfen sich nicht wundern, wenn die Administratoren von Wikipedia den Artikel löschen wollen. Haben Sie eine Artikelseite angelegt, sollten Sie sie weiterhin beobachten, um Änderungen oder Ergänzungen zu verfolgen, die daran vorgenommen werden. Dazu klicken Sie auf »*Beobachten*« oben auf der Seite oder abonnieren einen RSS-Feed mit der Versionsgeschichte der Seite.

Tipp Aktuelle und ausführliche Hinweise für Personen und Angehörige von Organisationen und Unternehmen, die ihren eigenen Eintrag bearbeiten wollen, finden Sie unter *http://de.wikipedia.org/wiki/Wikipedia:Interessenkonflikt#Eigendarstellung*. Lesen Sie diese Ratschläge der Wikipedia-Community immer wieder und halten Sie sich daran. Sie wahren auf diese Weise Ihren Ruf und die Akzeptanz Ihrer Firma.

Wenn Ihre Mitarbeit an einem bestimmten Wikipedia-Artikel Sie in einen Interessenkonflikt bringen könnte, dürfen Sie keine Änderungen an dem Artikel vornehmen. Stattdessen sollten Sie die Diskussionsseiten aufsuchen, um eventuelle sachliche Unstimmigkeiten mit den Nutzern von Wikipedia zu besprechen, damit diese dann den Artikel selbst bearbeiten können. Zur Lösung von Konflikten haben Sie die Möglichkeit, eine dritte Meinung einzuholen, einen Vermittlungsausschuss anzurufen oder als letzte Instanz sogar ein Schiedsgericht zu bemühen. Wie Sie all das tun können, ist unter *http://de.wikipedia.org/wiki/Wikipedia:Anfragen* nachzulesen.

Viele Unternehmensrichtlinien untersagen den Mitarbeitern jegliche Bearbeitung der Wikipedia-Seite der eigenen Firma, ermuntern sie jedoch, die Wikipedia-Community mit Beiträgen zu Themen zu bereichern, für die sie sich als Experten positionieren können. Die teilweise sehr strengen Regeln der Wikipedianer sind keine Schikane, sondern die Community ist sehr um die Qualität der Online-Enzyklopädie und einen unbestechlichen Wahrheitsgehalt der Inhalte bemüht. Genau dadurch konnte sich diese Enzyklopädie ihren guten Ruf erarbeiten.

Vorsicht bei Wikipedia-Beiträgen!

Beachten Sie bitte auch noch andere wichtige Faktoren, um nicht aus der Wikipedia ausgeschlossen zu werden. Die folgenden Aspekte müssen gründlich bedacht werden, wenn Sie Social Media Marketing mit Wikipedia betreiben möchten.

Wikipedia ist nicht der richtige Ort für Link-Building

Verwenden Sie Wikipedia bitte nicht ausschließlich für das Link-Building. Wie in Kapitel 4 schon empfohlen wurde, sollten Sie auf Social Media-Sites möglichst uneigennützige Motive zeigen. Wenn Sie ein Portal allein zu dem Zweck benutzen, am Ende der Artikel Links zu setzen, werden Sie irgendwann als Spammer entlarvt und wahrscheinlich gebannt. Bauen Sie stattdessen Ihre Glaubwürdigkeit auf: Tragen Sie durch das Ausräumen sachlicher Unstimmigkeiten und die Korrektur von Formatierungs- und Grammatikfehlern etwas zu den Artikeln bei. Wenn Sie einem Artikel einen sachdienlichen Link hinzufügen möchten, liegt es in Ihrem Interesse, zuerst einige uneigennützige Beiträge zu der Seite zu leisten, bevor Sie mit dieser Information herausrücken, denn wer zu oft und zu früh Links einbindet, gerät allzu leicht in den Verdacht der Eigenwerbung.

Spammer werden in der Wikipedia ganz schnell entlarvt

Über Spam rümpft in der Wikipedia jeder die Nase. Wer Spam an Wikipedia sendet, riskiert einen Eintrag in die Spam-Blacklist[4]. Diese Liste dient dazu, auf User und IP-Adressen hinzuweisen, die Wikipedia missbräuchlich verwenden und die Regeln und Richtlinien der Site missachten. User, die auf dieser schwarzen Liste stehen, dürfen die Site nicht mehr benutzen. Da Suchmaschinen und andere angesehene Portale die schwarze Liste von Wikipedia beachten, ist es sehr von Nachteil, seinen eigenen Namen oder seine IP-Adresse dort wiederzufinden.

Beziehungen aufbauen

Wenn Sie ein regelmäßig mitwirkendes, angesehenes Mitglied der Wikipedia-Community und irgendwann auch einmal Administrator werden möchten, sollten Sie sich unbedingt mit den jetzigen Administratoren vernetzen und sich als wertvolles Mitglied der Community profilieren. Dazu gehört, dass Sie die Aktivität auf Ihrem Profil aufrechterhalten und Beiträge leisten, die zum Wert und dem Erhalt von Wikipedia beitragen. Wenn Sie vorhaben, Seiten zu bearbeiten, die unmittelbar mit Ihrem Unternehmen verbunden sind (oder andere Einträge, bei denen man einen Interessenkonflikt sehen könnte), dann vergessen Sie nicht, dass diese gelegentlichen eigennützigen Beiträge durch andere mehr als aufgewogen werden müssen.

Ein eigenes Wiki

Ihr Fachwissen können Sie nicht nur auf bestehenden Websites ausbreiten, sondern auch in einem eigenen Wiki, das Sie selbst mithilfe von Onlinediensten oder kostenlosen Open Source-Anwendungen erstellen können. Wikipedia basiert beispielsweise auf einer Open Source-Plattform namens MediaWiki.

---

4 http://de.wikipedia.org/wiki/MediaWiki:Spam-blacklist

Ein *Wiki* ist nichts als eine Sammlung von Webseiten, die jeder, der Zugriff auf die Webanwendung hat, modifizieren kann. Es ist ein lebendes Dokument, das Zusammenarbeit und regelmäßige Updates ermöglicht.

Wenn Sie Ihren eigenen Webhosting-Provider haben, bietet Ihnen MediaWiki das vertraute Look-and-Feel von Wikipedia. Anfänger fühlen sich aber gelegentlich damit überfordert, ein Wiki von Grund auf neu aufzubauen, zumal man immer noch die Syntax für die Aktualisierung und Bearbeitung von Wiki-Seiten verstehen muss. Wenn Sie keinen eigenen Provider für das Webhosting haben oder Ihre Wiki-Seite an anderer Stelle hosten möchten, sollten Sie PBworks (*http://pbworks.com*) in Betracht ziehen, ein viel genutztes kollaboratives Wiki für Unternehmen, Unikurse und anderen nutzergenerierten Content. Abbildung 8-4 zeigt eine Beispielseite von PBworks. PBworks gibt es sowohl kostenlos als auch als käufliche Version mit mehr Speicherplatz und Support-Optionen.

Abbildung 8-4 ▼
Diese PBWorks-Seite wird zur Veranstaltungsplanung eingesetzt.

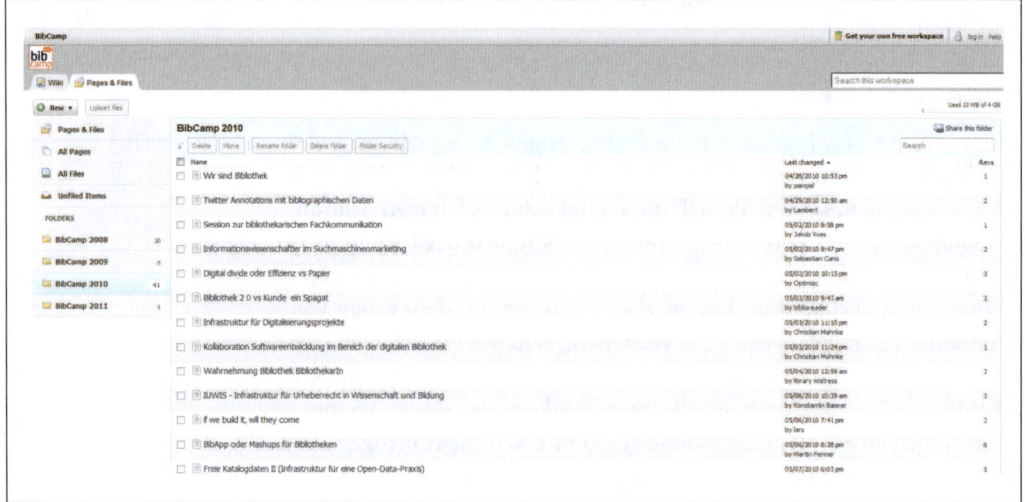

Ein Wiki ist ein großartiges Mittel, um die Öffentlichkeit über die neuesten Änderungen und Ergänzungen zu einem bestimmten Thema zu informieren, ohne einen Forumsadministrator oder Blogger um ein Update bitten zu müssen. Und darüber hinaus sind Wikis äußerst informativ.

Wikis eignen sich am besten, wenn Sie eine ganz bestimmte Zielgruppe anpeilen, die schon jetzt aktiv und engagiert ist. Im Idealfall hat ein Wiki überdies einen Moderator, der die Änderungen regelmäßig durchsieht.

Tipp Wikis sind nicht nur starke Anwendungen, um die Zusammenarbeit zu fördern, sondern auch ein sehr gutes und preisgünstiges Mittel, um in kleinen Unternehmen interne Informationen zu vermitteln.

Präsentations- und Vortragsunterlagen hochladen

Als »YouTube für PowerPoint-Folien« wird Slideshare (*http://www.slideshare.net/*) gern bezeichnet. Gerade für Unternehmen, die viele Präsentationsunterlagen entwerfen oder inhaltsstarke Vorträge halten, ist der Sharingdienst eine hervorragende Möglichkeit, um hochwertigen oder auch werblichen Content einem großen Publikum zur Verfügung zu stellen.

▼ **Abbildung 8-5**
Große Unternehmen wie Dell pflegen inhaltsstarke Profile mit einer Vielzahl von Präsentationen.

Wie bei YouTube (und anderen Sharingdiensten) können Sie nach der Registrierung ein Profil erstellen und eigene Inhalte hochladen. Slideshare verarbeitet PowerPoint- und OpenOffice-Präsentationen sowie PDF-Dateien. Die hochgeladenen Präsentationen können mit einer Kurzbeschreibung und Tags versehen werden. Mithilfe eines Embed-Codes (HTML-Codeschnipsel) können Sie Ihre Folien in die eigene Website einbinden. Die Besucher der Website können über das Verzeichnis sowie über eine Suche und verschiedene Rankings weitere interessante oder verwandte Inhalte finden. Präsentationen anderer Nutzer können Sie bei Slideshare herunterladen, als Favoriten markieren, kommentieren oder mit eigenen Tags versehen. Als registrierter User können Sie sich außerdem mit anderen Nutzern vernetzen und deren Inhalte automatisch abonnieren.

Viele Unternehmen nutzen den Dienst, z.B. um Produktpräsentationen einzubinden oder den Fachvortrag, den ein Mitarbeiter auf einer Konferenz gehalten hat, einer größeren Öffentlichkeit zugänglich zu machen. Insbesondere für Technologieunternehmen lohnt sich das Engagement, denn hier erreichen Sie verschiedene, grundsätzlich wissbegierige Menschen. Auch Freiberufler nutzen Slideshare, um ihr Know-how zu zeigen und ihre Fachkompetenz unter Beweis zu stellen. Mit einer Zweitverwertung bei Slideshare beweisen Sie Souveränität als Experte für Ihr Thema und bekunden Ihren Willen, Wissen zu teilen und mit anderen über Ihr Thema ins Gespräch zu kommen. Dies kann sehr positive Auswirkungen auf Ihre Reputation im Social Web haben – und auf Ihre Auffindbarkeit in den Suchmaschinen. Will man selbst (noch) nichts hochladen, empfiehlt sich die Nutzung als Recherchetool. Die meisten Präsentationen sind inhaltlich hochwertig, werblicher Content wird in der Regel dezent untergebracht.

 Tipp   Wenn Sie selbst Präsentationen hochladen, sollten Sie auf eine aussagekräftige Titelseite sowie auf Hinweise zu Ihrem Unternehmen und auf Kontaktmöglichkeiten am Ende der Datei achten. Bleiben Sie jedoch sachlich; marktschreierische Präsentationen sind nicht beliebt. Stellen Sie den zu vermittelnden Inhalt in den Vordergrund, glänzen Sie durch Wissen und gut strukturierte Vortragsfolien. Um sich von anderen Präsentationsfolien abzuheben, sollten Sie starke Bilder und neugierig machende Überschriften wählen. Wenn Sie Ihre Folien gern minimalistisch gestalten, empfiehlt es sich, Ihre Präsentation in Ihrem Blog oder auf Ihrer Website in einen erläuternden Text einzubinden und diesen Link über Ihre Kommunikationskanäle an mögliche Interessenten zu verbreiten. Auch hierbei helfen klare Überschriften und eindeutige Tags.

Der Basisaccount ist kostenlos, in der kostenpflichtigen Premium-Version erhalten Sie u.a. eine Statistikfunktion und die Möglichkeit zum Hochladen von Videos.

Andere Dokument-Sharingdienste, die auch Word-Dokumente, Tabellen und ganze Bücher und Magazine sowie weitere textbasierte Inhalte beherbergen, sind beispielsweise Scribd (*http://www.*

scribd.com/) und Issuu (*http://issuu.com/*). Dort finden Sie auch viele E-Books, Magazine und Whitepaper von Unternehmen. Wie bei Slideshare können Sie sich nach der Registrierung mit anderen vernetzen und deren Inhalte abonnieren. Issuu bietet Ihnen außerdem eine günstige Möglichkeit, in Ihre Website oder Ihr Blog blätterbare Inhalte wie Broschüren, Kundenmagazine oder Leseproben auf ansprechende Weise einzubinden.

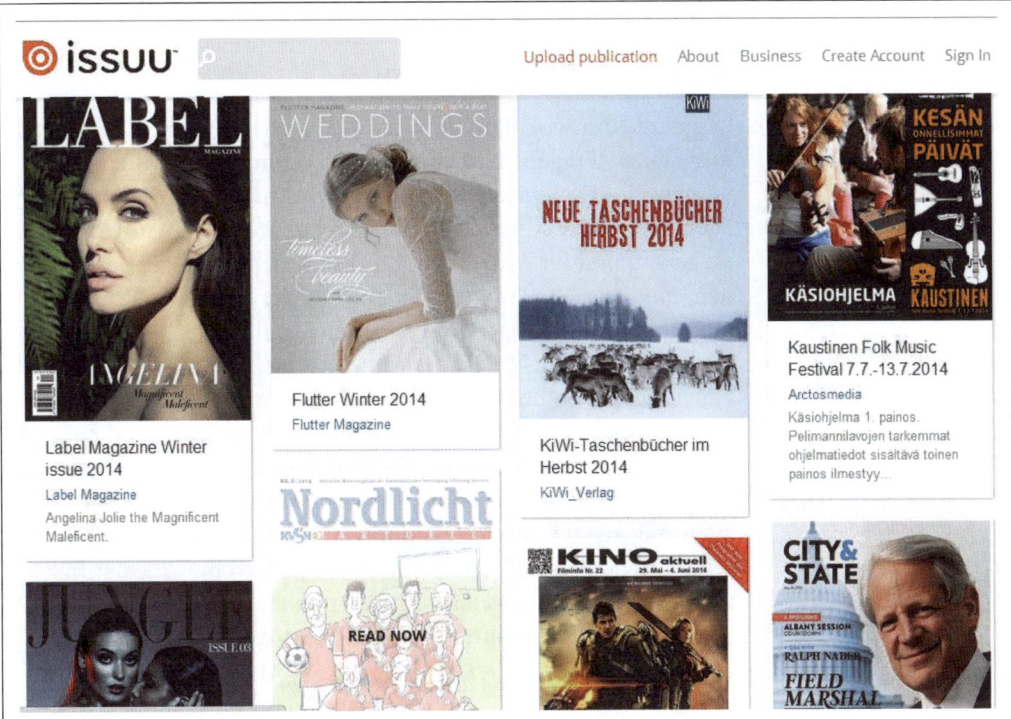

▲ Abbildung 8-6
Werblicher und redaktioneller Content direkt nebeneinander: Issuu bietet vielfältige Möglichkeiten, um das Know-how und Leistungsportfolio eines Unternehmens zu zeigen.

Ratgeber-Communities für das Social Media Marketing nutzen

Wissensaustausch im Internet zeigt sich auch auf weiteren sozialen Plattformen: Frage-und-Antwort-Dienste, Empfehlungs- und Bewertungsportale sowie Websites für Anleitungen führen Menschen zusammen, die auf das Wissen, die Erfahrungen und den Rat anderer vertrauen. Die Informationen dieser Dienste sind besonders hilfreich, da sie im Gegensatz zu Suchergebnissen klar Stellung beziehen: Menschen können Produkte zur Lösung bestimmter Probleme besonders empfehlen, oder sie können über Erfahrungen berichten, die andere Mitglieder der Community in ähnlichen Situationen gemacht haben. Die wichtigsten sozialen Netzwerke, die zu diesen Zwecken entstanden sind, zählen jeden Monat Millionen von Besuchern und werden in den Suchmaschinen-Ergebnisseiten ganz oben angezeigt. Daher sind sie für das Social Media Marketing hervorragend geeignet und besonders effektiv, wenn man die Dynamik dieser Websites versteht und entsprechend zu nutzen weiß.

Frage-und-Antwort-Dienste

Frage-und-Antwort-Portale funktionen alle ähnlich: Die Teilnehmer stellen Fragen, und die anderen Community-Mitglieder antworten. Statt finanzieller Anreize gibt es häufig ein Punktesystem. Die Community-Mitglieder sammeln Punkte für die Antworten, die sie geben, und für Antworten, die als die besten ausgezeichnet wurden, gibt es mehr Punkte. Die Nutzer, die Fragen stellen, bekommen Punkte abgezogen. Wer Fragen beantwortet und eine hohe Punktzahl erreicht, der kann sich einen guten Ruf auf der Site aufbauen. User von hohem Rang bekommen auch Privilegien gegenüber anderen; sie dürfen beispielsweise in einem gegebenen Zeitraum mehr Fragen stellen und häufiger ein Votum für Antworten abgeben. Reine Frage-und-Antwort-Portale sind in den letzten Jahren ein wenig aus der Mode gekommen und sehen deshalb häufig auch sehr oldschool aus. Dennoch lohnt sich je nach Branche das Engagement – allein schon, weil Ihr Konkurrent nicht dort ist. Die bekannten klassischen Frage-und-Antwort-Dienste in Deutschland:

Yahoo! Clever (http://de.answers.yahoo.com/)

Yahoo! Clever, das in den USA und anderen Ländern *Yahoo! Answers* heißt, ist – auf die gesamte Welt bezogen – der führende Frage-und-Antwort-Dienst. Er steht allen Yahoo!-Usern standardmäßig zur Verfügung und erreicht allein deshalb eine riesige Anzahl von Nutzern – auch wenn er gestalterisch sicherlich mehr an eine Website der Jahrtausendwende erinnert. Yahoo! Clever setzt stark auf Netzwerkbildung und lädt auch Unternehmen ein, an den Inhalten mitzuwirken.

Quora (http://www.quora.com)

Quora erhielt bei seinem Start im Jahr 2010 viel Aufmerksamkeit, wuchs aber kaum. Trotz guter Voraussetzungen, denn es verbindet soziales Netzwerken mit der Funktionsweise von Frage-und-Antwort-Portalen. Quora übernimmt über die Anbindung an Facebook und Twitter bestehende Kontakte, weshalb Nutzer, die bereits bei Facebook und Twitter aktiv sind, ihr Netzwerk bei Quora mit vertrauten Kontakten aufbauen können. Wie bei Twitter kann jeder Quora-Nutzer seinen Kontakten und deren Aktivitäten folgen. Gleichzeitig gibt es die Möglichkeit, bestimmten Themen oder Fragen zu folgen.

▼ **Abbildung 8-7**
Die Homepage von Yahoo! Clever

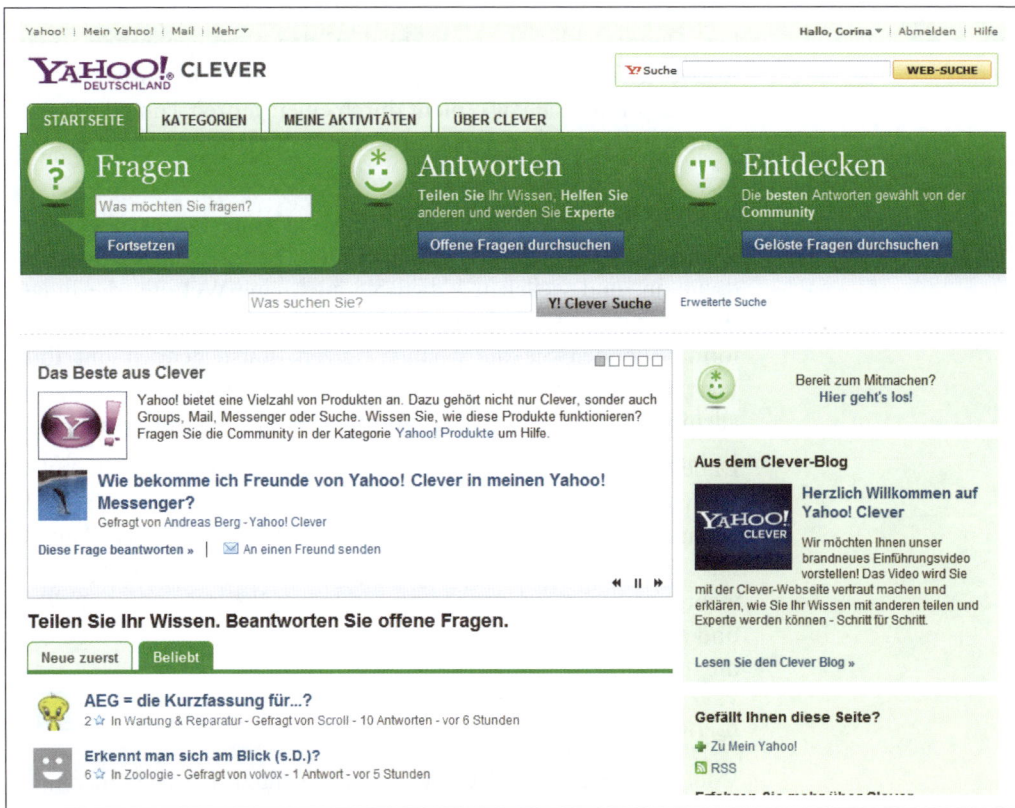

GuteFrage.net (http://www.gutefrage.net/)
Diesen F&A-Dienst, der eine Eigengründung der Holtzbrinck eLabs ist, gibt es seit dem Jahr 2006. GuteFrage.net gehört zu den beliebtesten Angeboten des deutschsprachigen Web. Zur Unternehmensgruppe gehören auch Cosmiq, helpster, pointoo oder finanzfrage.net.

Wer-weiss-was (http://www.wer-weiss-was.de)
Wer-weiss-was ist ein deutschsprachiges Frage-und-Antwort-Portal, das seiner Zeit voraus war: Schon seit 1996 gibt es hier nutzergenerierten Content. In diesem Expertennetzwerk sind

knapp 500.000 User registriert, u.a. Rechtsanwälte, Ärzte, Chemielaboranten und Tierpfleger. Sie alle beantworten sich gegenseitig jede erdenkliche Frage.

Das von der Wikipedia bekannte Prinzip der freien Kollaboration und das gemeinsame Beantworten spezieller Fragen verbinden die Dienste Wikianswers (*http://frag.wikia.com/*) und Answers.com (*http://de.answers.com/*) – beide sind in deutscher Sprache verfügbar. Hauptsächlicher Unterschied zu den oben genannten Seiten: Antworten können hier direkt überarbeitet und verbessert werden. Der Leser muss sich also nicht durch einen ganzen Thread mit Antworten graben, um zu einer nützlichen oder richtigen zu finden.

Teilen Sie Ihr Wissen bei F&A-Diensten

Wahrscheinlich bietet Ihr Unternehmen Dienstleistungen oder Produkte an, und vielleicht haben Sie auch eine Website, die Fragen unmittelbar beantwortet. Auf den sozialen Frage-und-Antwort-Plattformen können Sie die Chance nutzen, Ratsuchenden mit Ihren Informationen und Ihrem Wissen zu helfen. Hier erreichen Sie vor allem direkt Endkunden, also Verbraucher und Konsumenten.

Dabei sollten Sie die Verhaltensregeln der Dienste befolgen. Liefern Sie nützliche und hilfreiche Antworten. Genau wie die Wikipedia verlassen sich auch Fragedienste auf die Moderation der Community. Wenn Sie durch offensichtliche Produktwerbung als Spammer wahrgenommen werden, können Nutzer Ihren Account melden, und als Folge kann das betreffende Benutzerkonto, die Frage oder die Antwort gelöscht werden.

Der Community etwas geben

Wie in anderen sozialen Netzwerken sollten Sie auch hier nicht übertrieben werblich auftreten. Viele offene Fragen auf den Plattformen, zu denen Sie etwas beitragen können, und die schwankende Antwortqualität anderer User geben Ihnen die Chance, zu glänzen und der Community etwas zu geben. Durch gut recherchierte und hilfreiche Antworten etablieren Sie sich als hochrangiges Mitglied des Dienstes. Je mehr »Beste Antworten« Sie geben, desto besser stehen Ihre Chancen, diese Glaubwürdigkeit zu erlangen.

Haben Sie eine Frage gefunden, auf die Sie eine Antwort kennen, klicken Sie auf den »Antwort«-Button des Dienstes, um eine Antwort zu formulieren.

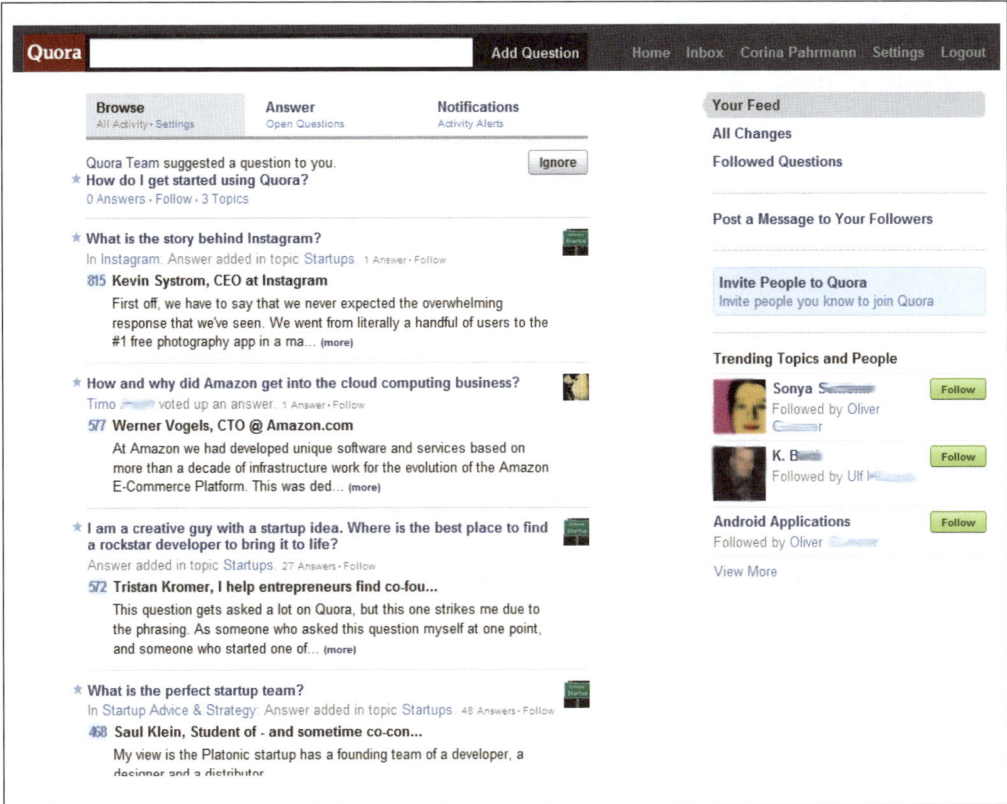

▲ Abbildung 8-8
Auch Fragen zu Unternehmen werden von Quora-Usern gestellt – und von leitenden Mitarbeitern persönlich beantwortet, wie hier im Falle von Amazon und Instagram.

Bei *Yahoo! Clever* gibt es unter dem Antwortfeld den Punkt »Was ist Ihre Quelle?«. Geben Sie hier Nachweise für Ihr Wissen an; das kann Wikipedia sein, ein Nachrichtenartikel oder eine Website! Das ist eine gute Gelegenheit, um die Frage durch grundlegende Informationen zu beantworten und die Leser zugleich auf die detaillierteren Informationen auf der Website zu verweisen. *Wer-weiss-was* bittet sowohl Fragende als auch Antwortende, ihre Beziehung zum Thema darzustellen – das sollten Sie befolgen und ehrlich mit Ihrem Hintergrund umgehen, denn die Community wird es zu schätzen wissen.

Die richtigen Fragen finden

Wenn Sie Frage-und-Antwort-Dienste mehr oder weniger regelmäßig zu Marketingzwecken nutzen möchten, können Sie mit der Suchfunktion Fragen anhand eines bestimmten Begriffs finden. Sie müssen angeben, dass Sie nur nach passenden Fragen suchen möchten,

Abbildung 8-9 ▼
Die Beliebtheit der F&A-Dienste entwickelt sich auseinander: GuteFrage.net ist der deutliche Gewinner.

damit Sie an relevanten F&A-Threads mitwirken können. Schauen Sie sich die Themenbereiche an, aus denen die meisten Fragen kommen, und überlegen Sie, an welcher Stelle und in welchem Umfang Sie etwas beitragen können.

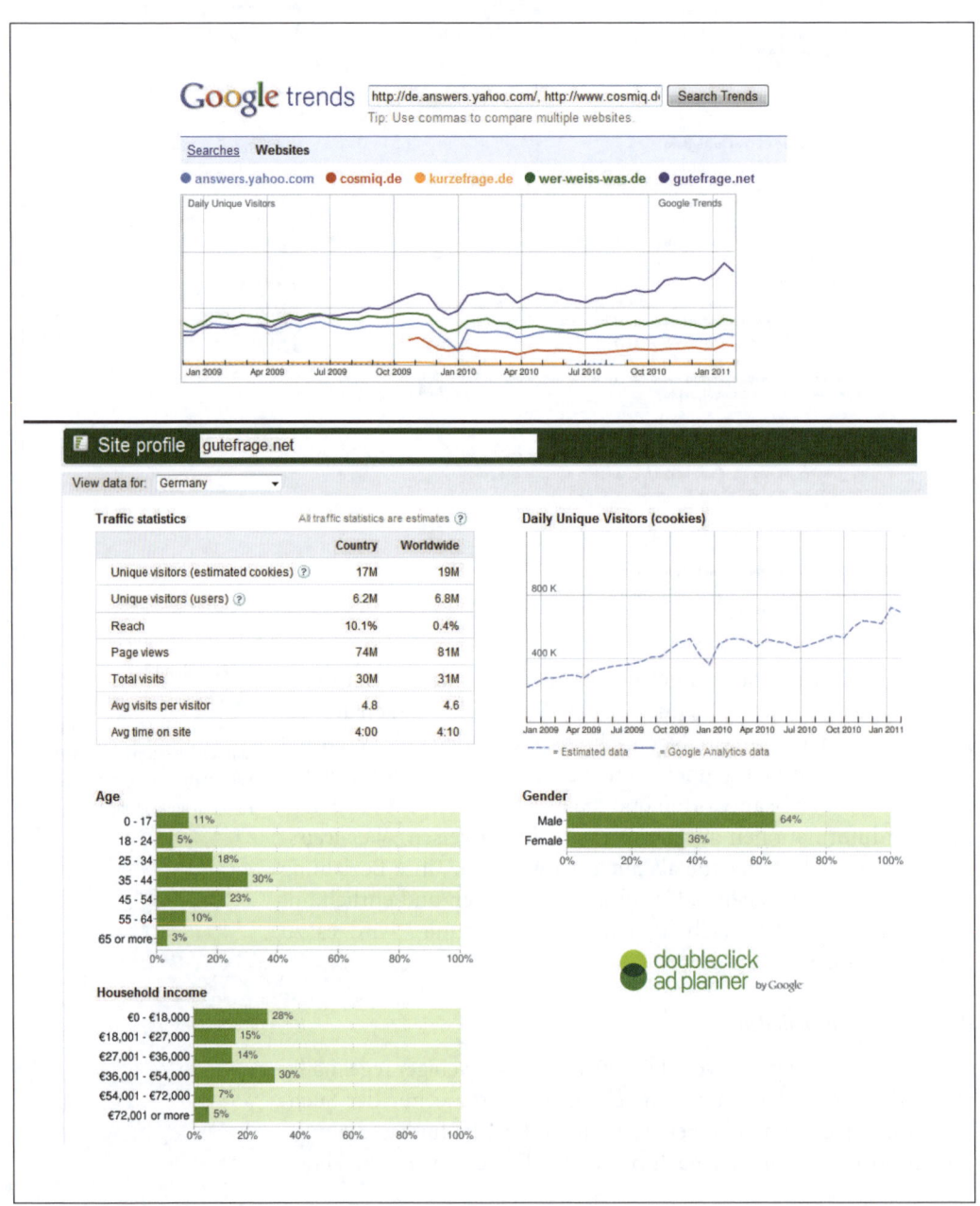

Sagen Sie, wo Sie arbeiten

Fügen Sie Links zu Ihrer Website oder dem Blog Ihres Unternehmens auf Ihrer Profilseite hinzu. Sie können Ihre Antworten auch mit einer URL signieren, besonders dann, wenn Sie das Gefühl haben, dass diese Ihre Glaubwürdigkeit noch zusätzlich untermauert. Es ist nie schlecht, sich als Barmann zu outen, wenn eine Frage zu Likören gestellt wird, und es schadet auch bestimmt nichts, sich als Buchhändler zu erkennen zu geben, wenn man eine Frage zur geeigneten Lektüre für Kinder beantwortet. Antworten mit Namen, Zugehörigkeit und Firmenhomepage zu unterschreiben, ist natürlich ein gutes Mittel, damit mehr Menschen einen Blick auf Ihr Geschäft werfen.

Betreiben Sie Eigenwerbung – sofern erlaubt

Das Beste an *Yahoo! Clever* ist, dass dort niemand über diese Art von Eigenwerbung die Nase rümpft. Im Gegenteil: Dieses Verhalten wird sogar gefördert, und auch *wer-weiss-was* richtet sich seit jeher an die Experten der jeweiligen Branchen. Zudem hat Yahoo! Clever auch nichts gegen URLs und Firmennennungen in Antworten. Dennoch gibt es eine Einschränkung: Beiträge, die einzig und allein der Werbung dienen, sind verboten, wie in den Community-Guidelines ausdrücklich gesagt wird:

> Missbräuchliche Nutzung der Plattform für eigene Zwecke
>
> Yahoo Clever dient der Wissensvermittlung, nicht der Jagd nach Kunden, Seitenaufrufen oder Rendezvous. Wenn Sie jahrelange Erfahrung auf einem Gebiet haben, einem besonderen Hobby nachgehen, ein eigenes Geschäft besitzen oder ein Wissenspartner sind, können Sie eine gute Antwort zur Sache mit einem Link zu Ihrer Website, Ihrem Blog oder Ihrer E-Mail-Adresse versehen, um weitere Informationen anzubieten. Stellen Sie jedoch keine Links ein, die nicht zum Thema gehören oder nur dem eigenen Vorteil dienen. Auch Bitten wie »Fügen Sie mich zu Ihren Kontakten hinzu?« und das Vorschlagen anderer sind verboten.[5]

GuteFrage.net dagegen verbietet ausdrücklich, Eigenwerbung zu betreiben:

> Keine Eigenwerbung, kein Spam! Fragen und Antworten dürfen nicht dazu genutzt werden, eigene kommerzielle Dienstleistungen und Produkte anzubieten. Das Veröffentlichen von Telefonnummern, E-Mail- und/oder Geschäftsadressen ist in diesem Zusam-

---

5 http://de.answers.yahoo.com/info/community_guidelines

menhang nicht zulässig. Dazu zählen auch affiliate-Links, Partnerprogrammlinks und kommerzielle Werbung.[6]

Unser Rat: Wählen Sie sich ein bis zwei Communities aus, bei denen Sie nicht nur regelmäßig vorbeischauen, sondern zu denen Sie auch in Form von Antworten etwas beitragen. Werden Sie Teil dieser Communities und denken Sie daran, dass es im Social Web primär um Gespräche geht und nicht um reines Werben und Verkaufen.

Meinungen austauschen

Dass bei wichtigen Kaufentscheidungen heute in der Regel vor einem Kauf das Internet konsultiert wird, überrascht niemanden mehr. 84% aller Deutschen haben inzwischen einen Zugang zum Internet und nutzen ihn natürlich auch, um sich über Produkte und Dienstleistungen zu informieren. Die Empfehlungen von Freunden und Bekannten spielen bei einer Kaufentscheidung eine ebenso große Rolle wie Rezensionen und Testberichte im Internet.[7]

Dadurch entstand ein großes Bedürfnis nach gesicherten Informationen und Erfahrungen zu Produkten und Dienstleistungen aller Art, und ein riesiger Markt: Insbesondere mit Büchern, Tickets, Musik, (Damen-) Bekleidung und Reisen wird im Web Umsatz gemacht.[8]

Dem Informationsbedürfnis der Kunden kommen schon seit Jahren einzelne Anbieter selbst (allen voran Amazon) sowie zentrale Produktbewertungs- und Empfehlungsseiten nach. Außerdem wurden immer mehr branchen- und produktbezogene Plattformen gegründet, die beispielsweise Hotels oder Ärzte einer Bewertung unterziehen.

 Tipp Auch wenn es Ihnen noch so sehr in den Fingern juckt: Unterlassen Sie es, Ihre eigenen Produkte mit positiven Bewertungen zu versehen. Letztlich laufen Sie immer Gefahr, entdeckt zu werden: Auch wenn Sie unter einem Pseudonym schreiben, hinterlassen Sie beispielsweise eine IP-Adresse. Es gibt mittlerweile einfache Tools, mit denen IPs automatisch ausgewertet werden können – so kann eine Amazon-Rezension auch schnell auf Ihr Firmennetzwerk zurückgeführt werden. Und natürlich gibt es aufmerksame Websurfer, die Ungereimthei-

---

6 http://www.gutefrage.net/policy#Richtlinien

7 http://tobesocial.de/blog/digital-influence-internet-social-media-kaufentscheidungen-beeinflussen-studie

8 http://www.bevh.org/markt-statistik/zahlen-fakten/

ten aufdecken. So erging es beispielsweise Helmut Hoffer von Ankershoffen: Der Geschäftsführer des iPad-Konkurrenten WeTab verfasste unter falschem Namen geradezu euphorische Amazon-Rezensionen. Der Blogger Richard Gutjahr kam dahinter und machte den Fall publik. Die Konsequenz war ein großer Vertrauens- und Reputationsverlust, und von Ankershoffen verlor seinen Geschäftsführerposten.

Einige klassische Verbraucherportale haben wir bereits in Kapitel 2 aufgeführt, darunter die in Deutschland häufig genutzten *Ciao.com*, *Dooyoo.de* und *Kennstdueinen.de*. Daneben gibt es beispielsweise noch diverse Hotelbewertungssites wie *Holidaycheck.de* und *TripAdvisor* oder Arztbewertungsportale wie *jameda.de* und *DocInsider.de*. Je nach Branche sollten Sie sich die passenden Portale heraussuchen und sie überwachen. Einen Anhaltspunkt für die Relevanz und Verbreitung der jeweiligen Seiten geben der *Google Pagerank* und der Webstatistikdienst *Alexa*. Es kommt jedoch vor allem darauf an, wie bekannt diese Seiten bei Ihrer Zielgruppe sind. Die meisten Portale bieten Unternehmen die Möglichkeit, auf Kritik zu reagieren, und falls nicht, können Sie versuchen, den Autor des negativen Kommentars per Mail zu erreichen. Vielleicht lässt sich seine Beschwerde so ganz leicht aufklären?

Außerdem kann – insbesondere bei Arztbewertungsseiten – häufig das Profil mit Kontakt- und Adressdaten sowie Informationen zu Ansprechpartnern und Öffnungszeiten angereichert werden. Es kann auch ohne Ihr Zutun auf solchen Portalen über Sie berichtet werden, aber es ist doch viel besser, wenn Sie selbst aktiv werden. Abgesehen davon erreichen Sie mit einem ausgefüllten Profil auch nicht wenige Neukunden, die sich aufgrund aktueller und detaillierter Informationen eher für Sie als für Ihre Wettbewerber entscheiden könnten.

Für Unternehmen ebenfalls nicht zu vernachlässigen ist das Arbeitgeberbewertungsportal Kununu (*http://www.kununu.com/*). Hier sollten Sie regelmäßig Erwähnungen Ihres Unternehmens recherchieren, zumal Kununu zu XING gehört, dem neben LinkedIn wichtigsten Business-Netzwerk.

Das in Deutschland sehr beliebte Verbraucherportal *Qype* wurde im Jahr 2013 von seinem internationalen Wettbewerber *Yelp*[9] geschluckt. Seine User wurden quasi über Nacht zwangseingemeindet, was zu sehr großer Kritik und Mitgliederverlust führte. Gerade

---

9 *http://www.yelp.de/*

ortsansässige Ladenlokale und Dienstleister sollten den Nachfolger Yelp jedoch im Auge behalten, denn auch unter neuem Namen listet es alle wichtigen Anlaufpunkte von der Autowerkstatt bis zum Zoologischen Garten in vielen Städten auf und lässt diese von seinen Usern bewerten. Sehen Sie also unbedingt nach, ob und wie Ihr Unternehmen dargestellt ist und ergänzen Sie ggf. fehlende Basisinformationen wie Kontaktdaten oder Öffnungszeiten.

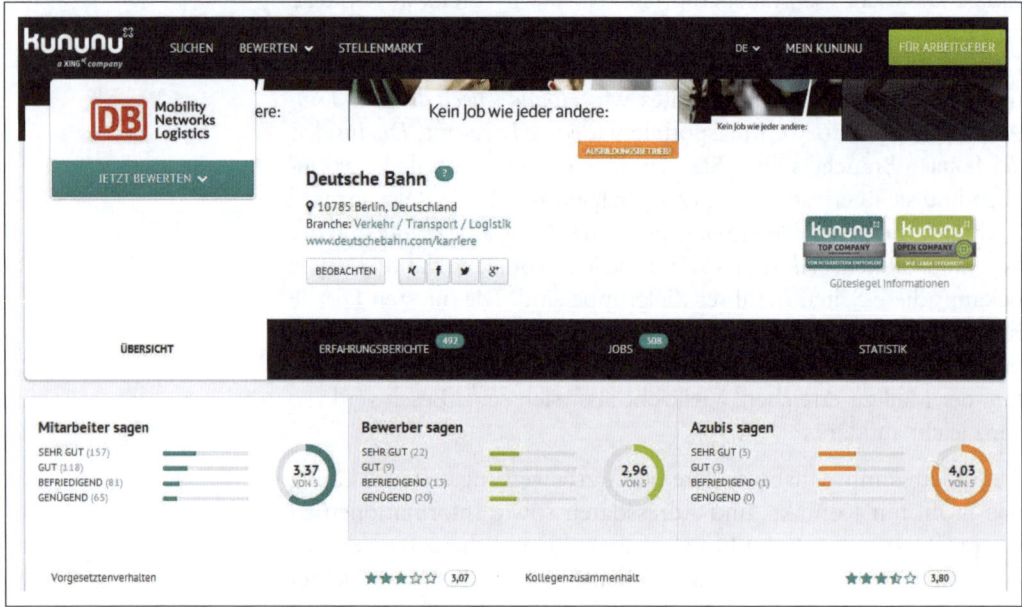

Abbildung 8-10 ▼
Mitarbeiter bewerten bei Kununu ihre Arbeitgeber, hier die Deutsche Bahn AG.

Meinungsplattformen

Immer mehr Unternehmen erkennen die Wichtigkeit von Empfehlungsplattformen und die Bedeutung von Kundenrezensionen an. Auf Unternehmenspräsenzen werden zunehmend Kommentar- und Bewertungsmöglichkeiten angeboten. Statt auf Kundenstimmen zu warten, kann man auch aktiv um Meinungen bitten. Das kann insbesondere vor oder während der Einführung neuer Produkte nützlich sein. Wie in Kapitel 5 beschrieben wurde, ist die aktive Ansprache von Bloggern eine Möglichkeit, um Produkttester zu akquirieren. Einen größeren Personenkreis erreicht man über Plattformen wie *TRND* oder *Konsumgoettinnen.de*. Dort können Unternehmen ihre Anfragen einstellen, und die Mitglieder der Sites können sich um die Teilnahme an Produkttests bewerben. Besonders beliebt sind die Seiten übrigens bei der weiblichen Kundschaft, auch die in Kapitel 5 genannte Zielgruppe der »Mama-Blogs« erreichen Sie hier. Bedenken Sie, dass die Meinungen nicht auf den jeweiligen Word-of-Mouth-Plattformen, sondern auf Websites und Blogs der Teilnehmer sowie auf deren Facebook-, Twitter- und sonstigen Präsenzen geäußert werden. Nachteil: Sie haben nicht alle Stimmen auf einen Blick. Aber der entscheidende Vorteil ist: Sie erreichen eben nicht nur eine begrenzte Gruppe an Menschen, die die Plattform aufruft, sondern das jeweilige persönliche Netzwerk eines Teilnehmers – das sich natürlich auch weiter vergrößert.

Folgende Word-of-Mouth-Plattformen spielen momentan eine Rolle:

TRND (http://www.trnd.com/)
TRND bietet Unternehmen verschiedene Formen des Collaborative Marketing an, um etwa mit Word-of-Mouth-Kampagnen neue Produkte bekannt zu machen, mit Konsumenten Inhalte im Social Web zu produzieren, gemeinsam mit Verbrauchern neue Produkte von Anfang an zu entwickeln oder Marktforschung zu betreiben und unverfälschtes Feedback zu Produkten zu erhalten. TRND gibt es seit einigen Jahren, einige hundert groß angelegte Produkttests sind bereits gelaufen. Die sogenannte »Mundpropaganda-Plattform« agiert in 18 Ländern und hat weltweit über eine Million eingetragene Tester. Viele große Marken wie Henkel, Bosch, Nintendo und Neckermann haben bereits Produkttests über TRND durchgeführt. Für seine Word-of-Mouth-Kampagne gemeinsam mit dem Sanitärhersteller Hansgrohe gewann TRND im Jahr 2014 den Deutschen Preis für Onlinekommunikation.

Brandnooz (http://www.brandnooz.de/)
Brandnooz bezeichnet sich selbst als das größte Informationsportal für neue Lebensmittel und Produkttester. Über 100.000 registrierte Produkttester und etwa 500 können mit der sogenannten »brandnooz Box« und Themenboxen ausgewählte Markenprodukte gegen einen Probierpreis testen.

Konsumgöttinnen (http://www.konsumgoettinnen.de/)
Gleiche Testergruppe, ähnliche Produkte: Auch Konsumgöttinnen ist eine Plattform für Empfehlungsmarketing. Sie hat etwa 150.000 registrierte Mitglieder, die ihre Erfahrungen durchschnittlich zwölf weiteren Personen berichten. Außerdem posten die Teilnehmerinnen ihre Testergebnisse auf den üblichen Bewertungssites wie *ciao.de*, aber auch auf Frauen- und Mütter-Communities wie *Frauenzimmer.de*, *netmoms* oder *gofeminin.de*.

Unseraller (https://unseraller.de/)
> Bei Unseraller können Unternehmen zusammen mit Nutzern Produkte entwickeln oder verbessern. Vom Filmplakat bis zur Gummibärchen-Spezialmischung: Unseraller setzt momentan komplett auf Facebook und auf Produkte, die eine breite Masse ansprechen.

Abbildung 8-11 ▶
Tweet eines TRND-Users

Mit Social Media den Umsatz ankurbeln

Die Zahl der Onlinekäufer ist in den letzten Jahren stetig gewachsen. 51 Millionen Deutsche kaufen Waren im Internet ein, ermittelte eine im Mai 2014 veröffentlichte Studie der BITKOM.[10] Das entspricht 94% aller Bundesbürger ab 14 Jahren. Etwa jeder Vierte bestellt mobil, also per Smartphone oder Tablet. Ob Bücher, Elektronik, Musik, Kleidung, Blumen, Selbstgenähtes oder Lebensmittel: Für nahezu alle Waren gibt es im Internet Anbieter – und Käufer.

Shopping-Communities

Auch reine Verkaufsplattformen haben längst die Vorzüge von Netzwerken entdeckt: Für registrierte Kunden des Schuhversenders Zalando gibt es in der *Zalando Lounge* beispielsweise Angebote, die anderen, »normalen« Kunden nicht zur Verfügung stehen. Die Ansprache der Kunden und Information über neue Sonderangebote erfolgt in der Regel über E-Mail und über einen mit Passwort geschützten Bereich der Website. Die Angebote sind häufig preislich sehr attraktiv, jedoch zeitlich nur begrenzt verfügbar. Vor dem Start wird ein Newsletter verschickt, durch den direkt der Umsatz angekurbelt wird. Andere Eigenschaften von Netzwerken wie die Erstellung und Pflege von persönlichen Profilen, die Gründung von Gruppen und die Verbindung mit Freunden gibt es indes nicht.

---

10 *http://www.bitkom.org/79323_79299.aspx*

Dem zum Versandhandel OTTO gehörenden Schnäppchenportal *Limango* ist es sogar gelungen, zunächst ausschließlich mit zeitlich begrenzten Sonderposten und Werbung über Facebook einige tausend Stammkunden zu gewinnen, die mehrmals wöchentlich aufmerksam die Newsletter nach nützlichen Angeboten durchstöbern.

Limango, *Zalando Lounge*, *Brands4Friends* oder auch das Designerportal *Monoqi* – das sind alles geschlossene Shopping-Communities. Doch auch übliche Onlineshops können sich Netzwerke zur Kundenakquise und -kommunikation zunutze machen, beispielsweise über Facebook-Seiten und entsprechende Apps für Onlineshops. Das Augsburger ökosoziale Mode-Label *Manomama* etwa nutzt sehr aktiv Facebook, außerdem gibt es ein Blog und einen Twitter-Kanal; es lädt Kunden ein, selbst Manomama zu werden, die Produkte also in sozialen Netzwerken, Blogs oder offline weiterzuempfehlen und daraufhin eine Provision zu erhalten. Manomama wurde mithilfe des persönlichen Engagements der Inhaberin Sina Trinkwalder in den Social Media innerhalb weniger Monate zu einem Liebling des (deutschsprachigen) Web.

▼ **Abbildung 8-12**
Über die Social-Commerce-Plattform DaWanda verkaufen 130.000 Kreative und Designer ihre Produkte.

DaWanda: Ein Marktplatz im Web für Designer und Kreative

Das bereits in Kapitel 4 erwähnte DaWanda (*http://www.dawanda.com*) ist eine Social-Commerce-Plattform, die 2006 in Berlin gegründet wurde. Etwa 270.000 Hersteller und 3,8 Millionen Nutzer sind angemeldet, die Unikate und Produkte in limitierter Auflage verkaufen und kaufen. Die Anbieter von Waren zahlen an DaWanda lediglich eine Gebühr für das Einstellen von Produkten, und bei Verkauf wird eine Provision fällig. Viele der Artikel werden nach den individuellen Wünschen des Käufers angefertigt. E-Commerce wird bei DaWanda um soziale Komponenten erweitert: Die Mitglieder treten mit den Herstellern direkt in Kontakt, äußern Wünsche oder Ideen, vernetzen sich untereinander, kommentieren ihre Lieblingsprodukte und empfehlen diese weiter. Außerdem kaufen sie auch: Laut DaWanda wird in jeder Minute ein Kauf getätigt, von dem DaWanda eine Provision erhält.

DaWanda setzt stark auf die Kommunikation im Social Web und bietet den Herstellern an, die DaWanda-Präsenzen zum Beispiel bei Facebook, YouTube oder Pinterest mitzunutzen. Außerdem versteht sich DaWanda selbst als Community und bietet Events zum Netzwerken und Verkaufen sowie Fortbildungen für seine Mitglieder an.

Social Media im Real Life

Nach dem Austausch von Informationen und Waren geht das Social Web nun jedoch noch einen Schritt weiter: Wir können *teilhaben*, und wir können *teilhaben lassen*. Über Twitter und Facebook informieren wir andere ständig darüber, wo wir gerade sind und was wir machen, welche Musik wir dazu hören und welchen Zeitschriftenartikel wir interessant finden. Wir melden, wenn wir morgens das Büro und mittags das Café betreten. Wir schauen nicht nur ständig ins Internet, wir lassen das Internet auch in uns und unser Leben schauen.

Und mehr noch: Wir verbinden die ehemals getrennten Welten – die virtuelle und die reale – zu einem Crossover an Informationen. Ein Beispiel: Sie stehen mitten in Köln und filmen mit ihrer Handykamera den Dom. Ihr Smartphone zeigt Ihnen nun nicht nur das Hauptportal und die Domspitzen, sondern blendet auch gleich noch Informationen zum Baustil, zu geschichtlichen Fakten und Terminen für die nächsten Messen an. Anstatt also einfach nur Karten abzubilden, die der Realität entspechen, werden Ihre wirklichen Ansichten mit Bildern, Videos, Beschreibungen und Kommentaren überzogen. Diese Anreicherung mit Metadaten wird *erweiterte Realität* bzw. *Augmented Reality* genannt – ein Bereich, der in den nächsten Jahren stark wachsen wird. Längst gibt es Dienste, die den Standort ihrer User zur Grundlage ihrer Funktionsweise machen, und in Form von Check-in-Diensten werden sie auch immer häufiger zu Marketingzwecken eingesetzt.

Location-based Services

Unter *Location-based Services* werden Webdienste verstanden, die den Standort eines Nutzers ermitteln und in ihre Arbeit einbeziehen. Sie funktionieren, weil ihre Nutzer ständig mithilfe von GPS-Daten übermitteln, wo sie sich gerade aufhalten. Bezogen auf diese Information melden die Dienste beispielsweise interessante Orte bzw. »Points of Interests« in der Nähe, verfolgen Routen und gleichen sie mit den Verkehrsmeldungen ab oder erfassen Fahr- und Standzeiten. Stehen wir beispielsweise mit dem iPhone in der Hand in einer fremden Stadt, wird unser Standort per GPS ermittelt, in einer Karte angezeigt und durch nützliche Informationen zum Beispiel zu Parkhäusern oder Hotels angereichert.

Und jetzt kommt die Werbung ins Spiel: Könnte man den Menschen an der Bushaltestelle gegenüber unserer Bäckerei nicht mitteilen, dass wir geöffnet haben, und besser noch, dass gerade frische Brötchen aus dem Ofen kommen? Und könnte man nicht gleichzeitig zählen, wie viele Menschen daraufhin das Café betreten, und sie mit Rabatt belohnen? Und könnte man sie nicht automatisch zur Facebook-Seite einladen und an einem Gewinnspiel teilnehmen lassen?

▼ **Abbildung 8-13**
Der Kölner Zoo bei Foursquare

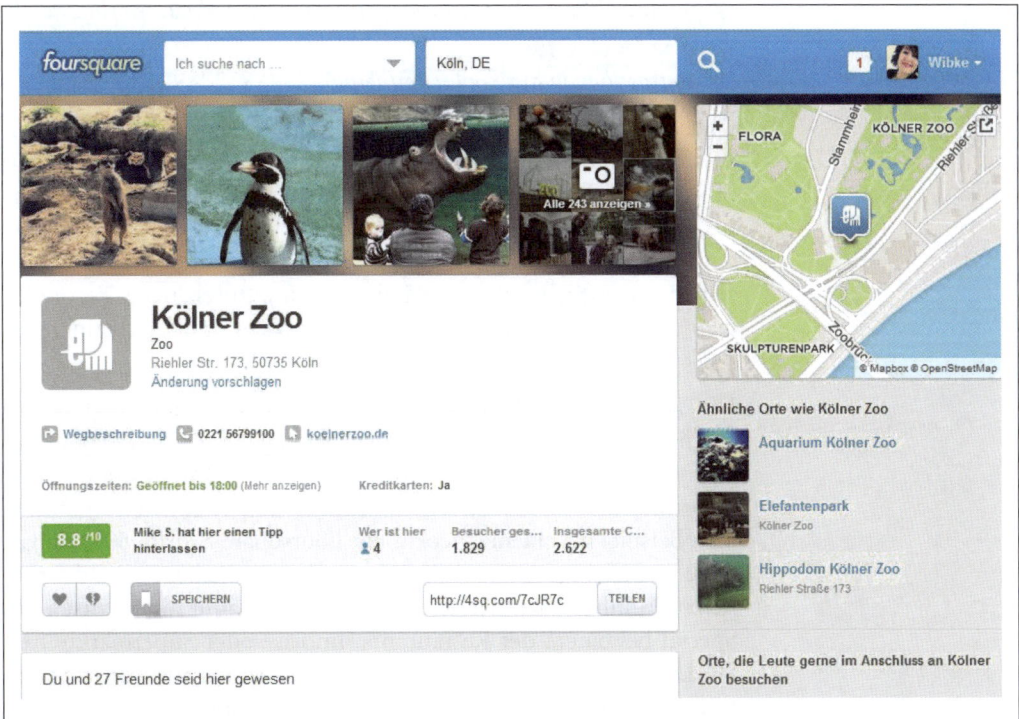

Denkbar sind diese Möglichkeiten, und umgesetzt werden sie auch schon: als *Check-in-Services*. Ist ein Kunde beispielsweise gerade in meinem Café, kann er bei *Foursquare* bzw. dessen Smartphone-App Swarm oder *Facebook Orte* virtuell »einchecken«. Das bedeutet, dass seine Freunde automatisch eine Nachricht über den Aufenthaltsort ihres Freundes bekommen, die der Kunde zugleich auch in anderen sozialen Netzwerken sowie Twitter teilen kann. Er kann damit zeigen, was er gerade tut, und interessante Orte empfehlen. Seine Kontakte können antworten, dass sie sich in der Nähe befinden, und ein Café zum gemeinsamen Treffen vorschlagen. Jedoch nicht nur die Kontakte können reagieren: Auch Cafébesitzer wissen, dass der Kunde gerade bei ihnen ist, und können dementsprechend Angebote machen. Die Kaffeekette Starbucks bietet beispielsweise Gästen, die sich häufig einchecken, regelmäßig Freigetränke.

Je nach Anbieter gibt es verschiedene Möglichkeiten, häufig wiederkehrende Gäste zu belohnen: So werden beispielsweise »Badges« oder der Titel eines »Mayor« (Bürgermeisters) verliehen.

Unter anderem stehen folgende Dienste derzeit zur Verfügung:

- Foursqare (*http://de.foursquare.com/*)
- Google Places (*http://www.google.de/business/placesforbusiness/*)
- Facebook Orte
 (*https://www.facebook.com/help/343548832389235/*)

Check-in-Dienste können den Umsatz steigern, neue Kunden gewinnen und Stammkunden enger binden. Waren allerdings 2010 orts- und Check-in-basierte Dienste noch der große Hype im Internet, ist es inzwischen ruhiger um Foursquare & Co. geworden. Da das mobile Internet und die Nutzung von Smartphones aber immer selbstverständlicher und die Lokalisierung durch neue Technologien genauer werden, sollte man die Service- und Marketingmöglichkeiten nicht aus dem Blick verlieren.

Die Teilnahme für Unternehmen ist denkbar einfach: Wählen Sie einen oder mehrere ortsbasierte Dienste aus, registrieren Sie Ihren »Ort« und erstellen Sie Sonderangebote für Ihre Kunden. Das »Dortmunder U – Zentrum für Kultur und Kreativität« gewährt zum Beispiel bei einem Checkin mit Foursquare/Swarm 50% Rabatt auf eine beliebige Ausstellung. Oder checken Sie bei einem der größeren Bahnhöfe ein. Meistens schalten Sie damit automatisch ein Special bei einem der Restaurants, Imbisse oder Supermärkte frei. Die Dienste werten außerdem die Besucherzahlen aus – diese Statistiken können bei der Kampagnenplanung helfen.

Interessant sind Check-ins auch bei Veranstaltungen, die Sie ebenfalls als Ort anlegen können, wodurch Ihre Besucher erkennen können, wer von ihren Freunden sich bereits eingecheckt hat. Oder Sie bieten Besuchern spezielle Angebote beispielsweise an Ihrem Messestand an und erhalten die Chance, vor Ort miteinander ins Gespräch zu kommen.

Mobile Social Media Marketing

Im Jahr 2012 wurden in Deutschland laut Hightech-Verband BITKOM erstmals mehr Smartphones als herkömmliche Handys verkauft. Zu den Smartphones kommen Millionen tragbarer Computer. Gerade Tablets haben für einen kräftigen Schub gesorgt. 40 Prozent der Deutschen nutzen bereits mobiles Internet, wie eine Erhebung der Initiative 21 für die Studie »Digitale Gesellschaft 2013[11]« ergab.

Dank Smartphones, Tablets, Netbooks und anderen mobilen Geräten, einer zumindest in Ballungsräumen guten WiFi-Abdeckung, LTE und attraktiven Datentarifen hat sich das Web in den letzten Jahren vom Schreibtisch regelrecht entkoppelt. Wir können heutzutage dauernd online sein und das Web immer und überall einsetzen, wenn wir eine seiner Funktionen benötigen. Für Marketingprofis können daraus nur diese Schlüsse gezogen werden:

- Sorgen Sie dafür, dass Ihre Webseiten inklusive Ihres Blogs auf Smartphones übersichtlich und attraktiv dargestellt werden (»responsive Design«).
- Überlegen Sie, ob und welche Apps für Ihre Kunden interessant sein könnten und mit welchen Anwendungen Sie einen echten Mehrwert bieten können.
- Seien Sie auch als Unternehmen mobil erreichbar.
- Seien Sie kreativ und mutig: Das Feld des Mobile Social Media Marketing ist noch jung, hier können Sie durch Ideenreichtum und Pioniergeist punkten.
- Schaffen Sie Anreize für Ihre Kunden, sich mit Ihnen zu vernetzen und sich an Marketingaktionen zu beteiligen. Bringen Sie im Gespräch mit Ihren Kunden in Erfahrung, womit Sie diese erreichen können.

---

11 http://www.initiatived21.de/portfolio/mobile-internetnutzung/

Zusammenfassung

Unsere Interaktionen im Internet sind sozialer, als wir es uns je hätten träumen lassen. Wenn wir heute eine Internetrecherche durchführen, tauchen die Informationsportale aus dem Spektrum der sozialen Medien ganz oben in den Suchergebnissen auf. Websites wie Wikipedia und Yahoo! Clever werden von den Nutzern durch Links und Mundpropaganda unterstützt und folglich von den Suchmaschinen auf den Ergebnisseiten besonders hervorgehoben. Als Mitglied einer Community können Sie selbst Beiträge zu diesen Websites leisten und auf sich, Ihre Marke oder Ihre Firma aufmerksam machen. Damit können Sie sich auf diesen Websites als Experte etablieren, während Sie zugleich in anderen Social Media starke Beziehungen knüpfen.

Die *Wikipedia* ist mit ihren Millionen von Artikeln das bei Weitem größte soziale Informationsportal. Wer einen Beitrag zur Wikipedia leisten möchte, muss sich an die wichtigsten Regeln halten: Spamming ist verboten, und man darf nur Content hinzufügen, der für die Community relevant ist. Firmen und Privatleuten ist es nicht erlaubt, Seiten über sich selbst zu erstellen oder zu bearbeiten. Stattdessen können aber Mitarbeiter der Firma auf den Diskussionsseiten der Artikel beim Redakteur der Seite ihre Sorgen kundtun oder eine Angelegenheit über den Anfragen-Link den Administratoren von Wikipedia zur Kenntnis bringen.

Jeder kann zu jedem Thema ein Wiki erstellen. Wikis ermöglichen ihren Nutzern, zu bestimmten Fragen zusammenzuarbeiten; und sie sind ungemein nützlich, um Daten über ein Thema zu sammeln, insbesondere dann, wenn laufend neue Informationen dazukommen. Einige sehr beliebte auf Zusammenarbeit ausgerichtete Social Sites basieren auf Wikis. Und außerdem können Wikis ein wunderbares Mittel für die interne Kommunikation in kleinen Unternehmen abgeben.

Neben der Wikipedia sowie individuell angelegten Themenwikis sind auch reine Frage-und-Antwort-Websites wie *Yahoo! Clever* und *GuteFrage.net* bekannt. Wenn Sie an diesen Websites mitwirken, können Sie erreichen, dass andere Personen Links auf Ihre Website einfügen, die Ihnen mehr Traffic, Glaubwürdigkeit und Bekanntheit einbringen. Zu guter Letzt können Sie sogar zu einem anerkannten Meinungsführer aufrücken, jemandem, dem andere vertrauen und den sie weiterempfehlen, weil er zutreffende und hilfreiche Beiträge bzw. Antworten liefert.

Die Menschen verlassen sich auf die Bewertungen und Meinungen anderer, vor allem der Menschen, die ihnen ähnlich sind, selbst wenn sie sie nur virtuell kennen. Bewertungs- und Empfehlungsplattformen haben das zu ihrem Geschäftsgegenstand gemacht und sind mittlerweile seit Jahren etabliert. Auch Unternehmen haben die Bedeutung von Kundenmeinungen erkannt und greifen auf Spezialisten für *Word-of-Mouth-* und *Collaborative Marketing* zurück.

Neue Geschäftsmodelle des *Social Commerce* verbinden die Eigenschaften von Communities mit denen von üblichen Webshops. So gibt es beispielsweise Shopping-Communities, bei denen Sonderposten für einen begrenzten Zeitraum an eine begrenzte Zielgruppe verkauft werden.

Und das Web übernimmt weitere Bereiche des realen Lebens, indem Menschen durch *Check-in-Dienste* und andere *Location-based Services* gleichzeitig virtuell und real (inter-)agieren. Hier besteht noch viel Spielraum, neue Geschäfts- und Marketingmodelle zu entwickeln.

Ihr Werkzeugkasten für Social Media

9

In diesem Kapitel:
- ▶ Vergangenheit und Gegenwart des Bookmarking
- ▶ Die Nutzung von Social-Bookmarking-Sites
- ▶ »Unternehmen können zu Kuratoren werden«
- ▶ Automatisieren mit Fingerspitzengefühl und IFTTT
- ▶ Simpel und hilfreich: Crossposting mit Buffer
- ▶ Mach's kurz: Personalisierte Linkverkürzer
- ▶ Den Überblick behalten: Social Media Dashboards
- ▶ Zusammenfassung

Sobald Sie mehr als einen Dienst in Social Media nutzen, und dann auch vielleicht noch im Team, kann es unübersichtlich werden. Aus diesem Grund sind zahlreiche Hilfsmittel und Dienste entstanden, die Ihnen die alltägliche Arbeit im Social Web erleichtern wollen. In Kapitel 3 sind wir auf Monitoring eingegangen, mit dem Sie Themen, Gespräche im Internet und Ihre Social-Media-Aktivitäten verfolgen und messen können. Mit Social-Bookmarking-Diensten können Sie ihre Lesezeichen verwalten und mit anderen teilen. Mit anderen Tools können Sie Inhalte zeitlich vorplanen und automatisiert auf verschiedenen Diensten veröffentlichen, URLs verkürzen und personalisieren oder mit wenigen Handgriffen aus Tweets, Fotos und Texten kleine Dokumentationen und Storys erstellen. Andere, umfangreichere Dienste, sogenannte Social-Media-Dashboards, ermöglichen Ihnen die Einrichtung einer regelrechten Kommandozentrale für Social Media, über die Sie gleich mehrere Dienste und Accounts bedienen können.

In diesem Kapitel stellen wir Ihnen eine Auswahl von Tools und Diensten vor, die Ihnen die Arbeit in Social Media erleichtern.

Vergangenheit und Gegenwart des Bookmarking

Social Bookmarking ermöglicht es dem Nutzer, seine Lesezeichen online zu speichern und mit Freunden zu teilen. Zudem kann er überall und von jedem Computer aus auf seine Bookmarks zugreifen, sie weiterempfehlen und mit Schlagwörtern, sogenannten *Tags*, versehen. Durch diese Informationen, die größtenteils öffentlich sind, werden Inhalte im Web für alle leichter auffindbar. Über das klassische Bookmarking hinaus bieten die Dienste mehr Austausch zwischen den Usern, Dokumentenablage und -kommentierung sowie Angebote für Unternehmen.

Nutzer erkannten virtuelle Lesezeichen (Bookmarks) rasch als nützlich. Und Bookmarking ist noch immer beliebt, auch wenn die Nutzerzahlen seit einiger Zeit etwas abnehmen. Lesezeichen haben den sozialen Raum erobert und sind als gängiges Werkzeug etabliert. Dabei speist bei Weitem nicht jeder Websurfer selbst einen Bookmarking-Dienst. Die meisten haben aber schon einmal in Bookmarking-Verzeichnissen recherchiert.

Die Vergangenheit: Bookmarking ohne Social Sites

Sie haben wahrscheinlich schon oft eine Website im Lesezeichen- oder Favoritenmenü Ihres Browsers abgespeichert, von der Sie wussten, dass Sie sie wieder aufrufen wollen würden. Sie haben Ihre digitalen Lesezeichen womöglich auch in Ordner einsortiert und ihnen Namen gegeben, die Sie sich leicht merken konnten. Diese Form des *Bookmarking* bringt jedoch auch Schwierigkeiten mit sich, denn irgendwann hatten Sie vermutlich so viele Bookmarks angesammelt, dass Ihr Browser nur noch langsam funktionierte. Er war einfach überfordert mit all den Daten aus Hunderten von Bookmarks, die er sämtlich laden musste, bevor er Ihre Startseite anzeigen konnte.

Und was ist mit der Sortierung der Bookmarks? Wenn Sie einfach nur einen Haufen Seiten in einem Haufen Ordner abgespeichert haben – wie finden Sie dann in dem ganzen Wust von Favoriten einen Artikel wieder, den Sie vor einem halben Jahr markiert haben? Wenn Sie ein Lesezeichenhamster sind, hatten Sie bestimmt schon einmal Schwierigkeiten, eine vor langer Zeit gespeicherte Seite wiederzufinden – und dass allein schon das Öffnen der Favoriten so lange dauert, macht das Wiederfinden dieses einen Lesezeichens auch nicht lustiger.

All diese Hindernisse versucht Social Bookmarking aus dem Weg zu räumen.

Die Gegenwart: Teilen ist sozial

Angesichts der rasanten Zunahme von Content im Web und der sinkenden Preise von Internetpräsenzen und Hosting ist es heute einfach, Daten auf externen Servern zu speichern, anstatt sie dem überforderten Browser eines einzigen Computers zu überlassen. Social Bookmarking geht noch weiter: Es ist vollgestopft mit Funktionen, die weit über das Speichern wichtiger URLs an einem zentralen Ort im Internet hinausgehen. Diese Dienste speichern nicht nur für den eigenen Gebrauch, sondern auch für andere: Jeder kann von Ihren Bookmarks und Favoriten profitieren. Und was die Sorge betrifft, dass Ihre persönlichen Daten auf diesen öffentlichen Kanälen entdeckt werden könnten: Die meisten Bookmarking-Dienste geben Ihnen die Möglichkeit, diese Seiten entweder öffentlich mit dem gesamten sozialen Netzwerk zu teilen oder bestimmte URLs auf den privaten Gebrauch zu beschränken.

Überlegen Sie mal: Wie viele Bookmarks haben Sie eigentlich, die so privat sind, dass Sie sie keinesfalls mit anderen teilen möchten? Sie werden feststellen, dass eine Veröffentlichung viel Gewinn bringt, vom Aufbau Ihres Netzwerks bis hin zur Entdeckung fesselnder neuer Inhalte.

Das ist ein weiterer Grund dafür, dass Anwendungen zum Teilen von Bookmarks längst fester Teil der Social-Media-Welt sind. Wenn man sich die Hunderte von Millionen von Bookmarks ansieht, die bei den großen Diensten wie *Diigo* oder *StumpleUpon* gespeichert sind, wird klar, dass viele Menschen gerne über ihre Lieblingsseiten im Internet Auskunft geben. Außerdem hilft Social Bookmarking bei der Internetrecherche. Durch das Verschlagworten (*Tagging*) verleihen Sie Ihren Bookmarks eine Beschreibung, durch die sie leicht wiederzufinden sind. Wenn Sie sie nun taggen *und* teilen, können auch andere in Ihrem Netzwerk und darüber hinaus neue Inhalte finden, die sie für ihre Arbeit oder andere Interessen gut brauchen können. Und zu alledem können Sie sich auch noch ansehen, wie andere Nutzer Ihre Site mit Bookmarks versehen. Gerade Unternehmen können so ein Gefühl dafür bekommen, was die Öffentlichkeit über sie denkt und wie sie sie einschätzt.

 **Definition** *Tags* (Schlagworte) sind Metadaten, die einer Informationseinheit (in diesem Falle einem Bookmark) zur genaueren Beschreibung zugewiesen werden. So könnte ein Artikel über die Fernsehserie *Dr. House* unter anderem mit den Tags »Drama«, »RTL«, »Fernsehen«, »Medizin«, »Arztserie« oder »hughlaurie« verschlagwortet werden (normalerweise ohne Leerzeichen, wie weiter unten erläutert wird).

In der Regel speichern Sie Ihre Lesezeichen über *Bookmarklets*, kleine Codestücke, die in den Browser eingebettet sind und als Shortcuts für bestimmte Aufgaben fungieren. Andere haben richtige Add-ons für den Browser, etwa Symbolleisten. Diese Tools geben Ihnen in der Regel auch die Möglichkeit, an passender Stelle Tags und Kategorien hinzuzufügen. Auch für mobile Geräte wie das iPad gibt es inzwischen Bookmarking-Apps. Bei manchen Anbietern können Sie automatisiert Links aus favorisierten Tweets bei Twitter als Lesezeichen speichern.

Haben Sie Ihre Bookmarks erst gespeichert, können Sie jederzeit von jedem Computer aus zu Ihrer individualisierten Lesezeichenliste zurückkehren. Haben Sie einige Lesezeichen als »privat« gespeichert, können Sie diese natürlich nur nach Anmeldung sehen. Normalerweise können Sie auf Social-Bookmarking-Sites auch direkt zu einer Tag-Seite navigieren, um in einem Rutsch auf sämtliche Informationen zu einem Thema zugreifen zu können.

Sie können sich auch mit Freunden vernetzen und Bookmarks mit ihnen teilen. Wenn Ihnen Bookmarks bestimmter Kontakte gefallen, können Sie deren Favoriten per RSS abonnieren. So bleiben Sie über die neuesten Entdeckungen Ihrer Freunde auf dem Laufenden. Auch Sie können Ihre Lieblingslinks mit Ihren Freunden teilen, wobei die Verfahren dazu je nach Anbieter unterschiedlich sind.

Den Bookmarking-Sites wurde in der Anfangszeit eine fast revolutionäre Funktion zugesprochen. Doch statt der Revolution kam etwas anderes: Die Menschen nutzen sie ganz schlicht und einfach als Handwerkszeug. Das *Bookmarken* und *Taggen* gehört gerade für Berufsgruppen, die viel recherchieren und mobil arbeiten, zur täglichen Routine.

Gleichzeitig blieben jedoch Innovationen weitestgehend aus, und die meisten Bookmarking-Dienste konnten sich finanziell kaum tragen. Und natürlich suchten sich die Menschen auch andere Mittel, um wichtige oder interessante Links zu speichern: Einigen genügte es, die Links zu twittern und damit in ihrer persönlichen Timeline vorrätig zu haben, andere empfehlen sie bei Facebook und halten sie damit vor. Mit Evernote (*http://www.evernote.com*) oder der Firefox-Erweiterung ScrapBook (*https://addons.mozilla.org/de/firefox/addon/scrapbook/*) gibt es zudem hervorragende Dienste, um nicht nur Links, sondern auch komplette Seiteninhalte, Notizen, Grafiken und To-do-Listen projektbezogen abzulegen und von verschiedenen Geräten aus abrufbar zu machen. Das Teilen von Links ist hier gar nicht vorgesehen; die Funktionalität für den Einzelnen steht im Vordergrund.

Was auch immer die Zukunft bringt: Es wird weiter Menschen geben, die auf die Grundfunktionen des Bookmarking bauen, nämlich auf das Taggen und das Teilen. Gerade die sogenannten *Heavy User*, die Vielnutzer des Social Web, benötigen eine Lösung zur Wahrung der Übersicht. Wer viel twittert, bei Facebook oder Google+ postet und vielleicht noch andere soziale Netzwerke nutzt, der ist auf einen zentralen, webbasierten Ordner zum Speichern von wichtigen Links angewiesen. Der Bedarf ist in jedem Fall da, die User auch – es liegt an den Anbietern, effiziente Lösungen zu finden, die den Nutzern wirklich helfen, statt ihnen weitere Arbeit aufzubürden.

Die Nutzung von Social-Bookmarking-Sites

Anbieter mit vielen Nutzern sind *Diigo* und *StumbleUpon*. StumbleUpon ist im Kern gar kein Bookmarking-Dienst, sondern eine Content-Suchmaschine, aber es gleicht in vieler Hinsicht den Social-Bookmarking-Services. Und da es als Bookmarking-Tool genutzt werden kann und auch oft genutzt wird, werden wir es in diesem Kapitel behandeln. Außerdem widmen wir uns *Diigo*. Wir wollen uns anschauen, wie man Bookmarks speichert und abruft, neue Inhalte findet und sein Netzwerk stärkt.

Bevor wir uns jedoch den einzelnen Diensten zuwenden, gehen wir auf die Möglichkeiten für Unternehmen ein, Bookmarking professionell zu nutzen.

Social Bookmarking als Marketingtool

Zunächst sind Diigo und StumbleUpon hervorragende Dienste zum Aufspüren von interessantem Content. Sie haben in diesem Buch schon häufiger gelesen, dass Sie als Marketingtreibende in den sozialen Medien immer auf der Suche sind: nach interessanten Artikeln, witzigen Geschichten, außergewöhnlichen Ansichten und Vielem mehr. Sie haben gehört, dass gerade virale Effekte nur entstehen, wenn Ihr Inhalt über ein gewisses Überraschungsmoment verfügt und witzig, außergewöhnlich oder auch höchst dramatisch ist. In jedem Fall muss er die Menschen bewegen und sie motivieren, ihn weiterzutragen.

Sie haben jedoch auch gelesen, dass es nicht einfach ist, diese Inhalte zu erstellen und zu finden. Natürlich können Sie auf bestehende Themen aufspringen (und sollten es bei passender Gelegenheit auch), doch genauso wichtig ist es, selbst etwas beizutragen und Themen zu bestimmen. Mithilfe von Bookmarking-Sites können Sie die Community anzapfen: Durchstöbern Sie die aktuell am häufigsten abgelegten Links, beobachten Sie Themen und Trends, identifizieren Sie wichtige Personen, und studieren Sie Hintergrundartikel. Wenn Sie genügend Material zusammen haben, hilft Ihnen das dabei, eigenen Content zu generieren, indem Sie beispielsweise eine persönliche Ansicht zu einem von Ihnen entdeckten Trend formulieren oder Ihren Lesern im Blog oder auf Ihrer Facebook-Seite einen Übersichtsartikel zur Verfügung stellen.

Außerdem können Sie selbst aktiv werden: Erstellen Sie ein Konto bei einem oder mehreren Bookmarking-Diensten – und zwar unter Ihrem Namen und/oder dem Ihres Unternehmens. Sammeln Sie nützliche Links, gruppieren und verschlagworten Sie diese und stellen Sie sie Ihren Lesern und Kunden sowie der gesamten Community zur Verfügung. Auf diese Weise können Sie frühzeitig Themen besetzen, Ihre Reputation als Profi in Ihrem Fach ausbauen und sich stark mit anderen Usern vernetzen. Stellen Sie sich beispielsweise vor, Sie wären ein professioneller Fotograf. Sie haben ein Blog und eine Flickr-Seite, wo Sie Ihre Arbeiten veröffentlichen. Ab dem Moment, wo jemand Ihre Seite als Lesezeichen ablegt und kategorisiert, kann irgendjemand anderes – vielleicht ja ein Galerist auf Nachwuchssuche – Sie finden. Und Sie werden auf fotointeressierte User stoßen, die Ihnen ebenfalls interessante Webseiten und Menschen empfehlen.

Generell kann man sagen, dass die aktive Präsenz von Unternehmen in Bookmarking-Portalen derzeit nicht die oberste Priorität im Social Media Marketing hat – ob Sie sich dafür entscheiden, hängt im Wesentlichen von Ihrem Budget und der zur Verfügung stehenden Zeit sowie von Ihrer Branche ab. Speziell IT- und Medienunternehmen sowie sämtliche webaffinen Unternehmen sollten jedoch darüber nachdenken. Für Freiberufler und Mitarbeiter, die sehr aktiv und im Team im Social Web Links posten und sammeln, kann die Nutzung von Social Bookmarks eine sinnvolle Arbeitserleichterung sein.

StumbleUpon: Eine Content-Suchmaschine mit Bookmarking-Features

StumbleUpon (das bedeutet »auf etwas stoßen«) gehört zu den originellsten Angeboten im Raum der sozialen Medien, weil es eine Suchmaschine für Social Content ist, die über Bookmarking-Funktionen verfügt. Von anderen Social Sites unterscheidet sich der Dienst insofern, als er durch eine Symbolleiste gesteuert wird, die Sie in Ihrem Browser installieren. Sobald die Anwendung personalisierte Informationen über Sie gesammelt hat (Themen und Interessen), können Sie mit StumbleUpon im Internet surfen, um neue Websites zu finden, die laut den Vorschlägen anderer Nutzer des Dienstes Ihren Interessen entsprechen. StumbleUpon katapultiert Sie direkt auf die empfohlenen Seiten, und je aktiver Sie auf StumbleUpon sind, desto mehr Gelegenheiten haben Sie, Ihr Netzwerk zu vergrößern und Ihren Content mehr und mehr Nutzern zu unterbreiten.

▼ Abbildung 9-1
Stöbern bei StumbleUpon

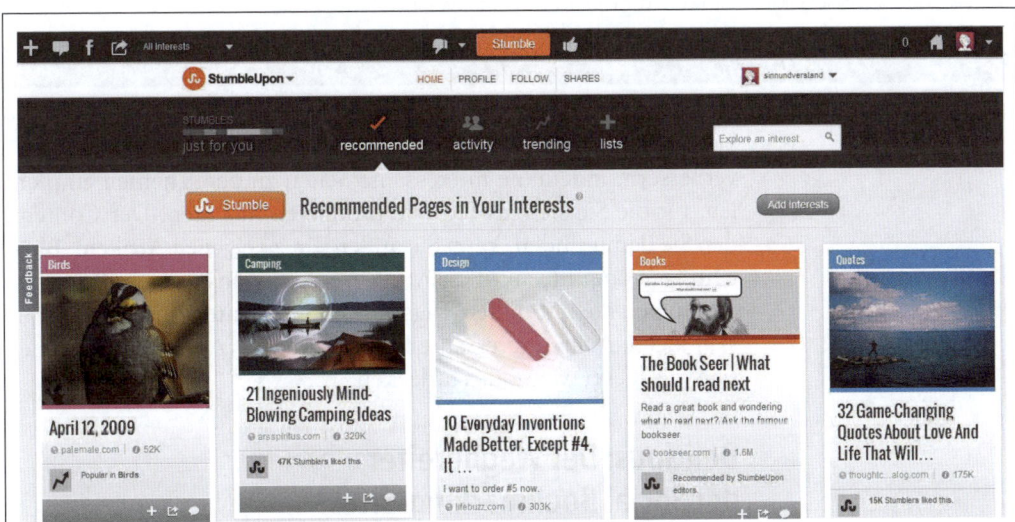

StumbleUpon wird Sie kinderleicht auf viele, außergewöhnliche Inhalte bringen, so dass wir Ihnen unbedingt ans Herz legen möchten, sich einmal durch seine Empfehlungen treiben zu lassen. Und auch wenn die meisten User aus den USA und Kanada kommen, können

Sie hier wirklich interessante Menschen kennenlernen. Nehmen Sie auch ruhig über die personalisierten Userseiten Kontakt mit ihnen auf. Die StumbleUpon-Community ist sehr freundlich, und die aktiven Nutzer sind ausgesprochen kontaktfreudig.

Über die mobile App oder ein Add-on für Ihren Browser richten Sie Ihr Profil, Ihre Interessen und die Kategorien ein, die für Sie interessant sind.

Wie StumbleUpon funktioniert

StumbleUpon ist sehr einfach zu verwenden. Wenn Sie auf den *Stumble!*-Button klicken, katapultiert StumbleUpon Sie direkt auf eine Webseite, die anhand Ihrer Eingaben auf Ihre Interessen zugeschnitten ist. Über den *Home*-Button wiederum kommen Sie auf eine Überblicksseite, auf der Sie Empfehlungen zu Ihren Interessen finden.

Die gezeigten Seiten können Sie mit *Thumbs up / Thumbs down* bewerten, was sich auf künftige Suchergebnisse auswirkt. Alle Seiten, die Sie mit *Like* bewerten, finden Sie unter Ihrem Profil wieder. Die Fundstücke können Sie problemlos bei Facebook, Twitter und LinkedIn oder in einer E-Mail teilen.

Abbildung 9-2 ▼
Die Symbolleiste von StumbleUpon

StumbleUpon können Sie nutzen, um Ihre Reputation im Web zu verbessern, indem Sie interessante Seiten zu den Themen empfehlen, für die Sie sich als Experte profilieren möchten. Der Content, den Sie damit finden, kann Sie außerdem zu eigenen Artikeln, Blogbeiträgen oder Ideen für das virale Marketing inspirieren. Besuchen Sie einfach die mit diesen Tags verknüpften Seiten und notieren Sie sich Ideen. Auch interessante Blogs für die Netzwerkbildung lassen sich mit dieser Methode entdecken.

Delicious: Der Wegbereiter der Social Bookmarking-Sites

Delicious hat eine wechselvolle Geschichte hinter sich: einst populärster Service für Social Bookmarking, ist er inzwischen fast vergessen. Delicious wurde im Jahre 2003 gegründete und 2005 von Yahoo! übernommen. Nachdem zwischenzeitlich die Einstellung des Dienstes gedroht hatte, wurde er 2011 an die YouTube-Gründer Chad Hurley und Steve Chen verkauft. Im Mai 2014 erfolgte ein erneuter Eigentümerwechsel – die Zukunft ist also nach wie vor unklar.

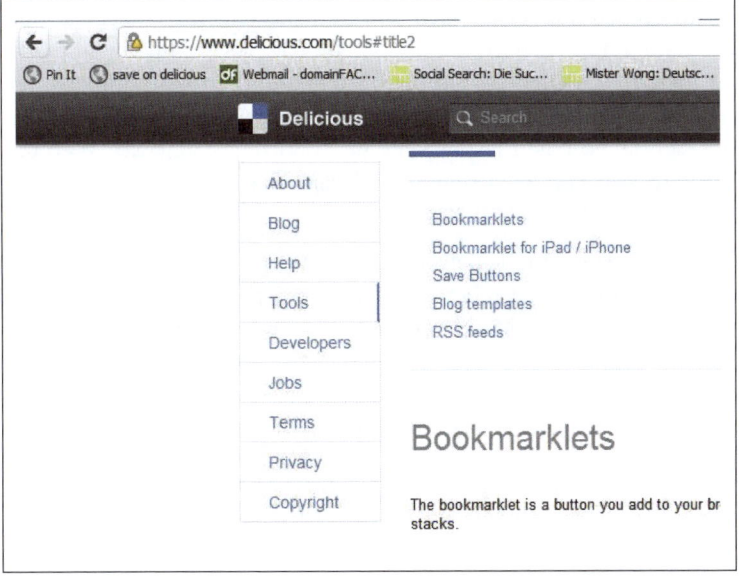

◄ **Abbildung 9-3**
Das Bookmarklet von Delicious ist bei den Tools zu finden.

Nichtsdestotrotz verfügt Delicious immer noch über Millionen von Bookmarks und Usern. Wir erwähnen ihn hier allerdings nur noch, da Sie mit Delicious recht praktisch automatisch Links aus Twitter sammeln können.

Automatisch Bookmarks anlegen bei Delicious und mit ifttt

Durch die Freigabe von Schnittstellen sind ansprechende Möglichkeiten der Automatisierung zwischen Diensten entstanden. So lassen sich Links aus favorisierten und retweeteten Tweets von bis zu zwei Twitter-Konten genauso automatisch bei *Delicious* speichern wie Links aus eigenen Tweets. Sie können zwischen unterschiedlichen Optionen dafür wählen, welche Tweets gespeichert werden, und einen individuellen Tag vergeben. Diese Einstellungen finden Sie unter *Settings → Sources*.

Eine andere Möglichkeit finden Sie bei dem Verknüpfungsdienst *ifttt* (die Abkürzung steht für *if this then that*), mit dem Sie Ihre unterschiedlichsten Social-Media-Accounts miteinander verbinden und Abläufe automatisieren können. Selbst zu *Dropbox* und Ihrem E-Mail-Account sind Verbindungen möglich. Auf *ifttt* gehen wir in diesem Kapitel noch genauer ein.

Diigo: Ein Tool mit cleveren Funktionen

Diigo (*http://www.diigo.com*) ist ein Social-Bookmarking-Netzwerk, über das Sie außer Links auch Fotos, Volltexte, Grafiken, Videos, To-do-Listen und Vieles mehr ablegen können. Die einzelnen Nutzer haben Profilseiten, die denen in Facebook ähneln, aber die Grundidee des Dienstes ist, beim Suchen und Bookmarking zu helfen. Durch verschiedene Browser-Add-ons, Apps und Webservices hat sich Diigo einen festen Platz im Werkzeugkoffer von Webnutzern erobert. Das zeigt sich auch daran, dass Diigo laufend weiterentwickelt wird.

Mit dem sogenannten *Diigolet*, einem Bookmarklet für den Browser, lassen sich Lesezeichen unkompliziert speichern, als privat oder öffentlich markieren und mit Markierungen in unterschiedlichen Farben, Notizen und Kommentaren versehen und sich außerdem verschiedenen Listen oder Gruppen zuweisen. Gerade für Teams sind die Gruppen sehr interessant, weil sich darin kollaborativ Linksammlungen anlegen lassen.

Außerdem gibt es neben einer *Screenshot*- und *Share*-Funktion noch *Read Later*, womit Sie, wie der Name bereits sagt, Links zum späteren Lesen markieren können.

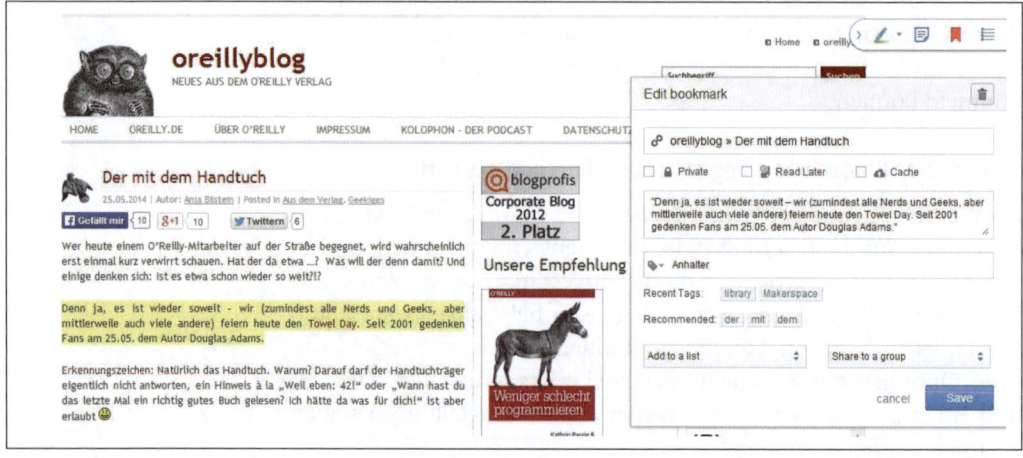

Abbildung 9-4 ▲
Mit Diigo lassen sich auch Notizen und Markierungen für Websites speichern.

Diigo bietet wie viele Social-Media-Dienste ein sogenanntes »Freemium«-Modell an. Das bedeutet, dass grundlegende Funktionen kostenlos nutzbar sind, während in den kostenpflichtigen Premiumvarianten zusätzliche Funktionen und Services bereitstehen. Eine Übersicht finden Sie unter *http://www.diigo.com/premium*. Auch wenn Sie sich am Anfang für die kostenlose Version entscheiden, haben Sie jederzeit die Möglichkeit, auf eine der Premiumvarianten umzusteigen.

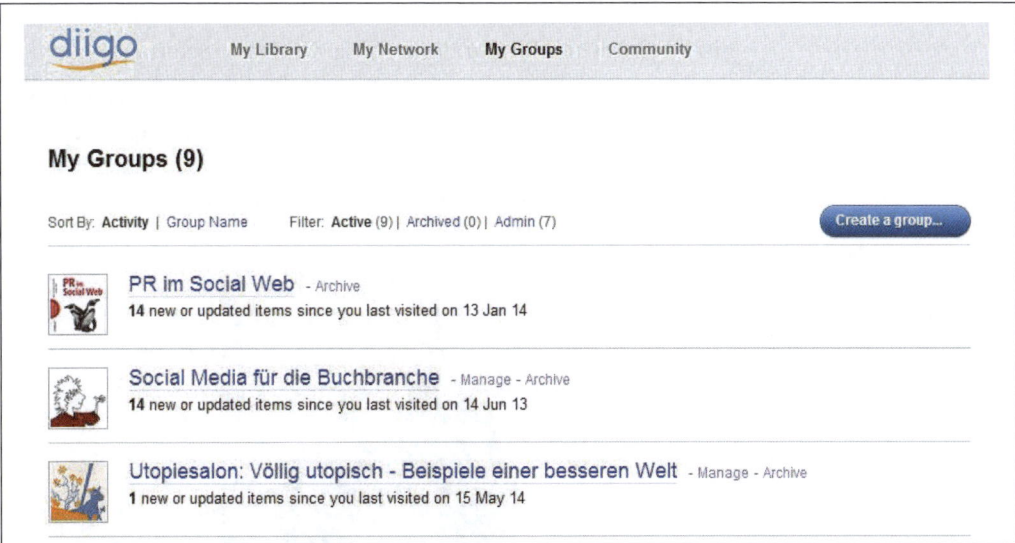

▲ Abbildung 9-5
Mit Gruppen können bei Diigo Nutzer gemeinsam Bookmarks sammeln und teilen.

Diigo für Ihr Unternehmen nutzen

Unternehmensprofile lassen sich bislang bei Diigo nicht anlegen. Es ist jedoch hervorragend für interne Projektgruppen geeignet, um kommentierte Link-, Foto- und Dokumentensammlungen anzulegen, die Sie mit Tags organisieren können. Für Sie selbst als Unternehmer oder Freiberufler und/oder für Mitarbeiter, die Sie als Experten aufbauen wollen, ist Diigo außerdem ein Werkzeug, um sich eine gute Reputation aufzubauen, indem Sie Fachthemen im Internet auffindbar machen.

Nützlich ist Diigo außerdem, wenn man Daten sammelt und nach einem bestimmten Domainnamen sucht, etwa dem eigenen oder dem eines Wettbewerbers. Geben Sie dazu den Link Ihrer oder einer anderen Website unter *http://www.diigo.com/community/site/* in das Suchfeld ein. Alternativ können Sie die Statistik auch direkt aufrufen, und zwar unter *http://www.diigo.com/community/site/ www.beispielseite.de*.

»Unternehmen können zu Kuratoren werden«

Ein Interview mit PR-Beraterin Marie-Christine Schindler

Marie-Christine Schindler aus Zürich (*http://www.mcschindler.com*) ist eidgenössisch diplomierte PR-Beraterin BR/SPRV. Sie verfügt über mehrjährige Agenturerfahrung und war mehrere Jahre in der Erwachsenenbildung in Kommunikation, Organisation und Beratung tätig.

Abbildung 9-6 ▶
Für PR-Beraterin Marie-Christine Schindler sind Social-Bookmarking-Tools wichtige Werkzeuge bei ihrer Arbeit. (Foto: Jolanda Flubacher)

Zusammen mit dem Kommunikationsberater Tapio Liller verfasste sie für den O'Reilly Verlag das Buch »PR im Social Web – Das Handbuch für Kommunikationsprofis«, das inzwischen in der 3. Auflage erschienen ist und sich vor allem an PR-Schaffende wendet.

Liebe Frau Schindler, nutzen Sie Social Bookmarking, und wenn ja, für welchen Zwecke?

Marie-Christine Schindler: Ja, ich nutze sie, sie gehören zu meinem wichtigsten Werkzeug bei meiner Arbeit mit Social Media. Früher habe ich mit Delicious gearbeitet, nach dem Verkauf des Dienstes mit ungewisser Zukunft im Dezember 2010 habe ich dann zu Diigo gewechselt (ich synchronisiere meine Links aber weiter mit Delicious, man kann ja nie wissen, was sich auch bei Diigo mal ändern kann).

Für mich gehört das Monitoring zu meinen täglichen Aufgaben. Das bedeutet, dass ich zahlreiche Beiträge aus Blogs und den sozialen Medien in meinem Reader lese. Viele davon teile ich gleich über Twitter, Facebook, Google+ oder LinkedIn. Die Mehrheit kann ich jedoch meist nicht gleich verwerten. Diese speichere ich dann mit einer kurzen Beschreibung und vor allem mit aussagekräftigen Schlagworten für einen späteren Zugriff in meinen Bookmarks.

Einige meiner Kunden haben bei Diigo eigene, geschlossene Gruppen eröffnet. Wenn ich also einen Beitrag sehe, den ich für den Kunden für relevant halte, teile ich ihn in der entsprechenden Gruppe. Der Vorteil von diesem Vorgehen liegt darin, dass ich nicht jedes Mal eine Mail an alle möglichen Personen schreiben muss, die auf einen interessanten Beitrag verweist. Die Kunden erhalten in dem von ihnen zuvor gewählten Rhythmus eine Mitteilung über neue Bookmarks.

Für unser Buch »PR im Social Web« haben wir ebenfalls eine offene Gruppe angelegt (*http://groups.diigo.com/group/pr-im-social-web*), in der wir die besprochenen Links und neue Entdeckungen ablegen, so bleiben unsere Leser auch über den Kauf des Buches hinaus »im Loop«.

In welchen Fällen ist Social Bookmarking für Unternehmen interessant?

Marie-Christine Schindler: Unternehmen können sich über News und interessante Quellen, die sie finden und teilen, profilieren. Sie können zu Kuratoren werden; das bedeutet, dass sie die »Rosinen aus dem Internet-Kuchen« klauben und sie ihren Anspruchsgruppen zugänglich machen. Thomas Pleil, Professor an der Hochschule Darmstadt, beispielsweise, veröffentlicht Lesetipps zum Wochenende, die auf seinen Social Bookmarks basieren: *http://thomaspleil.wordpress.com/2012/04/01/lesetipps-kw13*. Solche besprochenen Links können aber auch in einen Newsletter einfließen oder in einem Stream im Social Media Newsroom angezeigt werden.

Social Media beinhalten, nach Jan Schmidt, immer alle drei Komponenten Identitäts-, Beziehungs- und Informationsmanagement. Bei Social Bookmarking geht es zwar vorrangig um das Informationsmanagement; Unternehmen können sich aber online auch vernetzen, indem sie anderen Anwendern folgen (wie z.B. Thomas Pleil *http://www.diigo.com/profile/Thomaspleil*) oder indem sie Mitarbeiter, Kunden, Lieferanten oder sogar Medien in eine Gruppe einlegen, wo sie »exklusiven« Inhalt teilen.

Wann würden Sie Unternehmen die Nutzung von Social-Bookmarking-Seiten empfehlen?

Marie-Christine Schindler: Social Bookmarking halte ich für ein sehr wertvolles Tool für das Knowledge Management in Unternehmen, aber auch für alle Varianten von NPOs, weil die ganze Infrastruktur im Web sehr einfach nutzbar bereitsteht. Das bedingt natürlich, dass die Verantwortlichen auch bereit sind, Wissen zu teilen, und auch daran denken, dies regelmäßig zu tun. Sie sollten aber auch andere Mitarbeiter ermuntern mitzumachen und sie coachen. Dazu gehört beispielsweise, dass sie ihnen die Scheu nehmen, »falsche« Schlagwörter zu wählen. Die gibt es meiner Meinung nach nicht, weil jeder Tags aus seiner Perspektive wählt, und das ist die gleiche Perspektive, aus der er jeweils wieder suchen wird. Hier vertragen sich ganz verschiedene Schlagworte nebeneinander.

Wenn Social Bookmarking Teil der Arbeitsroutine wird, dann ist ein Ziel erreicht. Mir fällt das beispielsweise darum sehr leicht, weil ich meist auf meinem Pad oder auf dem Smartphone lese und die entdeckten Rosinen dann sehr einfach mit einer App ablegen kann. Kurz und gut: Eine Arbeit ohne Social Bookmarking kann ich mir in meiner heutigen Arbeitsrealität schlicht nicht vorstellen.

Liebe Frau Schindler, wir danken für das Gespräch!

Automatisieren mit Fingerspitzengefühl und IFTTT

Schnittstellen zwischen den Diensten machen es möglich, Inhalte automatisiert parallel oder zeitversetzt zu veröffentlichen. Wenn Sie Automatisierungen in Betracht ziehen, sollten Sie sich das gut überlegen. Dieselben Inhalte funktionieren in unterschiedlichen Kanälen nicht gleich gut. Veröffentlichungen bei Facebook unterliegen anderen Bedingungen in Auswahl des Inhalts und der Ansprache als bei Twitter oder Instagram.

Nichtsdestotrotz gibt es sinnvolle Automatisierungen, wenn Sie zum Beispiel ein Foto sowohl bei Flickr als auch in Ihrem Blog und auf Instagram veröffentlichen und es zugleich in Ihrem Dropbox-Ordner speichern wollen. Der kleine, feine Dienst IFTTT bietet Verknüpfungen über 100 Kanäle und Dienste an. Inzwischen werden sogar Geräte eingebunden, etwa LED-Lampen von Philips oder Smartphones.

IFTTT folgt der Wenn-dann-Logik: Sie definieren Ereignisse, die wiederum Aktionen bei verschiedenen Onlinediensten auslösen. Dabei können Sie nach der Registrierung auf bestehende Rezepte zurückgreifen oder eigene einrichten, die Sie dann wiederum der Community zur Verfügung stellen können.

Ob Sie nun ein Posting von Google+ automatisch auch in Facebook veröffentlichen wollen (siehe Abbildung 9-7) oder sich selbst von

Ihrem Smartphone anrufen lassen, nachdem Sie eine SMS an sich selbst gesendet haben: Der Fantasie sind wenig Grenzen gesetzt. Am besten stöbern Sie die bestehenden Rezepte einfach mal durch: *https://ifttt.com/recipes/*.

◀ **Abbildung 9-7**
Mit IFTTT können Sie verschiedene Onlinedienste aufeinander abstimmen, zum Beispiel Google+ und Facebook.

Simpel und hilfreich: Crossposting mit Buffer

Wer viele Inhalte über unterschiedliche Dienste veröffentlicht, stellt fest, wie mühsam das sein kann. Mit *Buffer* (*https://bufferapp.com/*) lassen sich Texte, Fotos und Links unkompliziert auf Twitter, Facebook, LinkedIn und in verschiedenen Apps wie Flipboard, Evernote, Pocket oder Feedly teilen. Selbst Google+ ist im Unterschied zu ähnlichen Diensten integriert, was viele Social-Media-Manager und Onlineredakteure dankbar aufatmen ließ, die zusätzlich zu Facebook und Twitter Google+ mit Inhalten füttern.

Postings lassen sich zeitlich planen, wobei Buffer mithilfe der Statistiken von Twitter, Facebook und LinkedIn sogar den bestmöglichen Zeitpunkt für eine Veröffentlichung vorschlägt. Wie bei jedem Werkzeug hängt der Erfolg allerdings von demjenigen ab, der es nutzt: Crossposting, also das Veröffentlichung desselben Inhalts auf verschiedenen Kanälen, ist nicht immer sinnvoll bzw. zielführend. Buffer enthebt Sie nicht der Notwendigkeit, die Regeln der unterschiedlichen Dienste zu berücksichtigen. @mentions werden bei Facebook nicht unbedingt verstanden, während längere Postings bei Twitter automatisch verkürzt und möglicherweise unverständlich werden.

Mithilde einer Analysefunktion haben Sie im Blick, welche Veröffentlichungen geteilt, kommentiert oder geliket wurden. Wie viele Dienste in Social Media funktioniert auch Buffer App nach dem Freemium-Modell. Möchten Sie mehrere Accounts mit Buffer verwalten, wird die Nutzung kostenpflichtig (*https://bufferapp.com/business*).

Mach's kurz: Personalisierte Linkverkürzer

Zu den meistgeteilten Inhalten in Social Media gehören Links. Das ist nicht weiter überraschend, denn ein wesentlicher Bestandteil des Social Web ist das Teilen von Inhalten mit anderen. dabei sollten die URLs nicht zu lang oder kompliziert sein. Wenn Sie eine Webadresse bei Twitter eingeben, wird diese automatisch mit einem Linkverkürzer von Twitter gekürzt. Das ist sinnvoll, denn mit nur 140 Zeichen wird Platz knapp, wenn die URL komplett mit allen Zeichen gezählt wird.

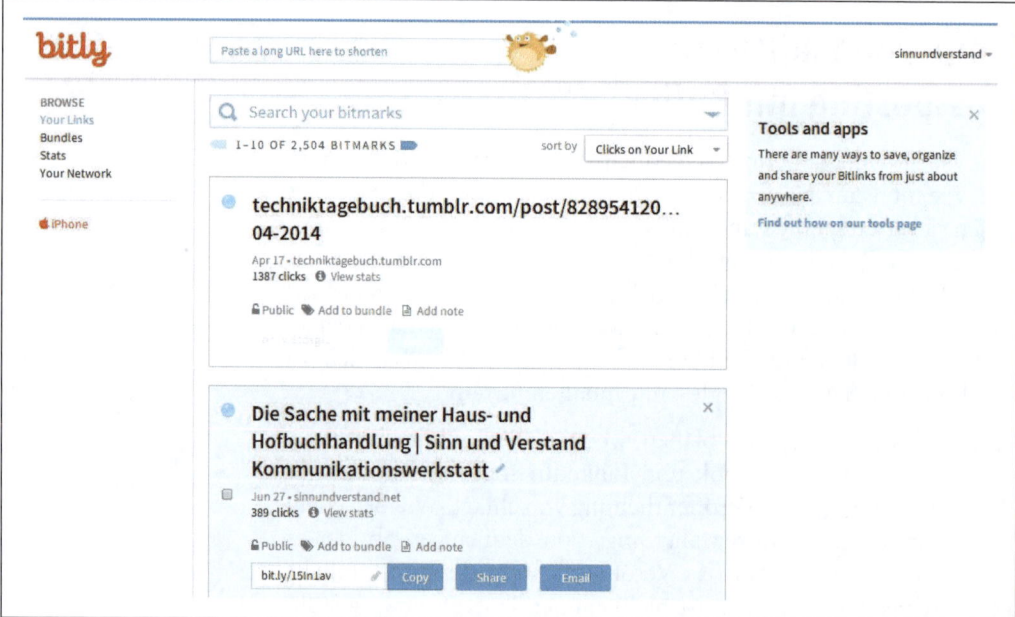

Abbildung 9-8 ▼
Mit bit.ly erfahren Sie, wie häufig ein Link angeklickt wurde, den Sie geteilt haben.

Neben Twitter bieten auch Dienste wie Hootsuite eigene Linkverkürzer an. Für Unternehmen kann es sich aber auch lohnen, auf einen eigenen Linkverkürzer zu setzen. Mit dem Tool *bit.ly* (*https:// bitly.com/*) können Sie nicht nur eine aussagekräftige Kurz-URL schaffen wie zum Beispiel oreil.ly, sondern diese auch zugleich tracken, also prüfen, wie häufig der Link geteilt und angeklickt wurde (siehe Abbildung 9-8).

Eine Anleitung dazu finden Sie bei bit.ly unter *http://support.bitly. com/knowledgebase/articles/76740-what-s-a-custom-short-domain-and-why-do-i-want-on*.

Den Überblick behalten: Social Media Dashboards

Nun haben Sie verschiedene Plattformen erkundet und an Ihrer Strategie gefeilt, und Sie beobachten mithilfe von Monitoring die Geschehnisse im Social Web, knüpfen Ihr Netzwerk und beteiligen sich mit wertvollen Inhalten an den Gesprächen in Social Media. Haben Sie noch den Überblick? Oder wissen Sie manchmal nicht recht, wo Ihnen der Kopf steht? Sie erhalten zwar Benachrichtigungen über Interaktionen mit Ihren Accounts und Nennungen Ihrer Marke im Internet in Ihrer Mailbox, aber etwas mehr Übersichtlichkeit wäre schön. Keine Sorge, das geht nicht nur Ihnen so. Aus diesem Grund gibt es auch einige Dienste, die Ihnen bei der Verwaltung und Planung Ihrer Social-Media-Aktivitäten helfen.

Ordnung ins Chaos bringen

In diesem Kapitel haben Sie bereits einige Tools kennengelernt, die Ihnen die Arbeit in Social Media erleichtern. Nun stellen wir Ihnen einige Dienste vor, mit denen Sie eine Art Kommandozentrale aufbauen können, über die Sie Ihre Accounts beobachten, mit Inhalten bestücken und an Gesprächen teilnehmen können. Kommunikation gerade in Social Media neigt dazu, chaotisch abzulaufen. Gerade für Unternehmen ist es wichtig, im Chaos den Überblick zu behalten und auf wichtige Ereignisse reagieren zu können. Ist ein Team mit Social Media betraut, bieten manche Dienste hilfreiche Funktionen zur Aufgabenteilung und Planung von Inhalten. Diese Dienste enthalten oft auch Statistiken und Monitoring-Tools, womit Sie zugleich die Effizienz Ihrer Aktivitäten und mögliche Ziele im Blick behalten können.

---

1 *http://www.ard-zdf-onlinestudie.de/index.php?id=426*

Das Internet in der Hosentasche

Welches Bild haben Sie vor Augen, wenn Sie an die intensiven Nutzer von Social Media denken? Sehen Sie vor Ihrem inneren Auge einen Menschen im abgedunkelten Raum vor seinem Bildschirm sitzen, leere Pizzakartons und Colaflaschen um sich herum, einsam und menschenscheu? In Wirklichkeit tragen immer mehr Menschen das Internet in der Hosentasche mit sich herum: die mobile Nutzung wächst stetig. Bereits über 40 Prozent aller Internetnutzer in Deutschland[1] gehen mit Smartphone, Handy, Tablet oder Laptop online. Als Vorteile nennen die Nutzer in einer Studie der Initiative D21[2] die schnellere Verfügbarkeit von aktuellen Informationen, den Zugriff auf Informationen allgemein und die einfachere Vernetzung mit Freunden. Nutzer von Social Media treffen sich gern mit anderen und sind häufig unterwegs. Diese Entwicklung sollten Sie unbedingt bedenken, wenn Sie Ihre Social-Media-Aktivitäten planen.

Was sind Social Media Dashboards?

Stellen Sie sich vor, Sie müssten Twitter, Facebook, Google+, XING oder Ihr Wordpress-Blog nicht mehr einzeln aufrufen, sondern könnten von einer Basisplattform aus Ihre Inhalte schreiben, planen und posten. Sie könnten auf einen Streich eine Handvoll Postings schreiben und dann einstellen, an welchen Tagen und zu welchen Zeiten sie nacheinander veröffentlicht werden. Statistiken zeigen Ihnen an, zu welchen Tageszeiten Sie Ihr Publikum am zuverlässigsten erreichen und mit welchen Postings Sie die höchste Reichweite erzielen.

Das klingt traumhaft, oder? Leider gibt es allerdings noch nicht das einzig wahre Social Media Dashboard, genauso wenig, wie es das eine perfekte soziale Netzwerk gibt. Aber trotzdem können Sie sich die Arbeit erheblich erleichtern, wenn Sie ein Dashboard für Social Media nutzen. Und wie Sie vermutlich ahnen, sollten Sie wie bei Ihren Zielen, Ihrer Strategie, Ihrem Monitoring und der Auswahl Ihrer Plattformen und Tools zunächst überlegen, welche Anforderungen ein Dashboard für Sie erfüllen sollte:

- Welche Plattformen wollen Sie vom Dashboard aus bedienen können? Twitter und Facebook können fast alle, aber Google+, Ihr Blog oder andere Netzwerke schränken die Auswahl ein.

- Wird sich nur eine Person um Social Media kümmern oder brauchen Sie ein Dashboard mit Teamfunktionen?

---

2 http://www.initiatived21.de/wp-content/uploads/2013/02/studie_mobilesinternet_d21_huawei_2013.pdf

- Wie umfangreich sollte das Monitoring sein?
- Welche Statistiken oder Reports benötigen Sie?
- Nutzen Sie Social Media auch für Ihren Kundenservice? Wollen Sie das Dashboards auch für CRM (Customer Relationship Management) benutzen?

Wie bei vielen Diensten im Internet sind auch bei den Dashboards Funktionen in den Basisversionen kostenfrei oder Sie haben die Möglichkeit, die Dienste für einen gewissen Zeitraum kostenlos zu nutzen. Die meisten Dienste erweisen jedoch erst in der kostenpflichtigen Version als wirkungsvolle Instrumente. Schon ab etwa 10 Euro im Monat sind Sie dabei. Je nach Größe des Unternehmens und den Anforderungen kann aber ein weitaus höheres Budget nötig sein. Am besten testen Sie einige Dashboards und dokumentieren Ihre Erfahrungen. Möglicherweise müssen Sie auch Dashboards miteinander kombinieren.

Werfen wir im Folgenden einen Blick auf einige ausgewählte Dashboards.

Beliebt und leistungsstark: Hootsuite

Hootsuite (*https://hootsuite.com/*) war ursprünglich ein Client nur für Twitter, der immer weiter ausgebaut wurde (s. auch Kapitel 6, Twitter-Clients). Neben Facebook, LinkedIn und Google+ (Unternehmensseiten) lassen sich über Apps auch zahlreiche weitere Social-Media-Dienste in Hootsuite einbinden. Viele Agenturen und Unternehmen setzen Hootsuite wegen der umfassenden Teamfunktionen ein. In der Enterprise-Version lassen sich für ein Unternehmen mehrere Teams einrichten, den einzelnen Mitgliedern Rechte einräumen, Aufgaben erstellen und verfolgen und mit anderen Diensten wie MailChimp für Newsletter, Soundcloud für Musik, Sounds oder Podcasts, Instagram für Fotos, Tumblr fürs Bloggen oder Evernote für Notizen verbinden.

In Spalten können Sie sich das sortieren, was Sie sehen möchten: den Twitter-Stream, einzelne Listen, Nennungen bei Twitter oder Facebook oder den Newsfeed von Facebook. Von Hootsuite aus posten, kommentieren, teilen oder retweeten Sie dann.

Wenn Sie in Ihrem Browser das Hootlet integrieren, können Sie Inhalte von anderen Webseiten unkompliziert teilen, ohne zu Hootsuite wechseln zu müssen.

Abbildung 9-9 ▲
Hootsuite

Abbildung 9-10 ▼
Hootlet

Hilfreich ist, dass Sie mit Hootsuite Ihre Follower bei Twitter und Ihre Abonnenten bei Google+ im Blick behalten können. Die wichtigsten Informationen der Accounts werden Ihnen angezeigt, darunter auch der Klout-Wert. Wenn dieser als Messinstrument für Einfluss in Social Media auch an Aussagekraft verloren hat, so bietet er doch immer noch einen Anhaltspunkt zur raschen Bewertung.

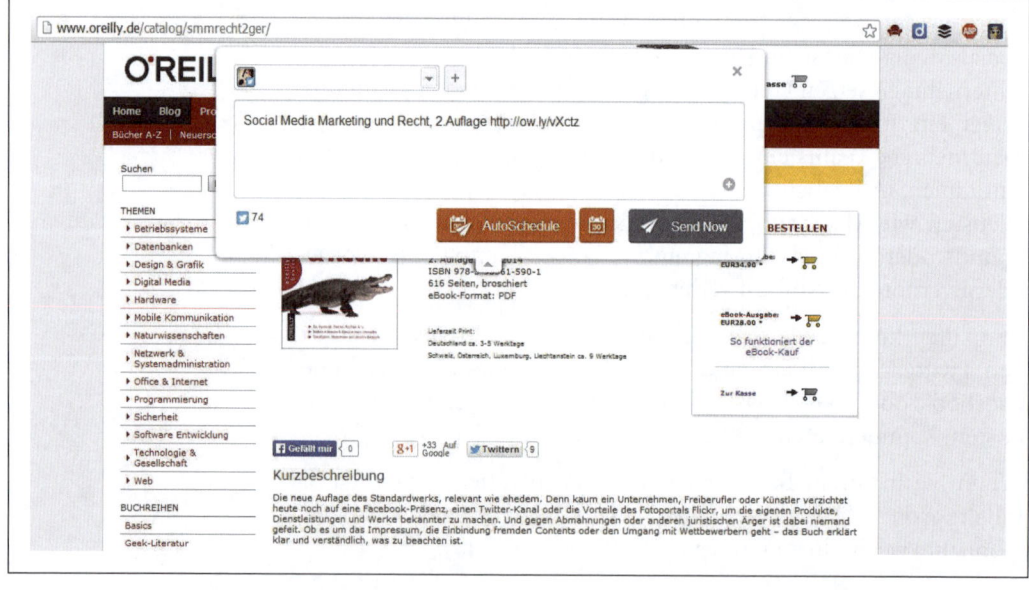

Hootsuite ist momentan eines der gebräuchlichsten Social Media Dashboards. Sie können es über eine App auch mobil vom Smartphone aus nutzen. Allerdings ist Hootsuite etwas gewöhnungsbedürftig. Lassen Sie sich nicht entmutigen, wenn Ihnen die Tabellenansichten zunächst unübersichtlich erscheinen, während Sie sich doch mit einem Social Media Dashboard Übersicht verschaffen wollten. Beharrliches Einarbeiten zahlt sich aus.

Professioneller Allrounder: Sprout Social

Wirkt Hootsuite zunächst etwas spröde und gewöhnungsbedürftig, ist Sprout Social (*http://sproutsocial.com*) ein Dashboard, das auch auf ungeübte Augen einen einladenden Eindruck macht. Eine ansprechende Benutzeroberfläche gibt einen Überblick über Ihre Social-Media-Aktivitäten: Neben dem Stream aus Facebook, Google+ und Twitter können Sie RSS-Feeds einbinden, aus Sprout Social heraus in Facebook, Twitter, Google+ und LinkedIn posten sowie Inhalte teilen, retweeten und kommentieren.

Es gibt umfangreiche Funktionen für die Arbeit im Team. Sprout Social bildet außerdem die Kommunikation mit einzelnen Kontakten jederzeit nachvollziehbar ab, weshalb dieses Dashboard besonders nützlich für Unternehmen ist, die Social Media für den Kundenservice nutzen. Sie können in Sprout Social Ihre Kundendaten mit Notizen und Kontaktdaten anreichern. Wie bei Hootsuite wird auch hier der Klout-Wert aller Kontakte angezeigt und Sie können Ihre Fans, Follower und Abonnenten aus Sprout Social heraus verwalten.

Interessant sind bei Sprout Social die übersichtlich aufbereiteten Monitoring-Reports und Auswertungen, mit denen Sie Ihre Aktivitäten wie auch die Ihrer Kontakte analysieren können. Im Reporting werden Ihre Aktivitäten, die Reichweite und die demografischen Daten Ihrer Fans, Follower und Influencer im Kontext dargestellt. Das ist nützlich, um etwa die tatsächlichen Daten mit Ihren Zielen und Ihrer Zielgruppe abzugleichen.

Die Nutzungskosten von Sprout Social liegen bei 59 US-Dollar und aufwärts, wobei Sie das Dashboard 30 Tage kostenlos testen können.

Vielversprechender Newcomer: webZunder

Viele Social Media Dashboards sind wie die meisten sozialen Medien amerikanische Produkte. Das führt hin und wieder zu

Unbequemlichkeiten, wenn keine deutschsprachige Version verfügbar ist oder soziale Netzwerke, die im deutschsprachigen Raum eine Rolle spielen, nicht berücksichtigt sind. Auch gibt es nicht immer einen deutschsprachigen Support.

Mit webZunder (*http://www.webzunder.com/de/*) gibt es nun ein Social Media Dashboard aus deutscher Hand. Gedacht ist es weniger für Social-Media-Profis mit Expertenwissen als für den Einsatz in Unternehmen, die Social Media zwar einsetzen, aber keine ausgewiesenen Spezialisten dafür haben. So bietet webZunder Vorlagen an, zum Beispiel für Statusmeldungen und Veranstaltungsankündigungen. Anhand der ausgefüllten Vorlage erstellt Webzunder die passenden Postings für – bislang – Twitter, Facebook und Wordpress.

Ein Monitoring ist integriert, wobei die Reporte recht selbsterklärend und überschaubar sind. Sie gehen nicht in die Tiefe, bieten aber einen einfachen Überblick über Reichweite, Performance und Resonanz auf die geposteten Beiträge. Für viele Unternehmen dürften diese Informationen bereits ausreichend sein. Momentan werden Facebook, Twitter, Wordpress, Piwik und Foursquare abgedeckt, weitere Dienste sollen folgen.

Abbildung 9-11 ▼
webZunder bietet verschiedene Vorlagen für die Kommunikation in Social Media.

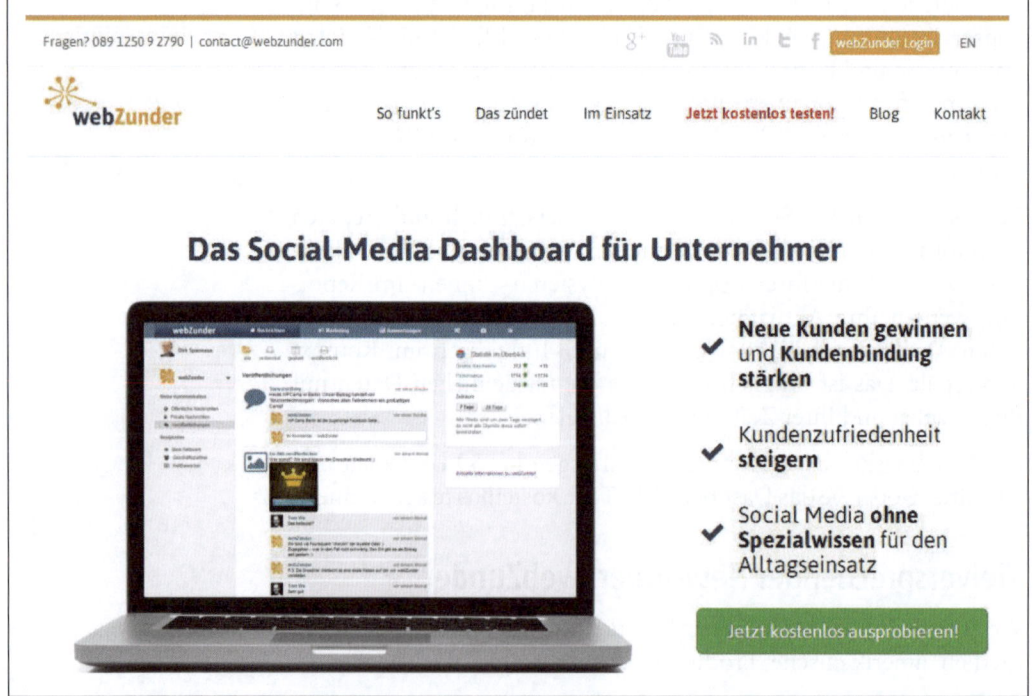

Insbesondere auf Selbstständige und kleine Unternehmen zielt web-Zunder ab, was sich auch in der Preisstruktur spiegelt. Ab etwa 20 Euro im Monat ist man dabei. Zu diesem Zeitpunkt der Entwicklung empfehlen sich der direkte Kontakt zu webZunder und die Nutzung der kostenlosen Testphase.

Twitter only: Tweetdeck

Wenn Sie vor allem auf Twitter setzen und ohne Team mehrere Accounts hüten wollen, ist Tweetdeck (*https://about.twitter.com/products/tweetdeck*) vielleicht ein geeignetes Dashboard für Sie. Nachdem Twitter Tweetdeck 2011 gekauft hatte, wurde nach und nach die Unterstützung anderer Social Networks eingestellt.

Für die Verwaltung mehrerer Twitter-Accounts ist Tweetdeck aber nach wie vor ein angenehmes, leicht bedienbares Dashboard, um mehrere Accounts und Hashtags im Auge zu behalten und zu bedienen. Auch das Vorplanen von Tweets ist möglich. Das Monitoring beschränkt sich auf die Definition von Suchen nach Listen, Followern, Themen oder Hashtags. Es gibt keine Reports oder Teamfunktionen.

▼ **Abbildung 9-12**
Bei Tweetdeck lassen sich nach Belieben Spalten mit den gewünschten Streams einrichten.

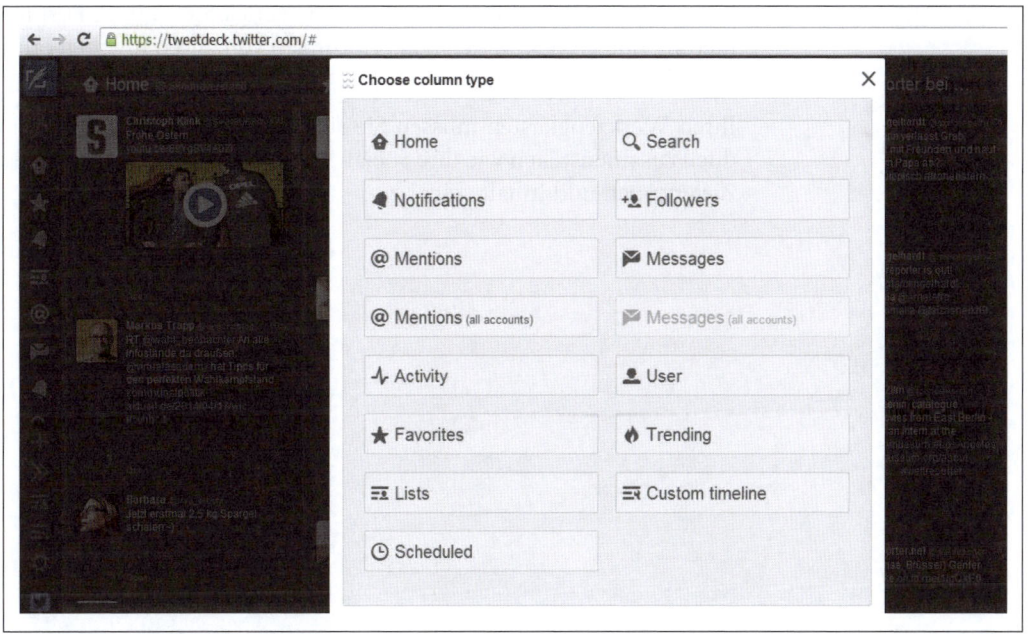

Zusammenfassung

Wenn Sie Social Media professionell nutzen, brauchen Sie einen Werkzeugkoffer mit Tools und Diensten, die Ihnen die Arbeit erleichtern. Zahlreiche Werkzeuge stehen Ihnen hierfür zur Verfügung. Ein Teil Ihrer Social-Media-Strategie sollte sein, sich zu überlegen, welche Werkzeuge Sie benötigen, damit Sie sich auf Ihre Ziele konzentrieren können. Mithilfe von Social Bookmarking können Sie sich eine Lesezeichen-Organisationszentrale einrichten, mit *StumbleUpon* bemerkenswerte Inhalte aufspüren, mit Tools wie etwa *ifttt* Prozesse und die Verbindung von Webdiensten automatisieren und sich mit einem Social Media Dashboard eine mächtige Kommandozentrale für Social Media einrichten.

Im Zentrum sollte immer Ihre Social-Media-Strategie stehen und der Blick darauf, wie sich diese Werkzeuge am besten für ihre Umsetzung nutzen lassen.

Das bedeutet in der Praxis, dass Sie sich regelmäßig einen Überblick über Ihre Inhalte, Plattformen und Ressourcen verschaffen müssen und Probleme identifizieren sollten. Probieren Sie einige Werkzeuge aus und nutzen Sie die, die Ihnen den Alltag oder die Lösung von praktischen Problemen auch wirklich erleichtern, Ihrer Positionierung nutzen oder Ihnen beim Auffinden von guten Inhalten oder zur Inspiration dienen.

Ihren Werkzeugkasten müssen Sie sich letztendlich ebenso individuell zusammenstellen wie Ihre Social-Media-Strategie: auf Ihre Ziele, Zielgruppen und Inhalte hin.

10 Multimedia-Content: Fotografie, Video und Podcasting

In diesem Kapitel:
- Marketing durch Bilder
- YouTube: Der Marktführer für Videos
- Die Community
- Zusammenfassung

Webuser lieben es, Inhalte auditiv oder visuell aufzunehmen: durch attraktive Fotografien und Grafiken genauso wie durch Videos und Tonaufzeichnungen (etwa in Form von Podcasts). Audiovisuelle Medien erzählen Geschichten und können wunderbar Emotionen und Atmosphäre transportieren.

Das Social Web verwandelt auch Amateurfotografen in Content-Produzenten. Aus Fotoportalen werden durch die Möglichkeit, Bilder zu markieren, zu kommentieren und einzubetten, soziale Netzwerke. Mit Video- und Podcasting kann sich jedermann als Produzent oder Regisseur betätigen – auch begünstigt durch die inzwischen erschwingliche Ausrüstung: eine kleine Kamera, ein Mikrofon sowie einige Tools, die meist günstig oder sogar kostenlos zu haben sind.

In diesem Kapitel zeigen wir, wie Sie Multimedia-Inhalte auf Sharingsites einbinden und damit für Ihr Marketing nutzen können.

Marketing durch Bilder

Zugegeben: Seit dem Durchbruch sozialer Netzwerke wie Facebook *braucht* fast niemand mehr reine Fotosharingdienste, um Bilder seines Unternehmens und seiner Produkte mit einem Netzwerk (potenzieller) Kunden und Geschäftspartner zu teilen. Fotoportale bieten jedoch noch mehr, nämlich noch mehr User und noch mehr Funktionen. Und die sind nach wie vor besonders für den Einsatz im Unternehmen interessant.

Wir konzentrieren uns hier auf die Dienste Instagram, Pinterest und Flickr. Einige weitere Fotosharing-Anbieter werden danach kurz vorgestellt.

Achtung Nicht alle Inhalte, die Sie im Web finden, dürfen Sie auf Ihrer eigenen Website einbinden – dies gilt für Videos, Töne und Bilder genauso wie für Texte. Insbesondere bezüglich des Urheber- und Persönlichkeitsrechts, aber auch in Hinblick auf Jugendschutzfragen sollten Sie sich absichern. Hinweise zu Rechtsfragen im Social Web finden Sie im Anhang dieses Buchs.

Instagram

Hinter Instagram verbirgt sich eine App für Smartphones und Tablets, mit der Sie Fotos machen sowie bereits vorhandene Fotos bearbeiten und dann veröffentlichen können. Gleichzeitig können die Fotos automatisch zu Ihrem Facebook- und Twitter-Profil geschoben werden. Das Besondere an Instagram: Es ist sehr einfach zu bedienen und die vorhandenen Bearbeitungsmöglichkeiten und Filter lassen auch Fotografie-Laien sehr schnell sehr attraktive Fotos zaubern.

Instagram kombiniert also klassische Fotosoftware mit Social-Network-Attributen – und ist damit in den letzten Jahren immer beliebter geworden: Im März 2014 knackte der Dienst die Marke von 200 Millionen mindestens monatlich aktiven Usern. In Deutschland ist ein Gros der User zwischen 16 und 24 Jahren alt – hier erreichen Sie also eine jugendliche Zielgruppe. Im Jahr 2012 wurde Instagram von Facebook übernommen.

Die Fakten auf einen Blick:

- kostenfrei
- App gibt es für Android- und iOS-Geräte sowie das Windows Phone. Eine Blackberry-App soll in Vorbereitung sein.
- Speicherplatz und Bilderupload unbegrenzt
- mit Videofunktion, maximale Dauer: 15 Sekunden
- umständliche Bedienung bei mehreren Accounts (darauf kommen wir gleich noch zurück)
- (bislang) keine Unterscheidung zwischen Unternehmens- und Privataccounts

Instagram im Marketingeinsatz

Aus unserer Sicht empfiehlt sich eine Instagram-Registrierung allein schon, um Ihren Marken- und/oder Produktnamen zu besetzen. Es wäre allzu ärgerlich, wenn Sie sich in einigen Monaten oder Jahren für Instagram entscheiden und Ihr Name dann schon vergeben ist. Noch ärgerlicher, wenn währenddessen jemand anderes unter Ihrem Namen publiziert.

Gegen eine aktive Nutzung von Instagram sprechen aus heutiger Sicht nur zwei Dinge: einerseits natürlich der notwendige Mehraufwand, einen weiteren Kanal zu bespielen, und andererseits ein etwas umständliches Handling, wenn Sie mehrere Accounts – zum Beispiel Ihr privates und Ihr betriebliches Instagram-Konto – gleichzeitig betreuen wollen. Denn das wird aktuell von Instagram nicht unterstützt, d.h., Sie müssen sich aus- und wieder einloggen, um die jeweilige Timeline zu sehen, Bilder hochzuladen und Benachrichtigungen über Likes und Kommentare zu erhalten. Behelfsmäßig können Sie die App natürlich auf unterschiedlichen Geräten installieren. Dann rufen Sie beispielsweise Ihr privates Instagram-Konto über Ihr Smartphone und Ihr berufliches Konto über Ihr Tablet auf. Zugegeben: Hier hat Instagram Aufholbedarf. Wir prognostizieren, dass der Einsatz von Instagram zu Marketingzwecken noch weiter steigen wird, wenn dieses Manko behoben ist.

Nichtsdestotrotz nutzen bereits viele Unternehmen den Dienst, um ihre Zielgruppen noch direkter zu erreichen und die Markenbindung zu erhöhen. Apropos Markenbindung: Nicht nur die Firmen selbst laden Produktfotos hoch, auch ihre Kunden helfen mit (siehe Abbildung 10-1).

◀ **Abbildung 10-1**
Nicht nur Adidas selbst postet Produktfotos, sondern auch Fans der Marke, wie die Instagram-Suche verrät.

Die Registrierung ist denkbar einfach: App herunterladen, Benutzernamen und Passwort wählen, fertig. Laden Sie anschließend Ihren üblichen Avatar hoch, also Ihr Logo oder Ihre Social-Media-Grafik, und füllen Sie Ihre Kurzbeschreibung aus. (Wer sichergehen will, setzt keinen Link auf die Homepage, sondern auf das Impressum.) Bei privaten Profilen können Sie Instagram noch mit Ihrem Facebook-Profil verbinden, das geht für Facebook-Seiten (bislang) nicht. Ihren Twitter-Kanal können Sie aber hinzufügen.

Nachdem Sie sich eingerichtet haben, sollten Sie nach anderen Profilen suchen, denen Sie folgen können. Dazu gibt es sowohl die Schaltfläche »Erforschen« als auch den Punkt »Freunde finden« in den Optionen. Suchen Sie auch nach Hashtags mit Ihrem Markennamen, Ihrem Herkunftsort, Ihren Produktgattungen und natürlich nach Geschäftspartnern und Wettbewerbern. Sie können diesen Profilen dann folgen – die Funktionalität ist vergleichbar mit Twitter. Manche Instagram-User sperren ihr Profil für den öffentlichen Zugriff. In dem Fall können Sie eine Anfrage stellen oder – was sich über ein Firmenprofil empfiehlt – den Wunsch nach Privatsphäre respektieren und vom Folgen absehen.

Abbildung 10-2 ▼
Der Aachener Verkehrsverbund postet regelmäßig stimmungsvoll nachbearbeitete Schnappschüsse. Viele Tags sichern die Verbreitung.

Das Veröffentlichen von Fotos ist ebenso einfach: App starten, Motiv wählen, fotografieren, ggf. nachbearbeiten, Bildunterschrift texten, ggf. abgebildete Personen markieren, aussagekräftige Tags vergeben, publizieren. Instagram leitet Sie völlig schmerzfrei durch diesen Prozess. Alternativ können Sie auch Bilder unveröffentlicht speichern oder an einzelne User direkt senden. Sie dürfen auch Fotos einspielen, die Sie nicht über die App und noch nicht einmal über Ihr Handy fotografiert haben. Achten Sie aber auf Authentizität: Instagram ist eine Smartphone-App, Ihre Follower wollen hier keine hochauflösenden Profifotos. Überfrachten Sie Ihre Bilder auch nicht mit Filtern: Speziell Rahmen sehen schnell nach überflüssiger Spielerei und Kitsch aus.

Pinterest

Pinterest ist ein soziales Netzwerk, das dem Austausch von Bildern dient. Genau hier liegt auch schon sein primäres Problem: Was das Urheberrecht in den USA – wo Pinterest herkommt – erlaubt, kollidiert oft mit dem deutschen bzw. europäischen Recht. Viele Unternehmen verzichten aus Angst vor Abmahnungen daher aktuell grundsätzlich auf ein Engagement bei Pinterest. Zum einen ist aber sehr wohl eine rechtskonforme Nutzung für europäische Unternehmen möglich, zum anderen wird Pinterest aller Voraussicht nach weiter wachsen. Deshalb sollten Sie sich das Netzwerk in jedem Fall einmal ansehen und eine Einbindung in Ihr Marketingportfolio prüfen.

Pinterest wird von einem im Silicon Valley ansässigen Unternehmen betrieben. Es erlaubt die Einrichtung eines Benutzerprofils, zu dem beliebig viele Pinnwände gehören. Diese Pinnwände können Sie sich selbst – thematisch basiert – erstellen und mit anderen teilen. Umgekehrt können Sie auf den Pinnwänden anderer User stöbern.

Aktuell zählt man ungefähr 75 Millionen User weltweit, davon eine Million in Deutschland. Da Pinterest sein Angebot immer weiter ausbaut, ist hier mit Steigerungsraten zu rechnen.

Die Fakten auf einen Blick:

- kostenfrei
- Ermöglicht Teilen von Bildern – auch GIFs, also animierten Fotos – sowie von Videos der Plattformen Vimeo und YouTube.

- Unternehmensaccounts verfügbar; wer bereits einen Account für sein Unternehmen erstellt hat, kann zum »Business Account« konvertieren.
- Speicherplatz und Bilderupload unbegrenzt
- Werbemöglichkeiten (»Promoted Pins«)

Pinterest ist ein Kunstwort aus »Pin« und »Interest« – und pinnen ist die Kernfunktion. Sie pinnen spannende, attraktive oder einfach sehenswerte Fotografien oder Grafiken auf Ihre Pinnwand. Andere können diese Bilder wiederum auf ihre Pinnwände »re-pinnen«. So entsteht ein reger Austausch, und genau hier liegt auch das Urheberrechtsproblem. Jedes Foto, das auf Pinterest hochgeladen wird, wird laut AGB zum »User Content« und darf damit innerhalb der Plattform beliebig weiterverbreitet und sogar verändert werden. Als Urheber behalten Sie aber dennoch alle Rechte, die Fotos werden also nicht prinzipiell gemeinfrei.

Pinterest im Marketingeinsatz

Als Unternehmen haben Sie in der Regel großes Interesse daran, dass sich Ihre Botschaften rege verbreiten. Daher werden Sie der Pinterest-Community sicherlich gerne die Erlaubnis geben, Ihre Fotos auf Pinnwände zu heften. Eine Nutzung für Unternehmen ist also durchaus attraktiv, vor allem, wenn Sie eine web- und designaffine Zielgruppe ansprechen wollen. Die US-Werbeagentur Zoomcreates hat eine nützliche Infografik erstellt, die Ihnen auf einen Blick zeigt, ob Ihr Unternehmen eine Pinterest-Präsenz in Erwägung ziehen sollte.[1] Grundsätzlich für eine Registrierung spricht natürlich, dass Sie sich Ihren Benutzernamen sichern sollten.

Der Start ist ein klein wenig aufwendiger als bei Instagram: Nach der Registrierung als Unternehmen müssen Sie Ihre Website verifizieren. Dazu erhalten Sie einen Datei, die Sie auf Ihren Webserver laden müssen. Danach erhalten Sie sowohl eine sprechende URL *http://www.pinterest.com/benutzername/* als auch Buttons, die Sie in Ihre Website einbauen können und die Ihren Kunden dann das Pinnen Ihrer Fotos auf Pinterest erleichtern.

 Hinweis Achtung, Datenschutz: Die Pinterest-Buttons sammeln automatisch Daten Ihrer Website-Besucher ein. Nehmen Sie ihre Verwendung daher unbedingt in Ihre Datenschutzerklärung auf (wie alle anderen Plugins sozialer Netzwerke). Klären Sie die Verwendung ggf. auch noch mit einem Anwalt.

---

1 *http://www.nineteenfortyone.com/2013/02/should-your-business-be-on-pinterest-an-infographic/*

Nach der Registrierung beginnt die Feinarbeit: Legen Sie sich Pinnwände an, abonnieren Sie relevante User und deren Pinnwände und tragen Sie Ihre Unternehmensinformationen ein. Übrigens können Sie auch sogenannte »Secret Boards« anlegen, die nur auf Einladung sichtbar sind.

Und was können Sie auf Pinterest veröffentlichen? Nicht immer, aber natürlich auch Produktfotos. Diese sind bei Pinterest hochwertiger als in anderen sozialen Netzwerken, Handyfotos sind weniger angebracht. Überstrapazieren Sie Ihre Community nicht mit Werbung, liefern Sie auch nützliche Inhalte wie beispielsweise Infografiken und Diagramme. Oder verpacken Sie Ihre Werbung in subtilere Fotografien, bei denen Ihr Produkt nicht unbedingt die Hauptrolle spielt.

Beim Upload Ihrer Bilder sollten Sie auf eine aussagekräftige Beschreibung sowie passende Tags achten. Besonders nützlich ist, dass Sie jedes Foto mit einer eigenen URL versehen können. Auf diese Weise gelangen Ihre Kunden bei Bedarf direkt von Pinterest in Ihren Shop auf der Produktseite. Machen Sie von dieser Möglichkeit Gebrauch!

Spannend und erfolgversprechend kann ein Pinterest-Engagement in jeden Fall sein, insbesondere wenn Sie ohnehin über herausragendes Bildmaterial verfügen: Als Modeunternehmen könnten Sie mehrere Pinnwände für Kleidung nach Typ, Saison, Stil etc. anlegen, als Inneneinrichter Pinnwände der von Ihnen gestalteten Möbel oder Räume. Und als Medienunternehmen könnten Sie herausragende Infografiken, Comics und Fotografien veröffentlichen. Schauen Sie auch auf die Pinnwände anderer User, liken Sie deren Beiträge und posten Sie Ihre Fotos auch auf öffentliche Pinnwände. Kurz: Bringen Sie sich auch hier in die Community ein.

Tipp Pinterest ist eine einzige Inspirationsquelle: Auch wenn Sie sich selbst gegen einen aktiven Einsatz entscheiden. Hier lernen Sie sehr viel über Ihre Kunden und das, was sie gerade beschäftigt. Es gibt Abertausende wirklich toller Fotografien, Tipps und Diagramme – stöbern Sie ausgiebig, es lohnt sich!

Sie selbst sollten natürlich vorsichtig damit umgehen, welche Inhalte Sie re-pinnen. Gehen Sie immer sicher, dass Inhalte, die Ihnen nicht gehören, weitergepinnt werden dürfen, also rechtefrei sind. Wenn Sie Kundenfotos weiterpinnen wollen, empfiehlt es sich, dies beim entsprechenden Pinterest-User anzufragen. Im Zweifel wiegt hierzulande das europäische Urheberrecht immer schwerer als die AGB eines Unternehmens.

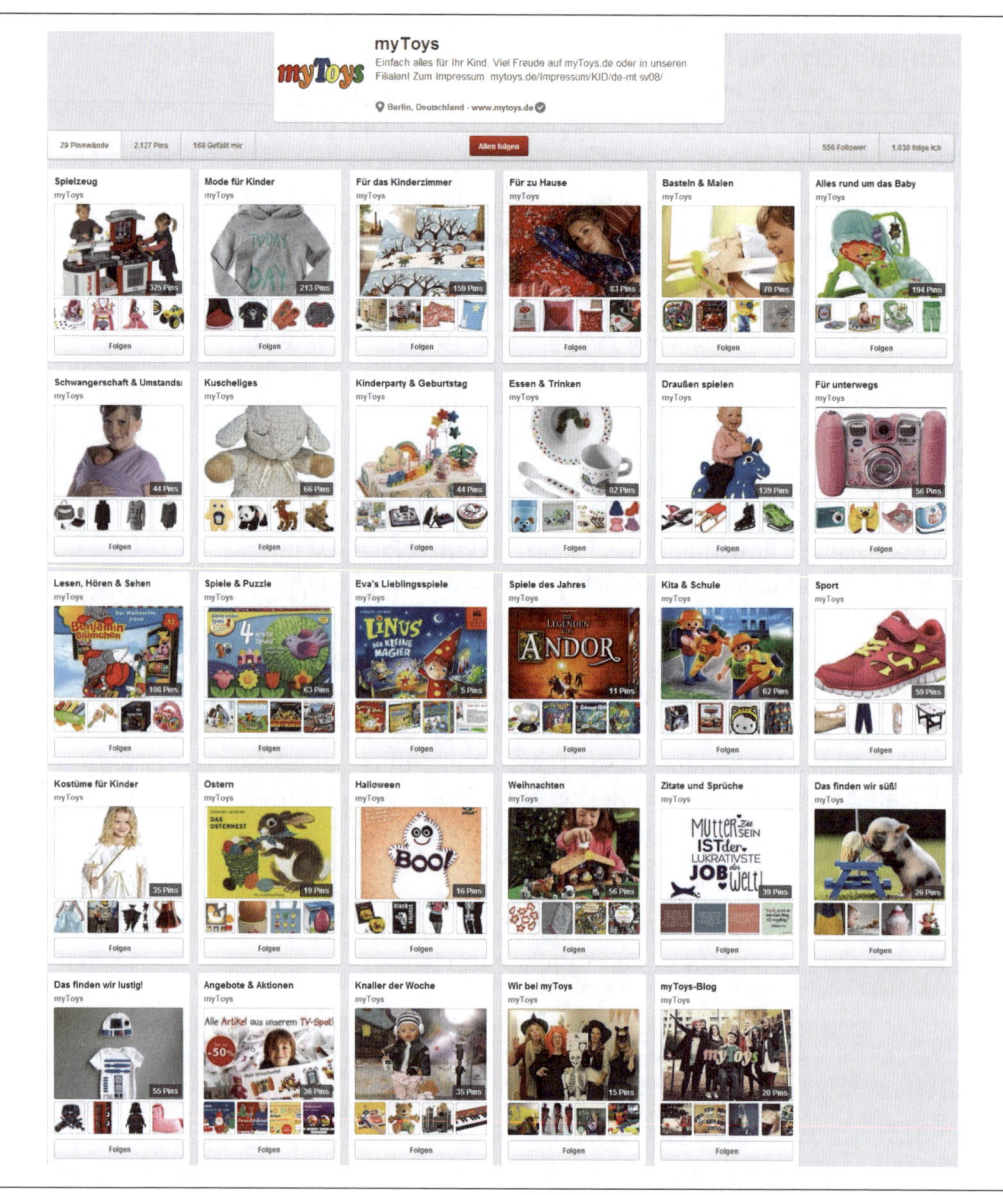

Abbildung 10-3 ▲
Vorbildlich: Beim Pinterest-Auftritt von MyToys stimmt die Mischung aus Produktfotos, Einblicken ins Unternehmen und thematisch passenden, aber nicht produktbezogenen Boards.

Flickr: Klassisches Foto-Sharing mit zehnjähriger Tradition

Früher ein einfaches Portal zum Teilen von Fotos, ist *Flickr* mit Milliarden gespeicherter Bilder mittlerweile die größte Website für Foto- und Videofans. Für Ihr Marketing profitieren Sie besonders von der Größe und Internationalität der Community, die Sie erreichen: Weltweit zählt Flickr rund 90 Millionen registrierte User.

Flickr gehört sicherlich schon einige Zeit nicht mehr zu den angesagtesten Websites, aber: Es ist nach wie vor ein simpel verwendbares und außerdem sehr weit verbreitetes Tool, mit dem Sie Ihre Bilder publizieren können. Besonders als Begleitung und Berichterstattung von und über Veranstaltungen leistet es gute Dienste.

Mit seinem letzten großen Relaunch im Mai 2013 wollte der Flickr-Eigentümer Yahoo! vor allem Google und Facebook angreifen. Man erhöhte den Speicherplatz und schaffte sowohl Bandbreitenbegrenzung als auch Pro-Accounts ab. Stattdessen besann man sich auf seine Kernkompetenz: das Zusammenbringen toller Fotografien und Fotografen sowie Fotografie-Interessierter.

Die Fakten auf einen Blick:

- kostenfrei, werbefreie Version für 37 Euro pro Jahr
- 1 Terabyte Speicherplatz inklusive
- Bilderupload bis 200 MByte (!) pro Bilddatei, Formate JPEG, GIF und PNG (weitere Formate werden automatisch in JPEG umgewandelt)
- Videoupload bis 1 GByte pro Videodatei, maximale Dauer: 3 Minuten, Auflösung bis 1080 Pixel (bei der Produktion beachten)

Flickr im Marketingeinsatz

Flickr eignet sich sowohl für die bloße Verbreitung eigener Fotos und Videos als auch als Inspirationsquelle und Recherchewerkzeug, wenn Sie geeignetes Bildmaterial für Ihre Social-Media-Aktivitäten suchen.

Sie können sich per Yahoo!-ID registrieren bzw. – falls diese bereits vorhanden ist – anmelden. Flickr macht keinen Unterschied zwischen Privat- und Unternehmensaccounts. Denken Sie daran, Ihren üblichen Benutzernamen sowie Avatar zu wählen, den Sie auch in anderen Netzwerken verwenden, damit man Sie wiedererkennt. Das ist besonders wichtig, weil Flickr daraus eine personifizierte URL erzeugt (*http://www.flickr.com/photos/ihrname*), die Sie nie wieder ändern dürfen. Direkt nach der Anmeldung bzw. Registrierung können Sie beginnen, Bilder hochzuladen sowie Ihr Profil auszufüllen. Um für sich selbst und Ihre Produkte zu werben, ist Ihre Profilseite der richtige Ort. Dort können Sie davon erzählen, wer Sie sind und was Sie tun.

Hinweis   In diesem Kapitel werden Flickr-Features für Bilder behandelt, aber dieselben Features stehen auch für Videos zur Verfügung.

Nach dem Upload sollten Sie Ihre Fotos mit einer aussagekräftigen Beschreibung sowie allen relevanten Schlagwörtern versehen. Recherchieren Sie bei Bedarf vorab, welche Schlagwörter (Tags) in Ihren Zielcommunitys verwendet werden. Tags, die bei Flickr beliebt sind, finden Sie unter *http://www.flickr.com/photos/tags*.

Sie können Ihre Bilder auch zu einem Bildersatz, einem sogenannten *Set* – bzw. in der deutschen Version *Album* – zusammenfassen, z.B um ein Album mit Produktbildern (solange Sie sich an die Flickr-Richtlinien halten und diese Produkte nicht offen verkaufen) oder ein Album für eine Community-Veranstaltung in Ihrem Firmengebäude zu gestalten.

Achtung   Offenes Marketing verstößt gegen die Community-Richtlinien von Flickr (*http://www.flickr.com/guidelines.gne*), in denen steht, dass Flickr nicht für kommerzielle Zwecke gedacht ist: »Nutzen Sie Flickr nicht als Verkaufsplattform. Wenn wir feststellen, dass Sie Flickr für kommerzielle Aktivitäten nutzen, werden wir Sie verwarnen oder Ihren Account löschen.« Seien Sie also vorsichtig, wenn Flickr Sie nur aus Marketinggründen interessiert.

Für Unternehmen und Organisationen, die sich in der Community engagieren und die Funktionen nutzen möchten, die Flickr für soziale Netzwerke bietet, gibt die Site auch selbst nützliche Verhaltensempfehlungen, und zwar unter *https://www.flickr.com/bestpractices/*.

Nachdem Sie Ihre ersten Fotos auf Flickr hochgeladen haben, können Sie sich den Community-Features zuwenden. Mit Flickr können Sie Ihre Adressbücher aus Yahoo! Mail, Gmail und Facebook durchsuchen, um diese Freunde auch auf Flickr zu finden.

Besonders spannend sind die Flickr-Gruppen (*http://www.flickr.com/groups*). Dabei handelt es sich im Grunde um Alben, zu denen alle Mitglieder der Community etwas beisteuern können (während zu Ihren persönlichen Alben nur Sie allein etwas beitragen können). In den Gruppen werden auch Meinungen über das jeweilige Thema ausgetauscht. Und natürlich können Sie auch selbst Gruppen gründen und andere User zum Mitsammeln aufrufen.

Flickr bietet eine Menge Potenzial – man muss aber auch sagen, dass es hierzulande bislang kaum zu Marketingzwecken eingesetzt wird. Die meisten Unternehmen und Privatpersonen beschränken sich darauf, ihr Bildmaterial auf Facebook sowie der eigenen Website zu verbreiten (sofern überhaupt gewünscht).

Punkt für Flickr: Die Creative Commons

Flickr bietet seit einigen Jahren die Möglichkeit, direkt beim Upload die Bilder mit einer Creative-Commons-(CC-)Lizenz zu versehen (*http://creativecommons.org* – s. dazu auch Kapitel 5). So wird aus einem »Alle Rechte vorbehalten« ein »Manche Rechte vorbehalten« (siehe Abbildung 10-4) – und gleichzeitig entsteht ein riesiger Pool an frei verwendbaren Fotografien.

Zusätzlich bindet Flickr laufend die gemeinfreien Fotos großer Archive und Bibliotheken wie etwa der Library of Congress ein.

Das hat für Sie als Unternehmen zwei Vorteile:

- Einerseits können Sie aus den Hunderten von Millionen von gemeinfreien Fotos die herausgraben, die Sie für Ihr Marketing gut brauchen können. Beispiel: Sie suchen ein Foto einer Blumenwiese für einen Facebook-Post. Bei Flickr könnten Sie fündig werden. (Achten Sie aber vor der Verwendung unbedingt auf die entsprechenden Weitergabebedingungen.)
- Andererseits können auch Sie Fotos mit entsprechender CC-Lizenz einspeisen und so für eine größere Verbreitung sorgen. Wenn es Ihnen nichts ausmacht, dass Ihre Bilder weitergegeben werden – und in der Regel werden Sie wollen, dass die Fotos Ihrer Veranstaltung oder Ihrer neuen, witzigen Werbekampagne weitergetragen werden sollten Sie also unbedingt auf die richtige CC-Wahl achten.

Abbildung 10-4 ▶
Wählen Sie die passende CC-Lizenz für Ihre Fotos – beachten Sie dabei gegebenenfalls auch die Rechte der abgebildeten Personen!

Konkretes Beispiel? Als Tourismusverband oder Amt für Stadtmarketing können Sie beispielsweise attraktive Bilder verschiedener Sehenswürdigkeiten oder Landschaften Ihrer Region hochladen und zur Nutzung freigeben. Als Biobauer sehen Sie täglich Pflanzen und Erde, als Autohersteller Maschinen und Fabrikhallen – all das lässt sich gut in Szene setzen. Diese Beispiele lassen sich beliebig fortsetzen, gehen Sie dazu einfach mit offenen Augen durch Ihren Alltag.

Marketing mit Bildern: Die richtigen Motive

Wie kommen Sie nun an attraktives Bildmaterial – über Hochglanzfotos Ihrer Werbeprospekte hinaus? Am besten ist auch hier, die eigenen Mitarbeiter und Kollegen aus allen Abteilungen einzubinden. Schaffen Sie ein Bewusstsein dafür, dass es an jeder Stelle im Unternehmen attraktive oder spannende Motive gibt, z. B

- die aufgestapelten Kisten einer neuen Warenlieferung in der Poststelle Ihres großen Kaufhauses,
- die Mitarbeiterin, die gerade das Schaufenster neu dekoriert,

- die Verkostung einer neuen Kaffeesorte in Ihrer Lebensmittelabteilung,
- den Empfang erster Kunden nach der Renovierung,
- die Getreideernte auf dem Versuchsfeld, wenn Sie Müslihersteller sind,
- das gemeinsame Kantinenessen bei einem Geburtstag im Kollegium

und Vieles, Vieles mehr. Verteilen Sie Digitalkameras in allen Abteilungen und laden Sie Ihre Kollegen dazu ein, ihren Alltag oder Höhepunkte des Tages zu dokumentieren.

Tipp Auch wenn die High-End-Kameras für Profis einige tausend Euro kosten können: Häufig eignen sich schon die Bilder einer besseren Smartphone-Kamera – wenn sie über eine annehmbare Qualität verfügen – für den Einsatz auf den Fotoportalen der Social Community.

Da Grafiken jeglicher Art in den sozialen Netzwerken deutlich häufiger angezeigt und geteilt werden als reiner Text, sollten Sie auch Ihre Textbotschaften visualisieren. Die Wochenzeitung »Die Zeit« macht so beispielsweise auf spannende Interviews aufmerksam:

◀ **Abbildung 10-5**
Ankündigung eines Interviews: Als bloße Textbotschaft hätte diese Meldung sowohl weniger Fläche als auch weniger Aufmerksamkeit bekommen.

Andere Fotoportale

Neben Flickr, Pinterest und Instagram gibt es durchaus noch andere Fotoportale, auf denen man Bilder einstellen kann.

Photobucket (http://www.photobucket.com)

Photobucket ist in erster Linie ein Ort zum Speichern von Bildern und Videos (2 GByte Speicherplatz für Fotos und Videos im Free-Account). Vorbildlich ist seine Anbindung an Facebook: Auf Knopfdruck lassen sich alle Facebook-Fotos automatisch auch zu Photobucket kopieren. Das Ganze funktioniert auch umgekehrt: Kinderleicht lassen sich die Photobucket-Inhalte an Facebook, Twitter und andere Social-Media-Plattformen verteilen.

Ipernity (http://www.ipernity.com/)

Ipernity versucht sich als direkte Konkurrenz von Flickr durch einen größeren Funktionsumfang abzuheben. Es ist in einzelnen Communities sehr beliebt, kommt aber bei Weitem nicht an die Verbreitung von Flickr heran.

Picasa (http://picasa.google.com/intl/de/), Panoramio (http://www.panoramio.com/)

Picasa ist eine kostenlose Bildbearbeitungs- und Speichersoftware, die zu Google gehört. Das Portal wurde bisher weniger für Social-Media-Promotions, sondern eher von Familien genutzt, die Fotos von Ereignissen, Reisen oder ihren Lieben mit anderen teilen möchten. Seit dem Start von Google+ und der weiteren Verbreitung von Google-Software auch auf mobilen Geräten (Android-Smartphones und -Tablets) ist Picasa deutlich wichtiger geworden. Sie können es herunterladen und erhalten gleichzeitig 1 GByte Speicherplatz für Ihre Fotoalben im Web. Googles Dienst *Panoramio* verknüpft Fotos per Geodaten mit Landkarten; viele User kennen Panoramio-Fotos von Google Earth, wo sie ebenfalls eingebunden sind.

All diese Seiten bieten ebenfalls die Möglichkeit, Bilder weiterzugeben, sind aber nicht alle gleich stark, was Marketing und Community-Funktionen betrifft. Sie sollten immer ein Auge darauf haben, welche Dienste Ihre Community nutzt. Für »quick & dirty«-Fotos aus dem Unternehmensalltag haben sich Instagram bzw. die Fotoalben bei Google+ und Facebook etabliert. Außerdem können Sie natürlich Ihre Fotos auf Ihrer eigenen Website oder in Ihrem Blog hochladen.

Marketing durch Videos

Videos sind der Renner im Web: Insbesondere die Plattform YouTube ist weltweit bekannt und wird nicht nur am Computer, sondern auch per App von mobilen Geräten aus abgerufen. 60 Prozent der Deutschen nutzen mindestens gelegentlich[2] ein Videoportal. Insbesondere die Jugendlichen – von denen inzwischen 92 Prozent ein Handy besitzen, die meisten davon ein Smartphone – lieben Videos: 72 Prozent der 10- bis 18-Jährigen schauen auf ihrem Smartphone Videos an, so die BITKOM-Studie »Kindheit und Jugend 3.0«.

Auch wenn es einige kleinere Plattformen gibt, YouTube ist seit Jahren Platzhirsch und hat sich inzwischen fast zum Gattungsbegriff gemausert. Spannend ist allerdings auch Vimeo – diesen Dienst stellen wir Ihnen im Anschluss vor.

YouTube: Der Marktführer für Videos

Seit fast einem Jahrzehnt am Markt und inzwischen weltweit bekannt und etabliert ist YouTube. Knapp 26 Millionen Deutsche sehen mindestens wöchentlich ein YouTube-Video, meldete das Institut für Demoskopie Allensbach in der ACTA-Studie 2013.[3] Mehr als jeder zweite Deutsche ist registriert bzw. hat YouTube wenigstens einmal genutzt. Und während YouTube weiter wächst, musste der deutsche Dienst Sevenload im Frühjahr 2014 seine Präsenz schließen.

Inzwischen hat sich eine eigene YouTube-Szene entwickelt, innerhalb der riesige Reichweiten ganz ohne die traditionellen Medien erreicht werden können. Mit Y-Titty, Sami Slimani (Herr Tutorial) oder LeFloid gibt es hierzulande echte YouTube-Stars, die in Eigenregie ihre Shows entwickelten und präsentieren und damit fast unbemerkt von klassischen Medien einen herausragenden Erfolg bei Jugendlichen erzielten.

Ein Beispiel: Der YouTuber Sami Slimani hat sich in fünf Jahren fast 900.000 Abonnenten und 100 Millionen Profil-Views erarbeitet. Mehr als 200.000 Menschen folgen ihm auf Twitter, knapp 650.000 Menschen gefällt sein Facebook-Profil. Zum Vergleich: Collien

---

2 http://www.ard-zdf-onlinestudie.de/index.php?id=425
3 http://www.ifd-allensbach.de/fileadmin/ACTA/ACTA_Praesentationen/2013/ACTA2013_Schneller_Handout.pdf

Ulmen-Fernandez, die ihre Moderatorenkarriere noch im klassischen Fernsehen startete, versammelt gerade einmal 15.000 Fans auf ihrer Facebook-Seite. Beide, Slimani und Fernandez, sind jetzt Kollegen bei VIVA. Und während Collien Ulmen-Fernandez sicherlich unter allen Deutschen bekannter ist – immerhin moderiert sie seit 2003 u.a. bei VIVA –, verfügt Sami Slimani über eine wahnsinnig große Bekanntheit und Beliebtheit bei der Zielgruppe, den Jugendlichen und jungen Erwachsenen. YouTuber sind damit auch als Werbepartner attraktiv. Und nicht wenige Unternehmen sind damit auf YouTube aufmerksam geworden. Aber Vorsicht: Die Y-Titty-YouTuber bekamen 2014 bereits schlechte Presse (und Gegenwehr aus ihrer eigenen Community), weil sie die Logos verschiedener Unternehmen allzu oft abbildeten und offen Produktwerbung gemacht haben sollen. In der Folge wurde sogar wegen Schleichwerbung ermittelt.[4] Hier können Glaubwürdigkeit und Authentizität auch schnell wieder verloren gehen.

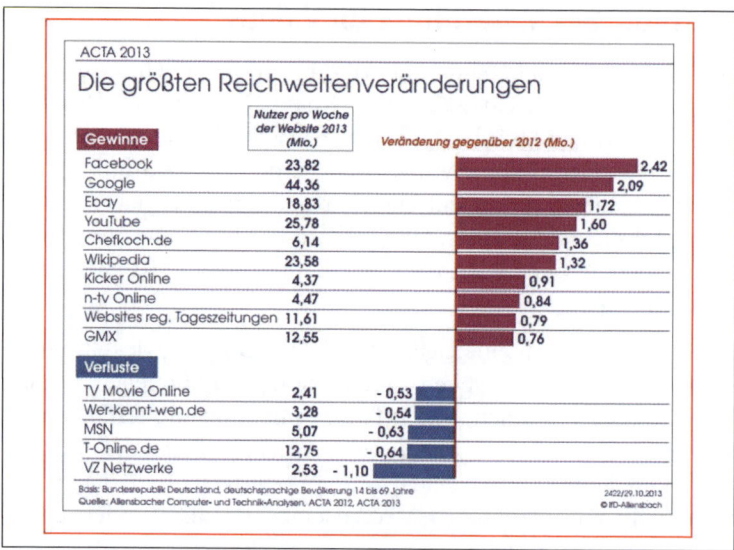

Abbildung 10-6 ▶
YouTube wächst seit Jahren.

Best Practices: Beispiele für den erfolgreichen Einsatz von viralen Videos

Auch Unternehmen versuchen sich als Videohosts. Bekanntestes Beispiel sind die Blendtec-Spots, die Sie bereits in Kapitel 2 kennengelernt haben: Blendtec ist ein Hersteller von Mixgeräten für Haus-

---

4 http://meedia.de/2014/03/25/schleichwerbevorwurf-gegen-deutschlands-top-youtuber-y-titty-wird-ermittelt/

halt und Industrie, der mit einem Marketingbudget von nur 50 Dollar einen Kanal bei YouTube aufmachte. Um zu zeigen, wie kraftvoll ihre Geräte arbeiten, produzierte und veröffentlichte die Firma Videos, in denen Spielzeuge und elektronische Geräte geschreddert wurden (und versetzte die Leute mit diesen mitunter nicht ganz ungefährlichen Experimenten in Erstaunen). Durch diesen Geniestreich wurde Blendtec einer der erfolgreichsten Mixerproduzenten aller Zeiten und hat von allen Unternehmen seiner Branche die größte Präsenz im Internet.

Hätten Sie geglaubt, dass sich auch klassische Werbespots leicht verbreiten lassen? Dass es Millionen Menschen gibt, die in wenigen Tagen ein kommerzielles Werbevideo ansehen und weiterverbreiten? Auch hierfür gibt es erfolgreiche Beispiele: Der Autokonzern VW veröffentlichte im Februar 2011 den Werbeclip »The Force«. Ausgestrahlt wurde er erstmals zum Super-Bowl-Finale, aber ab diesem Moment verbreitete er sich in feinster viraler Manier via YouTube rund um den Globus. Innerhalb von anderthalb Tagen riefen 4,5 Millionen Menschen weltweit das Video auf und empfahlen es ihren Freunden. Innerhalb von drei Wochen wurde es schon mehr als 30 Millionen Mal angesehen – und zwar bewusst und nicht wie bei Werbeunterbrechungen im Fernsehen nebenbei oder mit ausgestelltem Ton. Auch die Folgeclips des Autokonzerns wurden binnen weniger Tage mehrere Millionen Mal angesehen.

Oder der Werbeclip des Lkw-Bauers Volvo Trucks: Mehr als 70 Millionen mal wollten Menschen sehen, wie Jean Claude van Damme einen Spagat zwischen fahrenden Trucks hinlegt. Auch traditionelle Medien besprachen den Clip und diskutierten, ob das gezeigte Kunststück Fake oder Wirklichkeit sei. Wie oft haben Werbespots eine solche Relevanz, dass sie redaktionelle Diskussionen auslösen? Diskussionen, in denen Firmenchefvertreter erklären dürfen, dass dieser Spagat nur gelungen ist, weil das neu entwickelte Lenksystem so hervorragend die Spur halten kann?

Ein weiterer Fall, der die Vorteile des Produktmarketing per Video verdeutlicht, ist ein Video, in dem das Mobiltelefon Omnia ausgepackt wird.[5] Man sollte meinen, dass in einem solchen Video jemand ein Paket öffnet, einen Haufen Zubehörteile findet und schließlich aus den Tiefen des Kartons sein brandneues Telefon ans Tageslicht befördert. Das ist in diesem Video anders. Als der Mann, der die Aufzeichnung macht, die Packung öffnet, findet er darin nur

---

5 http://www.youtube.com/watch?v=QQlzX7EyIwU

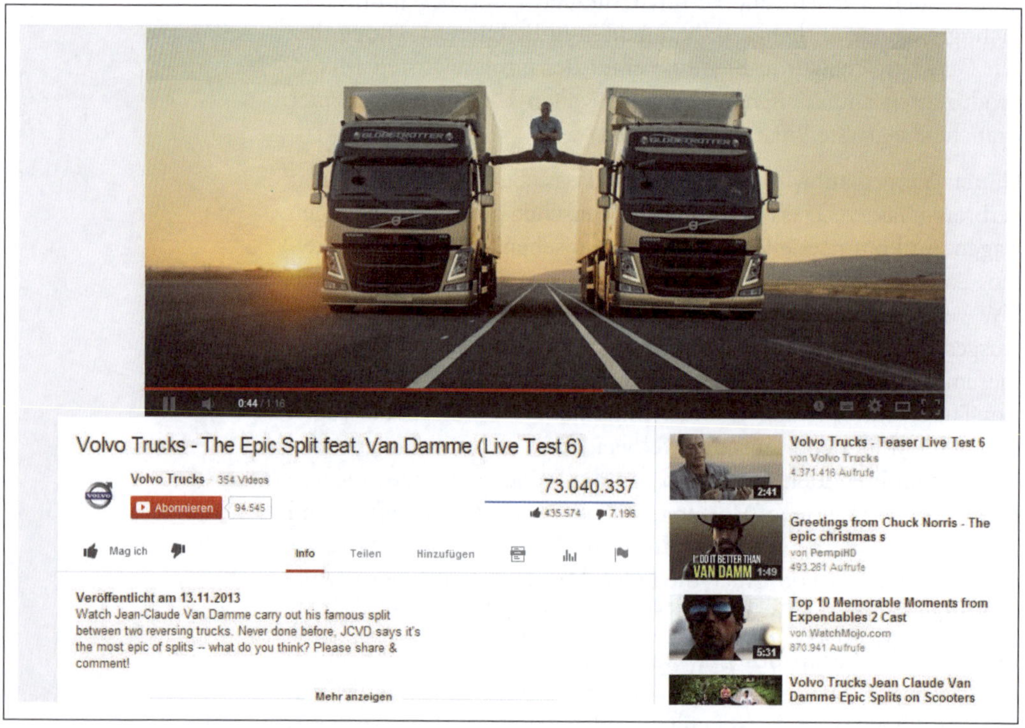

Abbildung 10-7 ▼
Volvo Trucks: Mehr als 70 Millionen Views, einige Parodien und sehr viel redaktionelle Berichterstattung

einen roten Knopf. Er drückt darauf, und dem Paket entsteigt eine Blaskapelle. Natürlich ist das etwas, womit niemand rechnet. Das Video hat Tausende von Fünf-Sterne-Wertungen bekommen, weil es so originell ist.

Mit der richtigen Message und einem viralen Aufhänger können Videos es sehr weit bringen. Und in der Tat sind Tausende von kreativen Videokünstlern heute Superstars auf Videoportalen wie YouTube.

 Hinweis   Im Zusammenhang mit YouTube wird häufig von *viralem Marketing* gesprochen. Darunter versteht man die schnelle Verbreitung von Inhalten, die sich die Mundpropaganda und Sharing-Begeisterung in sozialen Netzwerken zunutze macht: Gefällt einem User Ihr Videoclip, wird er ihn seinen Freunden weiterempfehlen, diese empfehlen ihn dann wiederum ihren Freunden und so weiter. Sie profitieren von klassischem Empfehlungsmarketing, das im Web in Windeseile – eben viral – um sich greifen kann. Entscheidend für den Erfolg einer viralen Marketingstrategie ist jedoch Ihre Idee: je außergewöhnlicher, desto besser.

YouTube im Marketingeinsatz

Die oben angeführten Beispiele zeigen, dass YouTube ein wunderbares Mittel für Produktmarketing ist und dass das richtige Video leicht Hunderte oder Tausende von Betrachtern und Fans gewinnen und natürlich auch einen fruchtbaren Meinungsaustausch anstoßen kann. Aber wie vermarktet man Videos? Gibt es Tipps und Tricks, wie man aus einem Videoportal möglichst viel herausholen kann? Absolut!

In den genannten Beispielen ist Kreativität Trumpf. Wenn etwas bizarr, verrückt, witzig, informativ oder einfach nur völlig unerwartet ist, kann Ihre Marketingbotschaft es weit bringen. Wenn Sie dann noch an den richtigen Stellschrauben drehen, um Ihr Video weit zu streuen, werden Sie vielleicht der nächste Überraschungsstar. Vielleicht – denn: Viralität im Web kann man zwar vorbereiten, aber nicht planen. Ausdauer und Glück gehören dazu, wenn Sie auf YouTube erfolgreich werden möchten.

Im Folgenden gehen wir der Reihe nach durch, was Sie für Ihre YouTube-Präsenz wissen müssen.

Einen Kanal eröffnen

Sie benötigen Ihre Google-Zugangsdaten, um einen YouTube-Kanal zu eröffnen. Und es muss bereits eine Google+-Seite für Ihr Unternehmen angelegt sein. Wenn Sie mehrere Google+-Seiten betreuen, dann achten Sie darauf, Ihr YouTube-Profil mit der jeweils richtigen Seite zu verbinden. Laden Sie ein Hintergrundbild und ein Logo (»Avatar«) hoch. Reichern Sie die Seite mit weiterführenden Informationen und Links zu Ihrer Website oder anderen Angeboten an.

Und dann: Schauen Sie sich schon einmal um! Abonnieren Sie andere Kanäle, und beginnen Sie, sich an der Kommunikation zu beteiligen.

Ein Video erstellen

Vor dem Upload kommt das Schwierigste: Die gute Idee – und die Frage, wie und mit welcher Ausrüstung man sie umsetzt. Auch wenn eine durchdachte Vorbereitung beim Videodreh das A und O ist: Achten Sie darauf, das Projekt nicht zu verkopft anzugehen.

Ausrüstung
Ihre Ausrüstung muss nicht teuer sein. Der überaus produktive Videoblogger Loren Feldman dreht die meisten seiner Videos

mit einer 129 Dollar billigen Schnappschusskamera von Casio (und in den übrigen Fällen benutzt er die Kamera, die mit seinem MacBook mitgeliefert wurde).

Professionelle Unterstützung

Prüfen Sie, ob Sie sich professionelle Unterstützung holen möchten: Die richtige Beleuchtung, Kameraperspektiven, Schnitt – für alles gibt es Profis, die Ihnen technisch einwandfreie Aufzeichnungen erstellen können. Auch redaktionell können Sie je nach Projektvorhaben Hilfe benötigen, etwa beim Schreiben eines Drehbuchs. Gegen externe Unterstützung sprechen natürlich zusätzliche Kosten. Aber vor allem: Ihr Video wird nur dann erfolgreich, wenn Ihre Zuschauer merken, dass Sie Spaß daran hatten. Das fertige Produkt muss also in erster Linie nicht technisch überzeugen, sondern authentisch und außergewöhnlich sein. Von einer komplett externen Beauftragung ist daher in den meisten Fällen abzuraten, die Handschrift Ihres Unternehmens sollte unbedingt erkennbar sein.

Die Idee

Damit steht und fällt Ihr Video – lassen Sie sich aber nicht einschüchtern. Sie kennen Ihr Unternehmen am besten und wissen (hoffentlich) auch, was Ihre Kunden am meisten interessiert. Ob Fabrik, Theater oder Filiale einer Bekleidungskette: Immer gibt es beispielsweise Bereiche, in die ein Kunde nicht hineingelangt. Warum also nicht mal einen Blick hinter die Kulissen bieten? Oder Sie begleiten besondere Ereignisse wie das Firmensommerfest, die Materialprüfung eines neu entwickelten Garns, den Bezug neuer Firmenräume oder, oder, oder: Der Fantasie sind keine Grenzen gesetzt. Es hilft, sich in Ihre künftigen Zuschauer hineinzuversetzen. Außerdem sollten Sie sich wie bei allen Social-Media-Strategien Mitstreiter im Unternehmen suchen.

Legen Sie eine Grundaussage fest ...

... die Sie vermitteln wollen. Zu viel auf einmal verwässert Ihre Botschaft und verhindert, dass sie im Gedächtnis der Zuschauer haften bleibt.

Bereiten Sie ein Drehbuch vor

Gehen Sie dazu alle Szenen durch, und überlegen Sie gründlich, welche Personen und welches Equipment Sie benötigen. Legen Sie Drehorte fest und kümmern Sie sich ggf. um entsprechende Genehmigungen. Achten Sie bei der Szenenplanung auch darauf, dass Videos häufig über Smartphones abgerufen werden – die Darstellung ist dabei naturgemäß kleiner.

Ihr Video sollte nicht zu lang sein
> Die Zuschauer haben kurze Aufmerksamkeitsspannen und können beim Anschauen von Videos nichts anderes nebenher erledigen. Zwei Minuten sind gerade richtig. Oder in Analogie zu Twitter: 140 Sekunden. Wenn Sie die Essenz Ihres Videos auch in kürzerer Zeit vermitteln können, dann tun Sie es.

Werbevideos sollten geschickt gestaltet sein
> Lösen Sie sich von der traditionellen Denke der Werbetreibenden. Heute schalten die Leute auf schnellen Vorlauf, wenn Werbung kommt, weil die Produkte darin allzu offen vermarktet werden. Missbrauchen Sie Medien für nutzergenerierten Content nicht, um noch eine Werbung dieser Art unters Volk zu bringen. Beim Auspacken des Samsung Omnia erwartet das Publikum, dass ein Smartphone zum Vorschein kommt, aber keinesfalls, dass eine Blaskapelle auftritt. Das Video löst Verwunderung und Erstaunen aus, und die Werbung macht die Betrachter auf gewitzte Weise auf das Mobiltelefon aufmerksam.

Betten Sie Ihre Firmen-URL ins Video ein
> Wo es möglich und nötig ist, betten Sie Ihre Firmen-URL in das Video ein. Das Blendtec-Branding wird in jeder einzelnen Folge von »Will it Blend?« sowohl vor als auch nach dem Video eingespielt. Damit bringen Sie neue Besucher auf Ihre Website.

Achtung Wenn Sie Ihre Videos mit Musik untermalen wollen: Sichern Sie sich die Rechte bei den Verwertungsgesellschaften GEMA (*https://www.gema.de/musiknutzer.html*), AKM (*http://www.akm.at/Musiknutzer/*) oder SUISA (*http://www.suisa.ch/de/kunden/*) oder besorgen Sie sich gleich lizenzfreie Musik.

Tipps für die Video-Promotion bei YouTube

Einer der meistbesuchten Bereiche bei YouTube ist die Seite der beliebten Beiträge (*http://www.youtube.com/browse*). Auf dieser Titelseite zu erscheinen, bedeutet Tausende von Aufrufen. Aber wie verschaffen Sie Ihren Videos einen Platz an vorderster Stelle? Das braucht viel Hingabe und Zeit.

- Insgesamt trägt häufiges Engagement bei YouTube zum Gesamterfolg einer Promotion bei. Haben Sie Freunde in diesem Netzwerk? Verfügt Ihr Kanal über Abonnenten? Werden Ihre

Videos tatsächlich angeschaut? Wenn Sie es bei YouTube zu Ansehen gebracht haben, ist die Wahrscheinlichkeit hoch, dass Ihr neu eingestelltes, virales Video ein Erfolg wird – und zwar höher, als wenn derselbe Beitrag von jemandem eingereicht wird, der bisher keine Aktivitäten und kein starkes Standing bei YouTube vorzuweisen hat.

- Rechnen Sie nicht damit, mit einem schon vor längerer Zeit hochgeladenen Video noch Erfolg zu verbuchen. Wie bei den meisten Social Sites gibt es auch bei YouTube einen Zeitraum, in dem neue Video-Uploads den größten Einfluss ausüben können. Erleben die Videos nicht binnen 48 Stunden nach dem Upload eine Initialzündung, werden sie vielleicht nie populär. Ausnahmen bestätigen die Regel: Der Poetry-Slam-Vortrag von Julia Engelmann[6] war bereits monatelang nahezu unbemerkt auf YouTube zu sehen gewesen, als der Blogger Kai Thrun darüber stolperte und ihr mit seiner Berichterstattung zu einem riesigen, unerwarteten Erfolg verhalf. Kleiner Tipp: Wenn Sie ein tolles Video haben, das Ihrer Meinung nach die Aufmerksamkeit der Community verdient, dann laden Sie es ruhig noch einmal hoch und starten Sie einen neuen Versuch.

- Tags sind alles: Auch bei YouTube ist es für Ihren Erfolg entscheidend, passende Schlagwörter zu vergeben und eine aussagekräftige Beschreibung zu formulieren. Wenn Sie beispielsweise die Produktion eines T-Shirts in Ihrem Unternehmen gefilmt haben, können Sie auch Markennamen der Garne und Maschinen oder besondere Web- und Nähtechniken nennen. Missbrauchen Sie diese Möglichkeit nicht, sondern versuchen Sie wie bei klassischer Suchmaschinenoptimierung die Tags zu finden, die der Websurfer suchen würde. Übrigens: Erfolgreiches YouTube-Engagement verbessert auch den Google-Rank Ihrer Unternehmenswebsite!

 Tipp Wenn Sie planen, mehre Videos ähnlicher Art einzustellen (wie im Fall der Videoreihe von Blendtec), sollten Sie jeden Upload mit spezifischen Tags markieren, damit der Abschnitt »Ähnliche Videos« bei YouTube auch Ihre anderen Videos anzeigt. Wenn Ihre Tags zu allgemein und auch unter anderen YouTube-Videos zu verbreitet sind, finden die Besucher Ihren Content vielleicht nicht wieder und gelangen stattdessen zu ähnlichen Videos von anderen Quellen, sofern sie nicht direkt zu Ihrem YouTube-Kanal (Profilseite) navigieren.

---

6 https://www.youtube.com/watch?v=DoxqZWvt7g8

Informieren Sie Ihre Netzwerke über neue Inhalte
Gleich zu Beginn des Uploadvorgangs können Sie angeben, welche Ihrer Netzwerke über die neuen Inhalte auf Ihrem YouTube-Profil informiert werden sollen. Diese Funktion sollten Sie nur nutzen, wenn Sie sich absolut sicher sind, dass Sie keinen zweiten Anlauf zum Hochladen benötigen. Auf Nummer sicher gehen Sie, wenn Sie das Video erst hochladen, Beschreibungen und Schlagwörter angeben und testen und erst danach die Verbreitung des Videos angehen. Achten Sie auch darauf, die passende Kategorie auszuwählen.

Kommentare und Ratings
Sobald das Video hochgeladen und verarbeitet wurde, wird es Zeit, Kommentare und Ratings zu sammeln. Wenn Sie das Video mit Ihrem Netzwerk teilen und Stimmen aus Ihrer Social-Media-Community bekommen können, bringt das vielleicht die Initialzündung für den Erfolg Ihres Videos. Zudem gilt für alle Videoportale, dass Sie Ihre Betrachter dazu ermutigen sollten, Ihr Video auch auf eigenen Websites einzubetten.

Nutzen Sie Ihr Netzwerk
In den ersten Stunden ist es am wichtigsten, Videoaufrufe, -bewertungen und -kommentare zu bekommen. Zeigen Sie die Videos möglichst vielen Freunden und Kollegen. Wenn Sie bei YouTube bereits ein Netzwerk aufgebaut haben, können Sie zunächst mit den Leuten beginnen, die Ihnen ohnehin schon folgen.

Sichtbarkeit ist wichtig …
… das Erreichen einer kritischen Masse aber lebenswichtig. Kontaktieren Sie Blogger, die über Themen schreiben, die mit Ihrem Video zu tun haben. Tun Sie dasselbe in Foren, Diskussions-Boards und natürlich auf Facebook, Google+ und Twitter.

Finden Sie heraus, wie Ihr Video wirkt

Wer sieht sich denn nun Ihr Video an? Von wo kommen diese Betrachter? Wie beliebt ist das Video? Sobald es auf YouTube hochgeladen ist, liefert Ihnen das Analytics-Tool detaillierte Statistiken, indem es die Performance des Videos nach Aufrufen, Erwähnungen, demografischen Kriterien und Hotspots (Stellen im Video, die häufiger angesehen werden) aufschlüsselt.

Mit *YouTube Analytics* können Sie neben den Phasen zu- und abnehmender Popularität genau erkennen, wer sich Ihre Videos ansieht. Vielleicht stellen Sie fest, dass Ihre Videos eine unerwartete

Fangemeinde in einem fernen Land erobert haben oder Ihr Produktvideo den Eltern der Kinder gefällt, die Sie zu erreichen versuchen. Wenn Sie regelmäßig Video-Content bei YouTube einstellen, können Ihnen diese Informationen das Zahlenmaterial liefern, das Sie brauchen, um noch besser zu Ihren Zielgruppen passende Videos zu produzieren und Content und Zeitpunkt der Veröffentlichung möglichst effektiv zu wählen.

Andere Videoportale

Auf YouTube ist tatsächlich am meisten los: Da es die meisten Besucher unter allen Videoportalen hat, ist es für Marketingzwecke unbedingt die erste Wahl. Im Folgenden nennen wir Ihnen weitere Video-Sharing-Sites, die unter Umständen für Sie interessant sein können.

Blip (http://blip.tv)
Hinter Blip verbirgt sich nicht nur eine Videoplattform, sondern auch ein Filmstudio, das bei der Produktion hochwertiger Spots unterstützen will. Mit 60 Millionen Usern weltweit in Deutschland aktuell nicht relevant.

Vimeo (http://vimeo.com)
Anerkanntes Videoportal mit einer Besonderheit: Es dürfen nur diejenigen ein Video hochladen, die an dessen Produktion wesentlich beteiligt waren. Rein kommerzielle Inhalte sind außerdem tabu, Kunst und Kreativität stehen im Vordergrund.

Clipfish (http://www.clipfish.de)
Schwerpunkt auf Film und Unterhaltung wegen der Zugehörigkeit zu *RTL Interactive Media*, stark bei den 14- bis 29-Jährigen.

Vine (https://vine.co/)
Vine ist eine kostenfreie Smartphone-App, mit der Sie maximal sechs Sekunden lange Videos aufzeichnen und posten können. In der Kürze liegt die Würze, dachte sich wahrscheinlich auch Twitter, als der 140-Zeichen-Dienst Vine übernahm. Erste Marketingaktionen gab es auch schon über Vine, beispielsweise von Dunkin' Donuts oder der Zeitung USA Today.

MyVideo (http://www.myvideo.de/)
Vor allem auf Humor, Fernsehen und Unterhaltung ausgerichtet und insbesondere bei der Altersgruppe der 14- bis 29-Jährigen beliebt.

Yahoo! Screen (https://de.screen.yahoo.com/)
> Yahoo! Screen hält vorrangig TV-Sendungen und Premium-Content vor. Um Bekanntheit zu erlangen, setzte man hierzulande vor allem auf Comedy-Aufzeichnungen mit Prominenten wie Hape Kerkeling und Rick Kavanian.

DailyMotion (http://www.dailymotion.com)
> Die Plattform lockt mit einer deutschsprachigen Oberfläche und hat mehr als 100 Millionen Besucher pro Monat. Als zweitstärkste Videoplattform kann DailyMotion auch für Unternehmen interessant sein.

MySpace Video (https://myspace.com/discover/videos)
> Sind Sie Musiker? Dann behalten Sie MySpace im Auge.

Brightcove (*http://www.brightcove.com/de/*) ist ein Dienst, der Ihnen den Upload von Videos ermöglicht und die technische Infrastruktur für das Einbinden in Ihre Webseite zur Verfügung stellt, jedoch nicht über ein eigenes Netzwerk bzw. eine Seite verfügt, über die man die Videos zentral abrufen kann. Brightcove richtet sich mit seinem Service vornehmlich an Unternehmen; ab 99 Dollar pro Monat gibt es feste Leistungspakete und einen auch in Deutschland ansässigen Kundendienst.

◄ **Abbildung 10-8**
Die Schuhmanufaktur Lunge (*http://www.lunge.com/*) aus Mecklenburg-Vorpommern hat einen hochwertigen und persönlichen Imagefilm bei Vimeo hochgeladen. Absolut nachvollziehbar, denn Vimeo passt trotz geringerer Reichweite besser zum Unternehmen und seiner Zielgruppe als YouTube.

Auch wenn YouTube die beste Wahl für Videosharing ist, sollte man die kleineren Sites nicht vernachlässigen.

 Tipp Warum überhaupt auf externe Websites gehen – kann man Videos nicht genauso gut auf der eigenen Homepage unterbringen? Die Gründe für ein weites Streuen Ihrer multimedialen Inhalte liegen auf der Hand: Auf populären Seiten wie YouTube erreichen Sie schlichtweg ein Vielfaches an Publikum. Und weil YouTube als Netzwerk organisiert ist und über Funktionen wie »Teilen« und »Weiterempfehlen« verfügt, multipliziert sich die potenzielle Zuschauerschaft noch weiter.

Und nicht nur das: Bei hoher Bekanntheit Ihres Flickr- oder YouTube-Kanals steigen Sie automatisch auch im Google-Ranking. Und nebenbei profitieren Sie auch auf technischer Seite: Wenn Ihr Video extern gehostet wird, brauchen Sie sich auch nicht um ausreichend Bandbreite zu kümmern.

Die Kunst des Videobloggens

Das geschriebene Wort ist weniger wirkungsvoll als das Gespräch von Angesicht zu Angesicht. Das ist auch der Grund für die wachsende Popularität des Videobloggens, das sich zu einer wunderbaren Marketingstrategie gemausert hat. Es gibt videobloggende Journalisten wie Tilo Jung (*https://www.youtube.com/user/Nfes2005*), Modebloggerinnen wie Rebecca Flöter (*https://www.youtube.com/user/rebeccafloeter*), Kosmetikbloggerinnen wie »Ebrus Beautylounge« (*https://www.youtube.com/user/EbruZa*) oder DIY-Videoblogs wie »You and I ♥ DIY« (*https://www.youtube.com/user/LizOrLizzy*). Selbst Angela Merkel videobloggt seit einigen Jahren (*http://www.bundeskanzlerin.de*).

Im Februar 2011 feierte der Weinkenner Gary Vaynerchuk fünfjähriges Videoblog-Jubiläum. Sein »Wine Library TV« (*http://tv.winelibrary.com*) war längst der erfolgreichste auf Wein spezialisierte Kanal: Mehrmals wöchentlich brachte er darüber dem allgemeinen Publikum Wissenswertes über Weine näher. Knapp 1.000 Beiträge haben auch sein Familienunternehmen vorangebracht: Der Gewinn hat sich von 3 auf 45 Millionen Dollar erhöht, Vaynerchuck selbst erhielt viel Medienpräsenz durch Auftritte in Fernsehsendungen, Interviews und Preisverleihungen. Nach Folge 1.000 im März 2011 beendete Vaynerchuck Wine Library TV und machte sich als Social-Media-Stratege selbstständig. Gemeinsam mit seinem Bruder berät er inzwischen große Unternehmen wie Pepsi und Campbell Soups bei ihrem Auftritt im Social Web.

Auch einige DACH-Unternehmen nutzen die vielseitigen Chancen, sich ihren Kunden, Geschäftspartnern und letztlich allen Interessierten per Video zu präsentieren. Gerade wenn es um erklärungsbedürftige Geschäftsfelder geht, bieten sich Videoblogs an. Denn dass Menschen gern hinter die Kulissen blicken, wissen wir seit vielen Folgen »Sendung mit der Maus«, die sich zum Beispiel immer wieder mit den Herstellungsprozessen in großen Fabriken beschäftigen.

Beispiele? Unter »Stahl TV« videobloggt etwa der Bremer Stahlproduzent ArcelorMittal:

◀ **Abbildung 10-9**
Die Stahlherstellung bietet natürlich wahnsinnig eindrucksvolle Bilder – und ArcelorMittal hat sehr viele Geschichten zu erzählen. Das Videoblog ist dabei auch für die Werksnachbarschaft sowie neue Azubis spannend.

Doch wie gelangen Videoblogger zum Erfolg? Was macht ein fesselndes Video aus? Das Geheimnis liegt darin, das Publikum kennenzulernen: Am Anfang bekommen Sie vielleicht noch nicht viele

Seitenaufrufe, wie bei jeder anderen neuen Website auch. Aber bald schon werden Sie genau wissen, wer Ihren Content anschaut, was er sucht, und aus welchen Gründen er wiederkommt.

Der in den USA bekannte Videoblogger Loren Feldman (*http://www.lorenfeldman.com*) empfiehlt, vor allem man selbst zu sein. Die erfolgreichsten Videoblogger verhalten sich kein bisschen anders, als sie es auch in ihrem Alltag tun würden. Interessieren Sie sich für das, was andere tun, und reden Sie mit ihnen, als seien sie im wirklichen Leben Ihre Freunde. Wenn Sie nicht wissen, wie Sie dabei aussehen, können Sie ja zuerst vor einem Spiegel üben. Schauen Sie, wie Ihr Gesicht aussieht. Dann üben Sie mit einem Computer und einer Kamera, und machen Sie sich nicht zu viele Gedanken darüber, wo genau Ihre Kamera während der Aufnahme steht. Halten Sie immer Augenkontakt zu Ihrer Kamera, wenn es angemessen ist.

Feldman rät auch, nicht zu viel auf Kritik zu geben. Mit wachsendem Ruhm werden Sie viele widersprüchliche Meinungen zu hören bekommen, aber wenn Sie zugleich auch eine hingebungsvolle Fangemeinde haben, sollte Ihnen Kritik nicht allzu viel schaden. Lassen Sie Beleidigungen nicht an sich heran, auch wenn es schwerfällt. Sie wollen und müssen nicht immer jedem gefallen.

Das Wichtigste am Videobloggen ist, dass es Spaß macht. Sehen Sie es als regelmäßige Herausforderung und nicht als lästige Pflicht. Betrachten Sie es als Mittel, um mit Ihrer Zielgruppe fast von Angesicht zu Angesicht in Kontakt zu kommen. Und das gelingt am besten, wenn Sie offen und sympathisch wirken.

Tipp

Google Hangout heißt das wirklich einfach zu bedienende Videokonferenz-Tool, das seit rund zwei Jahren immer häufiger eingesetzt wird. Alle Teilnehmer benötigen dazu nur eine Google-Registrierung sowie natürlich ein onlinefähiges Gerät (PC, Notebook, Tablet oder auch nur Smartphone). Ähnlich wie mit Skype können dann Videotelefonate – auch in Gruppen – durchgeführt werden. Das Besondere daran: Es gibt sowohl eine Aufzeichnungsfunktion als auch das sogenannte »Google Hangout on Air«, bei dem Bild und Ton per Livestream ins Web übertragen werden können. Und genau hier können Sie als Unternehmen ansetzen: Denkbar sind kleinere Talkrunden mit besonderen Gästen: mit Ihrem ersten Azubi, Ihrem Firmenchef oder der Produktionsleiterin. Oder warum laden Sie nicht auch interessierte Kunden ein, am Hangout teilzunehmen? Mit diesem Tool gelingt der Austausch mit Ihren Kunden wirklich niedrigschwellig.

Auch Einzelvideos – (Werbe-)Clips ohne feste Erscheinungsweise und den roten Faden einer Serie – können Erfolg bringen: Sie erinnern sich vielleicht noch an den Old-Spice-Man aus Kapitel 4, dessen Video Millionen von Menschen anzog? Weltweit berühmt geworden sind auch die Evian-Babys, die zu HipHop-Musik rollerbladen[7] – das brachte mehr als 55 Millionen Aufrufe. Etwa 35 Millionen Aufrufe verbuchte T-Online für ein Video, das an der Londoner Liverpool Street Station spielt[8]: Viele Reisende sind geschäftig im Bahnhof unterwegs, bis plötzlich Musik ertönt. Alle halten kurz inne und beginnen dann, gemeinsam zu tanzen. Nach dem Tanz telefonieren sie über ihre Handys, offensichtlich um ihren Freunde von dem Ereignis zu berichten. Die Aussage des Videos: Life's for Sharing – das Leben ist zum Teilen da.

▼ **Abbildung 10-10**
Geniale Idee, die so schnell keiner nachmachen konnte: das sogenannte »Hunter Shoots Bear«-Video von TippEx – hier in friedfertiger Abwandlung

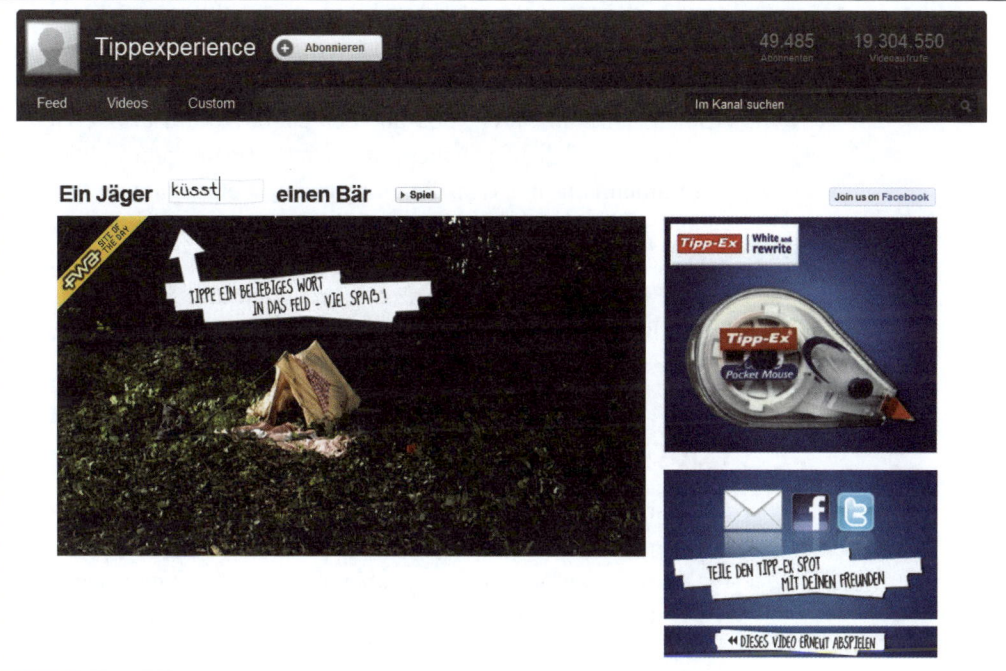

Mit einer innovativen und unterhaltsamen Mitmachwerbung begeisterte der YouTube-Clip der Firma Tipp-Ex: Im Film mit dem Titel »A hunter shoots a bear« bzw. »Ein Jäger erschießt einen Bären« sieht man, wie ein Jäger auf einen Bären trifft. Da der Jäger den

---

7   http://www.youtube.com/user/EvianBabies
8   http://www.youtube.com/watch?v=VQ3d3KigPQM

Bären nicht erschießen möchte, greift er zum Tipp-Ex und löscht das Wort »shoots«. Der Zuschauer darf nun per Tastatureingabe in die Titelzeile entscheiden, wie es mit den beiden weitergeht: Werden sie sich küssen und heiraten? Wird der Jäger den Bären mit Durchkitzeln zu Boden zwingen? Oder werden sie gemeinsam tanzen? Das Video bescherte dem Tipp-Ex-Kanal *TippExperience*[9] mehr als 50.000 Abonnenten. Im Jahr 2012 legte Tipp-Ex mit dem »Bear Hunter«-Video noch einmal nach.

Wenn Sie sich schließlich eine wachsende Anhängerschar erobert haben, können Sie überlegen, ob Sie nicht über eine Site wie Ustream (*http://ustream.tv*) Ihre Videos live an das Publikum streamen sollten. Ustream ist eine Community, in der Sie Content in Echtzeit teilen und zugleich dem Chat Ihrer Besucher folgen können. Dazu müssen Sie nicht unbedingt Videoblogger sein. Ustream hat bereits auf Konferenzen und Events in aller Welt gute Dienste geleistet, einschließlich der bahnbrechenden Grundsatzrede von Apple-Chairman Steve Jobs auf der *2008 Worldwide Developers Conference*. Vielleicht haben Sie von Ustream schon 2008 im Zusammenhang mit dem Phänomen der Welpenkamera (»Puppy Cam«) gehört, wobei sechs niedliche Welpen vor der Kamera im Angesicht von Millionen von Betrachtern aufgezogen wurden.[10] Ob für die private Korrespondenz mit Freunden und Familie oder für große Broadcasting-Events: Ustream ist ein zuverlässiges Tool für die persönliche Echtzeitkommunikation.

Podcasting früher und heute

Podcasting ist ein Medientrend, der vielleicht nicht allein den sozialen Medien zuzurechnen ist (abgesehen von den Hörerkommentaren nach der Veröffentlichung), aber in den letzten Jahren seinen festen Platz im Web gefunden hat. Der Podcast ist dabei eine Audio- oder Mediendatei, die über das Internet zum Download verbreitet wird. Typische Podcaster aktualisieren ihren Content genau wie Videoblogger regelmäßig. Normalerweise wird dieser Content als Audio geliefert, und Abonnenten können ihn (meist über iTunes) herunterladen.

---

9 *http://www.youtube.com/user/tippexperience*
10 *http://www.msnbc.msn.com/id/27724451*

Podcasts lassen sich ganz einfach auch bei Gesprächen oder Telefonaten über Onlinedienste wie Skype oder Google Hangout aufnehmen. Außerdem ist es interaktiv und sozial, und zwar in dem Sinne, dass die meisten Podcasts Gastredner, Fachleute und sogar das Publikum auffordern, sich zu äußern. Um es mit den Worten des Podcasters Joe Fowler III zu sagen: »Podcasting ist sehr sozial, denn wenn man Hörer gewinnt, möchten diese gerne einbezogen, genannt und manchmal auch zur Teilnahme eingeladen werden.«

Wie jede Art von Onlinekommunikation funktioniert auch Podcasting am besten, wenn Sie auf Ihr Publikum achten und es in Ihr Programm einbeziehen. Allerdings hat das gesprochene Wort nicht denselben Grad an Interaktivität wie das geschriebene, zumal Podcasts häufig nebenbei gehört werden: im Büro, auf dem Weg zur Arbeit und sicherlich auch beim Bügeln. Außerdem schrecken viele Menschen vor Podcasts zurück, weil man gesprochenen Informationen nicht ganz folgen kann, wenn man ihnen nicht volle Aufmerksamkeit widmet.

Daher ist Podcasting nur ein kleiner Ausschnitt aus dem Marketing, aber wenn Sie sympathisch rüberkommen (und kamerascheu sind) und viel zu sagen haben, sind Podcasts vielleicht geeignet, Ihre Marketingaktivitäten auszuweiten.

Manche Podcasts sind sehr erfolgreich und haben Hunderttausende von Hörern, doch auch kleinere Podcasts können wertvoll sein und Sie dabei unterstützen, Ihre Meinungsführerschaft und Ihre Marke zu stärken. Wenn Sie die Zeit und Hingabe aufbringen, einen regelmäßigen Podcast aufzunehmen und zu pflegen, und das Gefühl haben, dass Sie Ihrem Publikum mit Ihren Hörbeiträgen einen Mehrwert bieten können, dann sollten Sie es mit diesem Medium versuchen.

Wie starte ich meinen eigenen Podcast?

Einen Podcast können Sie schon für zehn Euro erstellen (also den Preis eines Computermikrofons), oder Sie mieten gleich ein ganzes Studio, um eine statikfreie, radioähnliche Übertragung zu gewährleisten. Logisch, dass die billigere Möglichkeit nicht unbedingt die beste Audioqualität liefert, aber um Ihren ersten Podcast auf die Beine zu stellen, reicht sie aus. Wenn Sie Erfolg haben (und Sponsoren gewinnen), können Sie ja immer noch in eine bessere technische Ausrüstung investieren.

Eines der besten Podcasting-Tools ist Audacity (*http://audacity.sourceforge.net*). Das ist ein kostenloses Programm, mit dem Sie den Stream direkt auf Ihren Computer einspielen können. Audacity gibt es für Windows, Mac und Linux. Wenn Sie dieses Tool nutzen möchten, sollten Sie aber sicherstellen, dass Ihre Soundkarte nicht nur das aufnimmt, was Sie sagen, sondern auch das, was die anderen Gesprächsteilnehmer äußern. Nicht alle Soundkarten haben diese Funktionalität (im Zweifel sollten Sie einen Test ausführen, bevor Sie Ihren Podcast starten).

Um andere User an einem Podcast zu beteiligen, können Sie Skype (*http://skype.com*) einsetzen. Sobald Sie Skype auf Ihrem Computer installiert haben, können Sie Telefonanrufe mit beliebig vielen Teilnehmern initiieren (wobei die Tonqualität mit wachsender Zahl der Teilnehmer schlechter wird).

Wenn Sie sich noch nie mit Podcasting beschäftigt haben, sollten Sie vor dem Start eine »Pilotfolge« aufnehmen. Diese erste Aufzeichnung fungiert im Grunde als Probelauf, der es Ihnen ermöglicht, Ihren Podcast zu hören und technische Fehler und potenzielle Probleme auszubügeln, bevor er an die Öffentlichkeit gelangt. Achten Sie dabei darauf, unter wirklich sehr realistischen Bedingungen zu proben, um den Ablauf der Sendung aktiv durchzuspielen.

Wenn Ihre Aufzeichnung fertig ist, sollten Sie die »Ähs« und »Öhs« sowie peinliche Pausen daraus löschen. Da diese Funktionen zum Glück in Audacity integriert sind, brauchen Sie sich dafür kein besonderes Programm für die Audiobearbeitung zu suchen.

Und jetzt kommt der technische Teil: Sie sollten eine XML-Datei anlegen, um Ihren Podcast in eine RSS-Datei umzuwandeln und diese mit dem Rest der Welt zu teilen. Die Software von Blubrry (*http://www.blubrry.com*) kann Ihnen dabei helfen; zugleich ist Blubrry auch eine Community, die es den Anwendern ermöglicht, ihre Podcasts kommerziell zu betreiben. Blubrry liefert Statistikdaten gratis, aber die Premium-Funktionen kosten fünf Dollar pro Monat.

Podcast-Promoting

Viele Podcasts können Sie in den normalen Social Media promoten, aber auch mithilfe von Tools wie Blubrry auf Ihr Blog stellen. Die größte Öffentlichkeit lässt sich jedoch mit iTunes erzielen. Der Veröffentlichungsprozess ist relativ einfach, und mit der Hilfe von *PodPress* brauchen Sie nur noch einen iTunes-Account einzurichten. Unter *http://www.apple.com/de/itunes/podcasts/specs.html* erklärt Apple genau, wie Sie Ihren Podcast einrichten können.

Die im Zusammenhang mit anderen Medien bereits erwähnten Promotion-Taktiken gelten auch für Podcasting. Spannen Sie Ihre Freunde, Ihre Familie und Ihr soziales Netzwerk ein, um Ihrem Podcast etwas Schwung zu verleihen. Laden Sie Kenner der Materie ein, daran teilzunehmen. Auch in sozialen Medien wie etwa Bookmarking- und News-Portalen können Sie den Podcast promoten.

Außerdem ist es hilfreich, den gesamten Podcast zusammenzufassen oder sogar zu transkribieren. Besonders nützlich ist das für Konsumenten, die hörgeschädigt sind oder lieber lesen. Wenn die Aufzeichnung Ihre Persönlichkeit durchscheinen lässt, werden Ihre Hörer Ihnen weiterhin treu bleiben.

Da Podcasting eine Kommunikationsmethode ist, die als ruhiger Pol im Informationsüberfluss der neuen Medien wahrgenommen wird, sollten Sie Ihren Followern etwas geben, auf das sie sich freuen können – auch denen, die lieber lesen.

Die Community

Sie wissen bereits: Auch wenn Sie mit Ihrer Marke noch nicht im Social Web aktiv sind, ihre Kunden sind es unter Umständen schon längst. Durchsuchen Sie regelmäßig die wichtigsten Foto- und Videoportale. Nehmen Sie zu relevanten Videobloggern Kontakt auf und bieten Sie Kooperationen und Austausch an.

Vorsicht: Auch hier gilt es, die Community erst einmal kennenzulernen. Blogger reagieren (zu Recht) pikiert, wenn sie feststellen, dass Sie sich noch nicht einmal die Mühe gemacht haben, einige Ihrer Videos und Fotos anzusehen sowie Texte zu lesen. Wenn Sie feststellen, dass Ihre Kunden Bilder oder Filme davon aufnehmen, wie sie Ihr Produkt anwenden, dann zeigen Sie ihnen Ihre Wertschätzung. Sie haben Zeit für die Aufnahme geopfert, also lassen Sie sie wissen, wie sehr Sie die Beiträge schätzen.

Im Jahre 2007 lud der 18-jährige Videofilmer Nick Haley kurz nach der Ankündigung des neuen iPod Touch von Apple eine clevere selbstgemachte Werbung für das neue Gerät auf YouTube hoch. Anstatt ihm mit Strafverfolgung zu drohen, zeigte sich das Marketingteam von Apple beeindruckt. Das Video wurde in hoher Auflösung neu aufgenommen und zur Hauptsendezeit mehrere Monate lang im Werbeblock gesendet (*http://www.youtube.com/watch?v= KKQUZPqDZb0*).

CHECKLISTE: Der Weg zu multimedialen Inhalten

- Ziel und Inhalte definieren: Welche Bilder wollen Sie transportieren, welche Kundengruppen erreichen?
- Welche Kanäle wollen Sie bedienen? Kaum ein Unternehmen wird es schaffen, zugleich Präsenzen auf Foto- und Videoportalen zu eröffnen. Prüfen Sie daher genau, für welche Plattformen bereits Ideen und Inhalte vorliegen und wo der Start unternehmerisch am sinnvollsten ist.
- Kümmern Sie sich um die richtige Ausrüstung: um kleine Digicams für die Kollegen aller Abteilungen, um eine Videoausrüstung, falls Sie einen Videoclip drehen wollen, oder um die Kulisse für eine regelmäßige Show.
- Organisieren Sie sich Mitstreiter: Besonders bei der Produktion von Videos und Podcast ist Teamwork gefragt.
- Klären Sie rechtliche Fragen, und erschließen Sie sich Quellen lizenzfreier Musik, falls Sie ein Video oder einen Podcast produzieren wollen.
- Wenn alle Vorarbeiten abgeschlossen sind: Richten Sie sich Ihren Unternehmenskanal auf einer oder mehreren bevorzugten Plattformen ein. Denken Sie an eine unternehmenskonforme Gestaltung der Seite, so dass Ihre Kunden Sie erkennen können bzw. Ihre Markenbekanntheit erhöht wird.
- Beginnen Sie, anderen Leuten zu folgen, und beteiligen Sie sich an der Diskussion.
- Sorgen Sie für die Verbreitung Ihres Angebots! Das beginnt bei der richtigen Verschlagwortung und endet bei der Integration des Video- oder Fotokanals auf all Ihren Websites und Netzwerken.
- Bewerben Sie Ihr Multimedia-Angebot – durch Erwähnung in Newslettern und E-Mail-Signaturen, auf der Website, auf allgemeinen Werbematerialien des Unternehmens, durch Plakate und Flyer u.v.m.
- Nutzen Sie die Statistiktools der jeweiligen Anbieter, um Ihren Erfolg oder Misserfolg zu erfassen.
- Bleiben Sie im Gespräch: Reagieren Sie auf Kommentare Ihrer Zuschauer und stellen Sie selbst Fragen. So erhöhen Sie nicht nur die Treue und das Vertrauen Ihrer Zuschauer, sondern auch deren Verweildauer auf Ihrer Seite.

Zusammenfassung

Der Einsatz von Foto- und Videosharing hat virale Aspekte, die Ihnen beim Vermarkten Ihrer Produkte und Dienstleistungen helfen können. Auf dem Gebiet der Fotografie sind *Instagram, Pinterest und Flickr* gute Tools, besonders wenn Sie den Service effektiv zu nutzen wissen und sich auf den Aufbau einer Community konzentrieren.

Was Videos betrifft, ist *YouTube* das beliebteste Portal, aber auch andere Websites dienen ähnlichen Zwecken (wenn auch bei geringerer Reichweite). Auf YouTube haben Sie viele Möglichkeiten, Ihrem Video zu mehr Bekanntheit zu verhelfen, zum Beispiel durch die sorgfältige Vergabe von Tags und das Weiterverbreiten über soziale Netzwerke. Ihr Video sollte nicht zu lang sein, weil Sie mit dem Rest der Welt um die Aufmerksamkeit der Betrachter konkurrieren. Da Ihr Video ganz am Anfang größte Unterstützung benötigt, um eine maximale Öffentlichkeit zu erreichen, dürfen Sie nach dem Upload des Films nicht vergessen, die Werbetrommel für ihn zu rühren.

Um mit Ihrem Publikum persönlicher in Kontakt zu treten, ist *Videoblogging* gut geeignet. Am wirkungsvollsten ist dabei, wenn man einfach man selbst bleibt: Ein regelmäßiger, authentisch und unterhaltsam vorgetragener Videoblog erobert Ihnen einen Platz in den Herzen der Kunden. *Podcasting* ist ebenfalls ein großartiges Mittel, um Hörer anzuziehen und ein großes Publikum aufzubauen.

Wie alles zusammenwächst

11

In diesem Kapitel:
- Identifikation: Sagen Sie, wer Sie sind
- Share of Voice: Nutzen Sie mehrere Kanäle
- Zurück zum ROI
- War's das schon?
- Strategien für Social-Media-Communities
- Über die Grenzen der Social Media hinaus: Persönliche Kontakte
- Onlinekreativität fördern
- Die »Alte Schule«
- Zusammenfassung

Nun kennen Sie die Grundlagen des Social Media Marketing, und es liegt an Ihnen, das Ganze zum Nutzen Ihres Unternehmens in die Tat umzusetzen. Wir haben uns die Gesetzmäßigkeiten und Möglichkeiten sozialer Netzwerke, Blogs, Empfehlungsseiten und anderer sozialer Medien angesehen.

In sozialen Medien geben Sie offen Ihre Identität und Ihre Absichten zu erkennen, Sie verfolgen die Gespräche und gestalten sie mit. Damit verschaffen Sie sich Respekt und Vertrauen und können auf ein loyales Netzwerk setzen, das Ihnen beim Erreichen Ihrer Ziele helfen kann. Die Kommunikation muss nicht ausschließlich online stattfinden: Auch reale Kontakte, die sich aus Ihrem Engagement in den sozialen Medien ergeben, können Ihre Unternehmensziele fördern.

Manche Faktoren, die Ihren Erfolg in Social Media entscheidend beeinflussen, hängen nur mittelbar mit der Auswahl der richtigen Instrumente und Plattformen zusammen. Welche Faktoren könnten das sein? Wenn Sie das Buch vorn begonnen und bis hierher durchgearbeitet haben, haben Sie sich bereits mit Ihrer Strategie beschäftigt, Ihre Ziele formuliert, wissen, wie Sie mithilfe von Monitoring Ihr Zielpublikum, geeignete Plattformen und Gespräche über Ihr Unternehmen auffinden, und haben erfahren, unter welchen Bedingungen Sie sich auf unterschiedlichen Plattformen beteiligen und ausdrücken können. Nun haben Sie Ihren Werkzeugkasten mit einigen Tools gefüllt, und im besten Falle fühlen Sie sich gut gerüstet.

Bei allen Überlegungen und Entscheidungen über Ihre Social-Media-Aktivitäten ist es notwendig, sich mit einigen Fragen zu beschäftigen, die über die Funktionsweise von Plattformen hinausgehen, nämlich Fragen zu Ihrem Unternehmen und Ihrer Haltung zu Social Media.

Wie steht's um Ihre Unternehmenskultur?

Mit Social Media erhalten Sie die Möglichkeit, direkt mit Ihrem Zielpublikum in Kontakt zu treten. Sie sprechen mit Ihren Kunden, tauschen sich mit Kollegen und Geschäftspartnern aus und beobachten, was Ihre Konkurrenz so treibt. Sie erfahren dadurch viel Wissenswertes über die Stimmung in Ihrem Markt, Trends und neue Entwicklungen. Wenn ein Produkt oder eine Kampagne nicht gut ankommt, können Sie umgehend reagieren. Gleichermaßen vermag positives Feedback Sie und Ihre Mitarbeiter zu bestätigen und zu motivieren.

Sie und Ihre Mitarbeiter? Genauso, wie Sie mitbekommen, wie es bei anderen Unternehmen oder Ihren Kunden zugeht, nehmen diese auch wahr, welche Stimmung Sie ausstrahlen. Spannungen und Unstimmigkeiten lassen sich häufig nur mit Mühe verbergen, Mühe, die Sie eigentlich lieber in Gespräche mit Ihren Fans und Followern stecken sollten.

Bevor Sie sich also in Social Media engagieren, sollten Sie Ihre Unternehmenskultur prüfen. Sie und alle, die sich für das Unternehmen in Social Media äußern, müssen wissen, in welchem Ton und mit welchen Verantwortlichkeiten sie handeln können.

Mit Social Media können Sie niemanden täuschen. Kurzfristig ist das vielleicht möglich, aber machen Sie sich bewusst, dass das ein Bumerang sein kann. In Social Media lässt sich viel über Ihr Unternehmen ablesen, gerade weil es dort um unmittelbare Kommunikation in Echtzeit geht. Am besten vergleichbar ist das mit der Begegnung am Messestand oder im Ladengeschäft. Kunden nehmen wahr, wenn der Haussegen schief hängt, und gehen beim nächsten Mal lieber zur Konkurrenz.

Damit Ihnen das nicht passiert, sollten Sie sich spätestens jetzt mit Ihrer Unternehmenskultur beschäftigen. Das hilft Ihnen auch bei der Formulierung Ihrer Social Media Guidelines sowie bei der Auswahl Ihrer Inhalte und Kundenansprache.

Tipp Fragen Sie Freunde, Bekannte, Geschäftspartner und Kollegen, wie sie Ihr Unternehmen wahrnehmen. Gibt es ein klares Bild Ihrer Markenpersönlichkeit? Wie klingt Ihr Unternehmen, welche Themen schreibt man Ihnen zu und wo würde man Sie erwarten? Social Media ist eine Chance, sich viele Fragen zur Markenidentität nochmal oder erstmals zu stellen. Denn je stimmiger Ihr Auftritt ist, desto besser können sich Ihre Kunden, aber auch Ihre Mitarbeiter damit identifizieren.

Technik oder Zauberei?

Es kursiert immer noch die Mär, dass Social Media nichts koste. In der Tat sind viele soziale Medien kostenlos nutzbar. Aber auch die personellen Ressourcen müssen berücksichtigt werden, denn Kommunikation, das Bereitstellen von nützlichen Inhalten und die Auswertung der Social-Media-Aktivitäten kosten Zeit und Mühe.

Und noch etwas wird bei aller Begeisterung für Technologien oft übersehen: die technische Ausstattung. Das fängt beim Zugang zu sozialen Netzwerken an. Immer noch gibt es Unternehmen und Institutionen, bei denen zum Beispiel Facebook oder YouTube für die Mitarbeiter gesperrt sind. Verständlicherweise erschwert das die Nutzung von Social Media erheblich.

Um in Social Media wirkungsvoll Inhalte zu kommunizieren, braucht es mehr als nur Text. Daher brauchen Mitarbeiter für Social Media Tools zu Video- und Bildbearbeitung.

An der Schnittstelle zwischen Unternehmenskultur und Technik wird auch die Frage entschieden, wie frei Mitarbeiter neue Plattformen und Tools testen können. Im Social Web entstehen laufend neue Dienste, mit denen es zu experimentieren gilt. An dieser Stelle entscheidet sich in Unternehmen, ob Mitarbeitern vertraut wird, diese sich weiterbilden können und wollen und ob im Unternehmen der Stellenwert von Social Media geklärt ist.

Unmittelbare Kommunikation in Echtzeit bedeutet auch, dass ein stabiles Internet und ein leistungsfähiger Computer vorhanden sind. Das klingt banal, aber mitunter wird es tatsächlich übersehen. Und:

Wie bereits erwähnt, wird das Internet immer mobiler. Ein Smartphone erleichtert nicht nur die Überwachung der Kommunikation und ermöglicht die rasche Reaktion auf Anfragen. Zahlreiche Apps wie Instagram oder Vine ermöglichen eine unkomplizierte Medienproduktion, zum Beispiel von Fotos oder kurzen Videos.

Wenn Sie häufig Veranstaltungen dokumentieren, kann zudem die Anschaffung einer geeigneten Digitalkamera sinnvoll sein.

Lernen oder untergehen: Fortbildungen

Der Zuwachs an Wissen in den letzten einhundert Jahren ist enorm. Immer sprunghafter kommen neue Technologien auf dem Markt, mit denen wir uns auseinandersetzen müssen, weil sie unsere Arbeit und unser Leben verändern. Wir sind eine lernende Gesellschaft, in der es selbstverständlich geworden ist, dass auch Erwachsene nach Abschluss der Ausbildung ihr Leben lang weiterlernen. Für manche ist das ein Segen, für andere ein Fluch. Nirgends schlägt sich die rasante Entwicklung so nieder wie im Internet, wo Neuerungen und Veränderungen sich in Windeseile verbreiten.

Im Unternehmen werden Sie immer Mitarbeiter haben, die sich begeistert auf neue Anforderungen stürzen und sich in Routinen rasch langweilen, und Mitarbeiter, die Veränderungen als bedrohlich empfinden und einen zuverlässigen Rahmen für ihre Arbeit brauchen. Natürlich gibt es auch Menschen, die Veränderungen gleichmütig hinnehmen und sich ebenso gelassen Neuerungen aneignen.

Für Social Media brauchen Sie forsche Spürnasen, die sich liebend gern Neues ansehen und dafür Ideen entwickeln. Vielleicht sind Sie selbst diese Spürnase und möchten deshalb Social Media für Ihr Unternehmen vorantreiben?

Ein entscheidender Faktor, der Ihre Social-Media-Strategie nicht unwesentlich beeinflussen wird, ist deshalb, inwieweit das stete Lernen ermöglicht und unterstützt wird. Auch Unternehmen müssen hier oft umdenken und eine Haltung zur Fort- und Weiterbildung ihrer Mitarbeiter entwickeln. Denn das teuerste Videobearbeitungstool und das mächtigste Social-Media-Dashboard bleiben stumpfe Instrumente, wenn niemand sie bedienen kann. Da braucht es Schulungen und regelmäßige Fortbildungen. Wenn ein Unternehmen daran interessiert ist, Social Media klug und effizient einzusetzen, tut es gut daran, seinen lernwilligen Mitarbeitern die Bedingungen dafür zu schaffen.

Tipp Wenn Sie in Social Media auf dem Laufenden bleiben wollen, dann suchen Sie den Austausch mit Menschen, die sich ebenfalls für oder in Unternehmen mit Social Media beschäftigen. Gerade der branchenübergreifende Austausch ist sehr wertvoll. Hier empfiehlt sich der Besuch von Barcamps (sogenannte »Unkonferenzen« mit offener Agenda) oder lokalen Treffen von Social-Media-Leuten, die in vielen größeren Städten stattfinden. Twittwoch und Social Media Club sind B2B-Treffen, wo kurze Vorträge aus der Praxis und das Netzwerken im Mittelpunkt stehen.

Identifikation: Sagen Sie, wer Sie sind

In Ihren Social-Media-Profilen beschreiben Sie die Mission Ihres Unternehmens und stellen die Mitarbeiter vor, die in Social Media für Ihr Unternehmen kommunizieren. Wer sich entschließt, Ihre Veröffentlichungen bei Facebook, Twitter oder Google+ regelmäßig zu lesen, möchte wissen, mit wem er es zu tun hat. Wenn Sie Kürzel benutzen, weil Sie im Team arbeiten, sollten Sie diese Kürzel an gut auffindbarer Stelle auflösen. Das kann zum Beispiel eine Unterseite Ihres Blogs oder Ihrer Website sein, auf die Sie verlinken. Dort können Sie sich vorstellen und die unkomplizierte Kontaktaufnahme ermöglichen.

Lassen Sie die Leute wissen, auf welchen Social Sites man Sie noch finden kann. Verlinken Sie die Accounts Ihres Unternehmens sowie der einzelnen Mitarbeiter bei XING, Twitter, YouTube, Facebook, Quora, Flickr und den anderen Social-Media-Plattformen. So können Interessierte sich auch noch auf anderen Social Sites mit Ihnen und Ihrer Marke vernetzen. Vielleicht bietet es sich an, Ihre traditionellen Geschäftsmedien und Social Media miteinander zu verbinden. Sie können zum Beispiel Ihren Nutzernamen bei Twitter auf Visitenkarten angeben oder Ihr XING-Profil (etwa für Freiberufler) oder Ihre Facebook-Seite (für Unternehmen) in Ihrer E-Mail-Signatur sichtbar machen.

Share of Voice: Nutzen Sie mehrere Kanäle

Laut der BITKOM-Studie zur Nutzung sozialer Netzwerke[1] sind deutsche Internetnutzer durchschnittlich in 2,3 Netzwerken angemeldet. Auch viele Unternehmen, die Social Media bereits erfolgreich nutzen, sind auf diversen Plattformen aktiv. Die BITKOM-

---

[1] http://www.bitkom.org/de/publikationen/38338_70897.aspx

Studie besagt aber auch, dass die Nutzer durchschnittlich nur in 1,4 sozialen Netzwerken wirklich aktiv sind. Wie bereits in Kapitel 3 angesprochen wurde, müssen Sie herausfinden, wo sich Ihr Zielpublikum bevorzugt aufhält, und es dort beobachten und ansprechen.

Abbildung 11-1 ▼
Das Social Media Prisma von ethority zeigt die Landschaft der Social Media mit allen relevanten Konversationskanälen für Deutschland.

Aber jede einzelne Plattform hat nur eine begrenzte Reichweite, und Sie werden keine Community finden, in der alle potenziellen Gesprächsparter zu finden sind. Wenn Sie sich zusätzliche Kanäle im Social Web erschließen, können Sie Ihre Reichweite erhöhen und noch weitere interessierte Nutzer ansprechen.

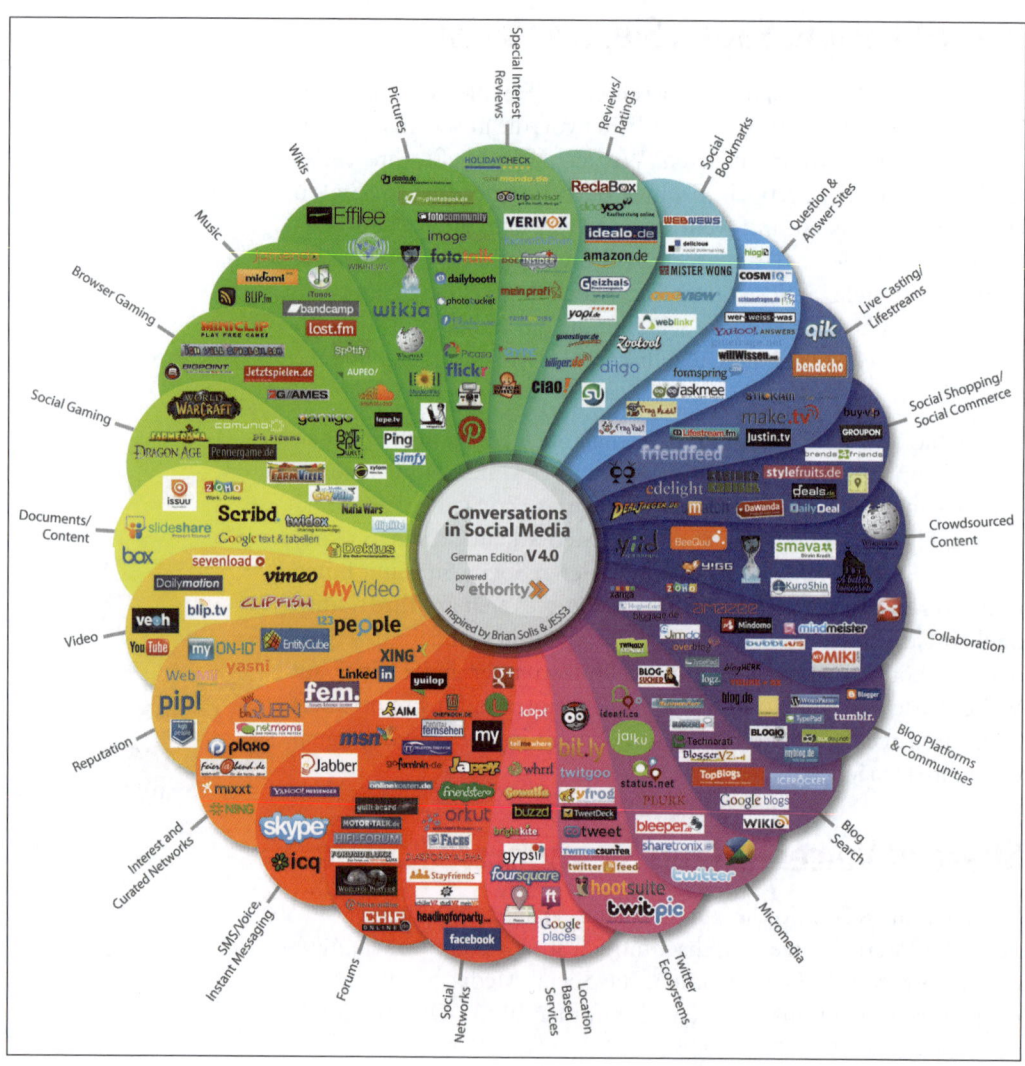

Daher ist es wichtig, über den Tellerrand des einzelnen sozialen Mediums hinauszublicken. Auch wenn Sie längst nicht in jeder Community aktiv werden können, sollten Sie doch versuchen, auf allen relevanten Plattformen die Erwähnungen Ihres Unternehmens sowie wichtige Themen und Stimmungen mitzuschneiden.

Hilfreich kann an dieser Stelle eine Matrix sein, in die Sie die verschiedenen Plattformen wie Blog, Twitter, Facebook oder Diigo von »lesen, schreiben, kommentieren« bis »nur lesen« gruppieren. Nach dieser Prioritätseinteilung sollten Sie in Ihrem Alltag vorgehen.

Die meiste Aufmerksamkeit erzielen Sie vermutlich mit Ihren Social-Media-Aktivitäten in den bekanntesten Netzwerken Facebook, Twitter, YouTube und XING. Beobachten Sie aufmerksam, wie sich Social Media verändert. Nur auf eine Plattform zu setzen, macht Sie abhängig. Selbst wenn Facebook und YouTube als beliebteste sozialen Netzwerke momentan für viele ein Synonym für Social Media sind, kann das in zwei oder drei Jahren schon wieder anders aussehen.

Wenn Sie sich ein Blog als Basis für Ihre Social-Media-Aktivitäten einrichten, haben Sie die wichtigsten Fäden in der Hand. Durch Monitoring und eine Kundenbefragung können Sie herausfinden, wo sich Ihr Zielpublikum außerdem aufhält.

Eine Hilfe bei der Suche nach der geeigneten Plattform kann der *Social Media Planner*[2] sein (siehe Abbildung 11-2). Mithilfe dieser Website lassen sich anhand der Kategorien *Altersgruppen*, *Zielgruppen* und *Themen* aktuell rund 300 Plattformen identifizieren.

Der Mashable-Blogger Jamie Turner stellte im März 2011 den sogenannten *Social Media ROI Cycle* vor, einen Kreislauf, der die verschiedenen Stufen einer Social-Media-Kampagne beschreibt (siehe Abbildung 11-3):[3]

- Er beginnt im Kreisinnern mit dem Launch der Kampagne und der Konzentration auf die sogenannten *Big Four*, also die vier reichweitenstärksten Netzwerke,
- geht über in die Stufe *Management*, in der Unternehmen sich in ihre Social-Media-Tätigkeiten eingearbeitet haben, selbst kreative Ideen entwickeln und bereits qualifiziertes Monitoring betreiben,

---

2 http://www.socialmediaplanner.de
3 http://mashable.com/2011/03/03/social-media-roi-cycle/

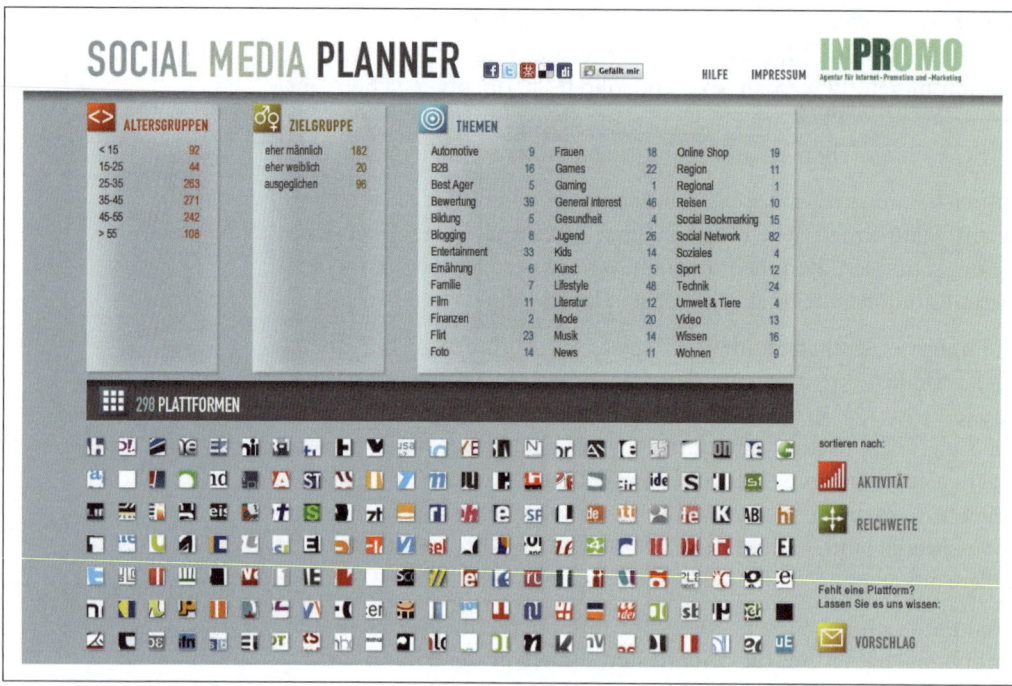

Abbildung 11-2 ▲
Hilft bei der Suche nach geeigneten Plattformen: Socialmediaplanner.de.

- und »mündet« dann in die Zeit der Optimierung, in der Monitoring-Ergebnisse zur Verbesserung und Verstärkung der Marketingaktivitäten genutzt und neue Dienste und Plattformen zusätzlich zu den Big Four eingerichtet und ausgebaut werden.

Dieser Kreislauf basiert auf Turners Beobachtungen der in Social Media aktiven Unternehmen. Stufe 3 haben ihm zufolge nur etwa 10 Prozent erreicht, 50 Prozent stehen noch bei Stufe 1. Durchläuft ein Unternehmen jedoch erfolgreich all diese Phasen, habe es gute Chancen, das Social Media Marketing einem Return on Investment zuzuführen.

Abbildung 11-3 ▶
Der Social Media ROI Cycle

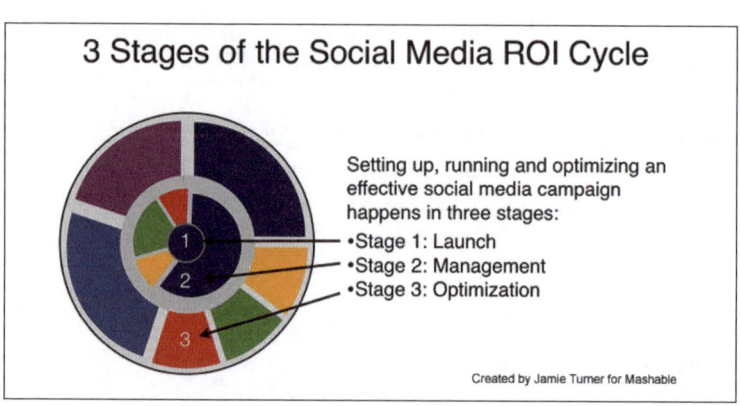

Dementsprechend lautet auch unsere Empfehlung, sich zunächst auf drei bis vier passende Plattformen zu konzentrieren, die aber wiederum einen großen Teil Ihrer Zielgruppe erreichen sollten.

- Wählen Sie sorgsam aus, wo Sie die passende Community finden.
- Verschaffen Sie sich ein Bild von den Gepflogenheiten in der Community.
- Machen Sie sich mit den wichtigsten Funktionsweisen der Plattform vertraut.
- Starten und pflegen Sie Ihre Präsenz mit Überzeugung und Begeisterung.
- Legen Sie präzise Ihre Ziele fest.
- Suchen Sie sich geeignete Tools und gegebenenfalls Expertenhilfe, um nicht durch die Auseinandersetzung mit der Technik aufgehalten zu werden.

Gehen Sie mit Automatisierungen und Mehrfachverwertung von Inhalten sorgfältig und mit Bedacht um. Blogbeiträge, Fotos, Links, Pressemitteilungen und Newsletter-Texte – häufig wird alles, was bereits an anderen Stellen veröffentlicht wurde, auch z.B. auf Facebook gepumpt. Dabei haben Ihre Facebook-Fans doch eine persönlichere Ansprache verdient. Überlegen Sie sich, welchen zusätzlichen Nutzen Ihre Facebook-Postings gegenüber Ihren Pressemitteilungen, den Texten auf Ihrer Website und Ihrem Newsletter sowie den Veröffentlichungen auf anderen Social-Media-Kanälen haben könnten. Geben Sie Interessenten gute Gründe, Ihre Fans auf Facebook zu werden und dort mit Ihnen zu interagieren.

Zurück zum ROI

Sie haben bereits erfahren, dass es schwierig sein kann, vernünftige Zahlen zur Ermittlung des ROI einer Social-Media-Kampagne zu beschaffen, weil sich die Wirkung und die Tiefe von Gesprächen nur schwer quantifizieren lassen. In Kapitel 3 sind wir auf Kennzahlen und Tools eingegangen, die Ihnen bei der Einschätzung Ihrer Kanäle helfen können.

Es existieren noch weitere aussagekräftige Mittel, um den Erfolg des Social Media Marketing zu messen. Wir haben eine Reihe von Werkzeugen untersucht, die zeigen können, ob Sie im Social Web erfolgreich sind oder nicht. Beachten Sie aber, dass es nicht leicht ist, Konversionen (die messbare Erreichung des Ziels der Marketingmaßnahme) direkt auf Social-Media-Marketingaktivitäten zurückzuführen.

Fünf verschiedene Kennzahlen können Ihnen dabei helfen, den ROI zu schätzen:

- Reichweite
- Frequenz und Traffic
- Einfluss
- Konversionen und Transaktionen
- Nachhaltigkeit

Reichweite

Wie viele Menschen erreichen Sie mit einem Blogbeitrag, mit einem Posting bei Facebook oder einem Tweet bei Twitter? Das erkennen Sie daran, wie häufig auf Ihren Beitrag verlinkt wird, wie viele Leute über Ihren Beitrag twittern und wie viele Likes und Kommentare Sie auf Ihrer Facebook-Seite erhalten. Beobachten Sie dafür Ihre Blogstatistik, die Retweets bei Twitter und die Statistiken bei Facebook. Wenn Sie Ihre Ziele definieren, legen Sie auch fest, mit welchen Messwerten Sie die Reichweite auswerten und innerhalb welchen Zeitraums Sie das tun.

Frequenz und Traffic

Wie oft besuchen die Leute Ihre Website? Über Ihr Webanalysetool können Sie sich anschauen, wie viele Besucher Sie hatten und wie viele Klicks Sie über einen bestimmten Zeitraum im Vergleich zu anderen Zeiträumen ergattert haben. Wenn der Traffic zugenommen hat und Sie nicht zeitgleich noch andere Marketingmaßnahmen ergriffen haben, kann dieser Anstieg Ihren Social-Media-Aktivitäten zugerechnet werden. Die meisten Analysetools zeigen an, von welcher Social-Media-Plattform Ihre Besucher gekommen sind. Sie können auch eine eigene Webseite für Social Media oder einen Tracking-Codeschnipsel nutzen und gesondert auswerten. Prüfen Sie regelmäßig Ihre Analysedaten, um anhand von Abweichungen und Durchschnittswerten die Wirksamkeit und Entwicklung Ihrer Social-Media-Aktivitäten im Blick zu behalten.

Einfluss

Wie hängen das Netzwerk, die Beobachtung der Community und die Gespräche im Social Web mit Ihrem Geschäft zusammen? Reden die Leute wirklich über Ihren Beitrag? Erreichen Sie Meinungsführer im Social Web, die Ihren Beitrag aufnehmen, teilen und diskutieren, oder landen Sie mit Ihrem Beitrag in einer kommunikativen Sackgasse? Wenn Sie mit Ihrem Beitrag die Community durchdringen, Erwähnungen von Influencern erhalten und damit Ihren Einfluss steigern, wächst auch das Potenzial für Konversionen und Erfolg beim Erreichen Ihrer Ziele.

Konversionen und Transaktionen

Klicken die Besucher auch auf andere Links Ihrer Website, seitdem Sie sich in Social Media engagieren, um die Bekanntheit Ihres Unternehmens zu steigern? Verzeichnen Sie steigende Newsletter-Abonnentenzahlen? Laden Besucher Software oder PDFs herunter, die Sie im Social Web empfohlen haben? Lassen sich mehr Verkäufe in Ihrem Webshop festellen? Erkundigen sich mehr potenzielle Kunden nach Ihren Dienstleistungen? Haben Sie mehr oder andere Besucher an Ihrem Messestand? Sind andere Transaktionen erkennbar? Betrachten Sie alle Auswertungen über Kundenaktivitäten im Zusammenhang mit Ihren Social-Media-Aktivitäten und prüfen Sie sie auf mögliche Auswirkungen.

▼ **Abbildung 11-4**
Die 15 erfolgreichsten Produktkategorien, gemessen an der Konversionsrate[4]

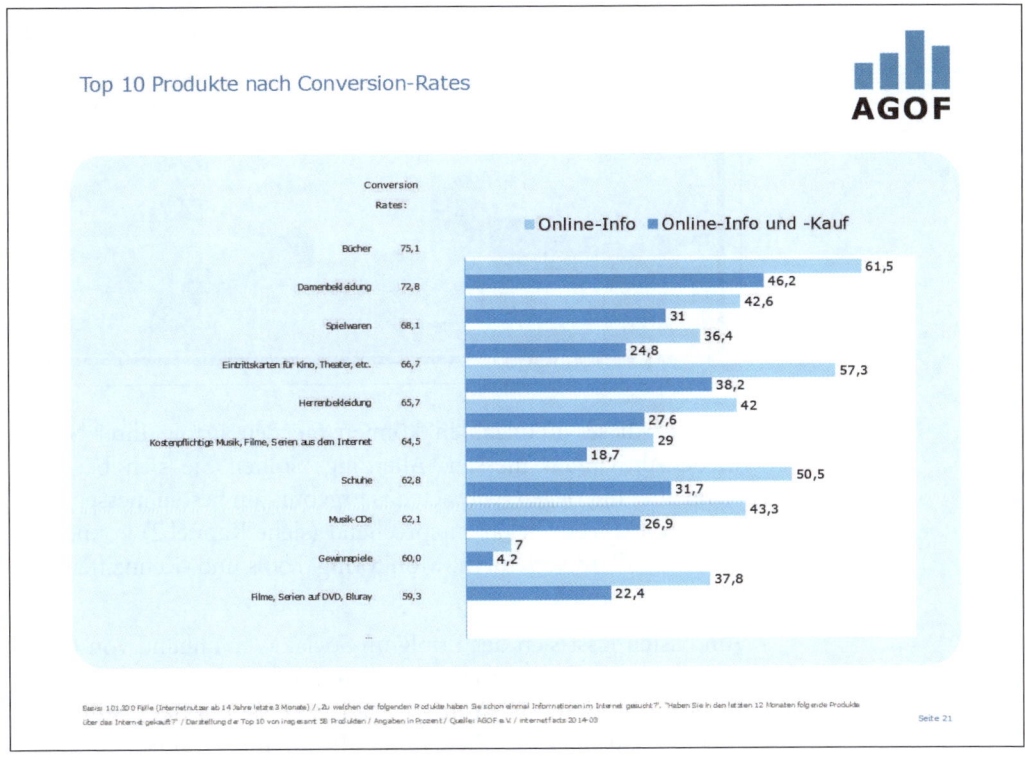

---

4   AGOF Internet Facts, *http://www.agof.de/internet-facts.987.de.html*

Nachhaltigkeit

Wie lange bleiben Fans und Follower bei Ihnen, nachdem sie im Social Web auf Sie aufmerksam wurden? Bleiben sie länger und suchen sie das Gespräch mit Ihnen, oder wandern sie direkt wieder ab? Flaut das Engagement der Nutzer schon nach kurzer Zeit wieder ab oder knüpfen sie echte Beziehungen? Abbildung 11-5 zeigt, was Sie von einem erfolgreichen viralen Kampagnenstart erwarten können, auch wenn die Ergebnisse variieren können. In diesem Beispiel generierte die Site nicht viel Traffic, bevor die fragliche Aktion geschaltet wurde. Erst danach stieg die Zahl der Seitenaufrufe an.

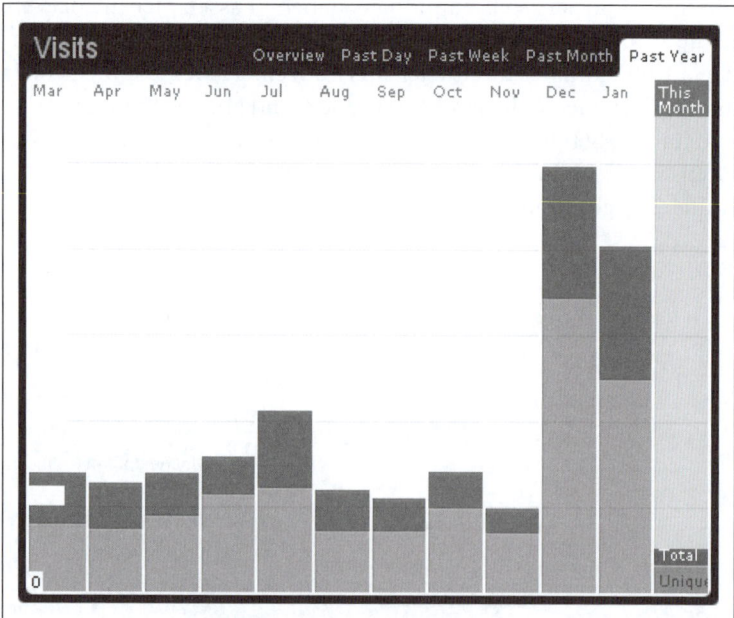

Abbildung 11-5 ▶
Analyse der Webdaten: Traffic vor und nach einer kurzfristigen viralen Kampagne

Anhand dieser Kennzahlen können Sie den Erfolg Ihrer Social-Media-Aktivitäten messen. Allerdings sollten Sie sich bei jeder Kennziffer überlegen, wie sich das Ergebnis am besten messen lässt. Ihren SMARTen Zielen entsprechend (siehe Kapitel 2) können Sie die Kennziffern verfeinern. Monitoring-Tools und -Kennziffern finden Sie in Kapitel 3.

Am besten lässt sich der Erfolg im Social Web anhand von Reichweite und Einfluss abschätzen. Der Einfluss lässt sich vielleicht nicht immer unmittelbar messen, aber was ist mit der Qualität des Meinungsaustauschs? Ziehen die Leute Ihr Produkt oder Ihre Dienstleistungen tatsächlich in Betracht, nachdem sie darauf aufmerksam geworden sind? Schaffen Sie es, einen Wunsch nach Verbundenheit mit Ihrer Marke zu wecken? Der beste Weg, um Klarheit über Erfolg und Misserfolg zu erlangen, ist eine Kombination aus der quantitativen Analyse Ihrer Statistiken, die Sie über Ihr Webanalyse-Tool und Ihre Social-Media-Accounts erhalten, mit der Auswertung der Qualität von Kommentaren, Reaktionen und Netzwerkkontakten.

War's das schon?

Selbst wenn Ihr Start im Social Web lange vorbereitet wurde und Sie sich als Startschuss eine knackige Marketingaktion überlegt haben: Es ist für Ihren langfristigen Erfolg sehr wichtig, dass Sie auch weiterhin regelmäßig auf den sozialen Plattformen kommunizieren. Wenn Sie mit einem Blog beginnen und mit Ihren Beiträgen interessierte Menschen erreichen, sollten Sie nicht sang- und klanglos auf unbestimmte Zeit verschwinden. Haben Sie das Interesse der Community geweckt, dann erwartet diese, dass Sie regelmäßig nützliche bzw. unterhaltsame Beiträge zum Thema liefern.

Wie man sich denken kann, bedeutet das viel Arbeit. Aber es wird einfacher, wenn Sie sich erst Ihren Platz in der Gemeinschaft erobert haben. Ein Redaktionsplan, mit dem Sie Ihre Beiträge auf den unterschiedlichen Social-Media-Plattformen organisieren, kann Ihnen dabei helfen, den Aufwand überschaubar – und damit berechenbar – zu machen.

Langfristiges Engagement

Natürlich können Sie mit einer aufwendigen Zwei-Wochen-Werbekampagne im Social Web für Furore sorgen und, wenn das Ihr Ziel war, danach wieder mit der Kommunikation aufhören. Doch Sie werden es dann schwer haben, sich in der Community zu verwurzeln und am Meinungsaustausch beteiligt zu bleiben. Ohne aktive Mitwirkung in der Community bleiben Ihnen viele Chancen von Social Media verschlossen.

Im Gespräch bleiben

Zu guten Gesprächen gehört das Zuhören genauso wie das Beitragen. Vergraulen Sie Ihre Fans und Follower nicht, indem Sie konsequent schweigen und sich nur melden, wenn es gilt, Querulanten zum Schweigen zu bringen. Wenn Sie ein angenehmer und aufmerksamer Gesprächspartner sind, wird man auch gern zuhören.

Unabhängig davon, wie sehr Sie sich an den Gesprächen im Social Web beteiligen: Sie sollten regelmäßig nach Erwähnungen Ihrer Marke, Ihrer Produkte und Ihrer Branche suchen und diese Informationen nutzen, um in den Meinungsaustausch einzusteigen. Achten Sie auf den Tenor: Ist er positiv oder negativ? Können Sie einen Stimmungsumschwung herbeiführen? Versuchen Sie, die Meinung der Menschen um Sie herum zu beeinflussen.

Sie stärken Ihre Marke, indem Sie sachdienliche Kommentare zu Blogbeiträgen schreiben und sich an Gesprächen bei Twitter, Google+ oder Facebook beteiligen, besonders dann, wenn es darin um Ihr Unternehmen oder Ihre Themen geht. Achten Sie auf das, was die Leute aus Ihrer Branche sagen, und nutzen Sie diese Informationen, um selbst besser zu werden und Ihre Angebote zu verfeinern. Apropos: Was tun eigentlich Ihre Wettbewerber? Hören auch sie den Gesprächen zu? Oder nicht? Wenn ja, können Sie es noch besser?

Denken Sie an das Wohl der Community

Alle Erfinder von Social-Media-Sites verfolgten mit ihrer Idee dieselben Ziele, nämlich, Menschen mit ähnlichen Interessen in Kontakt miteinander zu bringen, Wissen bzw. Unterhaltsames miteinander zu teilen oder alten und neuen Freunden die Kommunikation zu erleichtern. Im Kern dienen soziale Netzwerke noch immer diesen Zwecken. Das müssen Sie jederzeit im Hinterkopf haben, wenn Sie in den Communities Marketing betreiben möchten. Denken Sie auch daran, dass die meisten sozialen Netzwerke ursprünglich rein privat genutzt wurden.

In der Social-Media-Welt gelten andere Gesetze und Regeln als im klassischen Marketing. Offene Werbung wird von vielen Nutzern sozialer Medien abgelehnt (abgesehen davon, dass in den Nutzungsbedingungen vieler sozialer Netzwerke Werbung mehr oder weniger stark reglementiert wird). Die gewohnten, klassischen Werbestrategien bringen Ihnen letztlich nur Ablehnung ein, ja mehr noch: Sie können Ihren Ruf schädigen.

Social Media ist mehr als nur ein Mittel zum Zweck

Unternehmen und Personen, die nur nehmen und nie geben, werden von der Community rasch aussortiert. Selbstverständlich sollten Sie Ihre Ziele im Blick haben, aber Gespräche leben nun mal vom gleichberechtigten Dialog und nicht vom Absondern von Werbebotschaften. Kein Mensch wird Sie wertschätzen und weiterempfehlen, wenn er sich von Ihnen instrumentalisiert fühlt.

Machen Sie die Leute neugierig darauf, was Sie anzubieten haben; dann können Sie immer noch anfangen, ihnen etwas zu verkaufen. Insbesondere Twitter und Pinterest werden von Spammern geradezu überschwemmt – Erfolg bringt es jedoch keinem. Wenn es Ihnen gelingt, sich als sympathischer Experte zu positionieren, werden die Menschen Sie möglicherweise sogar ganz von allein nach Ihren Produkten oder Dienstleistungen fragen.

Man kann durch Beobachtung anderer und »Learning by Doing« in die Kommunikation im Social Web hineinwachsen. Achten Sie auf andere, erfolgreiche Teilnehmer und lassen Sie sich inspirieren (ohne sie 1:1 zu kopieren). Bedenken Sie, dass der Erfolg nicht über Nacht kommt. Sie müssen schon bereit sein, Zeit zu investieren. Es ist übrigens von großem Vorteil, wenn Sie Vergnügen an der Kommunikation im Social Web entwickeln. Wie bei allen Gesprächen mit Menschen macht sich das einfach bemerkbar und hat Einfluss auf den Erfolg Ihrer Aktivitäten.

Strategien für Social-Media-Communities

Sie haben gelesen, dass es sinnvoll ist, auf mehreren Social-Media-Plattformen Profile aufzubauen und zu pflegen. Sie können dadurch die unterschiedlichen Möglichkeiten wie zum Beispiel das Teilen von Fotos, Videos, Dokumenten oder Links nutzen und in verschiedener Weise kommunizieren (Blogs, Facebook, Twitter etc.). Aber wie organisieren Sie die wachsende Anzahl Ihrer Accounts?

Ihr Blog ist Ihr Kommunikationsknotenpunkt

Betrachten Sie Ihr Blog als den Ausgangspunkt Ihrer Kommunikation im Social Web. Hier können Sie frei über Ihre Inhalte und die Hausregeln bestimmen. Der Vorteil eines Blogs ist, dass Sie unabhängig von neuen oder verschwindenden sozialen Netzwerken Ihre Inhalte zugänglich machen können. Sie können sie in Rubriken sortieren und mit Tags versehen. Besucher haben die Möglichkeit, sich Artikelserien anzusehen und ältere Beiträge über Rubriken und Tags auch nach längerer Zeit noch problemlos zu finden.

Profile auf anderen sozialen Plattformen aufbauen

Bei der aktuellen großen Aufmerksamkeit für Facebook ist eine Facebook-Seite für Unternehmen schon fast Pflichtprogramm. Starten Sie auch einen Kanal bei YouTube oder Vimeo, um Videos hochzuladen. (Selbst wenn Videoproduktion nicht Ihre Kernkompetenz ist, sollten Sie zumindest für Ihr Unternehmen schon einmal einen Benutzernamen reservieren. Welche Benutzernamen auf Social Sites noch zu haben sind, können Sie zum Beispiel auf http://namechk.com oder http://www.knowem.com herausfinden, siehe Abbildung 11-6.).

Abbildung 11-6 ▼
Reservieren Sie bei KnowEm Ihren Namen für Social-Media-Portale, selbst wenn Sie nicht auf allen aktiv sein wollen.

Registrieren Sie Ihren Benutzernamen auf allen Social-Media-Sites, die Ihnen mit Blick auf Ihre Ziele und Ihr Zielpublikum sinnvoll scheinen. Sie müssen nicht auf allen diesen Sites Teil der Community werden. Aber zum Beispiel YouTube, Slideshare oder Flickr werden Sie bestimmt schätzen lernen, um Inhalte anderen Nutzern zur Verfügung zu stellen. Auf vielen Social-Media-Plattformen finden Sie einen Codeschnipsel, mit dem Sie und andere Nutzer den Inhalt in Blogs und Websites einfügen können.

> **Synergien nutzen**
>
> Fast jedes soziale Netzwerk können Sie heute über einen Facebook-, Google- oder Yahoo-Account nutzen. Möglich macht dies das OAuth-Protokoll, eine Autorisierung für Nutzer, ohne sichere Daten freizugeben. Dazu gibt der Nutzer beispielsweise seine Logindaten von Facebook bei einem Bookmarking-Dienst ein, wird »hineingelassen« und kann sich meist noch einmal einen gesonderten Nutzernamen anlegen. Langwierige Registrierungsprozeduren entfallen. Wenn Sie selbst eine Plattform anbieten, für die man Zugangsdaten benötigt, sollten Sie darüber nachdenken, das OAuth-Anmeldungsverfahren möglich zu machen.
>
> Den Umstand, dass Facebook immer mehr zu einem Web im Web wird, können Sie offensiv für sich nutzen, indem Sie auf all Ihren Seiten Links oder *Gefällt mir*-Buttons einbauen. Außerdem können Sie sogar Kommentare, die Sie auf Ihrem Blog erhalten haben, automatisch bei Facebook einbinden.
>
> Ihren Twitter-Stream können Sie wie Ihre Facebook-Meldungen auf Ihre Website streamen. Ermöglicht wird das durch eine Vielzahl zur Verfügung stehender Widgets.

Halten Sie sich Möglichkeiten offen: Fixieren Sie sich nicht auf eine einzige Community

Alles auf eine Karte zu setzen, ist niemals klug. Es mag zwar einfacher sein, Experte auf einem einzigen Portal zu werden, aber Sie sollten trotzdem versuchen, Ihre Aktivität auf mehrere soziale Medien auszuweiten. Sie machen sich und Ihre Social-Media-Aktivitäten ansonsten unnötig abhängig von der Funktionsfähigkeit und dem Fortbestand einer einzigen Plattform. Fehlen Ihnen Wissen und Arbeitskraft, dann holen Sie sich Verstärkung, oder verteilen Sie die Aufgaben auf mehrere Schultern. Vielleicht ist einer Ihrer Mitarbeiter besonders versiert in Foto- und Videoproduktion, während ein anderer gut zu texten versteht. Unterschätzen Sie den Zeitaufwand nicht, gerade wenn Sie Aufgaben an andere verteilen.

Übernehmen Sie die Mentalität der Social Media

Fangen Sie an, die Mentalität der sozialen Medien im gesamten Unternehmen zu fördern. Ein Geschäftsführer muss sich darin gut genug auskennen, um Entscheidungen über Budget und Personalressourcen zu treffen. Notfalls sollte er selbst Hand anlegen können, was in Social Media in der Regel sehr gut ankommt. Ein Profil bei XING ist ein guter Anfang. Schön ist es auch, wenn zum Beispiel der Chef Blogbeiträge schreibt, sofern es seine Zeit erlaubt; und vielleicht kann er sogar in einem Video über die jüngsten Entwicklungen sprechen.

Überlegen Sie auch, wie Sie Social Media innerhalb des Unternehmens einsetzen können. Vielleicht können Sie die Kommunikation in Projektgruppen oder Abteilungen mit einer Gruppe bei Facebook oder mit einem geschlossenen sozialen Netzwerk wie Yammer (*http://www.yammer.com*) verbessern.

Über die Grenzen der Social Media hinaus: Persönliche Kontakte

Wenn Sie sich in Social Media ein gutes Netzwerk aufgebaut haben, sollten Sie noch einen Schritt weiter gehen: Wie wäre es, wenn Sie Ihre Online-Beziehungen auch offline pflegen würden? Treffen Sie Ihre Fans und Follower bei Twittagessen (*http://twittagessen.de*) oder erkundigen Sie sich bei Twitterern aus Ihrer Stadt oder Ihrer Region, ob es regelmäßige Social-Media-Treffen gibt. Eine gute Quelle dafür sind auch Facebook (unter den Veranstaltungen) und XING. Schaffen Sie selbst Gelegenheiten, bei denen Sie Ihre Fans und Follower treffen können. Laden Sie in Ihr Unternehmen ein oder zu einem Treffen an Ihrem Messestand.

Der Verlag Hermann Schmidt (*http://www.typografie.de*) lädt jährlich zum *Offline Follow Friday* in das Verlagsgebäude nach Mainz ein. Die Veranstaltung ist nach dem wöchentlichen Ritual benannt, bei dem Twitterer einander Twitter-Accounts empfehlen. Fans und Follower werden eingeladen, sich kennenzulernen und auszutauschen. Das schafft noch mal eine ganz andere Verbundenheit zum Unternehmen, und Sie können Beiträge von Ihren Social-Media-Kontakten künftig noch besser einschätzen.

Beinahe wöchentlich findet in Deutschland ein Barcamp statt. Die sogenannten »Unkonferenzen« sind offene Tagungen, bei denen die Teilnehmer selbst das Programm bestimmen und aktiv mitgestalten. Unternehmen können diese Veranstaltungen als Sponsoren oder Teilnehmer nutzen, um Kontakte zu neuen Interessenten zu bekommen, vor allem dann, wenn sie selbst nicht das Geld haben, große Veranstaltungen anzubieten.

Das persönliche Treffen ist die beste Möglichkeit, um Vertrauen aufzubauen und im Internet geknüpfte Beziehungen zu festigen. Sie werden feststellen, dass Sie eine Menge zu bereden haben, von Kooperationsmöglichkeiten über Feedback bis hin zu Wissenstransfer und Informationen. So können Sie sich selbst und Ihre Marke bekannt und besser wahrnehmbar machen.

Onlinekreativität fördern

Wie finden Sie heraus, was in Social Media gut ankommt? Der Schlüssel zum Erfolg ist, die eingefahrenen Bahnen zu verlassen. Tun Sie etwas, das die anderen nicht tun.

Diese Strategie erwies sich für die englische Hautkrebs-Hilfsorganisation *Skcin* als wirkungsvoll, die Anfang Februar 2009 im Rahmen einer Kampagne die Website *Computer Tan* startete (*http://www.computertan.com*, siehe Abbildung 11-7). Computer Tan verkündete, dass man durch die Strahlen des Computermonitors braun werden könne.

▲ **Abbildung 11-7**
Die Homepage von Computer Tan: Innovatives virales Marketing

Natürlich war die Website Computer Tan ein Scherz, aber innerhalb von 24 Stunden nach ihrer Veröffentlichung registrierten sich in Großbritannien mehr als 30.000 Personen für eine Teilnahme an dem Programm.[5] Schließlich wurden die User über die Gefahren des Sonnenbadens und die Schädlichkeit von Sonnenstrahlen informiert.

---

5 http://www.technology.timesonline.co.uk/tol/news/tech_and_web/article5667995.ece

Das ist vielleicht eine heikle Art des viralen Marketings (wir wissen nicht, ob die 30.000 Menschen, die auf diesen Scherz hereingefallen sind, sich darüber wirklich freuen konnten), aber sie hat für viel Aufmerksamkeit gesorgt.

Wenn Ihnen selbst keine guten Einfälle kommen, denken Sie einmal über die folgenden erfolgreichen Strategien für Social-News- und Bookmarking-Portale nach.

Virale Strategie Nummer 1: Listen

1. Diese Liste wird Sie umhauen.
2. Bald sage ich Ihnen auch, warum.
3. Sie werden es toll finden.

Lesen Sie diese drei Sätze. Hätten wir dieselben Sätze als Absatz geschrieben, hätten Sie sie weniger gut aufnehmen können. Listen (wie zum Beispiel in Abbildung 11-8) sind oft wirkungsvoller als lange Absätze oder ganze Artikel.

Listen sind im Wesen viral, weil sie Engagement, Dialog und Kommunikation fördern und oft auch zeigen, dass der Autor sein Thema gründlich recherchiert hat. Wenn Sie eine Liste haben, können Sie zu den einzelnen Einträgen Kommentare schreiben, weil sich die Fakten leicht isolieren und herauspicken lassen. Listen sind von Natur aus ...

- überschaubar und dadurch leicht verständlich.
- kurz und leicht zu konsumieren. (Wenn Sie eine lange Liste verfassen, sollten Sie in jedem Element das Wichtigste durch Fettdruck hervorheben, bevor Sie es genauer ausführen.)
- geeignet, um viele Informationen in einem einzigen Artikel unterzubringen. Daher können Listen später auch zum Nachschlagen dienen.
- zum Weitergeben wie geschaffen, wodurch sie Traffic und Links generieren und dazu beitragen, Ihre Bekanntheit zu steigern.
- ansprechend und zur Teilnahme motivierend.

Der einzige Haken dabei ist, dass Listen in sozialen Medien etwas überstrapaziert werden; also bringen Sie nicht jeden einzelnen Artikel oder Beitrag in ein Listenformat. Außerdem sollten Sie eine Liste nicht als »Klickstrecke« auf mehrere Seiten verteilen. In manchen Onlinepublikationen treiben die zusätzlichen Seitenaufrufe die

Anzeigenpreise in die Höhe, aber als Blogger sollten Sie tunlichst auf solche Listen verzichten. Wenn das Lesen auf eine solche Weise erschwert wird, kann das Frustration auslösen.

Auch sprachlich sollten Sie auf dem Teppich bleiben: Dass allzu anbiedernd spannungserzeugende Texte sehr schnell für eine große Sättigung sorgen, zeigte zuletzt die Website heftig.co, deren Schlagzeilen und Links inzwischen von vielen Facebook-Usern per se geblockt werden.

▼ **Abbildung 11-8**
Listen haben in sozialen Medien Erfolg, weil oft auf sie verwiesen wird.

Virale Strategie Nummer 2: Quiz oder Fragebogen

Steht etwa geschrieben, dass man in Social Media nur Artikel veröffentlichen darf? Keinesfalls. Es gibt ja auch noch Videos, Fotos und 140-Zeichen-Tweets, die in Sekundenschnelle aufgenommen werden. Und es gibt das Quiz und den Fragebogen. Beziehen Sie die Nutzer mit ein, indem Sie sie Fragen über sich beantworten lassen – von »Sind Sie romantisch?« bis zu »Können Sie mit Geld umgehen?«. Schon haben Sie potenziell viralen Content, wenn er zum Thema und zu Ihrem Zielpublikum passt.

Sie können interessante Fragen mit Bezug auf Ihr Unternehmen stellen oder Wissenstests machen. Lassen Sie die Leute mit »wahr« oder »falsch« antworten oder per Multiple Choice oder, indem sie selbst etwas schreiben (siehe Abbildung 11-9).

Abbildung 11-9 ▼
Buzzfeed.com dekliniert Quizze und Listen durch, immer auf Klickfang. Kann trotzdem als Inspiration für Ihr Blog dienen.

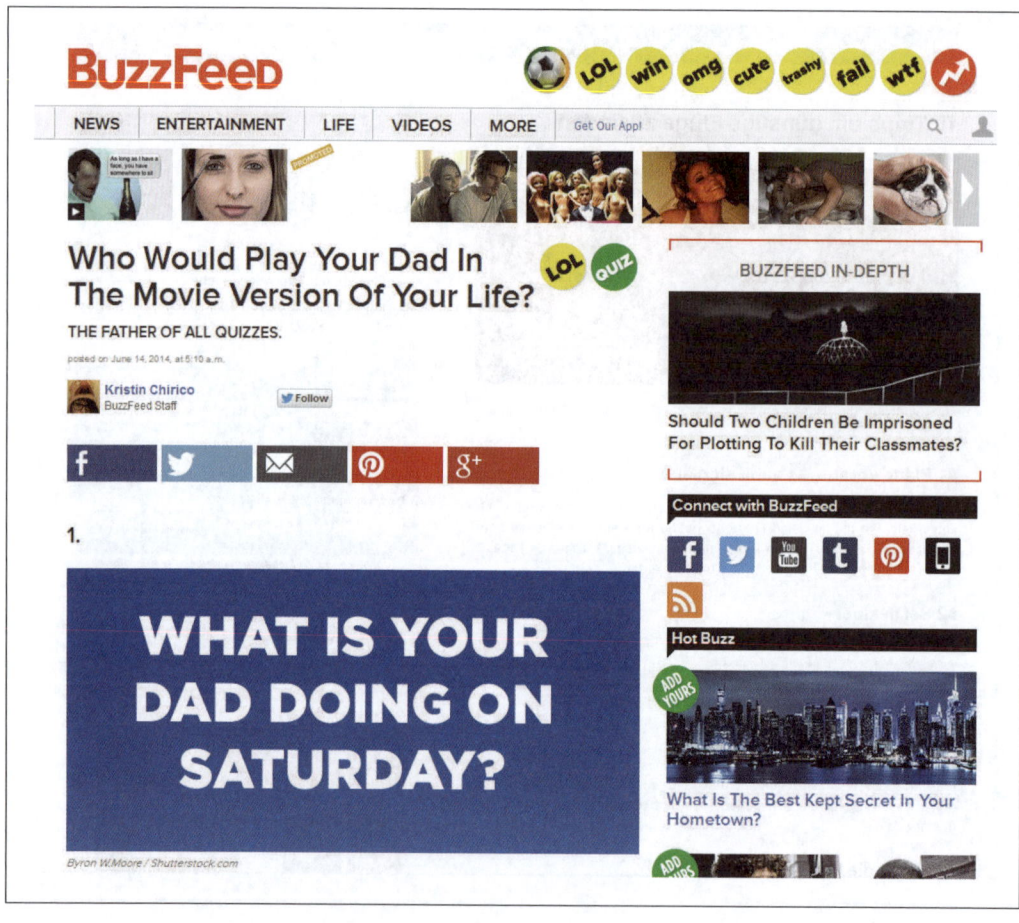

Geben Sie den Teilnehmern die Möglichkeit, ihre Ergebnisse ihrem Netzwerk mitzuteilen. Die Teilnehmer könnten die Daten einfach durch einen Direktlink auf das Quiz weitergeben. Eine größere Verbreitung findet das Quiz, wenn Sie ein Widget programmieren, das die Teilnehmer in ihre Webseiten einbinden können, wenn sie das Ratespiel beendet haben (siehe Abbildung 11-10).

▼ **Abbildung 11-10**
Ermöglichen Sie es Ihren Quizteilnehmern, ihre Ergebnisse auf ihren Websites, Social-Media-Profilen und Blogs kundzutun.

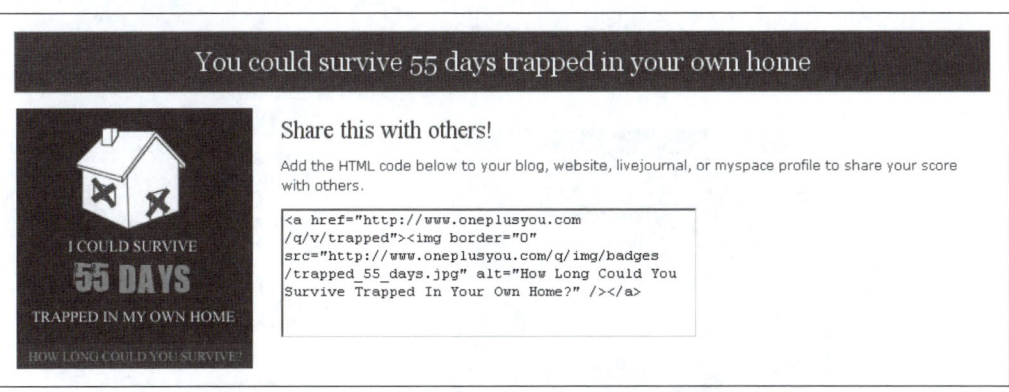

Oder dehnen Sie Ihr Quiz auf soziale Netzwerke wie Facebook aus, wo sich solche Spiele großer Beliebtheit erfreuen. Bei Facebook können Sie mit der Frage-Funktion im Handumdrehen Umfragen erstellen, die rasch eine große Reichweite erlangen können.

Virale Strategie Nummer 3: Interaktive Videos und Spiele zum Mitmachen

Wenn Sie einen Entwickler haben, der Ihnen ein interaktives Spiel oder Video zur Promotion Ihres Produkts programmieren kann, sollten Sie diese Chance nicht ungenutzt lassen (siehe Abbildung 11-11). Es gibt auch viele Dienstleister, die Sie dafür anheuern können.

Interaktive Videos und Spiele, die die Nutzer personalisieren können, sind zwar womöglich die teuerste Option, lohnen sich aber ungemein. Wenn sie gut gemacht sind, werden die Nutzer sie mit ihren Freunden teilen, und das Ergebnis ist eine wunderbare Mundpropaganda auf der Grundlage von sozialen Kontakten.

Sehr beliebt ist zum Beispiel die interaktive Grußkarte ElfYourself (*http://www.elfyourself.com*), mit der sich in der Vorweihnachtszeit Grüße mit dem eigenen Konterfei auf einem tanzenden Elfenkörper versenden lassen. Mit dem *Museum of Me*[6] von Intel (*http://www.intel.com/museumofme/en_IN/r/index.htm*) kann man sich mit den

Abbildung 11-11 ▼
Eine interaktive Urlaubskarte

Inhalten auf Facebook ein ganz persönliches Ich-Museum errichten (siehe Abbildung 11-12). Das *Museum of Me* hat sich blitzartig auf Facebook verbreitet.

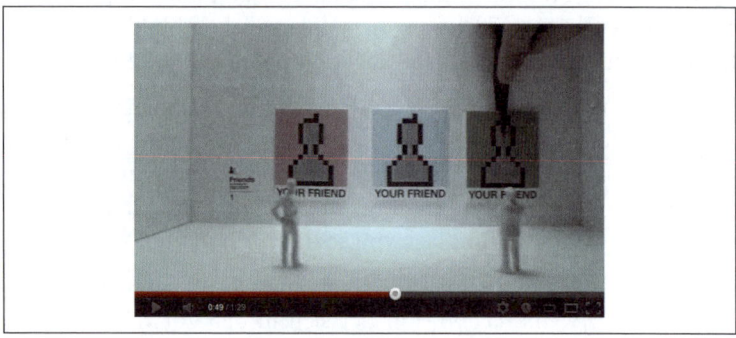

Abbildung 11-12 ▶
Das *Museum of Me* von Intel

---

6   http://www.youtube.com/watch?v=qfd54nYPhXk

Virale Strategie Nummer 4: Eine Story durch Bilder erzählen

Wir sind alle mit Bilderbüchern, Fernsehserien und Kinofilmen aufgewachsen und wissen um die Macht der Bilder. Fesselnde Bilder können starke Gefühle auslösen. Das Internet ist voller Informationen in Textform. Lassen Sie Ihre Beiträge aus dieser Masse herausstechen, indem Sie sie als Grafik umsetzen oder durch Bilder aufwerten. Ein Bild kann den Erfolg eines Beitrags erheblich steigern. In Social Media erzählt man mit visuellen Elementen und Bildern die stärksten Geschichten.

Angenommen, Sie arbeiten für ein Unternehmen, das Daten wiederherstellt: Wäre es da nicht interessant, Fotos von den Festplatten zu zeigen, die Ihre Kunden einschicken? Bestimmt haben Sie schon Kunden gehabt, deren Computer bei einem Wohnungsbrand zerstört wurden. Warum nicht die Geschichten dieser Kunden erzählen und mit den Bildern der Festplatten garnieren, um dem Publikum genau vor Augen zu führen, was aus den wertvollen Daten geworden ist?

Vielleicht eröffnen Sie auch einen Laden für Kochzubehör. Sie könnten ja den Fortschritt Ihrer Vorbereitungen bis hin zum Eröffnungstag in einem Fototagebuch dokumentieren und alle Menschen zeigen, die bei diesem Projekt geholfen haben.

Virale Strategie Nummer 5: Ein Tool programmieren

Gibt es in Ihrer Branche vielleicht ein Problem, das Sie lösen können, indem Sie ein Tool programmieren? Tools sind ein tolles Mittel, um hochwertige, relevante Links auf Ihre Website zu ziehen und sich als Experte zu etablieren. Ist ihre Spezialität beispielsweise Computerinfrastruktur für Unternehmensmanagement? Vielleicht können Sie ja ein Programm schreiben, das den Webmastern dabei hilft, ihre Server zu überwachen.

Denken Sie nur an die beliebten Onlinewerkzeuge, die bereits existieren: Wahrscheinlich haben Sie schon einmal einen Währungsumrechner oder Kalorienzähler auf einer Website oder bei einer Recherche gefunden. Wenn Ihre Branche etwas mit diesen Themen zu tun hat, können Sie nicht vielleicht das Konzept desselben Tools übernehmen und verbessern? Fällt Ihnen ein anderes, ähnlich gelagertes Problem ein, das Ihre User im Internet gerne lösen würden? Von solchen Anwendungen haben alle etwas, auch diejenigen, die nicht unbedingt gerade etwas kaufen möchten. Und sie haben zusätzlich den Vorteil, dass man sie weitergeben und eine Marke bekannt machen kann.

Es bietet sich auch an, eine App für Smartphones zu programmieren. Die Bedeutung von Apps wächst mit der Nutzung des mobilen Web, vor allem, wenn sie helfen können, alltägliche Probleme zu lösen. Außerdem sind solche Apps auch außerhalb Ihrer Branchenwebsite auffindbar (zum Beispiel bei iTunes), so dass Sie neue Interessenten erreichen können.

Virale Strategie Nummer 6: Bringen Sie Ihren Nutzern etwas bei

Sehr beliebt sind im Social Web Videos, die Handgriffe, Software, Fachbegriffe oder Sachthemen erklären. Benötigen andere Hilfe bei etwas, das Sie können? Dann helfen Sie, und zwar am besten mit einem Video, das den Vorgang illustriert. Es gibt beispielsweise diverse wunderbare Videos, in denen Mann lernen kann, eine Krawatte zu binden[7] oder ein Hemd in weniger als zwei Sekunden zusammenzulegen[8] (siehe Abbildung 11-13).

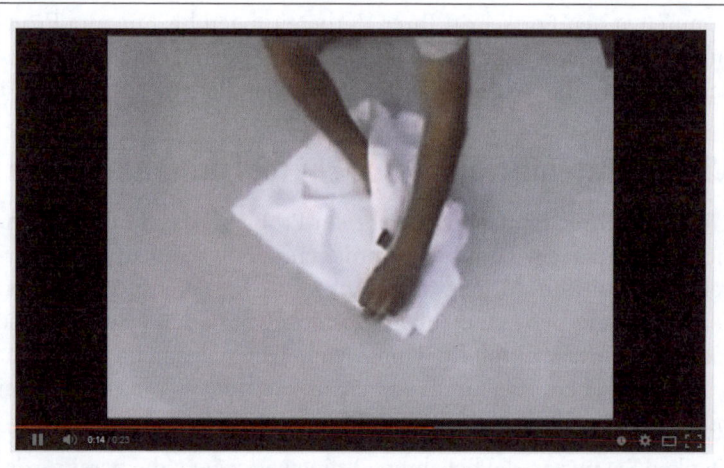

Abbildung 11-13 ▶
Ein Video, das zeigt, wie man ein T-Shirt faltet

Videos können Ihnen sogar dabei helfen, Meinungsführer zu werden. Ja, mehr noch: Die besten Videos werden auf How-to-Blogs und anderen Portalen zitiert. Überlegen und beobachten Sie, was

---

7 http://www.youtube.com/watch?v=MbXzI-IAdSc
8 http://www.youtube.com/watch?v=b5AWQ5aBjgE

Sie beitragen können und ob Sie damit Ihre Ziele im Social Web unterstützen können.

Die Möglichkeiten, anderen etwas beizubringen, sind schier unbegrenzt. Falls Sie kein Video drehen möchten, können Sie den zu erklärenden Prozess auch mit einer Reihe von Fotos illustrieren und diese in Bildunterschriften erläutern.

Die »Alte Schule«

Behalten Sie auch Ihre klassische Kommunikation im Blick. Marketing und PR, Kundenservice und Recruiting werden zunehmend »interaktiv« und nutzen Funktionsweisen und Mittel von Social Media. Verknüpfen Sie Ihre Kommunikationskanäle, und kombinieren Sie sie untereinander.

- Wie schon zuvor in diesem Kapitel gesagt wurde, ist Ihre Visitenkarte ein gutes Mittel, um auf Ihr Blog, Ihre Website, Ihren XING- oder Twitter-Account oder andere Social-Media-Profile hinzuweisen.

Tipp   Wenn Sie Ihre Profile auf Ihrer Visitenkarte erwähnen, dann sollten Sie das nach dem Motto »Weniger ist mehr« tun. Heben Sie nur diejenigen Medien heraus, in denen Sie aktiv sind und auf die Sie die Aufmerksamkeit lenken möchten. Überfordern Sie den Empfänger der Karte nicht mit zu vielen Informationen. Richten Sie auf Ihrer Website eine Seite mit Informationen zu Ihren Social-Media-Aktivitäten ein. Oder nutzen Sie eine digitale Visitenkarte auf about.me (http://about.me), von der aus Sie auf alle Accounts verlinken können.

- Wenn Sie einen Newsletter an Ihre Kunden, Geschäftspartner, Journalisten und andere Interessenten versenden, können Sie auch darin auf Blogbeiträge, Videos, Bilder oder andere Social-Media-Aktivitäten aufmerksam machen. Schreiben Sie nur nicht überall dasselbe hin, damit kannibalisieren Sie Ihre sorgsam aufgebauten Accounts.
- Ihre E-Mail-Signatur ist ebenfalls gut geeignet, um Ihre Aktivitäten in sozialen Medien bekannt zu machen. Übertreiben Sie es nicht, indem Sie jedes einzelne Profil aufführen, sondern weisen Sie nur auf die aktiven hin. Meine Signatur sieht so aus:

    Tamar Weinberg
    http://www.techipedia.com

Twitter: *http://twitter.com/tamar*
FriendFeed: *http://friendfeed.com/tamar*
This email is: [ ] bloggable [x] ask first [ ] private

- Nutzen Sie Foren. Die inhärent sozialen Foren waren die Vorläufer der heutigen sozialen Medien. Allerdings gelten für Foren dieselben Regeln des Social Media Marketing wie für andere Medien: Sie müssen absolut ehrlich sein und am Meinungsaustausch mitwirken, um ohne Probleme mit der Community Ihre Promotion unters Volk zu bringen. Zudem sollten Sie sich erst in der Community etablieren, bevor Sie anfangen, für etwas zu werben.

CHECKLISTE: Der Weg zu langfristigem Erfolg

- Machen Sie immer deutlich, wer Sie sind, für welches Unternehmen Sie netzwerken und wie man Sie erreichen kann.
- Nutzen Sie Tools wie den SocialMediaPlanner, um die für Ihre Vorhaben wichtigsten Communities zu identifizieren.
- Erweitern Sie Ihr Social-Media-Engagement durch die Verwendung mehrerer Kanäle. Vergessen Sie nicht, auch über den Tellerrand, d.h. über die populärsten Netzwerke hinauszuschauen.
- Evaluieren Sie Ihr Engagement anhand wichtiger Kennzahlen wie Reichweite und Konversionsrate sowie Ihrer vorab bestimmten Ziele.
- Achten Sie darauf, neben quantitativen Werten auch regelmäßig die Qualität Ihres Austauschs mit der Community zu analysieren.
- Achten Sie darauf, dass Ihre Blogbeiträge, Videos und Posts im Social Web
  - kreativ und/oder informativ sowie gut strukturiert und bebildert sind,
  - so oft wie möglich interaktive Elemente enthalten,
  - einen Mehrwert bieten und
  - zum Teilen einladen.
- Engagieren Sie sich langfristig und bieten Sie Hilfe an, wenn Sie etwas an anderer Stelle beitragen können.
- Lassen Sie gelegentlich alle operativen Marketingziele hinter sich und besinnen Sie sich auf das, was das Social Web ursprünglich ausmachte: Austausch für die und mit der Community.
- Treffen Sie Ihre Onlinekontakte auch offline: bei Twittagessen, auf Barcamps, auf Messen und Tagungen – oder laden Sie interessante Follower gleich in Ihr Büro ein.

- Weisen Sie auch in Ihren Werbemitteln (Kundenbroschüren, Flyern, Werbepostkarten etc.) und an Ihren Messeständen auf Ihre Aktivitäten in Social Media hin. Werfen Sie jedoch einen Blick in die Geschäftsbedingungen der sozialen Netzwerke, wenn Sie Logos abdrucken. Bei manchen benötigen Sie dafür eine gesonderte Abdruckgenehmigung.

Es lohnt sich durchaus, traditionelle Medien einzubeziehen. Manche Menschen sind vielleicht (noch) nicht in den sozialen Netzwerken aktiv, die dieses Buch behandelt, und würden sonst nichts von den Inhalten mitbekommen, die Sie über die sozialen Medien verbreiten.

Zusammenfassung

Social Media Marketing ist eine umfangreiche Aufgabe, da Sie auf mehreren Plattformen aktiv sein sollten. Dazu gehört, dass Sie offen sagen, wer Sie sind und was Sie tun, und einen Dialog auf Augenhöhe ermöglichen. Erfolge werden Sie nur erzielen, wenn Sie in die Kultur im Social Web eintauchen und die Mentalität von Social Media annehmen.

Wie Sie in diesem Kapitel und im gesamten Buch erfahren konnten, ist es nicht so leicht, einen ROI direkt auf die Aktivitäten in den sozialen Medien zurückzuführen. Aber es gibt Kennziffern, mit denen sich der Erfolg schätzen lässt. Diese Kennziffern sind *Reichweite*, *Frequenz* und *Traffic*, *Einfluss*, *Konversionen* und *Transaktionen* sowie *Nachhaltigkeit*.

Werden Sie nicht erst dann aktiv, wenn eine Krisensituation entstanden ist. Bauen Sie sich ein hochwertiges Netzwerk auf, das Sie unterstützt, wenn es kritisch wird. Bieten Sie Ihrem Netzwerk mit immer neuen, nützlichen und unterhaltsamen Inhalten einen Mehrwert, der gerne mit anderen geteilt wird. Die Community entscheidet, ob Sie mit Ihren Botschaften ankommen und weiterempfohlen werden oder nicht. Diese Bedingung muss in Ihrem gesamten Unternehmen verstanden und beherzigt werden.

Beschränken Sie sich nicht auf eine Social-Media-Plattform, sondern schöpfen Sie die Möglichkeiten von Social Media aus (soziale Netzwerke, Plattformen zum Teilen von Dokumenten, Fotos und Videos, Social Bookmarking etc.). Scheuen Sie sich nicht, Fragen zu stellen und um Feedback zu bitten.

Überlegen Sie sich *virale Marketingstrategien*, die ganz natürlich weitergegeben und mit der Community geteilt werden können. Artikel und Beiträge in Form von Listen, Quizzes und Spielen sind erfolgreich, weil sie zur Mitwirkung und Weitergabe einladen. Auch eine Fotoserie kann starke Stimmungen und Gefühle auslösen. Tools sind ein weiteres Mittel, um jemandem eine Tätigkeit zu erleichtern: Wenn Sie also ein Problem lösen oder ein Bedürfnis befriedigen können, indem Sie ein ganz einfaches Tool schreiben, dann tun Sie das. Diese Strategie hilft definitiv dabei, Expertenstatus zu erlangen. Beziehen Sie auch Ihre klassische Kommunikation ein und verknüpfen Sie all Ihre Kommunikationsmittel mit Social Media.

Vergessen Sie dabei nie: Im Social Web dreht sich alles um Beziehungen. Wenn Sie von sich etwas geben, werden andere Ihnen etwas zurückgeben. Zeigen Sie den anderen, dass Sie ihre Aufmerksamkeit zu schätzen wissen. Bringen Sie Ihren Fans und Followern Interesse entgegen. Setzen Sie das Wohl der Community an die erste Stelle. Und vergessen Sie beim Formulieren Ihrer Ziele nicht, dass Social Media kein Mittel zum reinen Werben und Verkaufen sind. Sie benötigen Zeit und Mühe, um Erfolg zu erzielen.

Der Dialog findet jetzt und hier statt. Werden Sie ein Teil davon!

Anhang: Rechtliche Aspekte beim Social Media Marketing

In diesem Kapitel:
- Domain- und Account-Namen
- Anbieterkennzeichnung: Impressumspflicht
- Urheberrecht bei Profil- und Accountbildern sowie veröffentlichten Inhalten
- Wettbewerbsrecht
- Äußerungsrecht
- Haftung für Links und sonstige Inhalte
- Arbeitsrecht

> Der Autor dieses Kapitels, Dominik Boecker, ist Rechtsanwalt in Köln und zugleich Fachanwalt für Informationstechnologierecht. Er betreut Unternehmen und Privatpersonen im Bereich des Rechts der neuen Medien und des IT-Rechts. In diesen Bereichen verfasst er Fachbeiträge, ist Interviewpartner für Printmedien und Rundfunk und hält Fortbildungen für Rechtsanwälte und Unternehmen sowie im Rahmen von Veranstaltungen. 2010 war er zu IT-rechtlichen Fragestellungen Sachverständiger im Landtag NRW und im Rechtsausschuss des Deutschen Bundestags.

Unternehmerisches Engagement beim Social Media Marketing bringt auch vielfältige und vielschichtige rechtliche Fragen mit sich, die im Vorfeld überlegt und abgeklärt werden sollten. Das Recht ist dabei aber keine tote Materie, sondern es entwickelt sich laufend weiter, sodass hier lediglich eine Momentaufnahme wiedergegeben werden kann, um zumindest für die grundlegenden Fragen zu sensibilisieren.

Die hier geschilderten Problematiken können auch dann relevant werden, wenn Dritte Ihre Rechte beeinträchtigen. Vor der Geltendmachung von Ansprüchen gegen Dritte sollte aber analysiert werden, wie dies von der Öffentlichkeit wahrgenommen werden könnte, denn das Vorgehen von Rechteinhabern gegen Dritte wird in der Netzöffentlichkeit nicht selten heftig diskutiert. Dies kann die zuvor erarbeitete Reputation unter Umständen dauerhaft und negativ beeinflussen.

Domain- und Account-Namen

Social Media Marketing findet anfangs nur selten in einem selbst kontrollierten Raum, sondern oftmals bei einem externen Anbieter statt. Hierdurch begibt man sich in den öffentlichen Raum, womit sich die ersten rechtlichen Fragen stellen: Unter welchem Namen soll das Engagement stattfinden? Dabei sind zwei Konstellationen naheliegend: Aktivität unter einem eigenen Domainnamen oder unter einem (mehr oder minder) frei wählbaren Account-Namen bei einem anderen Anbieter.

Rechtlich werden an dieser Stelle im Wesentlichen zwei Aspekte relevant: das Namensrecht[1] einerseits und Kennzeichenrechte[2] im weitesten Sinne andererseits. Kennzeichenrechte gliedern sich ihrerseits wiederum in zwei Unterfälle auf: das Recht an geschäftlichen Bezeichnungen[3] und Markenrechte im engeren Sinne[4]. Sowohl geschäftliche Bezeichnungen als auch Markenrechte gliedern sich ihrerseits in weitere Unterfälle: Unternehmenskennzeichen und Werktitel bei den geschäftlichen Bezeichnungen einerseits und drei verschieden entstandene Markenrechte im engeren Sinne andererseits.

Das Namensrecht

Das Namensrecht gibt einem Namensträger die weitestreichenden Ansprüche gegen Dritte, die einen Namen unbefugt gebrauchen. Bei der Registrierung eines Domainnamens kann das Namensrecht tangiert sein, wenn der registrierte Domainname mit dem Namen einer natürlichen oder juristischen Person identisch oder ähnlich ist, denn nach der Rechtsprechung des Bundesgerichtshofes[5] liegt

---

1 Im Grunde in § 12 BGB geregelt, aber im ganz Wesentlichen alleine durch die Rechtsprechung geprägt. Alle hier genannten Gesetze sind (bis auf den Rundfunkstaatsvertrag [RStV]) im Internet unter *http://www.gesetze-im-internet.de/* abrufbar.
2 Im Wesentlichen im Markengesetz (MarkenG) geregelt.
3 §§ 5, 15 MarkenG.
4 §§ 4, 14 MarkenG.
5 zB I ZR 138/99 – shell.de.

bereits in der Registrierung einer Domain und nicht erst in deren Nutzung eine Verletzung des Namensrechts.[6] Es gibt derzeit[7] noch keine gerichtlichen Entscheidungen zur Verletzung des Namensrechts durch die Wahl eines Accountnamens. Die in Domainstreitigkeiten entwickelten Grundsätze können und werden aber nach meiner Einschätzung auf Accountnamen übertragen werden.

Tipp Registrieren Sie Domains oder Accounts erst nach einer Recherche. Sinnvoll erscheint dabei, dass diese mit Ihrem Namen (dem Ihres Unternehmens) übereinstimmen.

Kennzeichenrechte

Kennzeichenrechte geben dem Inhaber dieses Rechts etwas weniger weit reichende Ansprüche, die auch an andere tatbestandliche Voraussetzungen als das Namensrecht geknüpft werden. Allen Kennzeichenrechten ist dabei gemeinsam, dass an einer bestimmten Zeichenfolge ein Ausschließlichkeitsrecht für einen bestimmten Bereich besteht und Dritte von der Nutzung dieses Zeichens ausgeschlossen werden können.

Bei geschäftlichen Bezeichnungen findet eine Zuordnung der Zeichenfolge zu einem Werk oder Unternehmen statt: Im Falle eines Werktitels also eine Zuordnung der Zeichenfolge zur Bezeichnung eines konkreten Werks (z.B.: Druckschriften, Filmwerke, Tonwerke, Bühnenwerke und Vergleichbares); im Falle eines Unternehmenskennzeichens die Zuordnung der Zeichenfolge als im geschäftlichen Verkehr benutzter Name, Firma oder besondere Geschäftsbezeichnung.

Bei Marken ist eine Verknüpfung dergestalt vorgenommen, dass das Zeichen Schutz im Hinblick auf bestimmte Waren und/oder Dienstleistungen entfaltet.[8]

Wenn jemand für eine Zeichenfolge kennzeichenrechtlichen Schutz genießt, dann kann er Dritte von einer Nutzung des Zeichens ausschließen: Im Falle von geschäftlichen Bezeichnungen, wenn der

---

6 Mit der Folge, dass Ansprüche auf Unterlassung (und Löschung des Domainnamens), Auskunft, Schadensersatz sowie der Ersatz von Rechtsverfolgungskosten geschuldet wird.

7 D.h. Ende Februar 2011.

8 Registermarken entstehen durch Eintragung in das amtliche Register (DPMA; HABM oder WIPO), Benutzungsmarken durch Benutzungsaufnahme, wenn das Zeichen Verkehrsgeltung erworben hat und Notorietätsmarken sind Marken die auch ohne Registrierung und Benutzung im Inland notorisch bekannt sind.

Dritte die Bezeichnung oder ein ähnliches Zeichen im geschäftlichen Verkehr unbefugt in einer Weise benutzt, die geeignet ist, Verwechslungen mit der geschützten Bezeichnung hervorzurufen. Hinsichtlich der Verwechselungsgefahr wird bei Werktiteln auf die sich gegenüber stehenden Werke, bei Unternehmenskennzeichen auf die Branchenähnlichkeit abgestellt. Es gibt dabei eine Wechselwirkung zwischen (Un-) Ähnlichkeit der Zeichen einerseits und (Un-) Ähnlichkeit der Werke/Branchen andererseits. Je ähnlicher die sich gegenüberstehenden Zeichen sind, desto unähnlicher müssen die Werke oder die Branchen sein, um keinen Unterlassungsansprüchen ausgesetzt zu sein. Wenn die Zeichen einander unähnlich sind, dann müssen die Werke oder die Branchen umso ähnlicher sein, um Unterlassungsansprüchen ausgesetzt zu sein.

Auch aus Marken können Unterlassungs-, Auskunfts- und Schadensersatzansprüche hergeleitet werden, wenn ein mit der Marke identisches Zeichen für Waren oder Dienstleistungen genutzt wird, die mit denjenigen identisch sind, für welche die Marke Schutz genießt[9] oder wenn wegen der Identität oder Ähnlichkeit des Zeichens mit der Marke und der Identität oder Ähnlichkeit der durch die Marke und das Zeichen erfassten Waren oder Dienstleistungen für das Publikum die Gefahr von Verwechslungen besteht.[10] Bei bekannten Marken oder Notorietätsmarken sind Ansprüche über die zuvor geschilderten Konstellationen auch dann gegeben, wenn bei Identität oder Ähnlichkeit der Zeichen die Benutzung für unähnliche Waren erfolgt, aber diese Benutzung die Unterscheidungskraft oder Wertschätzung der Marke ohne Rechtfertigung unlauter ausnutzt oder beeinträchtigt.[11]

 Tipp Vor der Registrierung einer Domain oder eines Accounts empfiehlt sich auch eine Recherche nach etwaigen älteren Marken, die durch eine Registrierung oder die nachfolgende Benutzung verletzt werden könnten. Wenn eine mit Ihrem Namen oder Ihrer Marke identische oder ähnliche Domain oder ein Accountname bereits belegt sein sollte, so können Ihnen Ansprüche gegen den Domain- oder Account-Inhaber zustehen.

---

9 § 14 Abs. 2 Nr. 1 MarkenG.
10 § 14 Abs. 2 Nr. 2 MarkenG.
11 § 14 Abs. 2 Nr. 3 MarkenG.

Anbieterkennzeichnung: Impressumspflicht

Der Anbieter eines Telemedienangebotes – und ein Blog und ein Twitter-Account sind nach überwiegender Auffassung Telemedienangebote – muss im Regelfall bestimmte Informationen über sich veröffentlichen, mindestens jedoch Namen und Anschrift, bei juristischen Personen auch Namen und Anschrift des Vertretungsberechtigten.[12] Bei journalistisch-redaktionell gestalteten Angeboten muss zusätzlich auch ein Verantwortlicher mit vollständigem Namen und Anschrift angegeben werden.[13]

In der überwiegenden Zahl der Angebote finden zusätzlich auch die Regelungen des Telemediengesetzes Anwendung, der[14] vielfältige zusätzliche Angaben, wie insbesondere Rechtsform, Kontaktmöglichkeiten (Rufnummer, Faxnummer und E-Mail-Adresse) und weiteres verlangt. Diese weiteren Angaben sind inhaltlich selbsterklärend und müssen leicht erkennbar, unmittelbar erreichbar und ständig verfügbar gehalten werden. Verstöße gegen die Regeln zur Anbieterkennzeichnung können von Mitbewerbern wettbewerbsrechtlich verfolgt werden.

Tipp Da Teilnehmer im Social Media Marketing weitgehende Transparenz anstreben sollten, werden die Kontaktinformationen ohnehin bereits vorhanden sein. Sie sollten keinesfalls vergessen werden.

Urheberrecht bei Profil- und Accountbildern sowie veröffentlichten Inhalten

Beim Einstellen eines Profil- oder Account-Bildes muss darauf geachtet werden, dass hierbei keine Urheberrechte verletzt werden. Fotografien sind urheberrechtlich geschützt, sodass der Urheber des Bildes vor einer Vervielfältigung, Verbreitung oder öffentlichen Zugänglichmachung seine Einwilligung geben muss.

Tipp Fertigen Sie Fotografien für den Account entweder selbst an oder lassen Sie sich von dem Fotografen ausdrücklich die Rechte für eine Nutzung im Online-Bereich einräumen. Vereinbaren Sie ebenfalls, dass Sie sämtliche Rohdaten (Fotos, Texte,

---

12 § 55 Abs. 1 RStV.
13 § 55 Abs. 2 RStV.
14 Nach § 5 TMG.

Webseiten) und sämtliche wesentlichen Arbeitsschritte in verschiedenen Formaten von dem Fotografen ausgehändigt erhalten.

Aber nicht nur bei Profil-/Accountbildern stellen sich urheberrechtliche Fragen, sondern immer dann, wenn mit Werken[15] gearbeitet wird. Werke sind urheberrechtlich dann geschützt, wenn sie persönliche geistige Schöpfungen sind. Dem Urheber werden dabei durch das Gesetz bestimmte Verwertungsrechte[16] eingeräumt, die beachtet werden müssen, um nicht Unterlassungs-, Auskunfts- und Schadensersatzansprüchen auszulösen.

Fremde Werke dürfen nicht ohne Einwilligung des Urhebers verwertet werden, d.h. die unbefugte Nutzung fremder Werke ist im Internet (und insbesondere im Bereich des Social Media Marketing) schlicht und einfach tabu.[17]

Es gibt so genannte offene Lizenzen, wie beispielweise Creative Commons[18], wo ein Autor sein Werk unter bestimmten Bedingungen[19] zur weiteren Nutzung zur Verfügung stellt. Wenn der tatsächliche Autor des Werkes dieses unter diese Lizenz gestellt hat, dann darf das Werk bei Beachtung der Lizenz weiter verwendet werden. Ein regelmäßiges Problem ist in der Praxis aber, dass nicht immer der Werkschaffende diese Lizenz gewählt hat, sondern ein Dritter, der zur Lizenzerteilung nicht befugt war. Hier drohen dann auch bei Beachtung der Lizenzbedingungen Streitigkeiten.[20]

---

15 z.B.: Bücher, Schriftwerke, Reden und Computerprogramme, Musikwerke, Baukunst, angewandten Kunst (einschließlich der Entwürfe), Lichtbild- und Filmwerke. Die Werkkategorien sind in § 2 Abs. 1 UrhG aufgezählt, wobei diese Norm neue, nicht genannte Werke der Literatur, Wissenschaft und Kunst umfasst.

16 §§ 16 – 22 UrhG.

17 Das Retweeten fremder Tweets ist urheberrechtlich noch nicht weiter geklärt, es dürfte sich dabei aber um eine typische und sozialadäquate Nutzung handeln, in die der Urheber (antizipiert) durch Anmeldung zu dem Dienst eingewilligt hat.

18 <http://de.creativecommons.org/>.

19 Einen ersten Überblick gibt die Seite: <http://de.creativecommons.org/was-ist-cc/>.

20 Zwischen Mario Sixtus und der Gesellschaft zur Verfolgung von Urheberrechtsverstößen (GVU) hat sich eine solche Streitigkeit einmal angebahnt: <http://sixtus.cc/in-sachen-gvu>.

Wettbewerbsrecht

Wenn die Domain/der Account geschäftlich genutzt wird, so sind auch die Regelungen des Gesetzes gegen den unlauteren Wettbewerb zu befolgen.

Grundlagen

Das Wettbewerbsrecht untersagt unlautere geschäftliche Handlungen, wenn sie geeignet sind, die Interessen von Mitbewerbern, Verbrauchern oder sonstigen Marktteilnehmern spürbar zu beeinträchtigen.[21] Da diese Norm inhaltlich recht unbestimmt erscheint und erheblich ausgelegt werden muss, finden sich im Gesetz weitere Konkretisierungen. So wird näher konkretisiert, was eine unlautere geschäftliche Handlung ist[22], wann geschäftliche Handlungen irreführend sind[23] und welche Handlungen gegenüber Verbrauchern immer unzulässig sind.[24]

Die Variationen der (unlauteren) Wettbewerbsmethoden sind so vielfältig, dass hier nur ein kleiner Einblick gegeben werden kann. Unlauter sind insbesondere die Verschleierung des Werbecharakters geschäftlicher Handlungen, das Anschwärzen oder die gezielte Behinderung von Mitbewerbern, moralischer Druck auf potentielle Kunden, Gesundheitsbezogene Werbung[25] oder Werbung, die sich gezielt an Kinder richtet. Das, was bei der »normalen Werbung« offline zulässig oder unzulässig ist, ist auch online zulässig oder unzulässig.

Das »Astroturfing«

Von Kunden abgegebene Beurteilungen im Rahmen von Bewertungsportalen oder Shoppingseiten können die Kaufentscheidung anderer Kunden erheblich beeinflussen. Mitunter wird deswegen der Versuch unternommen, diese Kundenbeurteilungen des eigenen Produktes oder der eigenen Dienstleistungen durch eigene Bewertungen positiv zu beeinflussen, um die Absatzchancen zu erhöhen. Dies wird auch Astroturfing genannt.

---

21 Vgl. § 3 Abs. 1 UWG.
22 Vgl. § 4 UWG.
23 Vgl. § 5 UWG.
24 § 3 Abs. 3 UWG iVm dem Anhang zu § 3 Abs. 3 UWG.
25 Health-Claims-Verordnung (Verordnung EG Nr. 1924/2006).

Auch wenn die Beweisbarkeit in der Praxis das größte Problem darstellt: Wenn solche selbst vorgenommenen Bewertungen entdeckt werden, so droht nicht nur ein erheblicher Image-Schaden, sondern auch die Inanspruchnahme durch Mitbewerber, weil diese Eigenbewertungen nach überwiegender Auffassung wettbewerbswidrig sind. Die Wettbewerbswidrigkeit der Handlung ergibt sich daraus, dass derjenige unlauter handelt, der »den Werbecharakter von geschäftlichen Handlungen verschleiert«.[26]

 Tipp   Finger weg vom Astroturfing!

Äußerungsrecht

Bei Äußerungen im Internet und damit in der Öffentlichkeit gelten die allgemeinen Regeln. Klassischerweise wird bei Äußerungen zwischen Meinungen und Tatsachenbehauptungen unterschieden, wobei diese in der Praxis nicht immer klar und eindeutig voneinander unterschieden werden können. Meinungsäußerungen werden vom Grundrecht der Meinungsfreiheit geschützt.

Als Regel gilt dabei: Eine Tatsachenbehauptung bezieht sich auf Umstände in der Wirklichkeit, die einem Beweis zugänglich sind, wohingegen eine Meinung durch die subjektive Beziehung des Einzelnen zum Inhalt seiner Aussage geprägt sind und für die das Element der Stellungnahme und des Dafürhaltens kennzeichnend ist.

Die Mitteilung einer Tatsache ist dagegen im strengen Sinne zwar keine Äußerung einer Meinung, weil ihr die für eine Meinungsäußerung charakteristischen Merkmale fehlen. Tatsachenbehauptungen fallen deswegen aber nicht von vornherein aus dem Schutzbereich der Meinungsfreiheit heraus: Sie sind dann durch das Grundrecht der Meinungs-freiheit geschützt, wenn und soweit sie Voraussetzung der Bildung von Meinungen sind. Daher endet der Schutz der Meinungsfreiheit für Tatsachenbehauptungen erst dort, wo sie zu der verfassungsrechtlich geschützten Meinungsbildung nichts mehr beitragen können. Unter diesem Gesichtspunkt ist eine unrichtige Information also kein schützenswertes Gut.

Das Bundesverfassungsgericht geht deswegen davon aus, dass die erwiesen oder bewusst unwahre Tatsachenbehauptung nicht mehr vom Schutz des Grundrechts umfasst wird, andererseits dürfen die

---

26 § 4 Nr. 3 UWG. Beispiele finden sich unter <http://de.wikipedia.org/wiki/Astroturfing#Beispiele>.

Anforderungen an die Wahrheitspflicht nicht so bemessen werden, dass darunter die Funktion der Meinungsfreiheit leidet oder der (potentielle) Äußernde durch die Voraussetzungen der Beweisbarkeit von der Äußerung abgeschreckt wird. Die Anforderungen an den Beweis der Wahrheit stellt in der Praxis eine sehr schwierige Aufgabe dar, weil die Instanzgerichte oftmals sehr strenge Anforderungen an den Wahrheitsbeweis stellen. Aber auch bei beweisbar wahren Aussagen können ausnahmsweise Persönlichkeitsbelange überwiegen, wenn die Aussagen die Intim-, Privat- oder Vertraulichkeitssphäre betreffen und diese sich nicht durch ein berechtigtes Informationsinteresse der Öffentlichkeit rechtfertigen lassen.

Tipp Bei Äußerungen über Mitbewerber sollte also die notwendige Vorsicht an den Tag gelegt und nur solche Tatsachen behauptet werden, für die der Wahrheitsbeweis erbracht werden kann und für die ein berechtigtes Informationsinteresse vorliegt. Ansonsten droht, dass der Mitbewerber erfolgreich Unterlassungsansprüche geltend macht.

Haftung für Links und sonstige Inhalte

Die Haftung für Links ist ein Dauerthema, das sich im wesentlichen in zwei Bereiche aufteilt: a) ist es zulässig, dass eine Webseite ohne Einwilligung des Betreibers (oder auch gegen seinen ausdrücklich geäußerten Willen) verlinkt wird und b) wie gestaltet sich die Haftung, wenn unzulässige Inhalte verlinkt wurden.

Unerwünschte Verlinkung

Denkbare Anspruchsgrundlagen mittels derer sich gegen eine Verlinkung gewehrt werden kann, sind das Urheberrecht sowie das Wettbewerbsrecht.

Das Verlinken von fremden Webseiten bedarf keiner Erlaubnis und ist nach dem momentanen Stand der Rechtsprechung[27] zulässig, so lange dabei keine technische Schutzmaßnahme umgangen[28] wird. Eine technische Schutzmaßnahme gegen eine Verlinkung muss aber beachtet und darf nicht umgangen werden.

---

27 Vgl. I ZR 259/00 – zu finden über jede Suchmaschine.
28 Vgl. I ZR 39/08.

Unerlaubte Verlinkung

Wettbewerbsrechtlich werden Verlinkungen erst dann relevant, wenn durch die Verlinkung ein unzutreffender Eindruck erzeugt wird oder wenn es sich um sog. »Hotlinking« handelt, also das Einbinden fremden Inhalts, der auf einer anderen Webseite hinterlegt ist, in die Eigene Webseite. Dieser Teilbereich hat die Gerichte bislang noch recht wenig beschäftigt, aber erste Urteile gehen davon aus, dass fremde Inhalte entsprechend deutlich gekennzeichnet werden müssen und die Einbindung auch nur mit Einwilligung des Berechtigten erfolgen darf. Dieser Bereich ist aber noch recht neu und wird sich erst noch entwickeln.

Tipp Zurückhaltung (und damit lieber fragen, als einfach machen) ist an dieser Stelle angezeigt.

Arbeitsrecht

Bei kleinen, inhabergeführten Unternehmen stellen sich im Rahmen eines Social Media Marketing keine arbeitsrechtlich klärungsbedürftigen Fragen. Sobald aber Mitarbeiter (oder eine Abteilung) eingebunden sind, sollten hier möglichst klare Abreden getroffen werden, um für alle Beteiligten die Rahmenbedingungen zu klären und insoweit Sicherheit für die Beteiligten zu schaffen.

Die Nutzung von Social Media-Plattformen ist alleine die Entscheidung des Arbeitgebers. Ein Arbeitnehmer kann insoweit nichts erzwingen. Wenn der Arbeitgeber sich zu einem Engagement entscheidet, dann sollten sowohl das »ob« als auch das »wie« geregelt werden. Wie dies geregelt werden kann ist eine Frage der Unternehmensgröße und -organisation. Diese Entscheidung hat aber keine Auswirkungen auf das, was Mitarbeiter in der Freizeit in ihrem privaten Bereich machen.

So weit Mitarbeiter das Unternehmen nach außen vertreten und darstellen sollen, betrifft dies den Kernbereich des Arbeitsverhältnisses. Hier sollten und müssen klare Regelungen und Befugnisse vereinbart werden. Diese sollten unter Mitwirkung der Unternehmensführung, der IT-Abteilung, der PR-Abteilung und der Rechtsabteilung unter Einbeziehung der Mitarbeiter als »Social Media Guidelines« vereinbart werden.

Diese Guidelines verdeutlichen dem Mitarbeiter die Aspekte hinsichtlich betrieblichen Geheimnis- und Datenschutz, Urheberrecht und auch Sicherheitsaspekten. Bei der Verletzung des Geheimnisschutzes können unternehmensrelevante, vertrauliche oder auch interne Informationen veröffentlicht werden, was beispielsweise bei börsennotierten Unternehmen ganz erhebliche Folgen haben kann. Auf der anderen Seite können unzulässige Mitteilungen aber auch zu einer fristlosen Kündigung des Arbeitnehmers führen.

Tipp Um dieses Spannungsfeld zwischen gewünschten Mitteilungen und Mitteilungen unter Verstoß gegen unternehmensinterne Interessen oder gesetzliche Regelungen aufzulösen, sollten im allseitigen Interesse klare und eindeutige Regelungen erarbeitet und beachtet werden, die allen Beteiligten helfen.

Index

A

Absolut Vodka
    WhatsApp-Kampagne 257
ACTA-Studie 129, 349
Ambient Intimacy 174
Apple
    iPod Touch 368
    iTunes, Podcast promoten 367
Apple, iPod Touch-Video 368
Arbeitssuche
    Verwendung von LinkedIn 273
    Verwendung von XING 264
Audacity-Podcasting-Tool 366
Augmented Reality 304
Automatisierungen 324

B

Berners-Lee, Tim 7
Beteiligungsmarketing 89
    Reputation Management 114
    Reputation Management beobachten 119
    Reputation Management-Krise, Strategie für Umgang mit 121
Bewertungen
    Kundenbewertungen von Produkten 26
    negative Bewertungen in Suchergebnissen 40
Bhargava, Rohit 9
Bilder
    Geschichten erzählen durch 395
    Verwendung in Blog 147
Bilder *Siehe auch* Fotos 343
bit.ly, URL-Abkürzungstool 211, 327
BITKOM
    Studie Soziale Netzwerke 2013 2
Blendtec 39, 350

Blog.de 141
Bloggen
    ACTA-Studie (Statistiken) 129
    AGOF (Statistiken) 129
    Alternativen 166
        andere Blogger über Sie reden lassen 167
    auf mobilen Geräten 144
    Blog als Ausgangspunkt 385
    Blogoscoop (Statistiken) 129
    Definition 125
    Einsatz im Unternehmen 130
    Finden von Blogs 160
        Blog-Karneval 163
        Blogverzeichnisse 161
        Memes 164
        Schreibprojekte 166
    Gastautoren 158
    Geschichte der Blogs, wer schreibt und wer liest 128
    Microblogging mit Twitter *Siehe* Twitter 174
    Schreiben für Blog-Publikum 144
        Content-Strategien für Blogger 152
        den richtigen Ton finden 145
        Publikumsbeteiligung 156
        Techniken und Taktiken 146
        Verbesserungen, die funktionieren 155
    Sichtbarkeit durch 43
    Software 141
    Statistiken 129
    Technische Umsetzung 137
    Videoblogging 360
    W3B-Studien (Statistiken) 129
    wie Blogs rezipiert werden 126
Blogger (Typologie) 128
Blogger Relations 166

Blogger.com 140
Blogger.de 141
Blogger-Kontakt 169
Blogging 125
    Inspiration in anderen Blogs finden 152
Blogging-Plattform
    Aspekte für die Auswahl 141
Blog-Karneval 163
Blogparade.de 163
Blogroll 160
Blogverzeichnisse 161
Blubrry 366
Bookmarking *Siehe* Social Bookmarking 312
Bookmarklets 314
Bots 158
Bounce-Rate 32
Bräustüberl Tegernsee 107
Buffer 325

C

CC (Creative Commons)-Lizenz 345
Check-in-Services 306
Cluetrain-Manifest 89, 222
Comcast
    in Google 17
    Kundenakquisition mit Twitter 190
Communities
    Interaktionen außerhalb der 388
    Social Media Community recherchieren 45
    Strategie in Social Media Communities 385
Computer Tan-Website (Skcin) 389
Content 279
Content ist nicht König 11
Content Marketing 279
Content nach Interessen finden
    StumbleUpon Bookmarking-Portal 317
Conversions (Konversionen) durch Social Media Marketing 381
Corporate Blogs
    Ziele 133

D

Daily Blog Tips, Blog-Schreibprojekt 166
DaWanda 303
delicious.com 153, 319
Dell Computer 289
    Fallstudie, der Preis des Schweigens 30
    Umsatz generieren, Verwendung von Twitter 182
Deutsche Bahn 46

Deutsche Bahn, Kundendienst mit Twitter 188
Deutsche Telekom, Kundendienst mit Twitter 184
Diigo Social Bookmarking-Netzwerk 315
Disqus, interaktives Kommentiertool 156
Doc Searls (Cluetrain Manifest) 90
Dokumentsharing 290

E

Echofon 216
Eigenwerbung 297
Einfluss
    Blogs als Online-Einflussnehmer 132
    Messen für Social-Media-Marketingkampagne 381
Electronic Arts (EA), Tiger Woods geht auf dem Wasser 49
E-Mail-Alerts für Blogs 128
Engelmann, Julia 356
erreichbare Ziele 44
EveryStockPhoto, freie Fotos 147

F

Facebook 226
    bezahlte Werbung 255
    Gruppen, Nutzerprofile oder Fanseiten 252
    Highlights 236
    Pages
        detaillierte Statistiken mit Insights 249
    Privatsphäreeinstellungen 237
    Seite (Fanseite) 238
Facebook-Hilfe 227
Fachwissen
    Expertenrat erteilen 42
Favstar 181
Feedback, sofortiges, durch Twitter 191
Feedly 126
Feldman, Loren 362
Flattr 168
Flickr 147, 343
    Community-Features 345
    Foto-Sets 344
    Marketing auf 344
Fliesen Fieber 107
Foren 398
Fotoportale 69
    Flickr 343
    Instagram 336
    Pinterest 340
    sonstige 348

Fotos 343
  Content-Producer unterstützen 367
  Flickr-Fotoportal 343
  Fotos in Blogs 147
  Geschichten erzählen mit Fotos 395
  sonstige Fotoportale 348
Fotos, gratis 147
Foursquare 306
Fragen und Antworten in Blogs 156
Frage-und-Antwort-Dienste 292
Friend or Follow (Twitter-Tool) 214
Fussball.de 153

G

Germanwings 39
Google
  Picasa 348
  Suchergebnisse, 2001 versus 2008 17
Google Alerts 70, 128, 152
Google News 153
Google Trends 153
Google+ 257, 261
Guzzle.it 153

H

Haley, Nick 368
Hashtag 28
HashTags (Twitter-Tool) 177
Häufigkeit der Portalbesuche 380
Heise.de 153
Heitker, Meike 100
Hootsuite 210, 329

I

Identi.ca 198
IFTTT 324
Informationsportale
  eigenes Wiki erstellen 287
  Macht durch Wissen 279
Instagram 336
Interaktionen außerhalb von Social Media Communities 388
Internet-Evolution, Bezug zu Social Media Marketing 7
Ipernity 348
iPhone
  Apps von Fremdherstellern 396
iPod Touch 368

J

Jack Wolfskin-Fallstudie 116–117
Jarvis, Jeff, (Blogger) 30
JustUnfollow (Twitter Tool) 214

K

knowem.com 386
Koene, Merlin 98
Kommentare (Blog)
  Leser auf mehreren Websites erreichen 156
  Offenheit 158
Kontaktformulare für Blogs 157
Kontrolle über die Message, aufgeben 21
Konversation, beobachten
  sonstige soziale Kanäle 75
  Verwendung freier Tools 66
Konversionen durch Social Media Marketing 381
Krisen-PR 121
Kundenakquisition, Verwendung von Twitter für 189
Kundenbewertungen von Produkten 26
Kundendienst
  Dell-Fallstudie 30
  Deutsche Bahn 188
  Deutsche Telekom 184
  Verwendung von Twitter für 183
Kununu.com 299

L

Langnese-Fallstudie 98
Leser von Blogs, Fragen und Antworten 156
Link-Building 7
LinkedIn 273
Links
  relevante Links auf Ihre Website ziehen 11
Link-Verkürzer 326
Listen 390
Location-Based Services (ortsbasierte Dienste) 305

M

Mammut
  Shitstorm 28
Manomama 303
  Marke etablieren mit Twitter 192
Marke
  etablieren durch Twitter 192
Marke, persönliche, Aufbau durch Twitter 192

Markenbekanntheit
  auf anderen sozialen Merkmalen aufbauen 386
  bei Konsumenten schaffen 12
  Verwendung von Twitter für 192
Markenbekanntheit steigern 33, 93
Markenbotschafter 34
Markenevangelist 34
Marketing-Taktiken, traditionelle 397
Marktforschung 67
Mashable.com 377
MediaWiki 287
Meetups, organisieren auf Twitter 214
Meinungsführerschaft
  etablieren 37
Meinungsplattformen
  TRND 301
Memes 164
Merchant Circle 27
Message Boards 76
Message, unkontrollierte, Angst überwinden 25
Microblogging Siehe auch Twitter 174
Mirapodo 254
Mobile Anwendungen, Twitter 215
Mobile Geräte, Utilities für 396
Mobile Nutzung (Internet) 5
Mobile Social Media Marketing 307
Monitoring 30, 65
  Kennzahlen 68
  Key Performance Indicators 68
  qualitative Kennzahlen 68
  quantitative Kennzahlen 68
  Sentiments 68
  Tools 70
MovableType (Blogging-Plattform) 140
Mundpropaganda 10
Myblog.de 141
MySpace, soziales Netzwerk 274

N

Nachhaltigkeit von Social Media Marketing-Ergebnissen 382
Namecheap, Umsätze generieren mit Twitter 183
namechk.com 386
Negative Bewertungen in Suchergebnissen 40
NetworkedBlogs 161, 238
Networking in einem sozialen Medium
  Verwendung von Twitter 197
Netzpolitik.org 153
Netzwerke, soziale 4

Nogger Choc
  Langnese-Fallstudie 98
NutshellMall (Twitter-Tool) 215

O

OAuth-Protokoll 387
Old Spice-Fallstudie 93
Omnia (YouTube) 351
organische Listings 8
Orkut, soziales Netzwerk 274
Oskr (Social Media-Preis) 118
ow.ly (URL-Abkürzungstool) 211

P

Pay-per-Click 7
PBworks 288
PerezHilton 153
persönliche Marke, aufbauen mit Twitter 192
Photobucket 147
Picasa 348
Pingbacks 148
Pinging 138
Pinterest 340
Podcasting 364
  eigenen Podcast starten 366
  Promotion für Ihren Podcast 367
PodPress 367
PollDaddy 159
PR im Social Web 93
Pressemitteilungen, ungeeignet für Blogger 169
ProBlogger.net 148
Profile
  soziale Netzwerke 221

Q

Quizspiele oder Fragebögen 392
Quora 292
Qype 299–300

R

Radian6 77
Real Simple Syndication Siehe RSS 126
realistische Ziele 44
Recruitment 35
Reichweite 380
Reputation Management (Reputationsmanagement) 18, 35, 67, 114, 117
  höheres Suchmaschinen-Ranking 115

mehr Traffic und 32
negative Suchergebnisse 40
Reputationen online beobachten 119
Umgang mit Reputationskrisen 121
Return on Investment (ROI) 14, 107
    Erfolgsmessung 15
    Kennzahlen für Social Media Marketing 379
        Conversions und Transactions 381
        Einfluss 381
        Häufigkeit und Traffic 380
        Nachhaltigkeit 382
Ritter Sport-Fallstudie 98, 100
Rivva.de
    Blogaggregator 153
Rotation Curation 193
RSS
    Definition 126
    Integration in Blogging-Plattformen 138
    Verwendung für Blogs 127
RWE
    Markenbekanntheit und Reichweite steigern mit Twitter 193

S

Saftkelterei Walther-Fallstudie 110
Samsung Omnia, Auspack-Video 352
Schindler, Marie-Christine 322
Schöllhammer, Ruth 79
Schreibprojekte, Blogs entdecken durch 166
Schwindt, Annette 262
Serendipity 140
Share of Voice 68, 375
Shitstorm 29, 207
Shopblogger 107
Skcin, Computer Tan-Website 389
Skype 366
Slideshare 289
SMART-Ziele setzen 43
Social Bookmarking 312
    früher, ohne soziale Portale 312
    heute, mit sozialen Portalen 313
    Verwendung von delicious.com 319
    Verwendung von StumbleUpon 317
Social Graph 278
Social Media Communities *Siehe* Communities 45
Social Media Guidelines 52–53, 373
Social Media Management 60

Social Media Marketing für KMUs 107
Social Media Monitoring 65
Social Media Optimization 9
Social Media Week 118
Social Networking-Portale 219
    außerhalb der USA 272
    Facebook 226
    XING 264
Social News 327
Social Recruitment 35
Socialradar 78
soziale Netzwerke 4
Spamschutz für Blogs 158
spezifische Ziele 44
Spidering 123
Spiele
    Verwendung in Social Media Marketing 393
Sprout Social 331
State of the Blogosphere-Report 128, 130
Storytelling 11, 76, 147, 149, 233
Strategie formulieren 48
    Bereitschaft, mit Rückschlägen umzugehen 48
Strategie implementieren
    Gespräche beobachten 65
Streaming-Videos 364
Studien in Blogs 159
StumbleUpon 153, 317
    Verwendung der Toolbar 318
Suchergebnisse, negative Bewertungen 40
Suchmaschinen 7
    Suchergebnisse, 2001 versus 2008 17
Suchmaschinenoptimierung (SEO) 7, 11, 34, 85
Suchmaschinen-Ranking 32
    Social Media-Ergebnisse 115
    Wikipedia 285
    Wissen weitergeben und 279
    Ziel setzen für Verbesserung 34
Such-Tools, Twitter 215
SurveyMonkey 159
Swarm 306
SXSW (South by Southwest)-Konferenz, Twitter 174

T

t3n Social News 153
Tagging 313
    Tag-Suche auf Social Bookmarking-Portalen 153

Tags
    Definition 313
Technorati
    State of the Blogosphere 128
Telekom_hilft 184
The Social Network (Film) 220
Thrun, Kai 356
Tiny Tiny RSS 126
TinyURL 211
Tipp-Ex 364
Tools und Services, von der Zielgruppe genutzte 47
Tools, Kunden helfen durch 395
Trackbacks 148
traditionelle Marketing-Taktiken 397
Traffic-Steigerung auf Website
    messen 380
Transaktionen aus Social Media Marketing 381
Tumblr 141
twazzup-Suchprogramm 215
TweetBeep (Suchprogramm) 71, 215
Tweetcaster 217
TweetDeck 211, 333
TweetDeck (mobiler Einsatz) 215
Tweetreach 72
TweetStats 212
Twellow (Twitter) 214
Twitter 71, 174
    Alternativen 198
    auf Visitenkarten 375
    Direct Message, DM 181
    Einsatz im Unternehmen 181
    Erfolgsmessung 208
    Facebook-Konto 238
    Favorisieren 181
    Firmenaccount einrichten 200
    FollowFriday 204
    geschäftliche Nutzung
        Networking mit Gleichgesinnten 197
        persönliche Marke aufbauen und Meinungsführerschaft etablieren 192
        sofortiges Feedback 191
    Geschichte 174
    Hashtags 177
    Header einrichten 201
    in Katastrophenfällen 176
    Replies, Mentions 180
    Retweet 177
    SXSW (South by Southwest)-Konferenz 174
    Telekom_hilft 184
Tools 209
    Clients 209
    Follower werden 213
    Freundschaften verwalten 214
    mobile Apps 215
    persönliche Statistiken beobachten 212
    Suchfunktion 215
    Trends finden 211
    URL-Abkürzungstools 211
Tweet 176
Umgang mit Reputation Management-Krise 121
Unternehmensziele erreichen 182
    Kundenakquisition 189
    Kundendienst 183
    Markenbekanntheit 192
    Twitter als offizieller Kommunikationskanal 191
    Umsatz generieren 182
Verwendung von 198
TwitterCounter 213
TwitterFox 210
Twoday.net 141
twtvite 214
TypePad-Blogging-Plattform 140

U

Umfragen und Studien auf Blogs 159
Umsatz
    generieren mit Twitter 182
    steigern 36
universelle Suche 115
unkontrollierte Message, Angst überwinden 25
URL-Abkürzungstools für Twitter 211
User Generated Content 2
USTREAM, Videos live streamen 364

V

Vaynerchuck, Gary 360
Verizon, Kundenakquise mit Twitter 190
Videoblogging 360
Videomarketing 349
Videoportale
    Alternativen zu Youtube 358
    Kundenunterweisung von Home Depot 98
    sonstige 358
Videos
    Content-Producer unterstützen 367
    einbeziehen in Blogbeiträge 148

erstellen 353
erstellen für Produktbekanntheit 39
interaktive 393
Vimeo 148
Vine 358, 374
virale Marketingstrategien
    Bilder erzählen Geschichten 395
    interaktive Videos oder Spiele 393
    Listen 390
    Quiz oder Fragebogen 392
    Tool erstellen 395
virales Marketing 4, 10
Visitenkarten, Social Media-Initiativen promoten 375, 397
visuelle Elemente in Blogs 147

W

Walther, Kirstin 110
Wave 5-Studie 228, 239
Web 2.0 2
Websites, finden für Social Media Community 47
webZunder 331
WeFollow (Twitter) 213
Weinberger, David (Cluetrain Manifest) 90
Werbung
    bezahlte Werbung auf Facebook 255
    Suchmaschinen 8
Wer-kennt-wen 264
Wettbewerbe, auf Blogs 158
What The Trend (Trend-Tracker für Twitter) 212
WhatsApp 5, 256
Wikianswers 294
Wikipedia 279–280
    Eintragsstruktur 282
    Revisionsverlauf 281, 284
    Social-Media-Optimierung 285
Wikis
    Definition 280
    eigene erstellen 287
Wine Library TV 360
Wissen, Macht des Wissens 279
Woods, Tiger, Panne in EA-Sportspiel 49

Word-of-Mouth-Marketing
    siehe Meinungsplattformen 10, 301
WordPress-Blogging-Plattform 139
    Auswahl 141
WYSIWYG-Editoren für Blogs 138

X

XING 221, 264

Y

Yahoo! Clever 292
    Aufforderung zur Eigenwerbung 297
    Community bereichern 294
    Firmenzugehörigkeit angeben 297
    Fragen zum Beantworten finden 296
    Promotion auf 294
Yahoo!, Eigentümer von Flickr 343
Yammer 198
Yelp 27, 299
YouTube
    Statistik-Tool 357
    Videos erstellen für 353
    Videos promoten 355

Z

Zeit- und Energieeinsatz für Social Media Marketing 21
zeitnahe Ziele 45
Ziele für Social Media-Marketingkampagne definieren
    besseres Suchmaschinenranking 34
    etablierte Meinungsführerschaft 37
    Reputation Management 35
    Umsatzsteigerung 36
Ziele für Social-Media-Marketingkampagne SMART-Ziele 43
Ziele für Social-Media-Marketingkampagne definieren 30
Zinn, Julia 98
Zuhören
    feststellen, was die Community über Ihre Branche oder Konkurrenz sagt 47

Über die Autoren

Tamar Weinberg ist auf die Entwicklung und Umsetzung von Strategien für Online- und Social-Media-Projekte spezialisiert, mit Schwerpunkten in den Bereichen Blogger Relations, Reputationsmanagement, Video-Marketing und Suchmaschinenmarketing. Im Internet treibt sie sich schon seit den frühen 90ern herum, und seit über 15 Jahren beschäftigt sie sich mit sozialer Online-Interaktion. Seit 2006 widmet sich Tamar fast ausschließlich dem Internetmarketing, hat nebenher aber auch Abstecher in die Bereiche Webhosting und technischer Support unternommen.

Aktuell ist Tamar u.a. Director of Advertising bei *Wall St. Cheat Sheet*, Director of Sales bei *Internet Marketing Ninjas*, Chief Strategy Officer bei *Small Business Trends* und Community Managerin beim Domain Namen-Anbieter *Namecheap*. Daneben arbeitet sie als Digital Marketing Consultant für verschiedene Unternehmen.

Corina Pahrmann ist freie Journalistin und PR-Referentin aus Aachen. Sie plant und realisiert Social Media-Präsenzen für Unternehmen und Institutionen, unter anderem verantwortet sie die Social Media-Aktivitäten des *O'Reilly Verlags*. Außerdem schreibt sie für die Blogs des O'Reilly Verlags und der *German Unix User Group* sowie andere On- und Offline-Publikationen. Neben diesem Buch wirkte Corina Pahrmann auch bei *Das Twitter-Buch* als Co-Autorin mit. Corina Pahrmann ist seit 15 Jahren im Web aktiv und schätzt immer die Angebote am meisten, die interaktiv und experimentell zu nutzen sind. Keine Frage, dass sie *sofort* süchtig nach dem Social Web war – und auch aus dem Sandkasten twittert, in dem sie mit ihrer kleinen Tochter zuweilen sitzt.

Wibke Ladwig (*http://www.sinnundverstand.net/*) ist Social Web Ranger, Blogger und Ideenkatalysator. Mit ihrer »Sinn und Verstand Kommunikationswerkstatt« begleitet sie Unternehmen in den Landschaftsraum Internet. In Vorträgen, Seminaren und Workshops vermittelt sie Verständnis und Wissen über Social Media und digitale Kommunikation. Außerdem unterstützt sie Unternehmen dabei, Ideen für ihre Kommunikation und fürs Storytelling zu entwickeln und umzusetzen. Sie ist Buchhändlerin und hat als Online Manager in Verlagen gearbeitet. Mit dem Büro für Kommunikation »Die Herbergsmütter« veranstaltet sie Events für Kulturvermittlung.

Die große Social-Media-Bibliothek von O'Reilly

ISBN 978-3-95561-626-7, 472 Seiten,
Print 29,90 € / E-Book 24,– €

ISBN 978-3-95561-558-1, 408 Seiten
Print 34,90 € / E-Book 28,– €

ISBN 978-3-86899-986-0, 288 Seiten
Print 34,90 € / E-Book 28,– €

ISBN 978-3-95561-590-1, 616 Seiten
Print 34,90 € / E-Book 28,– €

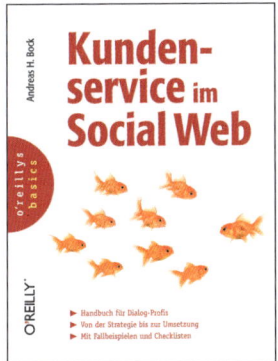

ISBN 978-3-86899-149-9, 240 Seiten
Print 29,90 € / E-Book 24,– €

ISBN 978-3-86899-976-1, 504 Seiten
Print 34,90 € / E-Book 28,– €

ISBN 978-3-95561-209-2, ca. 320 Seiten
Print ca. 29,90 € / E-Book ca. 24,– €

ISBN 978-3-95561-484-3, 336 Seiten
Print 29,90 € / E-Book 24,– €

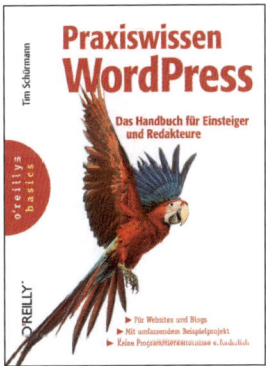

ISBN 978-3-95561-197-2, 480 Seiten
Print 24,90 € / E-Book 20,– €

Weitere Titel in Vorbereitung

anfragen@oreilly.de • www.oreilly.de

O'REILLY IM SOCIAL WEB

  **Blog:**
community.oreilly.de/blog

  **Facebook:**
facebook.com/oreilly.de

  **Google+:**
bit.ly/googleplus_oreillyverlag

  **Twitter:**
twitter.com/oreilly_verlag

anfragen@oreilly.de • http://www.oreilly.de • +49 (0)221-97 31 60-0